Planeten beobachten

Günter D. Roth (Hrsg.)

Planeten beobachten

Praktische Anleitung für Amateurbeobachter und solche, die es werden wollen

5. Auflage

Unter Mitarbeit von
Wolfgang Gruschel, Grischa Hahn,
Rudolf A. Hillebrecht, Martin Hoffmann,
Bernd Koch, Christian Kowalec,
Jean Meeus, Hans-Jörg Mettig, Erich Meyer,
Detlev Niechoy, André Nikolai, Herbert Raab,
Christian M. Schambeck, Ronald C. Stoyan

Spektrum Akademischer Verlag GmbH
Berlin

„Planeten beobachten" ist ein Band der von *Sterne und Weltraum* und *Spektrum Akademischer Verlag* herausgegebenen Reihe Astro-Praxis.

Die Deutsche Bibliothek – CIP-Einheitsaufnahme

Planeten beobachten: praktische Anleitung für Amateurbeobachter und solche, die es werden wollen / Günter D. Roth (Hrsg.). Unter Mitarb. von Wolfgang Gruschel ...
– 5. Aufl. – Heidelberg: Spektrum, Akad. Verl., 2002
(Astro-Praxis)

ISBN 3-8274-1337-0

Lektorat: Katharina Neuser-von Oettingen, Ulrike Finck
Produktion: Ute Kreutzer
Umschlaggestaltung: Nils Hoffmann, Mögglingen
Satz: Uni-Druck, München
Druck und Verarbeitung: Druckhaus Beltz, Hemsbach

Titelbild: Saturn photografiert von Bernd Flach-Wilken

Vorwort

Unter dem neuen Titel „Planeten beobachten“ erschien 1998 als 4. Auflage das 1966 erstmals herausgegebene „Taschenbuch für Planetenbeobachter“ (4. Band der Reihe Sterne und Weltraum – Taschenbücher). Es folgten die 2. Auflage 1983 und die 3. Auflage 1987. Die vorliegende 5. Auflage wurde überarbeitet und erweitert.

Auch unter neuem Titel bleibt das Anliegen gleich: eine Einführung für alle Sternfreunde, die sich als Beobachter der Planeten und des Mondes betätigen wollen. Angepaßt an den technischen Fortschritt hat sich ein größerer Kreis von Autoren bemüht, neben traditionellen visuellen und photographischen Verfahren neue instrumentelle Methoden, insbesondere das aktuelle Gebiet der CCD-Beobachtung, vorzustellen. Oft kann nur auf weiterführende Spezialveröffentlichungen aufmerksam gemacht werden, die zum besseren Verständnis ebenso unentbehrlich sind wie die Aufsätze und Beobachtungshinweise in Zeitschriften und die Informationen der astronomischen Kalender und Jahrbücher.

Fast alle Autoren sind Mitarbeiter des „Arbeitskreises Planetenbeobachter“ der „Vereinigung der Sternfreunde e.V.“ (VdS). Die Zusammenarbeit mit der VdS begann bereits bei der Vorbereitung der 1. Auflage des „Taschenbuches für Planetenbeobachter“, die ich noch allein verfaßt habe. Die Autoren haben sich sehr bemüht, die verschiedenen Teilaspekte der Planeten- und Mondbeobachtung für Anfänger und Fortgeschrittene darzustellen. Ich danke für diese Zusammenarbeit allen sehr herzlich.

Die Redaktion der Zeitschrift *Sterne und Weltraum* hat die Vorbereitung und Herstellung der neuen Auflage tatkräftig unterstützt. Dafür danke ich insbesondere Herrn Dr. Martin Neumann. Dank sage ich meiner Frau Illa Roth, die auch diese Veröffentlichung hilfreich begleitet hat.

Irschenhausen, März 2002 Günter D. Roth

Autoren

Dr. Wolfgang Gruschel, Mayenfischstraße 24, D-78462 Konstanz
Grischa Hahn, Böttgerstraße 43, D-01129 Dresden
Rudolf A. Hillebrecht, Odastraße 3, D-37581 Bad Gandersheim
Dr. Martin Hoffmann, Alter Weg 7, D-54570 Weidenbach
Dipl.-Phys. Bernd Koch, Hauptstraße 3a, D-57636 Sörth
Christian Kowalec, Clayallee 341 a, D-14169 Berlin
Jean Meeus, Leuvense steenweg 312 box 8, B-3070 Kortenberg, Belgien
Dipl.-Math. Hans-Jörg Mettig, Kirchzartener Straße 28, D-79117 Freiburg
Ing. Erich Meyer, F.-Marklstraße 1/62, A-4040 Linz
Detlev Niechoy, Am Steinsgraben 3, D-37085 Göttingen
André Nikolai, Plangasse 10, D-71263 Weil der Stadt
Dipl.-Ing. Herbert Raab, Schönbergstraße 23/21, A-4020 Linz
Dipl.-Kfm. Günter D. Roth, Ulrichstraße 43, D-82057 Icking
Dr. Christian M. Schambeck, Traubengasse 27, D-97072 Würzburg
Ronald C. Stoyan, Luitpoldstraße 3, D-91054 Erlangen

Inhaltsverzeichnis

1 Amateurastronomie und Planetenbeobachtung

von Hans-Jörg Mettig und Günter D. Roth

Lange Zeit sah es danach aus, als ob die Berufsastronomie im großen und ganzen das Sonnensystem verlassen hätte. Nun aber erlebt unsere unmittelbare kosmische Nachbarschaft wieder einen regelrechten Ansturm. Im Mittelpunkt des Interesses stehen die Planeten und ihre Monde. Bis zum Jahr 2003 starten Amerikaner, Russen und Japaner mit Missionen zum Mars das größte Raumfahrtprojekt seit dem Apollo-Programm. Zehn Sonden sollen erkunden, ob der Rote Planet wirklich ein toter Planet ist oder ob es auf ihm nicht vielleicht doch primitive Lebensformen gibt bzw. gegeben hat. Erfolgreich war die Landung der Sonde „Pathfinder" Anfang Juli 1997 auf dem Mars. Der Roboter „Sojourner" begann 36 Stunden nach der Landung am 6. Juli mit der Erkundung des Marsbodens [1, 2]. Der 1996 gestartete Mars Global Surveyor befand sich seit März 1999 ein ganzes Marsjahr lang in einer günstigen Bahn um den Planeten und sammelte Daten: 58 000 Aufnahmen, 97 Millionen Spektren und 490 Millionen Laser-Höhenmessungen [4]. Im April 2001 schickte die NASA eine weitere Sonde (Mars Odyssey) zum Mars. Erfolgreiche Missionen, die den Verlust der Sonde Mars Climate Orbiter und des Mars Polar Landers 1999 etwas ausgleichen. Nach den für 2003 geplanten Mars-Exploration-Rovers sollen 2005 und 2007 weitere Missionen folgen. Frühestens 2011 startet die Mission, die Bodenproben sammelt und zur Erde zurückbringt („Sample-Return-Mission").
Ein stolzes Ergebnis war die Landung der ersten Raumsonde (NEAR) weich auf der Oberfläche des Kleinplaneten (433) Eros am 12. Februar 2001. Die Informationen, die zur Erde gelangt sind, weisen auf einen festen Aufbau des Planetoiden mit zu wenigen kleinen Kratern und zu vielen Felsbrocken, was Probleme bei der Deutung der physikalischen Prozesse, die am Werk waren, mit sich bringt.
Die Auswertung der Daten von weiteren Vorbeiflügen Galileos hat inzwischen gezeigt, daß es unter der Kruste des Jupitermondes Ganymed einen salzigen Ozean zu geben scheint, wie er bei Europa und Callisto entdeckt wurde. Neue Bilder der Sonde Galilei, entstanden im Oktober 2001 aus nur 184 Kilometern Höhe, zeigen eindrucksvoll die Vulkantätigkeit des Jupitermondes Io.
Anfang 1997 deuteten Photos der Raumsonde Galileo, die beim Vorbeiflug am Jupitermond Europa entstanden sind, darauf hin, daß es dort einen Ozean gibt, auf dem Eisfelder schwimmen. Zum Saturn ist die im Oktober 1997 gestartete Sonde Cassini unterwegs, die im Juli 2004 in eine Umlaufbahn um den Ringplaneten eintreten und Saturn und seine Monde für mindestens vier Jahre erkunden soll [3]. Auf ihrem Weg zu Saturn hat die Sonde Cassini bei ihrem Vorbeiflug an Jupiter zwischen Oktober 2000 und April 2001 umfassende Messungen

in der Umgebung des Gasriesen durchgeführt. Dabei wurde nachgewiesen, daß von Jupiter energiereiche Neutralteilchen in den Weltraum emittiert werden. Außerdem bestätigten die Meßergebnisse die Existenz von „Killer-Elektronen", die von Jupiter mit Lichtgeschwindigkeit kommend tief in die Erdatmosphäre eindringen und die Elektronik von Satelliten zerstören können. Und auch bezüglich des Erdmondes haben Forscher die Erwartung noch nicht aufgegeben, in Polregionen mit ewigem Schatten Wassereis aufzuspüren.
In den ersten Jahrzehnten nach der Entdeckung des Fernrohrs wurden zunächst die allgemeinen Erscheinungen auf den Planeten und die Gesetze ihrer Bahnbewegungen bekannt. Zu nennen sind hier Huygens und Cassini, die um 1660 erste Angaben zu den Rotationszeiten von Mars und Jupiter machten. Seit dem ausgehenden 18. Jahrhundert bemühte man sich verstärkt um eine genaue Topographie der Planeten. Die Entdeckung eines neuen Planeten, Uranus, durch W. Herschel 1781 sowie der Planetoiden (Ceres, entdeckt 1801 von G. Piazzi) hat nicht unwesentlich dazu beigetragen, daß die Forschung für Jahrzehnte diesem Gebiet der Astronomie bevorzugt ihre Aufmerksamkeit geschenkt hat. Herschel hat außer der Uranusentdeckung noch manch anderen Beitrag zur Planetenforschung geleistet. So stammt von ihm eine der ersten Rotationsbestimmungen des Planeten Saturn. J. H. v. Mädler, Direktor der Sternwarte Dorpat, verbesserte zusammen mit seinem Freund, dem Amateurbeobachter und Bankier W. Beer, die Rotationszeit des Jupiter anhand von Beobachtungen aus den Jahren 1834 und 1835. Im Jahre 1846 entdeckte der Berliner Astronom J. G. Galle einen weiteren Planeten, Neptun genannt. Der Amerikaner Hall verbesserte die Rotationsdauer von Saturn und entdeckte 1877 die Monde des Mars. Wohl ein Höhepunkt der Planetentopographie des vorigen Jahrhunderts sind die Arbeiten des Italieners G. Schiaparelli über den Planeten Mars in den 70er und 80er Jahren. Das Schlagwort „Marskanäle" ist um die Welt gegangen. J. Schmidt, E. E. Barnard und W. H. P. Pickering haben sich gleichfalls einen Namen als Planetenbeobachter gemacht. Noch mehr müßte man nennen, die Auswahl mag genügen.
Die Geschichte der Mond- und Planetenbeobachtung ist reich an Dokumenten, die erfolgreiche Forschungsbeiträge von Amateurbeobachtern nachweisen. In einer Zeit, da manche Universitätssternwarte instrumentell nicht viel besser gerüstet war als eine gute Privatsternwarte, hatte der Amateur reelle Chancen, neue Beiträge zur Forschung zu liefern. Der Apotheker Schwabe, der Arzt H. W. Olbers, der Amtmann J. H. Schröter und der Geometer G. Lohrmann sind für das ausklingende 18. und die erste Hälfte des 19. Jahrhunderts zu erwähnen. Später erlangten Namen wie Brenner, Fauth, W. F. Denning oder Lowell Berühmtheit. Die Mond- und Planetenkunde verdankt ihnen viele Einsichten. Wenn gar noch publizistische Erfolge in der Öffentlichkeit hinzukamen, etwa wie bei Camille Flammarion (1842 bis 1925), dann war das gleichzeitig eine allgemeine Förderung der Astronomie.
Der Serbe Leo Brenner (1855–1924) beobachtete mit einem 178-mm-Refraktor von Reinfelder & Hertel bevorzugt Jupiter und Mars auf der dalmatinischen Insel Lussinpiccolo, wo ihn 1896 Philipp Fauth (1867–1941) besucht hat, der

zuhause in der Pfalz mit 6- und 7zölligen Zeiss-Refraktoren Mond- und Planetenstudien betrieb. Das 16zöllige Medial stand Fauth erst 1911 zur Verfügung. Für Fauth wurde Brenner zum Vorbild: „Hier eigentlich war zum ersten Mal so recht deutlich gezeigt, was mit mäßigen optischen Mitteln erreicht werden kann. Herrn Brenner ist gewissermaßen eine imponierende Fortsetzung der Bemühungen früherer Planetenforscher zu danken. Durch ihn aber wurde ich angeregt. Weil er einen ungeahnten Detailreichtum sah und zu untersuchen empfahl, so zwang ich mich, schulte und übte Auge und Hand, bis ich meine Jupiterserien beisammen hatte [5]“. 1925 erschien Fauths Veröffentlichung „Jupiterbeobachtungen während 35 Jahren [6]“. 1916/17 leitete Fauth das Rotationsgesetz des Jupiters ab, wie vor ihm der englische Amateur Stanley Williams 1888 [7], der mit einem 6zölligen Spiegelfernrohr ausgerüstet war.

Mit zu den letzten Langzeitbeobachtern in Deutschland gehört Walther Löbering (1885–1969), der Jupiter von 1926 bis 1964 überwacht hat. Instrumentell ausgestattet mit einem 28 cm Cassegrain-Spiegel widmete er sich besonders den Positionsbestimmungen wichtiger Objekte, z.B. des Großen Roten Flecks, um die Rotationsverhältnisse zu studieren [8]. Unter Verwendung aller erreichbaren Daten für die Jahre 1840 bis 1950 hat Löbering die merkwürdige Eigenbewegung des GRF in einer Kurve dokumentiert [9].

Noch im ausgehenden 19. Jahrhundert wurde in Arizona, USA, von Percival Lowell eigens eine Sternwarte für die Erforschung der Planeten gegründet, das Lowell Observatory. Tatsache ist aber, daß sich die allermeisten Berufsastronomen bald von der Planetenbeobachtung zurückgezogen hatten und ihre Forschungsschwerpunkte nun im interstellaren Raum lagen. Die Ausnutzung all der Möglichkeiten, die die Entdeckung der Photographie angeboten hat, brachte das wohl notwendigerweise mit sich. Wer sich aber ein wenig in der Literatur umsieht, wird sehen, daß mehrere große Sternwarten und Institutionen dennoch intensiv an den Planeten und ihren Monden arbeiteten und weiter arbeiten. Das hat angefangen mit den noch „klassisch“ zu nennenden, weil vorwiegend der Topographie gewidmeten Marsbeobachtungen von Kasimir Graff in den Jahren 1901, 1909 und 1924 an den Sternwarten Berlin und Hamburg-Bergedorf. Es führt über die großangelegten Untersuchungen des Amerikaners Gerard P. Kuiper und Mitarbeiter bis hin zu aktuellen Projekten wie der „International Jupiter Watch“ und der „International Mars Watch“.

Internationale Zusammenarbeit und Arbeitsteilung wurden systematisch vorangetrieben und Sammelstellen der Beobachtungsergebnisse eingerichtet, so z.B. am Meudon-Observatorium in Frankreich und am Lowell Observatory in den USA für Aufnahmen des Planeten Mars oder im Rahmen der einzelnen Raumfahrtprojekte. Die von den Mariner-, Pioneer-, Viking-, Voyager- und Galileo-Sonden sowie vom Hubble-Weltraumteleskop übermittelten Bilder der Planeten Merkur, Venus, Mars, Jupiter, Saturn, Uranus und Neptun stellen in ihrer überwiegenden Zahl einen momentanen Zustand einer Planetenatmosphäre oder -oberfläche dar. Damit markieren sie Ansatzpunkte für Langzeitbeobachtungen, an denen erdgebundene Stationen nach wie vor ihren Anteil haben.

Und der Amateur? Sein Interesse an der Mond- und Planetenbeobachtung ist nicht abgeklungen. Charakteristisch dafür ist, daß es in vielen Ländern Arbeitsgemeinschaften der Mond- und Planetenbeobachter gibt: Schon seit 100 Jahren existieren die Sektionen der „British Astronomical Association“, in den USA gründete nach 1945 W. H. Haas die „Association of Lunar and Planetary Observers“ (ALPO), und in Deutschland initiierte E. Pfannenschmidt mit dem Nachrichtenblatt „Mitteilungen für Planetenbeobachter“ einen Arbeitskreis von Amateuren, der heute der „Vereinigung der Sternfreunde e.V.“ angehört. Auch in Frankreich, Italien, Spanien, Belgien oder Schweden gibt es rege Planeten-Gruppen. Bekannte Einzelamateure und Beobachtergruppen sind immer wieder mit Veröffentlichungen ihrer Beobachtungsergebnisse hervorgetreten, teilweise in Fachzeitschriften. Amateur-Planetenbeobachter beteiligen sich auch an der genannten „International Jupiter/Mars Watch“.

Während bis in die sechziger Jahre die rein visuelle Planetenbeobachtung dominierte, gewannen in der Folgezeit die Photographie und später die Elektronik rasch an Bedeutung. Neben dem menschlichen Auge und der photographischen Emulsion als Strahlungsempfänger experimentieren auch Hobbyastronomen erfolgreich mit CCDs und zaubern damit Planetenbilder auf den Monitor, die bei guten Luftverhältnissen ein Auflösungsvermögen nahe dem theoretischen Leistungsvermögen des Instruments bringen. So berichtete der Berliner Sternfreund Hans Schumacher in der Zeitschrift „Sterne und Weltraum“ über seine Erfahrungen mit einer CCD-Kamera an einem Acht-Zoll-Spiegelteleskop: „Die Auflösung kommt bei gutem Seeing an die theoretische Grenze von 0,8 Bogensekunden heran, feinste Details, beispielsweise bei Mars die Spitzen der Meridian-Bucht oder bei Jupiter die feinen Girlanden und Stege am nördlichen Äquatorband, werden sicher erkennbar“ [10].

Auch für die Beobachtungsvorbereitung und -auswertung sowie für die Bildverarbeitung nutzen Amateurastronomen moderne Technik. Die rasche Entwicklung auf dem Rechner- und Mikroprozessorenmarkt machte die elektronische Datenverarbeitung für Planetenbeobachter möglich und preiswert. Hilfreich erweist sie sich auch bei der Beobachtung der Kleinplaneten.

Wissenschaftlich arbeiten heißt methodisch denken und handeln, wobei das Denken vor dem Handeln zu stehen hat. So gehört es dazu, daß der Beobachter ein Spezialgebiet nicht nur am Fernrohr, in der Dunkelkammer oder am Rechner gut beherrscht. Er muß gediegendes Wissen über die einschlägige Literatur haben und sich immer wieder in neuen Veröffentlichungen umsehen. Nur dann weiß er, worauf es ankommt und wie er die ihm zur Verfügung stehenden Möglichkeiten sinnvoll zum Einsatz bringt. Der Beobachter muß sich in sein Gebiet einarbeiten und ihm Jahre, wenn möglich Jahrzehnte treu bleiben.

Eine Überwachungsarbeit setzt natürlich ein gewisses Instrumentarium voraus. Mit einem Feldstecher Staubstürme auf Mars verfolgen zu wollen, ist einfach unmöglich. Welche Erscheinungen welche Ausrüstungen erfordern, werden Sie in den einzelnen Kapiteln erfahren, und Sie können es den Abbildungslegenden entnehmen. Gerade auch die letzten Jahre haben gezeigt, was Beobachtungen

von Amateurastronomen zu leisten vermögen. Erinnert sei im Falle Jupiters an das SEB-Revival 1993 oder den Kometenimpakt 1994.
Die kontinuierliche Überwachung der für die visuelle Beobachtung mit Amateurfernrohren besonders geeigneten Planeten Mars, Jupiter und Saturn bietet immer wieder Neues. Erinnert sei an das Ende der White Oval Spots auf Jupiter 2000. Die drei Ovale, entstanden vor etwa 60 Jahren und als langlebige Objekte bekannt, verschmolzen zu einem weißen Flecken. Marsbeobachter berichteten 2001 von dem seit Jahrzehnten größten Staubsturm, der monatelang weite Teile der Oberfläche einhüllte.
Eine ernsthafte Beobachtungsreihe sollte unter weitgehend gleichbleibenden Rahmenbedingungen angefertigt werden, da die Ergebnisse dann am besten vergleichbar sind. Experimentieren ist sicher unvermeidlich, um systematische Einflüsse auf die Beobachtungsergebnisse abschätzen zu können (z.B. die Wahl des Instruments, der Bildorientierung oder der Bildbearbeitungs-Software). Wenn eine längere Reihe aber nur aus Testphasen besteht, tritt das eigentlich Erwünschte in den Hintergrund.
Kaum ein Sternfreund ist von persönlichen und beruflichen Verpflichtungen derart entbunden, daß eine Beobachtung rund um die Uhr möglich wäre. Die eigene Beobachtungsreihe wird schon aus diesem Grund lückenhaft sein; dazu kommen natürlich wetterbedingte Einflüsse. Hier bietet sich die Mitarbeit im „Arbeitskreis Planetenbeobachter“ (AKP) mit seinen Sektionen Merkur/Venus, Mars sowie Jupiter/Saturn an. Die Sektionen koordinieren die Beobachtungsaktivitäten, und ihre Leiter können aussagekräftigere Auswertungen durchführen als es dem einzelnen Beobachter möglich ist. Der AKP ist gleichzeitig die Fachgruppe „Planeten“ der Vereinigung der Sternfreunde e.V. (VdS); eine Mitgliedschaft ist zwanglos und ohne Formalitäten.
Ein Mitteilungsblatt der Planetenbeobachter ist eine Möglichkeit, was die Kommunikation der Sternfreunde untereinander betrifft. Am wichtigsten aber ist wohl der persönliche Erfahrungsaustausch. Seit Anfang der achtziger Jahre fanden in der Bundesrepublik Deutschland und in der damaligen DDR regelmäßige Tagungen der Planetenbeobachter statt. Mittlerweile treffen sich jedes Jahr über Pfingsten die Planetenbeobachter zusammen mit der VdS-Fachgruppe Kometen in Violau, einem kleinen Ort in der Nähe von Augsburg.
1992, 1995 und 1997 veranstaltete der AKP in Violau das „Meeting of European Planetary and Cometary Observers“ (MEPCO), um Kontakte zwischen Beobachtern verschiedener Länder anzubahnen und auszubauen. Überhaupt sind internationale Kontakte und Literaturrecherchen für den Sternfreund, der sich mit „seinem“ Planeten näher beschäftigen möchte, eine unverzichtbare Informationsquelle. Immer stärker werden in diesem Zusammenhang die Angebote und Dienste des Internet genutzt. Mit dem World Wide Web (WWW) bietet sich die Möglichkeit, schnell aktuelle Forschungsergebnisse, Literaturstellen, Informationen ausländischer Amateurbeobachter u.v.m. abfragen zu können.
Heute gibt es fast überall Volkssternwarten, astronomische Arbeitsgemeinschaften oder Schulsternwarten. Der Erdmond und die Großen Planeten waren schon immer Demonstrationsstücke „erster Klasse“, wenn Laien etwas im Fernrohr

gezeigt werden soll. Und nach den Ergebnissen der Raumsondenmissionen möchten sich viele die Nachbarschaft im Weltraum selbst ansehen.
Unser Sonnensystem ist ein dankbares Anschauungsbeispiel für die astronomische Volksbildung. Nachhaltige volksbildende Arbeit sollte darauf ausgerichtet sein, Interessierte zu eigenem praktischen Tun anzuregen und anzuleiten. Der Wert eigener Fernrohrbeobachtungen ist ähnlich groß wie etwa der Selbstbau astronomischer Instrumente und das damit verbundene Eindringen in mechanische und optische Gegebenheiten. Ein großes Erlebnis bleibt es, beispielsweise den Planeten Mars von den ersten Wochen seiner Sichtbarkeit bis zur Opposition und darüber hinaus am Fernrohr zu verfolgen. Was läßt sich da nicht alles klären und nachprüfen, was vorher der Vortragende erzählt, was man in Büchern gelesen oder auf dem Computermonitor gesehen hat.

Abb. 1.1 Drei Jupiter-Aufnahmen von Isao Miyazaki, Okinawa, Japan, am 28. April 1995 zwischen 17:43 WZ und 19:42 WZ mit einem 400-mm-Newton-Teleskop und CCD-Kamera.

Literatur

[1] Sterne und Weltraum Special **3**: Der Mars. Verlag Sterne und Weltraum, Heidelberg 1998

[2] Fischer, D.: Die Rückkehr zum Mars: geglückt! Sterne und Weltraum **36**, 848 (10/1997)

[3] Althaus, T.: Cassini-Huygens. Die Erforschung des Saturnsystems. Sterne und Weltraum **36**, 838 (10/1997)

[4] Oberst, J.: Die Mars-Missionen Pathfinder und Global Surveyor Teil 1. Sterne und Weltraum **40**, 430 (6/2001)
Hauber, E.: Die Mars-Missionen Pathfinder und Global Surveyor Teil 2. Sterne und Weltraum **40**, 530 (7/2001)

[5] Litten, F. (Hrsg.): Philipp Fauth – Leben und Werk. Institut für Geschichte der Naturwissenschaften, München 1993, S. 49

[6] Fauth, Ph.: Jupiterbeobachtungen während 35 Jahren, 1. Teil. Voigtländers Verlag, Leipzig 1925
Fauth, Ph.: Jupiterbeobachtungen zwischen 1910 und 1938/39, 2. Teil. G. Schönfelds Verlagsbuchhandlung, Berlin 1940

[7] Williams, St.: On the Drift of the Surface Material of Jupiter in Different Latitudes. Monthly Notices of the Royal Astronomical Society, Band LVI. (1896)

[8] Siehe unter Löbering, W. im Literaturverzeichnis Seite 351. Dort weitere Angaben betreffend ältere Veröffentlichungen zur Planetenbeobachtung

[9] Handbuch für Sternfreunde (Hrsg. G. D. Roth), 4. Aufl., Band 2, S. 243. Springer-Verlag, Berlin – Heidelberg 1989

[10] Schumacher, H.: Planetenbeobachtung einmal anders. Sterne und Weltraum **31** (1992), S. 490

2 Die visuelle Beobachtung

von Günter D. Roth

2.1 Das Fernrohr

Die Planetenbeobachtung verlangt ein Instrument hoher Bilddefinition, auch noch bei mittleren und hohen Vergrößerungen. Da das Beobachten nur Freude macht, wenn das Fernrohr optisch in der Lage ist, eine wenigstens 100fache Vergrößerung gut zu bringen, ist die unterste Grenze hinsichtlich der Größe der Zweizöller (50 mm Objektivöffnung). Grundsätzlich eignen sich alle astronomischen Fernrohre, egal ob Linsenfernrohr (Refraktor) oder Spiegelfernrohr (Reflektor) für die Mond- und Planetenbeobachtung. Wegen der Verwendung von mittleren und hohen Vergrößerungen und der dabei angestrebten Bilddefinition beachte man bei der Wahl der Instrumente:

1. eine möglichst lange Brennweite (f = 1 : 10 bis 1 : 20);
2. keine silhouettierte Spiegeloptik.

Lange Brennweiten erlauben die Verwendung langbrennweitiger Okulare, mit denen man unter einer bestimmten Vergrößerung besser beobachtet, als wenn diese Vergrößerung mit einem kurzbrennweitigen Okular erzielt werden muß. Ganz allgemein gilt, daß bei langen Brennweiten alle an der Bildentstehung beteiligten optischen Flächen weniger gekrümmt sind und demzufolge einfachere Optik genügt (z.B. Kugelspiegel anstelle vom Parabolspiegel). Lange Brennweiten haben auch Vorteile bei der photographischen Beobachtung (s. S. 73).
Schließlich weisen Messungen der Luftunruhe darauf hin, daß lange Brennweiten bei Luftunruhe ruhigere Bilder ergeben. Verschiedene Planetenbeobachter empfehlen in diesem Zusammenhang auch die Benutzung einer Barlowlinse (s. S. 35).
Alle Spiegelfernrohre nach Newton und Cassegrain und auch das Spiegel-Linsen-Fernrohr nach Maksutow weisen als Folge der im Strahlengang befindlichen Fangspiegel eine Silhouettierung auf. Bei Newton- und Cassegrain-Teleskopen kommen noch die Streben der Fangspiegelhalterung dazu, die bei Maksutow und Schmidt-Cassegrain entfallen, da hier der Fangspiegel als kreisrunder Aluminiumfleck auf die Rückseite der Meniskuslinse aufgedampft bzw. die Korrektionsplatte mit dem Sekundärspiegel verbunden ist. Jede silhouettierte Spiegeloptik hat eine „gebremste Definition“ (Anton Kutter). Das Beugungsbild verändert sich: der Lichtanteil in der Beugungsscheibe vermindert sich zugunsten des Lichtanteils in den Beugungsringen, der Kontrastfaktor wird herabgesetzt. Das kann rechnerisch durchaus Hand in Hand mit einer Verbesserung des Auflösungsvermögens gehen. Praktisch kann das nur unter besten Sichtbedingungen etwas bringen. Bei der „alltäglichen“ Luftunruhe aber fließt der heller gewordene erste Beugungsring mit der Beugungsscheibe zusammen – die Detailerkennbarkeit auf Planeten ist reduziert.

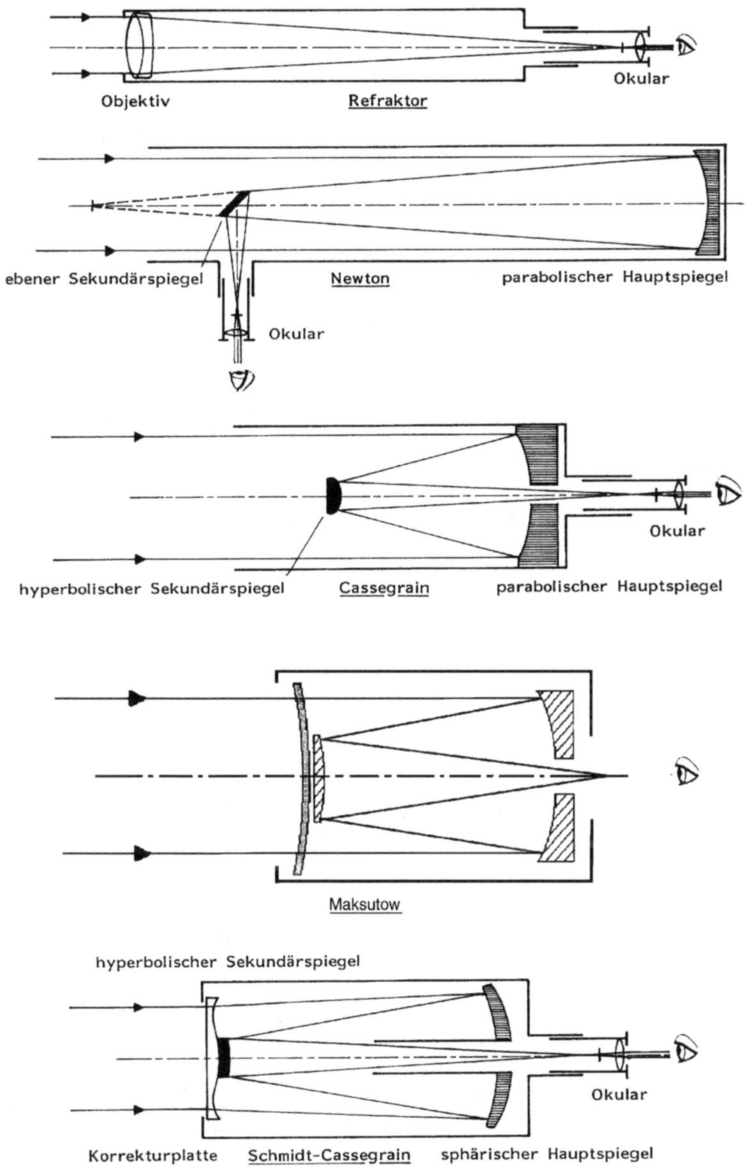

Abb. 2.1 Strahlengang in Fernrohren (von oben nach unten): Refraktor, Newton, Cassegrain, Maksutow, Schmidt-Cassegrain.

In einem Testbericht macht Elmar Remmert auf die Probleme aufmerksam: „In zahlreichen Nächten, in denen z.B. ein vierzölliger Refraktor ein ruhiges Fernrohrbild lieferte, waren beide Schmidt-Cassegrains nicht zu gebrauchen. Gerade bei der Mond- und Planetenbeobachtung, aber auch bei Doppelsterntrennungen, wo es auf höchste Auflösung ankommt, plagt man sich mit zappelnden Beobachtungsobjekten herum. Hier macht sich neben der oben erwähnten Temperaturempfindlichkeit auch die relativ große Öffnung von 200 mm unangenehm bemerkbar, die jede noch so kleine atmosphärige Unruhe spürbar werden lässt“ [1].
Der Vergleich zwischen einem 4zölligen Refraktor und einem Cassegrain mit 210 mm Öffnung ($f = 1:12$) führt Reinhart Claus zu dem Ergebnis: „Zunächst läßt der offene Tubus Turbulenzen und laminare Strömungen im abbildenden Strahlengang zu. Beides stört mehr, als der Anfänger zunächst glauben mag. Die Zahl der Beobachtungsnächte mit über 100facher Vergrößerung wird gegenüber dem entsprechenden Refraktor nochmal drastisch reduziert“ [2].
Das soll niemand abhalten, mit einem 25-cm-Newton ($f = 1:5$) und optimierten Fangspiegel Mond- und Planetenbeobachtungen zu machen [3]. Wer die Schwachstellen kennt, wird sich darauf einrichten und in Augenblicken brauchbarer Luft den Vorteil der größeren Öffnung („mehr Licht“) gegenüber dem „kleinen“ Refraktor ausnützen.
Es gibt eine Möglichkeit, die „gebremste Definition“ zu verbessern: die Wahl eines sehr kleinen Fangspiegels. Versuche haben gezeigt, daß Newton-Teleskope mit Fangspiegeln, die 20 und weniger Prozent Durchmesser des Hauptspiegels aufweisen, eine deutlich bessere Kontrastleistung zeigen als Instrumente mit 25, 30 und mehr Prozent. Konkret heißt das, daß ein Newton-System mit 8" Öffnung und „optimiertem“ Fangspiegel etwa die gleiche Kontrastleistung hat wie ein 6zölliger apochromatischer Refraktor! Die Fangspiegelgröße wird von der Höhe des Okularauszuges mitbestimmt. Baut der Okularauszug niedrig, erlaubt das die Verkleinerung des Fangspiegels. Verschiedene Hersteller liefern Newton-Teleskope mit besonders klein dimensionierten Fangspiegeln.
Fernrohre nach Cassegrain, Schmidt-Cassegrain und Maksutow haben wegen ihrer Konstruktionsmerkmale nicht zu unterschätzende Vorteile: Sie bauen kurz und haben trotzdem eine lange Brennweite. Um die Nachteile der Silhouettierung auszugleichen, wird man größere Öffnungen wählen. Nur hat diese Lösung den Haken, daß die Wirkung der Luftunruhe mit dem Quadrat des Durchmessers eingeht. Damit sind Grenzen gesetzt. Berichte über unbefriedigende Leistungen z.B. mit einem Schmidt-Cassegrain größerer Öffnung (über 10 Zoll) im Vergleich z.B. mit einen Refraktor kleinerer Öffnung berücksichtigen oft diese gesteigerte Wirkung der Luftunruhe zu wenig.
Auch ein Newton nach Dobson-Bauart kann für den Mond- und Planetenbeobachter brauchbar sein, wenn die fehlende parallaktische Nachführung durch Schrittmotore ersetzt wird, die die Höhen- und Azimutachse antreiben. Mit Hilfe eines PC kann eine einwandfreie Positionierung und Nachführung erzielt werden. Eine Anregung bietet der Bericht „Ein High-Tech Dobson-Teleskop“ [4].

Übrigens kann der Kontrast bei der Abbildung sowohl durch ein Linsensystem als auch durch einen Spiegel erhöht werden, „wenn der mittlere Teil heller ist als der äußere Bereich des Objektivs oder Spiegels“ [5]. Das kann erreicht werden mit Hilfe von Spezialfiltern oder durch Aufbringung einer absorbierenden Schicht auf Linse oder Spiegel. Über die Veränderung des Auflösungsvermögens siehe auch [6].

Daß selbst mit einem Newton-Spiegel erstaunliche Resultate erzielt werden können, bestätigt einmal mehr den Grundsatz, daß alle Instrumententypen für die Mond- und Planetenbeobachtung geeignet sind. Peter Hückel hatte einen „abgewandelten Newton“ von 10 Zoll Öffnung in Betrieb [7] [8].

Bewährte Markenfernrohre sind u.a. unter den Namen Celestron, Kosmos, Lichtenknecker, Meade, Pentax, Takahashi, Tasco, Tele Vue, Vixen, Unitron und Zeiss im Handel.

Vier Fernrohrtypen, die lange Brennweiten haben und frei von Silhouettierung sind, sollen besonders vorgestellt werden:

1. der Refraktor;
2. der Coudé-Refraktor;
3. der Schiefspiegler;
4. das Horizontal-Spiegelteleskop.

Hoher Preis, Unhandlichkeit und sekundäres Spektrum werden dem Refraktor vorgeworfen, um zu beweisen, daß er für den Amateur wenig ratsam sei. Wer aber erst Erfahrungen mit dem Linsenfernrohr gesammelt hat, wird bestätigen, daß die nachgesagten Nachteile lange nicht so schwer ins Gewicht fallen. Ein Refraktorobjektiv kann der Amateur nicht selbst machen im Gegensatz zum Spiegel. Wenn man aber bedenkt, daß der Amateur mit einem 4zölligen Refraktorobjektiv bereits eine Optik hat, die einem 8zölligen Newton oder Cassegrain ebenbürtig ist, dann sehen auch die Kosten wieder anders aus. Es muß auch kein dreiteiliger Apochromat sein. Das bewährte Fraunhofer-Objektiv (zweiteilig mit Luftzwischenraum, bei Zeiss als E-Objektiv bezeichnet) genügt vollauf, wenn man es im Bereich $f = 1:15$ bis $1:20$ beläßt. Das vorhandene sekundäre Spektrum ist mehr von theoretischer Bedeutung als von praktischer. Vor allen Dingen fällt es bei den Öffnungen kaum auf, die der Amateur beim Refraktor üblicherweise verwendet: 3–6 Zoll. Der Autor hat 1996 und 1997 Testbeobachtungen mit dem auf S. 26 abgebildeten 110-mm-Refraktor (Abb. 2.6) gemacht. Im direkten Vergleich zu moderner Optik, z.B. APQ 100/1 000-Refraktor von Zeiss, ist der Bildkontrast geringer. Das sekundäre Spektrum ist visuell erkennbar, wirkt aber bei Mond- und Planetenbeobachtungen nicht störend. Jupiter bei 174facher Vergrößerung und guten Luftverhältnissen zeigte alle für einen 4-Zöller erreichbaren Einzelheiten. Auch für photographische Zwecke sind Fraunhofer-Objektive durchaus brauchbar. Der sogenannte Halbapochromat (entsprechend etwa dem AS-Objektiv von Zeiss) reduziert das sekundäre Spektrum weiter.

Seit Jahren schon werden auch apochromatische Objektive für den Amateur angeboten. Es sind in der Regel dreilinsige Objektive aus Sondergläsern, z.T.

ölgefügt ohne Luftzwischenraum. Zu den Apochromaten zählen die dreilinsigen Objektive mit einer Linse aus Fluorphosphat oder Flußspat (Fluorit). Die auch im Angebot befindlichen zweilinsigen Objektive mit einer Flußspatlinse können nicht uneingeschränkt als Vollapochromate gelten. Sie sind aber auf alle Fälle gute Halbapochromate.
Einzelheiten über Linsen- und Spiegeloptik und damit zusammenhängende Informationen für den Erwerb eines Fernrohrs findet der interessierte Leser u.a. in der Reihe Astro Praxis [9], [10] und [11].
Fazit von Reinhart Claus: „Meide kurzbrennweitige, preisgünstige Fraunhoferoptiken, denn diese können das nicht, was der Anfänger legitimerweise will: vergrößern. f : 10-Öffnungsverhältnisse lassen sich ohne Spezialgläser eben nicht gleichzeitig bezüglich chromatischer und sphärischer Aberration befriedigend korrigieren. Das ist Physik und hat nichts mit technischem Können zu tun. Verminderter Kontrast (= neblige Bilder!) und Farbhöfe sind die unvermeidliche Folge. Mit einem klassischen f : 15-Fraunhofer allerdings ist man perfekt und heute auch preisgünstig bedient" [12].
Die Baulänge des Refraktors ist gleichbedeutend mit seiner Brennweite. Wenn die Rohrmontierung aus Aluminium hergestellt und schnellwechselbar an der parallaktischen Montierung befestigt ist (Prismenführung, Schwalbenschwanzführung), braucht man nur so viel Raum zur festen Aufstellung als die parallaktische Montierung auf der Säule hoch steht. Nach der Montierung wird die Rohrmontierung abgenommen und staubdicht in einem Kasten untergebracht. Auf diese Weise läßt sich noch ein 6-Zöller ohne große Mühe bewältigen.
Auch beim Fraunhofer-Objektiv wird das sekundäre Spektrum ganz beseitigt, wenn man das Öffnungsverhältnis $f = 1 : 20$ wählt. Die geometrischen Abbildungsfehler sind besser beseitigt als bei einem üblichen Spiegelfernrohr. Die Unempfindlichkeit gerade des zweiteiligen Refraktorobjektivs (nicht des 3teiligen Apochromaten!) gegen Temperaturveränderungen ist ein weiterer deutlicher Vorteil gegenüber dem Spiegel. Der geschlossene Tubus trägt zu der so wichtigen Bildruhe bei. Robert Wehn, der sich jahrzehntelang mit Prüf- und Meßmethoden betreffend der Güte astronomischer Fernrohre beschäftigt hat, schreibt: „Bei unruhiger Luft fanden wir in allen Fällen das Bild im Refraktor besser definiert."
Heute ist zu berücksichtigen, daß mit Hilfe moderner Glassorten (z. B. Zerodur) die Temperaturempfindlichkeit von Spiegelfernrohren minimal wird.
Für Feinschmecker unter den Mond- und Planetenbeobachtern ist der *Coudé-Refraktor* gedacht. Haben sie hier doch die Definition des Refraktors zusammen mit der kurzen Baulänge, wie man sie sonst nur beim Cassegrain kennt. Die Einschaltung von Spiegeln oder Prismen in den Strahlengang des Refraktors ist nicht so gefährlich, wie manche argwöhnen. Die dadurch aufkommenden Absorptions- und Diffusionserscheinungen sind geringfügig. Ganz groß wird die Bequemlichkeit geschrieben, und sie ist es ja, die letzten Endes auch die Genauigkeit der Beobachtung erhöht.
Es gibt mehrere Lösungen für ein Coudé-System (s. Abb. 2.2). Erwähnt seien in diesem Zusammenhang Empfehlungen von H. Treutner: „Wenn man schon

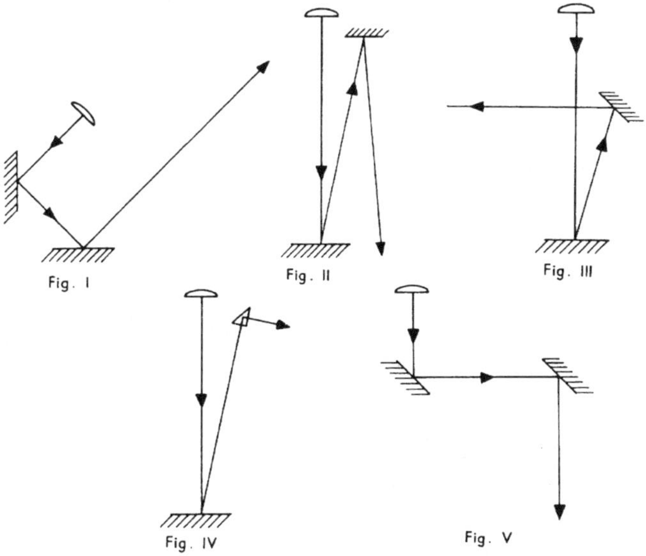

Abb. 2.2 Die wichtigsten Konstruktionsmöglichkeiten eines Coudé-Refraktors.

Abb. 2.3 Der japanische Beobachter I. Miyazaki (Okinawa) mit seinem 40-cm-Newton.

Abb. 2.4 Takahashi TSC 225 Schmidt-Cassegrain 225 mm Öffnung (1 : 12) von Therin Gérard (Blanc-Mesnil, Frankreich).

durch die Faltbauweise die Baulänge auf 1/3 f reduziert, so empfiehlt es sich nicht über das Öffnungsverhältnis 1 : 15 hinauszugehen, sondern eher darunter, beispielsweise bei 1 : 20 zu bleiben. Man kann dafür bei gleicher *absoluter* Öffnung die Brennweite länger wählen und kommt dann (bei gleicher Vergrößerung) mit schwächeren Okularen aus, die meistens weniger kosten und besser korrigiert sind." [13].

Mit der Hilfe von zwei Planspiegeln kann man die Brennweite sehr kurz verpakken. Der Schaer-Refraktor, den sich bereits mehrere Amateure in den letzten Jahren gebaut haben, ist dafür ein gutes Beispiel.

Eine Bauanleitung für einen 6zölligen Schaer-Refraktor hat Wolfgang Sorgenfrey veröffentlicht [14]. Über seine Erfahrungen mit dem Selbstbau eines fünfzölligen Spiegelrefraktors hat Ernst Pfannenschmidt in SuW berichtet [15]. Verwendet wurde ein preisgünstiger Fraunhofer-Achromat 1 : 15. Das „gefaltete" Instrument hat eine Baulänge von knapp 1 Meter. E. Pfannenschmidt: „Die Planeten zeigen farbtreue und kontrastreiche Scheibchen. Selbst Venus, ein recht strenges Testobjekt, wird sauber präsentiert. Eine bessere Abbildung habe ich eigentlich nur in einem Fluoritapochromaten von Takahashi gesehen. Sogar in einem Vergleich mit einem achtzölligen Schmidt-Cassegrain kommt der Achromat noch gut davon: die Catadioptrik hat zwar ein höheres Auflösungsvermögen, der Spiegelrefraktor jedoch bessere Kontrastabstufungen bei Mond- und Planetenbeobachtungen."

Abb. 2.5 10-cm-*Coudé*-Refraktor nach M. Wachter.

Abb. 2.6 110-mm-E-Objektiv, F = 1737 mm, von Carl Zeiss Jena, Nr. 3813, Baujahr 1911. Eingebaut in einem neuen Tubus von Baader Planetarium 1996.

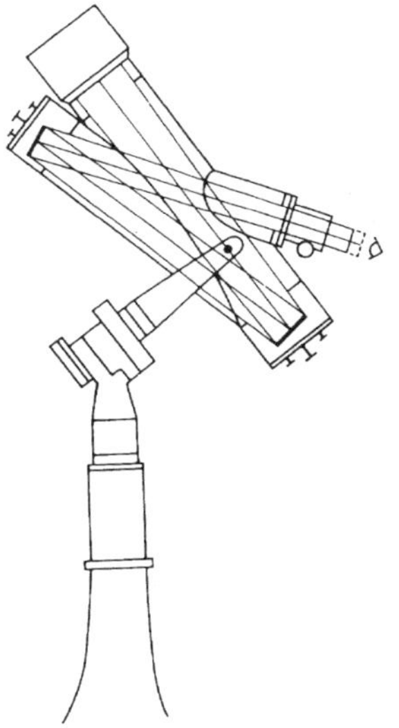

Abb. 2.7 Modifizierter Schaer-Refraktor nach M. Wachter auf Gabelmontierung. Öffnung 125 mm, Brennweite 2300 mm, Tubuslänge mit Taukappe 850 mm.

Abb. 2.8 30-cm-Schiefspiegler von K. Leister.

Der *Schiefspiegler*, in seiner neuesten Form konzipiert von Anton Kutter, ist ein echter Konkurrent für den Refraktor und in seiner Bilddefinition von keinem Spiegelteleskop erreicht. Es gibt keine störenden Teile im Strahlengang. Für Öffnungen bis 110 mm genügen einfache sphärische Spiegel, wobei man dem Hauptspiegel eine besonders lange Brennweite gibt. Bei größeren Öffnungen wird eine sphärische Korrektionslinse hinzugenommen (katadioptrischer Schiefspiegler). Dabei geht es aber bis zu 200 mm Öffnung immer noch mit sphärischen Spiegelflächen. Erst über diese Öffnung hinaus verlangt der Hauptspiegel eine ellipsoidische Deformation. A. Kutter hat seine Schiefspieglerkonstruktionen beschrieben [16].
Der Autor war selbst 16 Jahre lang Besitzer eines 110-mm-Schiefspieglers und hat mit diesem 4-Zöller unzählige Mond- und Planetenbeobachtungen gemacht. Die optische Leistung begeistert ehrlich! Man darf den Schiefspiegler ohne Einschränkung als Spezialinstrument für die Mond- und Planetenbeobachtung bezeichnen. Die mit Schiefspieglern gewonnenen Mondphotos zählen zu den besten, die es überhaupt gibt. Erwähnt soll noch werden, daß z.B. ein Schiefspiegler mit 20 cm Hauptspiegelöffnung eine Äquivalentbrennweite von rund 4 Metern hat. Die Baulänge des ganzen Instruments beträgt aber noch nicht ganz 2 Meter.

Die Schiefspieglerkonstruktion bedingt eine Schräglage des Bildfeldes, die visuell nicht ohne weiteres wahrnehmbar ist. Dagegen muß sie beim Photographieren berücksichtigt werden. Die Schräglage wird dadurch korrigiert, daß man den Schichtträger (Kameragehäuse) um einen Winkel von ein paar Grad neigt. Wer sich auf die Mond- und Planetenphotographie mit einem größeren Schiefspiegler spezialisieren will, muß diese Tatsache unbedingt berücksichtigen.
Eine sehr inhaltsreiche Darstellung über Schiefspiegler-Konstruktionen hat Michael Baum gegeben [17]. Neben Zwei-Spiegel-Lösungen werden einige der neuen Vier-Spiegel-Schiefspiegler („Tetra-Schiefspiegler") vorgestellt.
Yolo ist der Name für ein optisches System, das nur aus zwei konkaven Spiegeln besteht. Entwickelt wurde es von dem amerikanischen Physikprofessor Arthur S. Leonard. Das Yolo-Teleskop ist auch ein Schiefspiegler, aber mit gekreuztem Strahlengang und einem konkaven Senkundärspiegel. Und das System läßt sich mit einem erheblich kleineren Öffnungsverhältnis herstellen als ein Schiefspiegler ohne Verschlechterung der Bildfehlerkorrektur.
Der Primärspiegel des Yolo-Schiefspieglers ist ein konkaver Kugelspiegel mit geringer Krümmung und hyperbolischer Korrektur. Der gleichfalls schwach gekrümmte konkave Sekundärspiegel besitzt zwei unterschiedliche Krümmungsradien in zwei zueinander senkrechten Achsen. Diese Flächenform (Toroid) verhindert das Auftreten von Astigmatismus. Schweizer Sternfreunde unter Leitung von H. G. Ziegler haben erfolgreich demonstriert, daß man das System im Selbstschliff meistern kann. Weitere Informationen siehe [18] und [19].
Kommen wir zum *Horizontal-Spiegelteleskop*. Das optische System besteht aus einem sehr langbrennweitigen sphärischen Spiegel und einem genügend dimensionierten Planspiegel. Den Strahlengang beschreibt Abb. 2.9. Einen Horizontalspiegel hat bereits B. Schmidt mit viel Erfolg für die Planetenphotographie verwendet. Eine praktische Konstruktion hat der Engländer E. M. Fahy beschrieben. Sein sphärischer Spiegel hat 10 Zoll Öffnung und rund 12 Meter Brennweite. Dieser Spiegel befindet sich in einer hölzernen Fassung auf einem dreibeinigen Podest aus demselben Material (Abb. 2.10). In der Entfernung von 12 Metern steht der ebenfalls 10zöllige plane Hauptspiegel. Er ist beweglich angebracht, so daß er auf das Himmelsobjekt eingestellt und ihm nachgeführt werden kann. Oberhalb des Hauptspiegels schließlich ist das Okular befestigt (Abb. 2.11), selbstverständlich unabhängig vom Hauptspiegel, da ja das Okular fix auf die Strahlen gerichtet ist, die vom sphärischen Spiegel, der gleichfalls feststeht, reflektiert werden. Der Beobachter selbst sitzt bequem hinter dem Hauptspiegel und beobachtet durch den unbeweglichen und damit sehr erschütterungsfreien Okulareinblick.
Der Horizontalspiegel hat alle Vorteile der langen Brennweite, gegenüber den Brennweiten der üblichen Fernrohre darf man sogar von einer extrem langen Brennweite sprechen. Es stört auch kein Fangspiegel seinen Strahlengang. Mit verhältnismäßig außergewöhnlich langbrennweitigen Okularen können bereits mittlere und hohe Vergrößerungen erzielt werden. Eigentlich der einzige, aber doch ins Gewicht fallende Nachteil ist die Aufstellung, denn die 12 Meter Brennweite oder mehr wollen untergebracht sein. Haupt- und Fangspiegel bil-

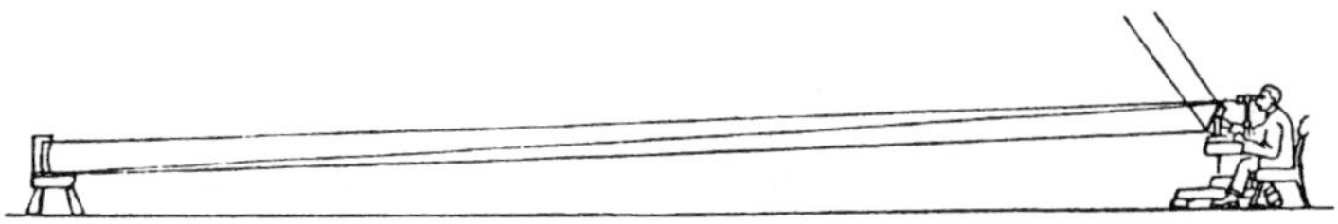

Abb. 2.9 Strahlengang eines Horizontalspiegels

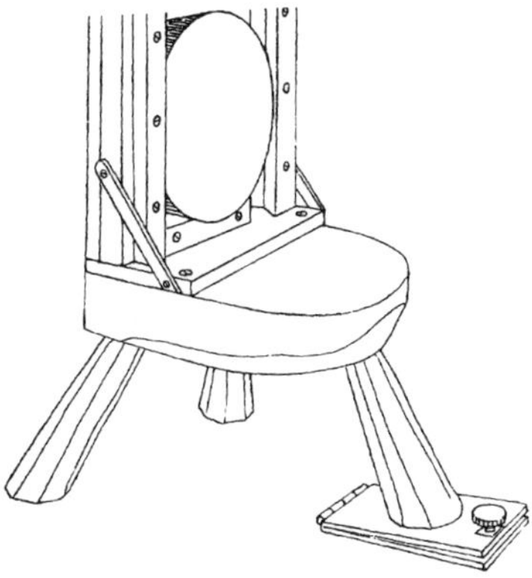

Abb. 2.10 Sphärischer Fangspiegel

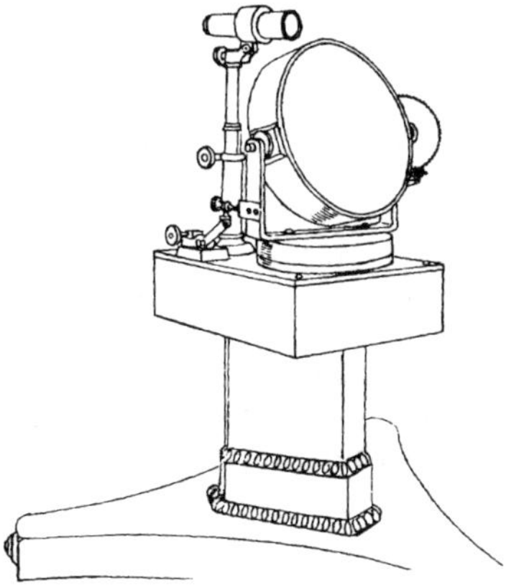

Abb. 2.11 Hauptspiegel (plan) mit Okularstutzen

den zwar keine mechanische Einheit. Sie sind also einzeln verhältnismäßig leicht und transportabel. Um sie aber optisch wirksam werden zu lassen, bedarf es einer Fläche, die wenigstens so lang ist wie die Brennweite des sphärischen Fangspiegels. E. M. Fahy hat sein Horizontal-Teleskop im Garten aufgestellt. Eine Aufstellungsmöglichkeit wäre auch ein langes flaches Dach. Abschließend darf darauf hingewiesen werden, daß die optische Leistung sehr von der Güte des Planspiegels abhängt.
Ein zu Unrecht vernachlässigter Fernrohrtyp ist das Schupmann'sche Medial, das besondere Qualitäten bei der Mond- und Planetenbeobachtung zeigt. Roland Kirchherr berichtete über Erfahrungen mit einem Instrument dieses Typs (Öffnung 325 mm, Brennweite 3 750 mm) [20].
Dem Amateur stehen also mehrere Möglichkeiten hinsichtlich des zu wählenden Instrumentariums offen. Was er letztlich wählt, ist persönliche Geschmackssache und hängt auch ab von den örtlichen Verhältnissen. Das gilt auch für die zu wählende Öffnung. Bezüglich der letzteren eine Empfehlung:

1. für Anfänger und reine „Spaziergucker" 4 Zoll beim Refraktor oder 8 Zoll beim Spiegel;
2. für systematisch beobachtende Amateure 6-Zoll-Refraktor oder 10-Zoll-Spiegel;

3. für Amateure mit ausgesprochen wissenschaftlichen Ambitionen 6- bis 8-Zoll-Refraktor oder Spiegel ab 15 Zoll.

Größere Optiken sollen mit viel Bedacht ausgewählt werden, weil die wenigsten Standorte hier in Mitteleuropa dem Amateur erlauben, solche Öffnungen sinnvoll einzusetzen. Die atmosphärischen Bedingungen sind meistens so, daß die 4- bis 8zölligen Instrumente optimal ausgelastet sind, während größere nur selten Gelegenheit bekommen, wirklich das zu zeigen, was optisch in ihnen steckt.

2.1.1 Die Vergrößerung

Die Planeten stellen an die Vergrößerung Mindestansprüche, wenn der Beobachter einigermaßen etwas zu sehen bekommen will. Diese Mindestansprüche hängen ab von den scheinbaren Durchmessern der einzelnen Planeten, die nicht gleich sind und Veränderungen unterliegen. Werner Sandner, selbst ein jahrzehntelang erfahrener Amateurbeobachter, hat im „Handbuch für Sternfreunde“ eine nützliche Tabelle veröffentlicht, die angibt, welche Vergrößerung notwendig ist, um dem Scheibchen des Planeten im Fernrohr die gleiche scheinbare Größe zu geben wie dem mit bloßen Augen beobachteten Vollmond:

Planet	Scheinbarer Durchmesser	Vergrößerung
Merkur	4,8" bis 13,3"	280fach in Elongation bei 6,5" Durchmesser
Venus	10" bis 64"	70fach in Elongation bei 25" Durchmesser
Mars	4" bis 25"	70fach in Opposition
Jupiter	31" bis 48"	40fach in Opposition
Saturn	15" bis 21"	100fach in Opposition
Uranus	3" bis 4"	500fach in Opposition
Neptun	1,5"	750fach in Opposition

Tab. 2.1

Der Beobachter wird also schauen, daß sein Instrument höhere Vergrößerungen bringt. Die Vergrößerung eines Fernrohrs ergibt sich aus

$$\frac{\text{Brennweite des Objektivs}}{\text{Brennweite des Okulars}} .$$

Nun, dann kann man ja bei einem Dreizöller mit 1200 mm Brennweite und einem Okular von 4 mm Brennweite eine 300fache Vergrößerung erzielen. Theoretisch ohne weiteres. Wer es in der Praxis versucht, ist sofort enttäuscht von dem, was er dann bei dieser Vergrößerung in seinem Dreizöller sieht. Nehmen wir als Beispiel Jupiter. Der Beobachter sieht bei 300facher Vergrößerung in seinem Dreizöller ein gelbgraues zappelndes Scheibchen, das mehr oder minder verschwommen helle und dunkle Streifen zeigt. Nimmt der Beobachter hingegen sein 10-mm-Okular, das ihm 120fache Vergrößerung gibt, findet er das ovale Scheibchen des Planeten Jupiter viel kleiner im Gesichtsfeld, aber dafür mit „harten“, das heißt viel deutlicher markierten Einzelheiten. Er wird außer den Streifen noch allerlei helle und dunkle Flecken sehen, die ihm bei der hohen Vergrößerung gar nicht so recht aufgefallen sind.

Was ist bei der Vergrößerung zu bedenken?

1. Beachtung der äußeren Umstände bei der Beobachtung. Sie reichen von der Luftunruhe bis hin zu störenden Lichtquellen (Straßenbeleuchtung). Siehe dazu auch S. 48.
2. Leistungsfähigkeit der verwendeten Fernrohroptik nicht überfordern. Sehr kurzbrennweitige Systeme und Systeme mit der sogenannten „gebremsten Definition" (Fangspiegel im Strahlengang) können die Vergrößerungsfähigkeit begrenzen. Beim Versuch, das mit größeren Objektivöffnungen auszugleichen (Brennweite wird länger), werden atmosphärische Einwirkungen häufiger wirksam als bei kleineren Öffnungen.
3. Die richtige Okularwahl. Und das sowohl mit Blick auf das verwendete Fernrohr als auch auf den Beobachter (Alter, Brillenträger). Neben Schärfe und Kontrastleistung sucht jeder Beobachter das für ihn günstige Einblickverhalten.

Das Okular bildet die Eingangsöffnung des Fernrohrs verkleinert ab. Man nennt dieses Bild die Austrittspupille. Bei einigen Bauformen von Okularen (z.B. Weitwinkelokulare) liegt die Austrittspupille sehr dicht an der Abschlußlinse. Das ist ein Nachteil besonders für Beobachter mit Brille. Die Entfernung augenseitige Okularlinse–Austrittspupille sollte für Normalsichtige wenigstens 10 mm, für Brillenträger aber 20 mm betragen. Dieser Pupillenabstand nimmt mit kürzeren Okularbrennweiten ab. Hier besteht auch die Gefahr einer ständigen Verschmutzung der Augenlinse durch die Wimpern des Beobachters. Eine gewisse Augenführung mit Hilfe der Form der Augenmuschel kann praktisch sein, gerade bei längerem Beobachten mit hohen Vergrößerungen. Ist das Auge zu nah am Okular, verschwinden plötzlich Teile des Gesichtsfeldes und bei der kleinsten Augenbewegung irrlichtert ein „blinder Fleck" im Gesichtsfeld. Ein zu großer Augenabstand trifft bevorzugt Beobachter ohne Brille. Mit der Körperbewegung verändert sich ständig die Lage der Austrittspupille. Das kann z.B. bei längerbrennweitigen Plössl-Okularen der Fall sein.
Wichtig ist eine gute Abstimmung zwischen Austrittspupille des Okulars und Augenpupille des Beobachters. Dabei ist zu berücksichtigen, daß der Durchmesser der Augenpupille mit dem Lebensalter abnimmt:

Durchmesser bei Nacht in mm	Alter in Jahren
8	20
7	30
6	40
5	50
4	60
3	70
2	80

Tab. 2.2

Über die Veränderung der Augenpupille mit den Lebensjahren gibt es durchaus unterschiedliche Erfahrungen [21], [22]. Feldversuche ergaben bei 60- bis 80Jährigen Pupillendurchmesser von bemerkenswerten 6–7 mm!
Ist die Austrittspupille größer als die Augenpupille geht ein nicht unerheblicher Teil des einfallenden Lichts an der Regenbogenhaut des Auges verloren. Bei allen astronomischen Beobachtungen sollte deshalb die Austrittspupille kleiner sein als die Augenpupille.
Der Durchmesser der Austrittspupille hängt ab vom Objektivdurchmesser des Fernrohrs und der benützten Vergrößerung:

$$AP = \frac{\text{Durchmesser des Objektivs in mm}}{\text{Vergrößerung}} \quad .$$

Folgende Überlegungen sind zu beachten:
Der Gewinn an Bildschärfe und Kontrast mit wachsender Vergrößerung hat seine Grenzen. Die Höchstvergrößerung bei der Planetenbeobachtung ist unter ausgezeichneten atmosphärischen Bedingungen bei einer Austrittspupille um 0,5 mm gegeben. In der Praxis wird der Beobachter das Optimum an Trennschärfe und Beobachtungskomfort eher bei 1 mm Durchmesser der Austrittspupille finden. Sicher haben diejenigen Beobachter recht, die sagen, man kann bei der Mond- und Planetenbeobachtung keine festen Formeln für die Vergrößerung anbieten. Im Einzelfall wird immer der Beobachter selbst aus der gegebenen Situation entscheiden, was er sich und seinem Fernrohr zumuten kann.
Der Versuch mit hohen und höchsten Vergrößerungen wird immer wieder lokken. Die in unseren Breiten seltenen Nächte mit „stehender Luft“ erlauben zusammen mit Optik bester Qualität Vergrößerungen bis zum Dreifachen der Öffnung bei der Mond-, Planeten- und Doppelsternbeobachtung.
Bildschärfe (zentral und am Rand), Bildhelligkeit (Transmission), Kontrast, Gesichtsfeld (scheinbares und wahres) und Einblickverhalten sind die wesentlichen Kriterien für die Beurteilung eines Okulars. Optischer Aufbau (Korrektur), Handhabung und Gewicht entscheiden, ob und wie Kriterien erreicht werden. In mehreren Aufsätzen in SuW wurde darüber berichtet [23]. Verwiesen sei auch auf das bereits zitierte Buch von Uwe Laux [24].
Nach allen vorliegenden Erfahrungen sind für den Planetenbeobachter immer noch die einfach aufgebauten vier- und fünflinsigen Okulare (orthoskopische nach Abbe und das aus zwei Achromaten bestehende Plössl-Okular) wegen der geringen Anzahl von Glas-Luft-Flächen und der guten Korrektur der Bildfehler am empfehlenswertesten. Diese Konstruktionen erreichen ein Bildfeld zwischen 40 und 50 Grad, das ohne große Augenbewegung überblickt werden kann. Neu entwickelte Okulare dieser Bauarten entsprechen auch den Anforderungen von Fernrohren mit großen Öffnungsverhältnissen.

2.1.2 Die binokulare Beobachtung

Normalerweise beobachtet der Sternfreund am astronomischen Fernrohr monokular. Aber als Benutzer eines Fernglases (Feldstecher) weiß er, das Schauen mit beiden Augen zu schätzen. „Den entscheidensten Tiefeneindruck vermittelt das beidäugige Sehen“ schreibt Horst Köhler in dem leider vergriffenen Standardwerk „Die Fernrohre und Entfernungsmesser“ und fährt fort: „Dieser Eindruck ist ganz eigenartig und zeichnet sich durch besondere Eindringlichkeit, Stärke, Sicherheit und Feinheit aus, so daß man von einem neuen Sinn, dem eigentlichen Raumsinn reden kann“.

Ein astronomisches Doppelfernrohr wäre natürlich eine feine Sache. Aber die Kosten haben nur zu wenigen Versuchen geführt, zumal auch im Selbstbau der konstruktive Aufwand nicht unerheblich ist. Roland Kabelitz hat unter dem Titel „Das Doppelrohr“ in SuW über seine Konstruktion, zwei vierzöllige Newton-Teleskope zu einem Doppelfernrohr zu verbinden, berichtet [25].

Sicher die einfachere und doch sehr überzeugende Methode aus einem monokularen Fernrohr ein binokulares Instrument zu machen, ist die Verwendung eines Strahlenteilers. Der Lichtstrom des einen Objektivs wird geteilt und zu je 50 Prozent in beide Augen geleitet (s. Abb. 2.12). Das Gehirn des Beobachters ist offenbar in der Lage, den Lichtverlust je Auge durch eine bessere Informationsverarbeitung nicht nur auszugleichen, sondern sogar überzukompensieren. Beobachter berichten, daß sie mit dem Binokular noch Sterne jenseits der Grenzgröße ihres Teleskops wahrnehmen, hellere Planetenbilder bekommen und den Detailreichtum auf Planetenoberflächen bzw. in Planetenatmosphären vergrößern.

Der dänische Beobachter P. Darnell hat vor Jahrzehnten schon über seine Erfahrungen mit einem binokularen Okularstutzen (Bitukni, Zeiss/Jena) berichtet [26] und auf zwei Vorteile besonders aufmerksam gemacht:

Abb. 2.12 Links: Beidäugiges Sehen mit zwei Objektiven (Doppelfernrohr). Rechts: Beidäugiges Sehen mit einem Objektiv und Strahlenteiler.

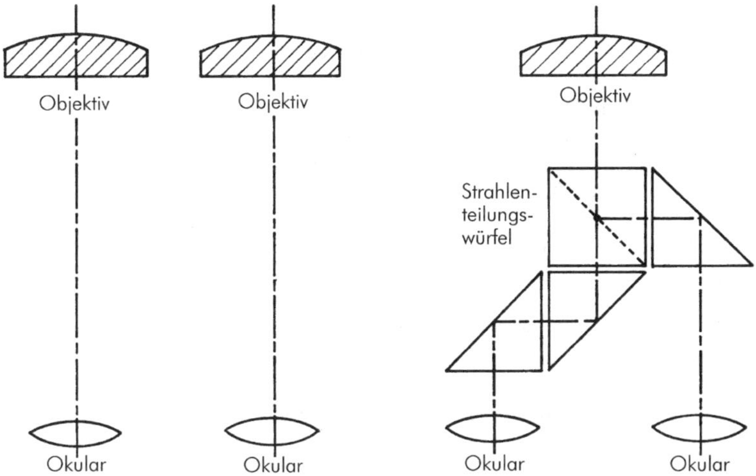

1. Die Objekte erscheinen bei der binokularen Beobachtung heller. Deshalb kann man stärker vergrößern als monokular. Ist beispielsweise monokular eine 250fache Vergrößerung die beste, so kann man binokular z. B. bei Mars und Venus eine 400- bis 500fache Vergrößerung benützen.
2. Das binokulare System reduziert auffällig das sekundäre Spektrum einfacher Refraktorobjektive.

Inzwischen ist das Angebot von binokularen Ansätzen für astronomische Fernrohre größer geworden. Vorreiter war in den 80er Jahren die Firma Baader, Mammendorf, mit dem Baader-Binokular. Ihm folgte in Zusammenarbeit mit Carl Zeiss, Jena, ein Großfeld-Binokular. Heute bieten alle bekannteren Fernrohrhersteller und -händler Binokularansätze an. Über bekannte im Handel befindliche Binokulare hat Joachim Biefang einen ausführlichen Testbericht in SuW veröffentlicht [27].

Die Verwendung eines Binokulars bedeutet Einfügung von Glaswegen in das optische System des benutzten Fernrohrs. Zweierlei kann das bewirken:

1. Eine Verlagerung des Brennpunkts, die mit dem Okularauszug nicht mehr ausgeglichen werden kann. Es gibt keine scharfen Bilder.
2. Besonders bei kurzbrennweitigen Systemen (Öffnungsverhältnis 1 : 4 bis 1 : 7) machen sich optische Fehler bemerkbar, die z.B. Kontrastabfall hervorrufen.

Mit Hilfe von Glasweg-Korrektoren werden beide Übel beseitigt. Der binokulare Ansatz wird bei Vorschaltung eines Glasweg-Korrektors nahezu für jedes Teleskop geeignet. So lassen sich Fokussierprobleme lösen. Außerdem verhindert der Glasweg-Korrektor die Bildverschlechterung bei kurzbrennweitigen Refraktoren und Spiegelfernrohren. Im Grund genommen sind die Glasweg-Korrektoren Barlowlinsen mit Verlängerungsfaktoren zwischen 1 : 1,25 und 1 : 2. Als solche lassen sie sich auch bei langbrennweitigen Fernrohren verwenden, bei denen die Korrektur optischer Fehler in Verbindung mit dem Binokular eine geringere Rolle spielt. Im Prinzip können Glasweg-Korrektoren überall dort verwendet werden, wo der Sternfreund Zubehör mit größeren Glaswegen verwenden will.

Auf die Qualität der Binokulare und der Glasweg-Korrektoren ist sehr zu achten. Da es bei der Planetenbeobachtung in den Bereich der Auflösungsgrenze des Fernrohrs geht, beeinträchtigt bereits eine leichte Verschlechterung des Bildkontrasts den Beobachtungserfolg. Das ganze benutzte optische System muß stimmig sein!

Zwei Verbesserungen, die das binokulare Sehen bringt und auf die Beobachter immer wieder hinweisen, sind:

1. Ausgleich von Unterschieden in den Augen. Wandernde Schlieren im Gesichtsfeld „sinken herab und springen bei einer Augenbewegung wieder empor, was besonders bei Planeten-Beobachtungen stört" (H. Wichmann [28]). Bei binokularen Beobachtungen tritt das nicht mehr störend auf, da die Schlieren in jedem Auge eine andere Lage haben.
2. Scheinbar weniger Einwirkung der Luftunruhe auf die Wahrnehmung von Planetendetails. Ganz offensichtlich ist das menschliche Gehirn fähig, „bin-

okulare Bildverarbeitung betreiben zu können und Bildstörungen teilweise zu überspielen. Daß dies bei Instrumenten mit mehr als 15 cm Öffnung ein äußerst wichtiger Pluspunkt des binokularen Sehens darstellt, leuchtet ein, da eben mit zunehmender Apertur die Luftunruhe immer störender wird" (B. Flach-Wilken).

Alles führt immer wieder zu der Erkenntnis, daß unser Gehirn beim binokularen Sehen unterschiedliche Informationen aus beiden Augen verarbeitet und dabei optimiert. Eine Fähigkeit, die anscheinend auch bei der Beobachtung mit Farbfiltern Wirkung zeigt. Daniel Krebs von der Volkssternwarte Frankfurt hat Versuche angestellt und dazu Rot- und Grünfilter nebeneinander ins Binokular geschraubt. So zeigt beim Planeten Mars „das kombinierte Bild die Polkappen und gleichzeitig die dunklen Flächen deutlich hervorgehoben".

Für Mondbeobachter ist die Erfahrung von Heinz Wichmann interessant: „Es gibt eine Art von Luftunruhe – wohl kleinräumige Turbulenz – die z.B. beim Mond die Struktur einer Kraterwand völlig zur Auflösung bringt. Üblich ist, daß man in solchem Falle mit der Vergrößerung heruntergeht. Beim zweiäugigen Sehen ist die Kraterwand sehr deutlich zu erkennen und macht lediglich eigenartige wallende Bewegungen, die so langsam sind, daß die Struktur erkennbar bleibt und sogar eine stärkere Vergrößerung noch Gewinn verspricht. Bei den „Rillen" ist dieser Effekt besonders deutlich zu beobachten: mit einem Auge kann man sie ahnen, mit beiden Augen sind sie als Objekt sichtbar" [28].

2.1.3 Die Barlowlinse

Die verfügbaren Brennweiten seiner Okulare kann jeder Sternfreund mit Hilfe einer Barlowlinse vermehren und so die Skala der Vergrößerungen feiner abstufen. Auch beobachtet es sich oftmals mit einer Kombination aus längerbrennweitigem Okular und Barlowlinse bequemer als mit einem sehr kurzbrennweitigen Okular.

Die Barlowlinse ist ein optisches System mit negativer Brechkraft, das vor dem Brennpunkt des Fernrohrs angeordnet wird. Es genügt eine bikonkave Zerstreuungslinse. Auf jeden Fall empfehlenswerter ist eine Kombination von zwei Linsen, um die Bild- und Farbfehler zu beheben. Die meist auf der Linsenfassung eingravierte Zahl (z.B. 2 x) gibt den Brennweitenverlängerungsfaktor an. Eine verlängerte Brennweite bedeutet aber auch, daß das Öffnungsverhältnis kleiner und die Bildhelligkeit flächiger Objekte (Planeten) geringer wird. Alle Bildfehler des Primärsystems (Fernrohr) werden mitvergrößert. Die Verlängerungsfaktoren sollen sich zwischen 1,5 x und 3 x bewegen.

Dazu ein Fallbeispiel: Ein Refraktor hat 100 mm Öffnung und eine Brennweite f = 1000 mm. Das bedeutet ein Öffnungsverhältnis 1 : 10. Die Einschaltung einer Barlowlinse 2 x bringt eine sogenannte Äquivalentbrennweite von f = 2000 mm und ein Öffnungsverhältnis 1 : 20.

Mit der Brennweitenverlängerung ist eine Verlagerung des Brennpunkts nach hinten verbunden. Damit werden das Okular oder der Okularrevolver weiter hinten angeordnet. Das führt zu einer Veränderung des Fernrohrschwerpunkts. Da

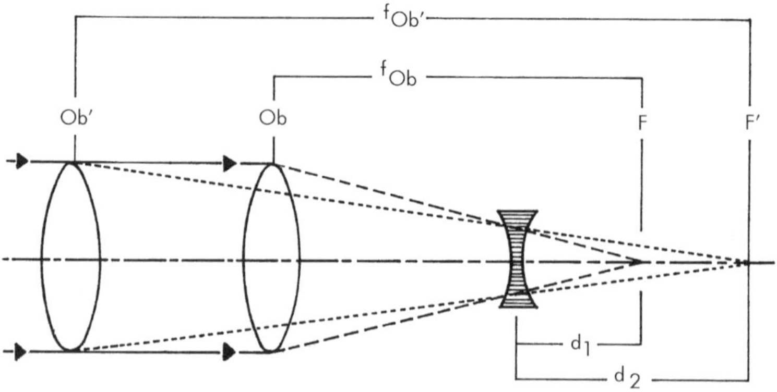

Abb. 2.13 Die Wirkung der Barlowlinse (nach W. Paech).

Abb. 2.14 Doppelspiegel aus zwei Zeiss-Zenitspiegeln und eingebauter 2 x Barlowlinse an einem 178-mm-Meade-ED-Refraktor. Konstruktion von Per Barner Darnell, Dänemark. Die lange Brennweite (3 200 mm) dämpft die Luftunruhe.

die Brennweitenverlängerung auch für Zwecke der Mond- und Planetenphotographie genutzt wird, ist für den Ausgleich von Gewichtsverlagerungen zu sorgen.

Nachfolgend die Berechnung der Barlowlinse von Wolfgang Paech aus seiner Veröffentlichung „Tipps & Tricks“ [30].

„Die Barlowlinse befindet sich im Normalfall kurz vor dem Primärbrennpunkt des Objektives oder des Spiegels. Sie wird hauptsächlich zur Brennweitenverlängerung (und damit für die Bildvergrößerung auf dem Negativ) für die Sonnen-, Mond- und Planetenphotographie eingesetzt.

Die Barlowlinse verschiebt die Fokuslage von F nach F' und scheinbar das Objektiv von O_b nach $O_{b'}$. Die daraus resultierende Brennweite ist $f_{Ob'}$. d_1 ist der Abstand zwischen Barlowlinse und Originalfokuslage und d_2 der Abstand Barlowlinse – neue Fokuslage. M_B ist der Verlängerungsfaktor und f_B die Brennweite der Barlowlinse. Dann ist

$$f_{Ob'} = \frac{f_{Ob} \cdot f_B}{f_B - d_1}, \qquad M_B = \frac{f_{Ob'}}{f_{Ob}}, \qquad d_2 = M_B \cdot d_1.$$

Für diese Anwendung der Barlowlinse kann die Brennweite relativ klein sein. Weiterhin kann sie eingesetzt werden, wenn lange Brennweiten bei kurzen Teleskopbaulängen gefordert sind, da die Barlowlinse die Baulänge eines Teleskops nur unwesentlich verlängert."

2.1.4 Weitere Zusatzgeräte zum Fernrohr

Auf das Thema Montierung und Nachführung soll hier nicht besonders eingegangen werden. Der Hinweis auf einige Literaturstellen muß genügen [31, 32, 33].

Daß gerade bei der Mond- und Planetenbeobachtung, visuell und photographisch, die stabile Montierung und die sanfte, exakte Nachführung unbedingte Voraussetzungen für den Erfolg sind, ist selbstverständlich. Unter den drei Motoren für den Teleskopantrieb, Synchron-, Gleichstrom- und Schrittmotor, nimmt letzterer wegen des hohen Regelbereichs und computergestützten Steuerungsmöglichkeiten einen bevorzugten Platz ein. Es muß auch festgehalten werden, daß heute die gewünschte Steifigkeit der Montierung nicht mehr an schwere Konstruktionen gekoppelt ist [34]. Die transportable Montierung ist gefragt, um dem Sternfreund möglichst viele Gelegenheiten zum Beobachten zu geben [35]. Moderne Werkstoffe und Konstruktionsmerkmale erlauben Qualitätsstandards, auf die man achten sollte. Beispielsweise beim Antrieb, wo Positioniergenauigkeit und Spielfreiheit verlangt werden müssen. Oder im Be-

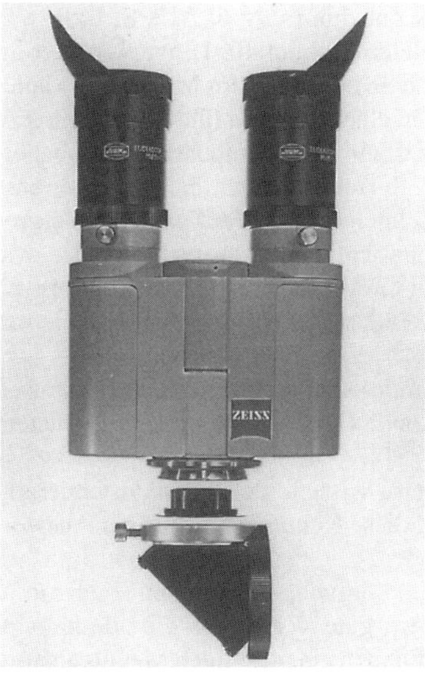

Abb. 2.15 Zeiss-Großfeld-Binokular mit Zenitprisma von Baader Planetarium. Kompakte Bauweise z.B. für kurzbrennweitige Refraktoren.

Abb. 2.16 180-mm-Maksutow-Teleskop mit Vierfach-Okularrevolver.

reich der Anschlüsse für Stromversorgung und Fernrohrsteuerung, wo oft noch billige Kunststoffstecker Kontaktschwierigkeiten zur Folge haben.
Nachfolgend werden die Zusatzgeräte am Okularstutzen behandelt, die meist in Verbindung mit dem Okular Verwendung finden. Sehr hilfreich bei der visuellen Beobachtung ist die Benutzung von

- Zenitspiegel,
- Zenitprisma,
- Pentaprisma,
- Bauernfeindprisma
- Okularrevolver.

Der Zenitspiegel bzw. das Zenitprisma macht die Beobachtung zenitnaher Himmelskörper bequem. Kurz vor dem Okular wird der Strahlengang um 90° abgewinkelt. Der Beobachter schaut senkrecht zur Fernrohrachse. Das Bild, das jetzt vom Mond oder Planeten erzeugt wird, ist seitenvertauscht. Damit stellt sich schon die Frage nach der Reflexion in Zusatzgeräten. Dazu eine Übersicht:

Zusatzgerät	Bildumlenkung	Bild	Orientierung
Zenitspiegel	90°	seitenvertauscht	Norden oben Süden unten
Zenitprisma	90°	seitenvertauscht	Westen links Osten rechts
Pentaprisma	90°	astronomisch richtig	Norden unten Süden oben
Bauernfeindprisma	60°	astronomisch richtig	Westen links Osten rechts

Unter dem astronomisch richtigen Bild versteht man den Anblick z.B. des Mondes in einem Refraktor ohne umlenkendes Zubehör (s. Abb. 7.22, S. 168).
Das Bauernfeindprisma hat einen horizontalen Einblick für Himmelskörper im Bereich der Ekliptik. Es empfiehlt sich deshalb besonders für Mond- und Planetenbeobachter. Okularrevolver gibt es in verschiedenen Ausführungen für bis zu sechs Okularen. Ein guter Okularrevolver ist ein fast unentbehrliches Zubehör: Einblick senkrecht zur Fernrohrachse, Dreh- und Klemmarbeit im Positionswinkel (Drehung um die Fernrohrachse), schneller Zugriff auf passende Vergrößerungen. Liefert der Okularrevolver seitenrichtige und aufrechte Bilder, wie z.B. der Vierfach-Okularrevolver von Carl Zeiss Jena, ersetzt er Zenitprisma und Prismen-Umkehrsatz. Nur in diesem Fall haben wir den Anblick wie mit bloßen Augen (s. Abb. 7.22 a, S. 168).
Hinweis: Beim Binokular liefert der gerade Strahlengang ein astronomisch richtiges Bild. Bei einer einfachen Reflexion (z.B. Bildumlenkung 90°) entsteht ein seitenvertauschtes Bild.
Für den Beobachter ist es immer wichtig zu wissen, welche Bildorientierung das optische Zubehör anbietet. Er braucht diese Kenntnis z.B. für die Auswertung von Mond- und Planetenbeobachtungen.
Alle genannten Zubehörgeräte produzieren Glaswege und stellen Eingriffe in das optische System des Fernrohrs dar. Auf gute Verarbeitung ist deshalb zu achten, z.B. das Zenitprisma multivergütet und in einem soliden Metallgehäuse.

Optisch einwandfreie Prismen sind nicht billig, aber der Beobachter sollte hier auf Qualität achten. Beim Zenitspiegel kommt es auf die einwandfreie Planfläche an. Beim Prisma kommt es noch auf Glasqualität, Dispersion, Winkeltreue oder Prismenflächen u.a. an.

Für die visuelle Beobachtung sind weitere wichtige Zusatzgeräte:

1. Farb- und Filtergläser,
2. Photometer,
3. Mikrometer.

Diese drei Arten von Zusatzgeräten werden nachfolgend im Hinblick auf die visuelle Planetenbeobachtung näher beschrieben.

Die Verwendung von *Farb- und Filtergläsern* bei der visuellen Mond- und Planetenbeobachtung kann dreierlei Zwecken dienen. Einmal will der Beobachter ein zu helles Objekt dämpfen, um eine bessere Kontrastwirkung zu bekommen und die Blendung bzw. Überstrahlung zu beseitigen. Beispiele: Mond, Venus. Er verwendet dafür Neutralgläser, auch Graugläser genannt. Die Schott-Filter NG 11 und 5 kommen hierbei in Frage. Dann läßt sich mit Farbfiltern bei Refraktoren die chromatische Restaberration („sekundäres Spektrum") weiter herabdrücken, was der Bildschärfe zugute kommt. Auch für photographische Aufgaben ist das von Bedeutung (s. S. 71).

Ihre größte Bedeutung haben die Farbgläser aber für die sogenannte visuelle Spektralphotometrie. Analog auch für die photographische Spektralphotometrie. Das ist die visuelle oder photographische Beobachtung einer Planetenatmosphäre oder -oberfläche in verschiedenen, genau definierten und ausgewählten Spektralbereichen. Die Voraussetzung dazu ist, daß der Beobachter weiß, mit welchen Filtern er beobachten soll und wie deren optisches Verhalten, sprich spektrale Durchlässigkeit, ist. Es ist keineswegs damit getan, daß man farbiges Glas irgendwelcher Herkunft in den Strahlengang seines Fernrohrs bringt. Auch nicht damit, daß das eine Filter vielleicht ein schärferes Bild von der Oberfläche zeigt als das andere. Wenn der Amateur haben will, daß ihm Filter etwas sagen, dann muß er

1. Qualitätsfilter verwenden, über die alle optischen Daten bestens bekannt sind;
2. mehrere Filter hintereinander verwenden und die Unterschiede sorgfältig aufzeichnen;
3. systematisch über längere Zeit hinweg das ausgewählte Objekt mit Filtern beobachten.

Lieferant von Schott-Filtern in kleinen Mengen: ITOS GmbH, Carl-Zeiss-Str. 23, D-55129 Mainz, Tel.: 0 61 31/58 08 90, Fax 0 61 31/5 80 89 11, Mail: mail@itos.de, Internet: www.itos.de.

Welche Filter sollte der Amateur verwenden? Es sind in erster Linie die Bandfilter mit selektiv glockenförmigen Transmissionskurven. Der Transmissionsbereich ist von zwei Sperrbereichen umgeben. Wichtigste Filtereigenschaften [36]:

1. Maximum des spektralen Transmissionsgrades im Durchlaßbereich τ_{max} und
2. Halbwertswellenlängen $\lambda^{I}_{1/2}$ und $\lambda^{II}_{1/2}$ mit einem spektralen Transmissionsgrad von $\tau_{max}/2$.

Die Mitte der Strecke $\overline{\lambda^{I}_{½}, \lambda^{II}_{½}}$ nennt man Mittelwellenlänge oder spektrale Lage, den Abstand $\overline{\lambda^{I}_{½}, \lambda^{II}_{½}}$ Halbwertsbreite (HW). Die nachfolgende Tabelle enthält DIN- und SCHOTT-Bezeichnungen für 19 Bandpaßfilter:

DIN-Bezeichnung			SCHOTT-Bezeichnung	
Kenn-buchstabe	l_m in nm	HW in nm	Typ	Referenzdicke in mm
BP	322	163	UG 5	1
BP	324	111	UG 11	1
BP	347	262	BG 24 A	1
BP	351	80	UG 1	1
BP	372	184	BG 3	1
BP	400	156	BG 25	1
BP	408	145	BG 12	1
BP	434	162	BG 28	1
BP	460	238	BG 23	1
BP	466	180	BG 7	1
BP	473	270	BG 39	1
BP	482	231	BG 18	1
BP	485	309	BG 40	1
BP	492	339	BG 38	1
BP	524	87	VG 14	1
BP	524	150	VG 6	1
BP	528	116	VG 9	1
BP	719	58	UG 11	1
BP	881	309	RG 9	3

Tab. 2.3

Die Abhängigkeit der Filterwerte von der Glasdicke macht nachfolgende Übersicht für zwei Bandfilter anschaulich:

Bandpaßfilter	Filterwerte für Glasdicke					
Glastyp	1,0 mm	2,0 mm	3,0 mm	4,0 mm	5,0 mm	6,0 mm
UG 11						
– λ_m [nm]	324	325	326	327	328	329
– HW [nm]	111	96	87	80	75	69
τ_{max}	0,84	0,77	0,71	0,66	0,60	0,56
– τ (720 nm)	0,27	0,08	0,02	$7 \cdot 10^{-3}$	$2 \cdot 10^{-3}$	$7 \cdot 10^{-4}$
BG 39						
– λ_m [nm]	473	467	464	463	462	462
– HW [nm]	270	239	222	211	202	195
– τ_{max}	0,90	0,89	0,88	0,87	0,86	0,86

Tab. 2.4

Neben den Bandfiltern (Bandpaßfiltern), die bestimmte Bereiche selektiv durchlassen, gibt es Langpaßfilter, die unerwünschte kürzerwellige Bereiche sperren, Kurzpaßfilter, die unerwünschte längerwellige Bereiche sperren, sowie

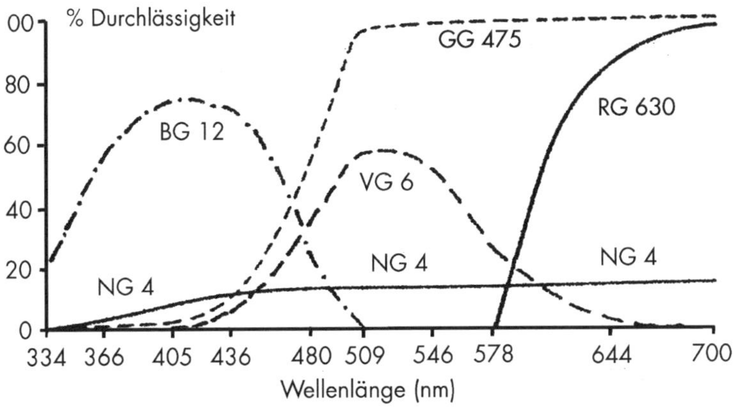

Abb. 2.17 Durchlässigkeit in Prozent in Abhängigkeit von der Wellenlänge in nm für die Filter BG 12, VG 6, GG 475, RG 630 und NG 4.

die bereits erwähnten Neutralfilter (Graugläser). Schott-Filter sind wie folgt eingeteilt:
Das umfangreiche Sortiment von Schott umfaßt im optischen Wellenlängenbereich ab 200 nm folgende Filterarten:
Bandpaßfilter, welche die gewünschte Breite selektiv durchlassen,
Langpaßfilter, die ungewünschte kürzerwellige Bereiche sperren,
Kurzpaßfilter, die ungewünschte längerwellige Bereiche sperren, sowie
Neutral- und Konversionsfilter, die in gewissen Bereichen mehr oder weniger aselektiv schwächen.

Schott-Filtergläser sind in folgende Gruppen eingeteilt:
UG Schwarz- und Blaugläser mit UV-Durchlässigkeit,
BG Blau-, Blaugrün- und Bandengläser,
VG Grüngläser,
GG Gelbgläser,
OG Orangegläser,
RG Rote und schwarze Gläser mit IR-Durchlässigkeit,
NG Neutralgläser mit gleichmäßiger Strahlungsschwächung im Sichtbaren,
WG Farblose Gläser mit verschieden großen Durchlaßbereichen im UV,
KG praktisch farblose Gläser mit Absorption der Strahlung im IR (Kaltlicht- oder Wärmeschutzgläser),
FG Blaue und braune Farbtongläser.

Die Abb. 2.17 und 2.18 geben den spektralen Reintransmissionsgrad verschiedener Schott-Filter graphisch wieder.
Bei der Verwendung von Filtern muß bedacht werden, daß jedes Filter absorbiert. Je nach Farbe und Glasdicke verringert sich die Gesamthelligkeit des Objekts. Sicher ist dies beim Mond ein unbedeutendes Problem. Anders verhält es

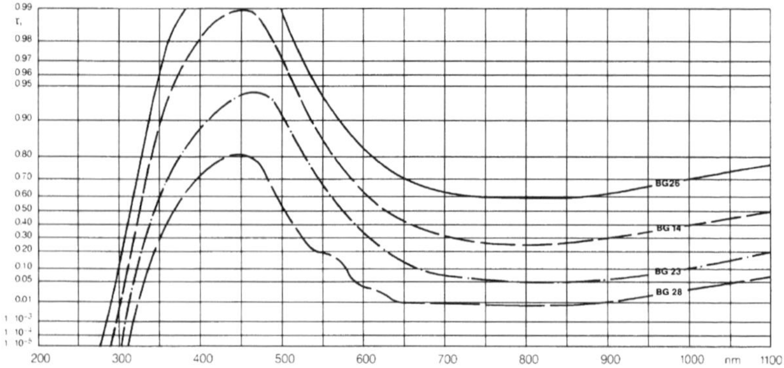

Abb. 2.18 Spektraler Reintransmissionsgrad, graphisch, Bandpaßfilter, Farbe: hellblau bis blau. Glasdicke 1 mm (Schott Glas Mainz).

sich dagegen bei den Planeten, erst recht bei den Kleinen Planeten. Die Verringerung der Gesamthelligkeit macht visuelle Wahrnehmungen schwieriger. Bei photographischen Arbeiten verlängert sie die Belichtungszeiten.
Über „Optische Filter bei visuellen Beobachtungen“ hat W. W. Spangenberg [37] einen sehr profunden Aufsatz geschrieben. In einer Zusammenfassung heißt es dort: „Ein wichtiges Anwendungsgebiet von Filtern ist ohne Zweifel die visuelle Beobachtung der großen Planeten. Aus der Literatur und aus Ergebnissen eigener Beobachtungsversuche läßt sich sagen, daß gute Erfolge möglich sind beim Merkur (mit Orange- und Blaufiltern OG 6 bzw. BG 23, aber auch Violettfilter), bei der Venus (mit Rot-, Grün- und Blaufiltern RG 630 und RG 665, VG 6 oder VG 8 und BG 12) und beim Mars (mit Orange-, Grün- und Blaufiltern OG 550, VG 8 und BG 23), während vom Jupiter und Saturn nicht viel berichtet wurde. Hinzuweisen ist noch auf Gläser mit Didymbandenabsorption (z.B. BG 11 und BG 20). Auch Neophangläser sollten versucht werden: ein solches zeigte in meinem Fünfzöller die Saturnringe ausgesprochen grünlich, die Kugel des Planeten jedoch rötlich.“
Der Beobachter wählt für sein Programm 3–4 Filter, die sich möglichst gut ergänzen. So eine Filterkollektion kann z.B. bestehen aus: RG 630, GG 475, BG 23. Die einzelnen Filter sind so zu fassen, daß sie auf das Okular anstelle der Augenmuschel aufgeschraubt werden können. Bequem ist der fünffache Farbglasrevolver der Firma Carl Zeiss, Jena, der mit den Farbgläsern RG 630, GG 475, VG 8, BG 12 und dem Neutralglas NG 9 serienmäßig ausgerüstet war. Gelbglas GG 475 ist ein sehr strenges Gelbfilter. Das Grünglas VG 6 ist ähnlich dem nicht mehr lieferbaren VG 8. Auch die Filter VG 8, BG 1 und OG 6 werden nicht mehr hergestellt. Filter lassen sich auch vor dem Okular bzw. dicht vor der Feldlinse anbringen. Der Verfasser hat sich von einem Mechaniker die in Abb. 2.19 dargestellte Filterfassung anfertigen lassen und für recht praktisch befunden. Eine andere Möglichkeit ist Abb. 2.20 zu entnehmen, bei der der Wechsel rasch und einfach vonstatten geht.

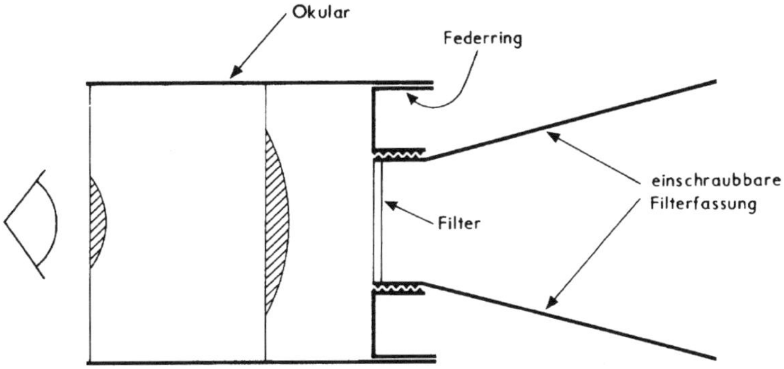

Abb. 2.19 Filterfassung

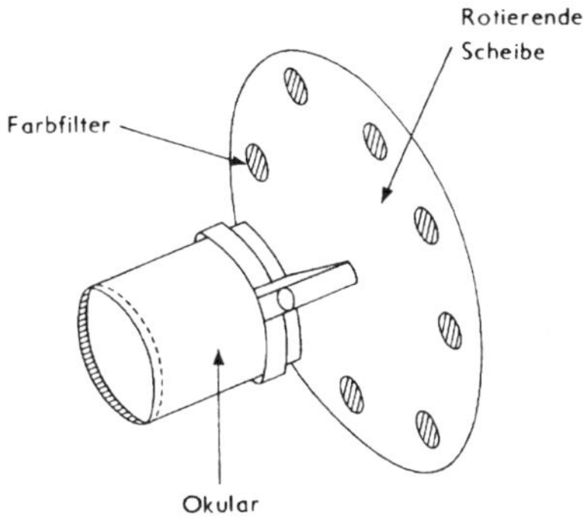

Abb. 2.20 Farbglasrevolver

Filter ausländischer Herkunft sind u.a. von folgenden Firmen bzw. unter folgenden Bezeichnungen bekanntgeworden: die Wratten-Filter von Kodak, die Dufay-Chromex-Filter und die Spectrum-Filter von Ilford. Alle Hersteller geben eigene Kataloge über ihr Lieferprogramm heraus, in denen alle optischen Daten über die Filter stehen. Der Bezug dieser Kataloge empfiehlt sich für den Beobachter, der sich auf Filterbeobachtungen spezialisieren will (z.B. Schott Glas, Geschäftsbereich Optik, Produktionsgruppe Optische Filter, Postfach 2480, D-55014 Mainz).

Farbfilter schwächen das vom Planeten ausgesandte Gemisch von Strahlung verschiedener Wellenlängen unter Bevorzugung gewisser Wellenlängengebiete. Der Beobachter zeichnet das sichtbare Detail ohne Filter und das, welches bei Vorschaltung der einzelnen, ausgewählten Farbfilter wahrnehmbar ist. Der Vergleich der Zeichnungen in verschiedenen Spektralbereichen ist eine Art Spektralphotometrie, und zwar eine qualitative. Eine absolute Messung der durchgelassenen Intensitäten der Oberflächendetails fehlt. Sie wäre Voraussetzung für eine quantitative Spektralphotometrie. Der Zeichner am Fernrohr ist nur in der Lage, die relativen Intensitäten des Oberflächendetails in verschiedenen Spektralbereichen anzugeben. Das genügt, um bei entsprechender Systematik wesentliche Aussagen über visuell beobachtbare Oberflächeneinzelheiten zu machen. Venus, Mars und Jupiter empfehlen sich besonders für die filtervisuelle Beobachtung.

Kodak-Wratten	ähnlich	Schott	Dicke [mm]
80 A		BG 34	1,75
38 A		BG 7	2
56		VG 6	1
12		OG 515	3
21		OG 550	3
	oder	RG 610	3
47		—	
49		—	
29		RG 630	2

Tab. 2.5 Übersicht über die Ähnlichkeit von Kodak-Wratten-Gelatinefilter mit Schott-Filtertypen. Aufgrund der verschiedenen Zusammensetzung ist ein Vergleich nur sehr bedingt zulässig.

Die durch die Verwendung von Farbfiltern eintretende Schwächung der Bildhelligkeit im Okular macht manchen Beobachtern Schwierigkeiten. Filterbeobachtungen setzen einige Übung voraus. Insbesondere ist es notwendig, daß der Beobachter seinen Augen Zeit zur Anpassung läßt. Niedriger Stand des Objekts über dem Horizont und ähnliche Beobachtungshemmnisse wollen in Betracht gezogen sein.

An dieser Stelle ein paar Anmerkungen über die Verwendung von Polarisationsfiltern (Polfiltern). Die Ebenen, innerhalb welcher natürlich erzeugte Lichtwellen schwingen, haben keine Vorzugsrichtung; Ausnahmen: reflektiertes Sonnenlicht, nichtthermische Strahlung (z.B. Synchrotronstrahlung). Schwingt ein Strahlungsfeld stets in einer Richtung, spricht man von linear polarisierter Strahlung. Untersuchungen über polarisierte Strahlung sind seit vielen Jahren schon Bestandteil der astrophysikalischen Arbeit. Mit Hilfe eines Polarisationsfilters (Analysator), das um 135 Grad drehbar ist, läßt sich polarisierte Strahlung nachweisen. Das Polfilter bekommt seinen Platz im Strahlengang unmittelbar vor dem Empfänger, z.B. ein Photometer. Die in der Photographie üblichen Polfilter sind geeignet, nicht dagegen Polarisationsfolien. Die Verwendung eines Polfilters mindert die Grenzgröße ungefähr um zwei Größenklassen. Objekte der Polarimetrie sind u.a. auch der Mond, die Planeten und die Planetoiden. Weil hier die Polarisationsgrade meistens nur wenige Prozent ausmachen und Helligkeitsmessungen auf Hundertstel einer Größenklasse genau sein müssen, bietet sich die lichtelektrische Photometrie (s. S. 123) an. Mehr über „Polarimetrie für Amateurastronomen“ in [38].

Photometer: Die großen Planeten zeigen im Fernrohr helle und dunkle Einzelheiten. Diese Einzelheiten sind nicht alle immer gleich hell oder gleich dunkel. Der Beobachter wird feststellen, daß beispielsweise das SEB auf Jupiter zu Beginn einer Beobachtungsreihe dunkler war als Wochen später. Wie kann man die Intensität und ihre Schwankungen festhalten? Das ist eine Aufgabe der so-

genannten Flächenphotometrie. Sie mißt oder schätzt die Leuchtdichte einer flächenhaften Lichtquelle, die ein großer Planet im Fernrohr bei entsprechender Vergrößerung ist. Anders die sogenannte Punktphotometrie, die die Lichtstärke einer punktförmigen Lichtquelle schätzt oder mißt. Die Kleinen Planeten sind Objekte der Punktphotometrie. Für beide Arten der Photometrie gibt es einfache Methoden zur visuellen Schätzung. Im Fall der Flächenphotometrie ist es eine Gedächtnisskala 0 (unsichtbar) bis 8 (dunkel), die auf S. 289 näher beschrieben wird. Im Fall der Punktphotometrie ist es die bekannte Argelandersche Stufenschätzung, die auch Beobachter der veränderlichen Sterne kennen. Mehr darüber im „Handbuch für Sternfreunde“ [39].
Auch wer visuell Helligkeiten bestimmen will, kann das mit Hilfe eines Meßgeräts machen. Der Beobachter vergleicht entweder die Helligkeit eines Planeten im Fernrohr mit der Lichtstärke einer punktförmigen Lichtquelle („künstlicher Stern“) oder mit der Leuchtdichte einer flächigen Lichtquelle. Im Fall eins benötigt man einen Graukeil (kontinuierlichen Schwärzungskeil) oder ein Polarisationsfilter, um die Helligkeit der punktförmigen Lichtquelle so einzustellen, daß sie entsprechend der Helligkeit des beobachteten Planeten empfunden wird. Im Fall zwei stellt man die Leuchtdichte des extrafokalen Planetenbildes durch Verschieben des Okularauszuges so ein, daß sie der Helligkeit einer phosphoreszierenden Leuchtfläche entspricht. Unentbehrlich ist eine Skaleneinteilung (Strichteilung) an Graukeil, Polfilter und Okularauszug, um meßbare Ergebnisse zu erzielen. In [40] ist das Graffsche Photometer beschrieben. Dieses Photometer kann sowohl als Punktphotometer und, nach einem kleinen Umbau, als Flächenphotometer verwendet werden – sofern sich der Sternfreund nicht gleich der Elektronik (CCD) zuwendet.
Mikrometer: Es handelt sich hier um Zusatzgeräte, die in Verbindung mit dem Fernrohr erlauben, kleine Bögen oder Koordinatenunterschiede benachbarter Punkte am Himmel zu messen. Mikrometermessungen setzen ein Instrument mit hinreichend langer Brennweite voraus; aus verschiedenen Gründen am besten einen Refraktor mit wenigstens 5 Zoll Öffnung. Die Aufstellung des Fernrohrs muß ebenso genau sein wie die Nachführung. Mikrometermessungen sind Präzisionsarbeit! Und zur erfolgreichen Auswertung muß sich der Beobachter etwas in der sphärischen Trigonometrie auskennen.

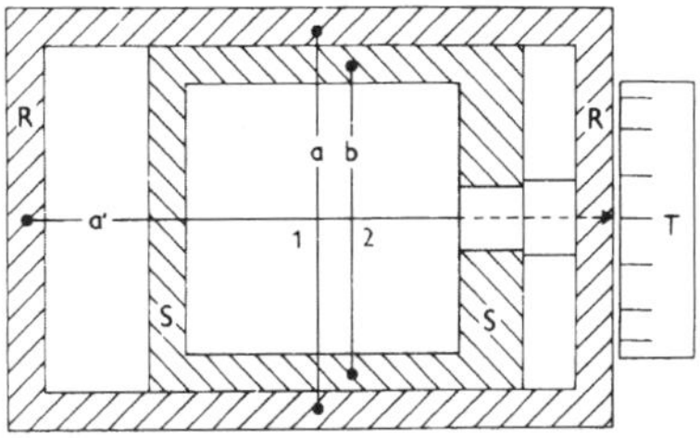

Abb. 2.21 Das Mikrometer, R = Mikrometerrahmen, S = Mikrometerschlitten, T = Schraubenkopf, a und a' = senkrecht gekreuzte Fäden, b = Faden auf dem Mikrometerschlitten.

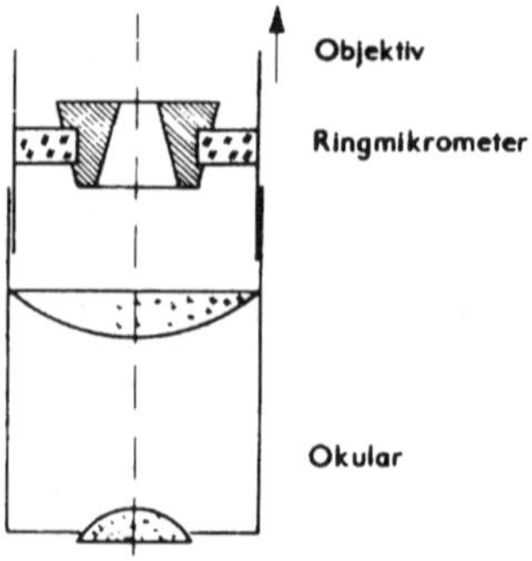

Abb. 2.22 Querschnitt durch das Ringmikrometer.

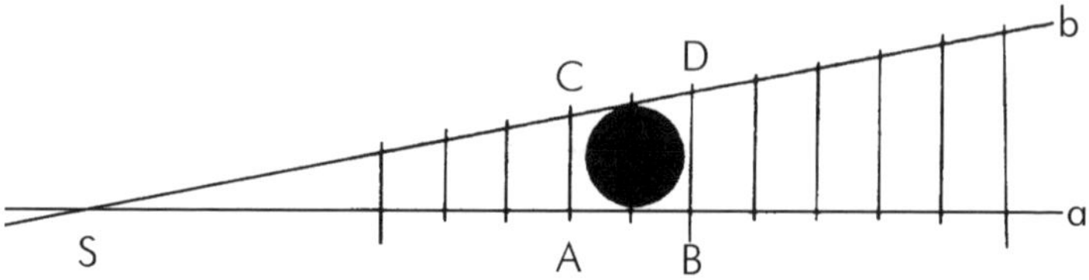

Abb. 2.23 Strichplatte für Strichmikrometer. S = Ausgangspunkt der Strahlen a und b, AC und BD sind zwei Parallelen, die a und b schneiden.

Strahlensatz: $\frac{\overline{SA}}{\overline{SB}} = \frac{\overline{SC}}{\overline{SD}}$ und $\frac{\overline{AC}}{\overline{BD}} = \frac{\overline{SA}}{\overline{SB}}$.

Abb. 2.24 Okularmikrometerteilung, ähnlich wie z.B. im Okularmikrometer der Fa. Carl Zeiss, Jena.

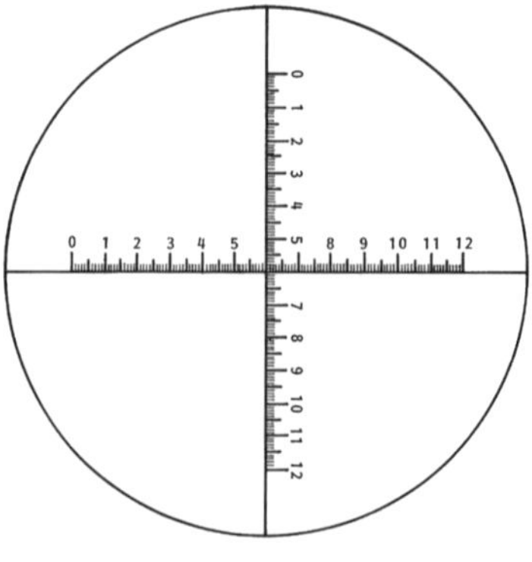

Abb. 2.25 Die Meßplatte des Micro-Guide-Okulars von Baader (Konstruktion Peter Stättmayer, Volkssternwarte München).

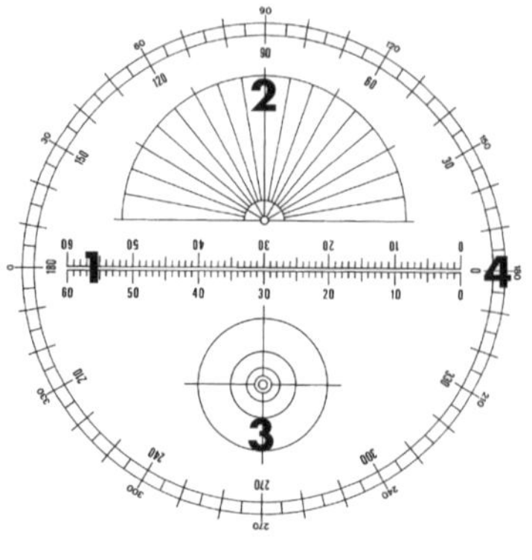

Der Einsatz des Mikrometers ist hauptsächlich mit der Messung von Sternabständen verbunden. Doch kann ein Mikrometer z.B. für die Messung der Phasen und Durchmesser der Planeten ebenso nützlich sein wie für die Bestimmung von Höhen auf dem Mond. Weiter für Positionsbestimmungen von Oberflächendetails (s. S. 210 und 285).
Will sich ein Mond- und Planetenbeobachter ernsthaft mit Mikrometermessungen beschäftigen, dann soll er sich ein Fadenmikrometer zulegen. Es funktioniert wie folgt: In der Brennebene des Fernrohrobjektivs befindet sich ein Metallrahmen, der ein Fadenkreuz trägt (siehe Abb. 2.21). In diesem Metallrahmen, auch Mikrometerrahmen genannt, gleitet der sogenannte Mikrometerschlitten, auf dem senkrecht ein Mikrometerfaden gespannt ist. Als Fäden verwenden die Astronomen Spinnen- oder Quarzfäden. Die Quarzfäden werden mit Siegellack festgemacht, die Spinnenfäden mit Paraffin. Der Mikrometerschlitten wird über eine Schraube feinster Steigung in Bewegung gesetzt (Mikrometerschraube). Auf dem Schraubenkopf befindet sich eine Skala, mit deren Hilfe man den Umfang der Schraubenbewegung (Drehung) feststellen kann. W. Jahn empfiehlt [41] eine Schraube mit der Ganghöhe 0,5 mm und mit 24 mm nutzbarer Länge aus den handelsüblichen Einbaumikrometern. Der bewegliche Mikrometerfaden bewegt sich bei der Drehung der Mikrometerschraube um eine bestimmte Strecke, die einer bestimmten Distanz in Grad am Himmel entspricht. Diese Distanz nennt man den Schraubenwert. Es gilt die Beziehung:

$$\text{Schraubenwert} = \frac{\text{Ganghöhe der Schraube in mm}}{\text{Brennweite des Fernrohrs in mm}} \cdot 57.2958°.$$

Je nachdem, wie fein die Skala auf dem Schraubenkopf unterteilt ist, können alle Einzelheiten, die das Fernrohr von einer Planetenoberfläche zeigt, vermessen werden. Die Teilung soll wenigstens so sein, daß in Abständen von Bogensekunde zu Bogensekunde gemessen werden kann. Der Umfang des Schraubenkopfes (Trommel) kann z.B. in 100 Teile geteilt sein. Fäden oder Gesichtsfeld werden elektrisch aufgehellt.
Im Prinzip arbeitet der Beobachter mit dem Fadenmikrometer so, daß er Rektaszensionsunterschiede durch Antrittsbeobachtungen an dem zur täglichen Drehung der Sphäre senkrecht stehenden festen Faden mißt. Deklinationsunterschiede mißt man mit der Mikrometerschraube und rechnet den Meßwert in Winkelmaß um. Dazu müssen die Fäden der beweglichen Fadenplatte entsprechend gerichtet sein.
Wer sich eingehend mit dem Fadenmikrometer beschäftigen will, dem sei unbedingt [42] empfohlen. Es enthält ein ausführliches Kapitel über das Positionsfadenmikrometer, seine Theorie und seine Anwendung.
Manches ist einfacher mit Mikrometern, die als feste Meßeinrichtung im Brennpunkt des Fernrohrs untergebracht sind. Dazu gehören unter anderen:

1. Das bekannte Ringmikrometer (Kreismikrometer). Abb. 2.22 zeigt das Ringmikrometer im Okular. Das Ringmikrometer ist ein exakt rundgeschliffener Stahlring in einer Planglasplatte, die in das Okular eingesetzt wird.

2. Das Strichmikrometer, mit dem man u.a. sehr schön Planetendurchmesser bestimmen kann. Abb. 2.23 zeigt die Anordnung: zwei keilförmige Striche und eine Anzahl senkrecht dazu stehender Striche. Eicht man die Strichabstände SA, SB ... für bekannte Winkeldurchmesser, errechnet sich der Planetendurchmesser einfach (Strahlensatz, s. S. 46!).
3. Die Strichkreuze, die vielfach in Okulare eingebaut bzw. eingeätzt sind. Auch ganz einfache Fadenkreuze, die sich jeder selbst mit dünnen Drähten oder Spinnfäden herstellen kann, sind feste Meßeinrichtungen im Gesichtsfeld des Fernrohrs. Abb. 2.24 zeigt eine einfache Okularmikrometerteilung, wie sie auch Fernrohrhersteller fertig liefern. Die Länge eines Teils des Strichkreuzes (= p in mm) in Gradmaß rechnet man für jede Fernrohrbrennweite (= F in mm) wie folgt:

$$\tan p = \frac{p\,[\mathrm{mm}]}{F\,[\mathrm{mm}]}\,.$$

Mit einem einfachen Okularmikrometer lassen sich z.B. Messungen von Details auf dem Mond durchführen.
Das Micro-Guide-Okular der Firma Baader kann die Funktionen eines Okularmikrometers übernehmen (Abb. 2.25).
Die lasergeätzte Glasplatte des Micro-Guide enthält die vier Meßeinheiten: lineare Skala (1), Skala zur Positionswinkelbestimmung (2), konzentrische Toleranzkreise (3) und große Winkelskala (4). Die Strichstärke beträgt generell rund 15 μm.

2.2 Der Standort des Fernrohrs

Der Amateur wird in der Regel einen Kompromiß anstreben, der seinen Möglichkeiten entsprechend ausfällt. Bergstationen, so schön sie auch für die Planetenbeobachtung sind, kommen für das Gros der Amateure nicht in Frage. Andererseits hat die Praxis der Mond- und Planetenbeobachtung erwiesen, daß Beobachtungen noch dort möglich sind, wo andere astronomische Arbeiten nicht durchgeführt werden können, z.B. in der Großstadt oder in ihrer unmittelbaren Nähe. So stört beispielsweise die Straßenbeleuchtung, selbstverständlich in gewissen Grenzen gehalten, bei der Beobachtung des Mondes oder der Planeten nicht so, wie man zunächst vermuten möchte. Die dem Amateur normalerweise zur Verfügung stehenden mittelgroßen Fernrohre zwischen 4 und 8 Zoll Öffnung erweisen sich als besonders anpassungsfähig in bezug auf den Beobachtungsstandort und die dort herrschenden Umweltbedingungen.
In diesem Zusammenhang ist aufschlußreich, was der langjährige Münchner Volkssternwartenleiter und Planetenbeobachter Hans Oberndorfer auf Grund langer Beobachtungserfahrungen in der Großstadt sagt: „Es mag vielleicht als Besonderheit gelten, daß viele Beobachtungen im Weichbild der Großstadt oder sogar nahe dem Stadtzentrum erfolgen. Die hieraus sich ergebenden Bedingungen lassen die Möglichkeiten astronomischer Beobachtungen in größeren Städ-

ten erkennen. Es zeigt sich, daß bei Fernrohrbeobachtungen die Großstadtverhältnisse durchaus nicht schädlich sind, soweit es sich um Beobachtungsobjekte handelt, bei denen in erster Linie Auflösungsvermögen gefordert wird. Der bekannte Doppelsternforscher Prof. Dr. W. Rabe vertrat des öfteren in Gesprächen mit dem Verfasser die Meinung, daß bei Beobachtungen am Fernrohr die Großstadtbedingungen keine wesentlichen Nachteile erbrächten. Die atmosphärischen Bedingungen bei der Beobachtung der Venus waren um die Zeit der Elongationen durchaus zufriedenstellend, wobei in den meisten Fällen die Luft mit dem Gütegrad 3 (s. auch S. 61) bezeichnet werden konnte. Lediglich die Nähe der unteren Konjunktion brachte bei dem horizontnahen Stand des Planeten oft schlechte Bedingungen (Luft 4–5), ein Umstand, der auf dem Lande ebenso in Erscheinung tritt wie in der Stadt."

Der Amateur muß aus der Not eine Tugend machen können! Und wir sehen, daß der Beobachter in der Stadt oder in Stadtnähe auf ein für die Mond- und Planetenbeobachtung geeignetes Fernrohr nicht verzichten muß. Freilich sind die Bedingungen auf dem flachen Land oder gar im Gebirge häufig besser. Aber auch hier gibt es keine ungetrübte Freude, denn je nach Klima und Wetter fehlen Abende und Nächte mit unruhiger Luft nicht. Für den Amateurbeobachter kommt es nicht so darauf an, daß er unbedingt einen Standort findet, wo pro Jahr möglichst viele klare Nächte mit ruhiger Luft nachzuweisen sind. Für ihn sind drei Punkte wichtiger:

1. Beobachtungsplatz bequem und schnell erreichbar;
2. Fernrohr ohne große Vorarbeit einsatzbereit;
3. stabile Aufstellung des Instruments.

Eine Variante zu den Oberndorfer'schen Erfahrungen bringt der Bericht von Ernst Elgass, über seine Beobachtungen in der Großstadt: „Ich kaufte mir ein Teleskop ‚Meade LX 200' und eine CCD-Kamera ST-7 von SBIG, und dazu einen PC. Meine Wohnung befindet sich im Süden von München im 8. Stock. Die Straßenbeleuchtung ist in dieser Höhe schon sehr gedämpft. Das Fernrohr baue ich auf meinem Balkon auf, der nach Süden und Osten einen freien Blick besitzt. Mit Hilfe eines Flachbandkabels kann ich bei geschlossener Balkontür das Fernrohr und die CCD-Kamera fernsteuern. Das wirkt sich positiv auf die Luftruhe aus" [43]. Die Verwendung moderner Technik hilft mit, den Standort des Fernrohrs zu verbessern. E. Elgass veröffentlichte zusammen mit seinem Bericht drei Aufnahmen, die einen ZM-Durchgang des Großen Roten Flecks auf Jupiter zeigen und eine recht gute Bildauflösung demonstrieren.

Es gibt mehr Möglichkeiten für den Sternfreund als man denkt, sein Fernrohr in Reichweite gut und fest aufzustellen: Balkon, Speicher, Terrasse, Garagendach und Schrebergarten können alle Standort einer kleinen Privatsternwarte werden. Dem festaufgestellten Instrument gehört stets der Vorzug vor dem transportablen. Ein praktischer Kompromiß besteht darin, daß man Säule und parallaktische Montierung fest aufbaut und das Instrument selbst so befestigt, daß es mit wenigen Handgriffen von der Montierung abgeschraubt und weggepackt werden kann.

Der Planetenbeobachter ist sehr davon abhängig, daß er ohne Vibration des Instruments beobachten kann und daß die parallaktische Aufstellung einschließlich Nachführung und Feinbewegung tadellos funktioniert. Ohne diese Voraussetzungen ist ein Beobachten mit mittleren und hohen Vergrößerungen qualvoll. Das ganze Material, das sich zwischen Fußboden und Fernrohr befindet, muß gute Dämpfungseigenschaften aufweisen, damit die unvermeidlichen Schwingungen in kürzester Zeit wieder zur Ruhe kommen. Man vermeide alle Konstruktionen an der Montierung, die aus geschweißten Stahlteilen bestehen. Viel besser ist Aluminiumguß, und unerreicht für tragende Säulen ist nach wie vor Grauguß. Auch ist zu beachten, daß Hohlprofile und Kastenprofile bessere Eigenschaften als massive Metallrohre und -konstruktionsteile haben. Das komplette Fernrohr stellt man am zweckmäßigsten auf einem maßgerechten Betonfundament auf. Weitere Hinweise findet der Leser in [10], [11] und [31].

2.3 Das teleskopische Sehen

Der Mond- und Planetenbeobachter will feine und feinste Einzelheiten auf den Oberflächen der von ihm bevorzugten Himmelskörper sehen (siehe auch Abb. 2.26). Das Sehen durch das Fernrohr muß man lernen! Die Vorstellungen von dem, was ein Fernrohr vom Weltall vor die Augen des Beobachters zaubern soll, sind manchmal geradezu phantastisch. Allenfalls der Mond erfüllt diese Wünsche auf Anhieb. Die Planeten bringen in die hochgeschraubten Erwartungen bestimmt zunächst eine Ernüchterung für den Anfänger, sozusagen das „optische Erwachen“.

Es wirken mehrere Faktoren zusammen, die die Qualität des in jedem Fall recht kleinen Planetenbildes im Okular bestimmen:

1. persönliches Befinden des Beobachters, speziell seiner Augen;
2. Qualität des Fernrohrs;
3. Zeitpunkt der Beobachtung;
4. Zustand der Atmosphäre;
5. Zustand des beobachteten Objekts.

Von dem bekannten Mond- und Planetenbeobachter Ph. Fauth wird berichtet, daß es das linke Auge war, mit dem er die meisten seiner Beobachtungen gemacht hat. Tatsächlich wird jeder Beobachter mit der Zeit bevorzugt mit einem bestimmten Auge durch das Fernrohr schauen. Augenfehler sind häufiger verbreitet als angenommen wird. Sie können auf die Güte der Beobachtung starken Einfluß nehmen. Es ist gut, wenn der Beobachter über die Beschaffenheit seiner Augen genau Bescheid weiß (Augenarzt, Augenoptiker). Die sogenannten Zäpfchen und Stäbchen sind die lichtempfindlichen Organe des menschlichen Auges. Die Zäpfchen sind obendrein die farbempfindlichen Organe. Dafür sind die Stäbchen wesentlich lichtempfindlicher als die Zäpfchen. Folgende Tatsachen sind für den Beobachter nützlich zu wissen:

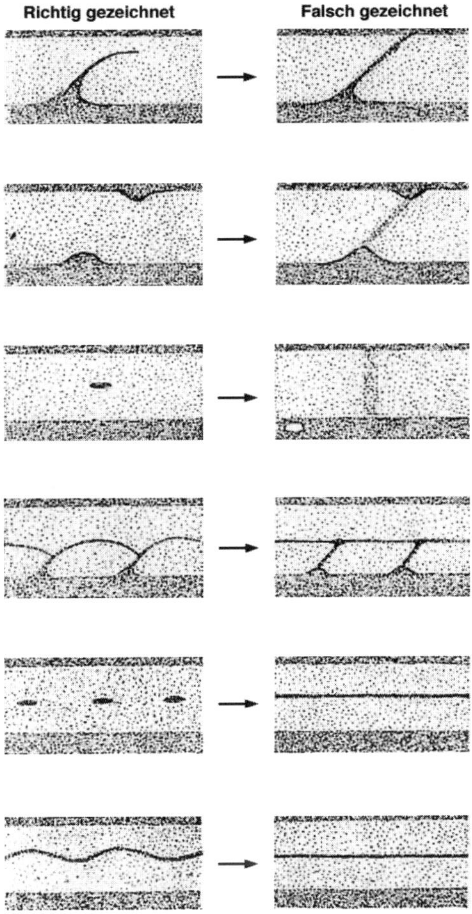

Abb. 2.26 Beispiele für die verfälschte Wiedergabe von Planetendetails (Jupiter) infolge ungünstiger Luftbeschaffenheit, zu kleiner Optik, zu geringer Beobachtungserfahrung. Zusammenstellung von T. Sato, ALPO.

1. Adaptionszeit des Auges von Hell nach Dunkel ungefähr 1 Stunde;
2. Adaptionszeit von Dunkel nach Hell einige Minuten;
3. die Zäpfchen „sehen" am Tag;
4. die Stäbchen „sehen" bei Nacht;
5. in der Dämmerung sind beide lichtempfindlichen Organe des Auges in Funktion.

Die Anpassungsfähigkeit des Auges an die jeweilige Helligkeit ist groß. Trotzdem muß der Beobachter sich vor Blendung hüten. Gerade bei der Mondbeob-

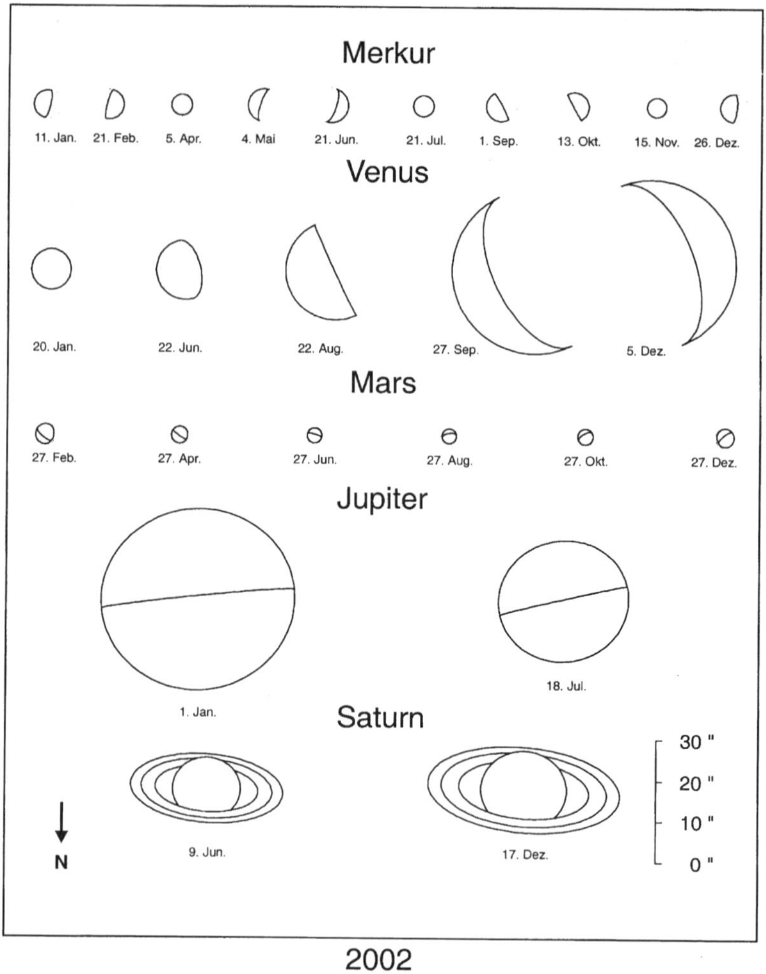

Abb. 2.27 Beispiel für die sich ständig ändernden scheinbaren Planetendurchmesser 2002. Betreffend die Jahre 2003 bis 2008 siehe Seite 55 ff. Graphiken von Christian Kowalec, Berlin.

achtung ist die Leuchtdichte oft so groß, daß Blenderscheinungen auftreten. Beobachtungen in der Dämmerung vermögen das erfolgreich zu verhindern. Da in der Dämmerung Stäbchen und Zäpfchen gemeinsam aktionsbereit sind, empfiehlt sich die Beobachtung des Mondes und der Planeten zu dieser Zeit auch aus diesem Grund.

Eine sehr bemerkenswerte Erscheinung ist das sogenannte „indirekte Sehen". Viele Beobachter wenden es mit Erfolg an. Wer indirekt sieht, schaut nicht direkt auf das Objekt, sondern sieht etwas an ihm vorbei. Wir müssen dabei beachten: Im Zentrum der Netzhaut gibt es den Gelben Fleck, der nur mit Zäpfchen bevölkert ist. Diese sind nicht so lichtempfindlich wie die Stäbchen und außerdem bei Nacht überhaupt außer Betrieb. Der gute Beobachter wird deshalb das indirekte Sehen bis zur Vollkommenheit üben.

Das Auge ist nicht stets gleich leistungsfähig. Es ermüdet. Körperliche Schwäche als Folge anstrengender Arbeit oder nervöse Reizung teilen sich auch dem beobachtenden Auge rasch mit. Hunger und Schlafbedürfnisse sind stille Feinde jeder erquicklichen Sternstunde. Aber auch das intensive Schauen durch das Okular strengt die Beobachter ungleich an. Man soll nichts übertreiben! Hierher gehört auch die Empfehlung, kleine Austrittspupillen möglichst zu vermeiden. Bekanntlich wird die Austrittspupille um so kleiner, je kurzbrennweitiger das Okular ist.

Das scharfe Auge des geübten Beobachters hat eine Reihe von Ursachen, die zusammenwirken. Neben dem optischen Zustand der Augen spielen psychologische Einflüsse und die Übung eine sehr große Rolle. Es gibt Untersuchungen, die bestätigen, daß der Zwang, sorgfältig zu beobachten, „zur besseren Auswertung der Netzhautbilder und der peripheren Gesichtsfeldteile" erzieht [44].

Wer eine Brille braucht, sollte versuchen am Okular soweit als möglich ohne sie auszukommen. Die Brille stört beim Beobachten, sie verlängert den Augenabstand vom Okular. Auch beim Zeichnen am Fernrohr kann ein ständiges Brille-Auf und Brille-Ab lästig werden. Wird mit Brille beobachtet, empfehlen sich Okulare mit großem Augenabstand (z.B. orthoskopische). Weil längerbrennweitige Okulare für stärkere Vergrößerungen verwendet werden können, empfinden Brillenträger die Verwendung einer Barlowlinse als angenehm. Kann der Beobachter auf eine Brille nicht verzichten, erweisen sich Korrekturgläser in einer auf das Okular aufgesteckten Fassung oft handlicher als die Brille.

Der gesunde Beobachter, dessen Augen weder durch Krankheit noch durch Alter geschwächt sind, wird mit Medikamenten keine nachhaltige Verbesserung seines Adaptionsverhaltens erwarten können. Von der vorübergehenden Erweiterung der Augenpupillen mit Hilfe von Medikamenten muß abgeraten werden.

Für die Ausnutzung der Leistung eines Teleskops ist die Sehschärfe der Augen sehr wichtig. Sie nimmt mit dem Alter des Beobachters und mit der Bildhelligkeit ab. Wird das Bild dunkler, werden nur noch die gröberen Netzhautstrukturen gereizt. Ältere Beobachter merken das Nachlassen der Sehschärfe bei schlechter Beleuchtung am ehesten. Der Durchmesser der Augenpupille nimmt mit dem Alter ab. Die Erfahrung, daß die Sehschärfe beim beidäugigen Sehen größer ist als monokular, spricht für die Verwendung von binokularen Ansätzen, gerade auch für ältere Beobachter. Zum Kreis dieser Beobachter müssen sich alle zählen, die das 40. Lebensjahr überschritten haben. Das schließt nicht aus, daß sie bis ins hohe Alter qualifizierte Beobachter sein können.

Erstaunlich ist, wie wenig viele Beobachter auf ihre Körperhaltung am Fernrohr geben. Sicher würden sonst die Fernrohrzubehörhersteller ein größeres Angebot an Sitz- und Liegehilfen bereithalten. Die Körperhaltung hat deutliche Auswirkungen auf das Sehen im Fernrohr und die zuverlässige Wahrnehmung von Einzelheiten. Eine Bückstellung am Fernrohr ist ebenso abträglich wie eine nach oben gestreckte Sitzposition. Solche Haltungen führen zur ungleichmäßigen Blutversorgung von Gehirn und Netzhaut und beeinträchtigen überhaupt die Befindlichkeit des Beobachters. Für den Mond- und Planetenbeobachter, dessen Sehleistung auf die Wahrnehmung geringer Kontraste zielt, ist die in der Höhe verstellbare Liege mit fester Kopfauflage (Zahnarztstuhl!) bestimmt optimal. Mindestens aber sollte der Beobachter über einen bequemen, höhenverstellbaren Sessel verfügen. Die Verwendung von technischen Hilfsmitteln (Zenitprisma, Bauernfeindprisma u.a.) ist ein weiterer Schritt hin zum möglichst entspannten Beobachten.

Die Vorteile der Dämmerungsbeobachtung sind schon erwähnt worden. Erfahrungen deuten darauf hin, daß atmosphärisch-optische und klimatisch-witterungsbedingte Einflüsse in den Stunden der Dämmerung die Beobachtung günstig unterstützen. Ausgesprochene Tagbeobachtungen sind nur mit größeren Instrumenten sinnvoll. Sie sind speziell bei der Beobachtung der Planeten Merkur und Venus nützlich, die am Abend- oder Morgenhimmel sonst niedrig über dem Horizont stehen. Für den Zeitpunkt der Beobachtung ist es weiter lohnend, Wetterlagen und Jahreszeiten zu berücksichtigen. Auch hier kann an dieser Stelle auf nähere Zusammenhänge nicht eingegangen werden. Die Erfahrung lehrt, daß gute Durchsicht und geringe Luftunruhe nach Abzug eines Tiefdruckgebietes bzw. bei Aufklaren nach Durchzug einer Regenfront herrschen. Ähnliches gilt für Mitteleuropa jahreszeitlich für den Spätsommer und den Herbst. Übrigens gibt es so etwas wie einen täglichen Gang der Luftunruhe, der für die Stunden kurz nach Sonnenuntergang günstige Werte für die Beobachtung bringt, gegen Mitternacht eine Verschlechterung erwarten läßt und zum Morgen hin wieder Besserung verspricht.

Der Zustand der Atmosphäre ist ein Kapitel für sich. Jeder Ort hat seine eigenen „Gesetze". Kein Beobachter soll sich durch momentane Mißerfolge abschrekken lassen. Es ist geradezu sträflich leichtfertig, nach ein paar Beobachtungsminuten die Lage beurteilen zu wollen. Wer lange genug beobachtet hat, weiß, daß man auf die gestochen scharfen Bilder warten muß. Sie kommen plötzlich und verschwinden ebenso schnell. Oft dauern sie nur Sekunden, sind aber dann für den Beobachter eine „Offenbarung"!

Die Planeten stehen nicht immer am gleichen Fleck in der Sphäre und haben ebensowenig stets den gleichen Durchmesser (siehe Abb. 2.27 bis 2.33). Der Beobachter muß das berücksichtigen. Horizontdunst beeinträchtigt das teleskopische Bild genauso wie ein zu kleiner scheinbarer Durchmesser.

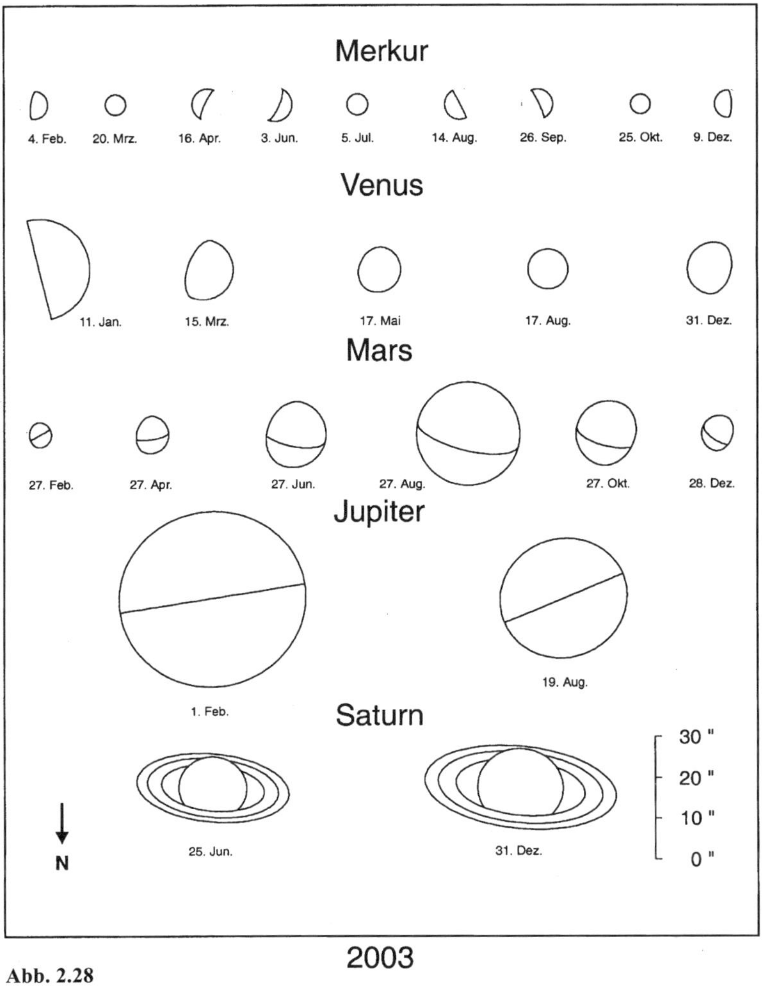
Merkur
4. Feb.
20. Mrz.
16. Apr.
3. Jun.
5. Jul.
14. Aug.
26. Sep.
25. Okt.
9. Dez.
Venus
11. Jan.
15. Mrz.
17. Mai
17. Aug.
31. Dez.
Mars
27. Feb.
27. Apr.
27. Jun.
27. Aug.
27. Okt.
28. Dez.
Jupiter
1. Feb.
19. Aug.
Saturn
25. Jun.
31. Dez.
N
30 "
20 "
10 "
0 "
2003

Abb. 2.28

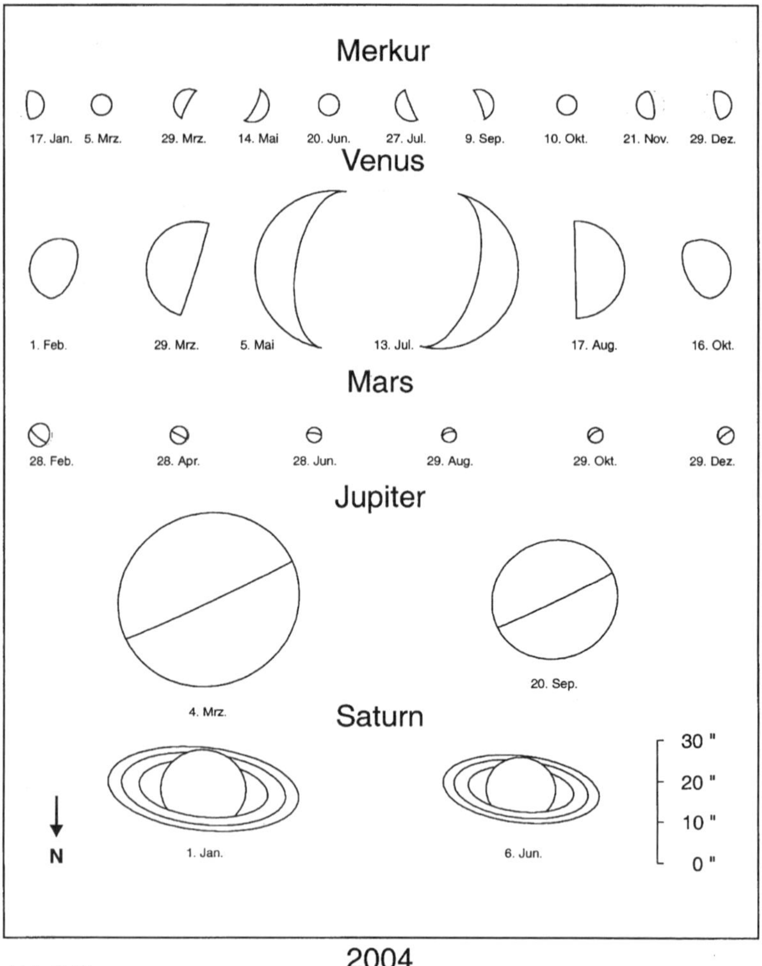
Merkur
17. Jan.
5. Mrz.
29. Mrz.
14. Mai
20. Jun.
27. Jul.
9. Sep.
10. Okt.
21. Nov.
29. Dez.
Venus
1. Feb.
29. Mrz.
5. Mai
13. Jul.
17. Aug.
16. Okt.
Mars
28. Feb.
28. Apr.
28. Jun.
29. Aug.
29. Okt.
29. Dez.
Jupiter
4. Mrz.
20. Sep.
Saturn
1. Jan.
6. Jun.
N
30 "
20 "
10 "
0 "
2004

Abb. 2.29

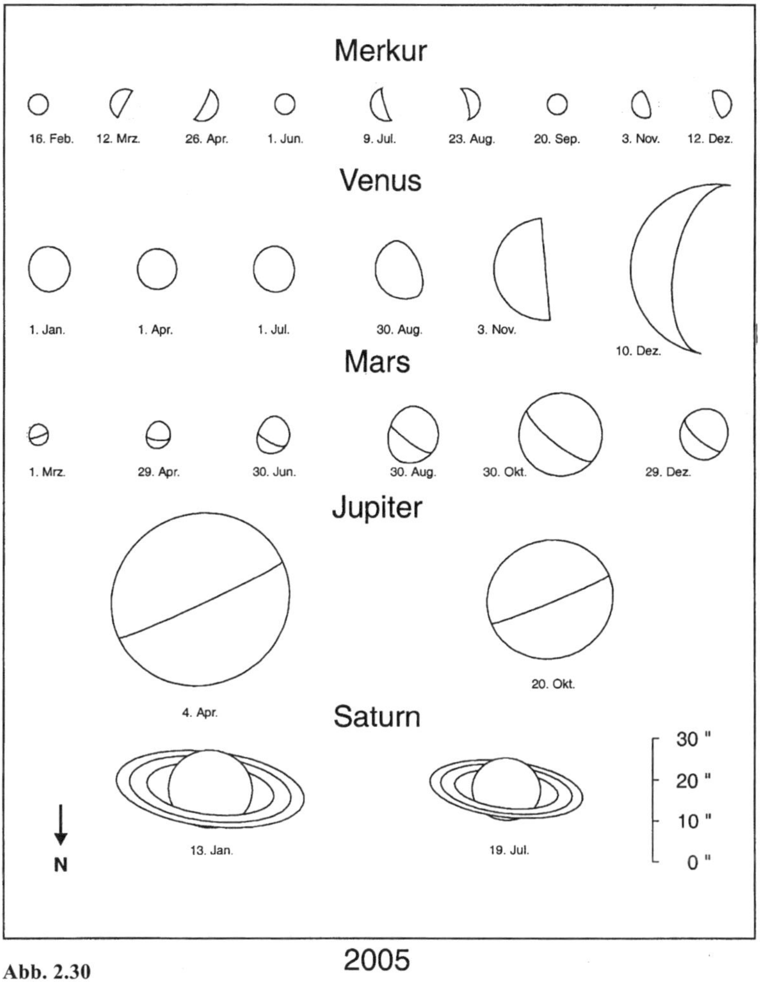
Merkur
16. Feb.
12. Mrz.
26. Apr.
1. Jun.
9. Jul.
23. Aug.
20. Sep.
3. Nov.
12. Dez.
Venus
1. Jan.
1. Apr.
1. Jul.
30. Aug.
3. Nov.
10. Dez.
Mars
1. Mrz.
29. Apr.
30. Jun.
30. Aug.
30. Okt.
29. Dez.
Jupiter
4. Apr.
20. Okt.
Saturn
13. Jan.
19. Jul.
N
30 "
20 "
10 "
0 "
2005

Abb. 2.30

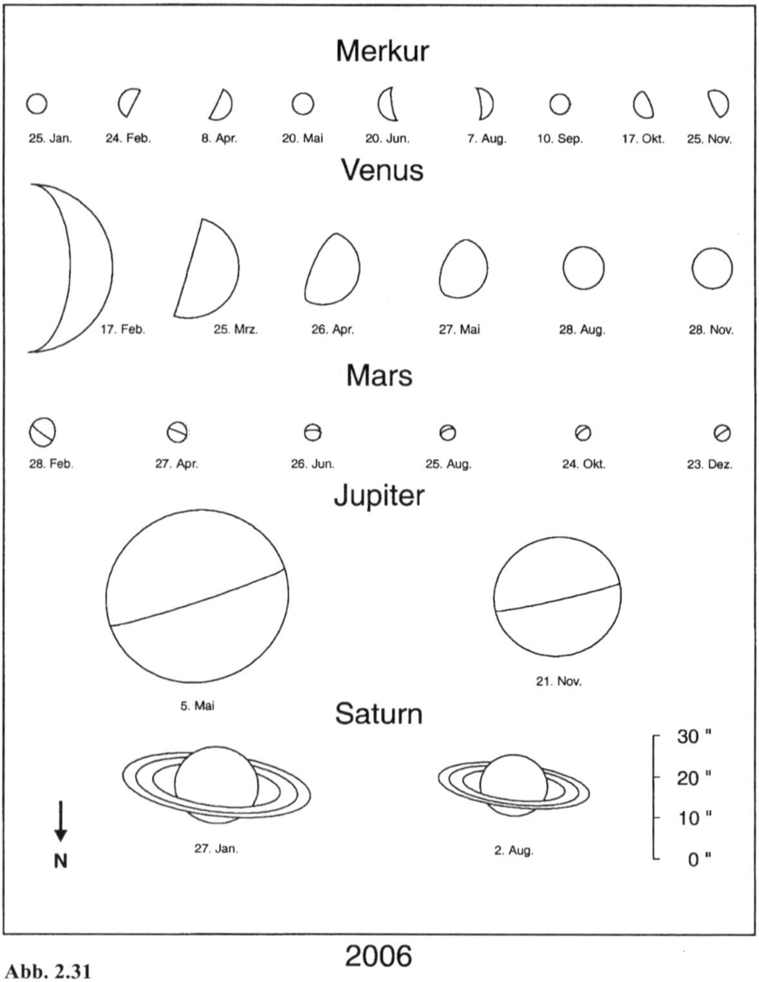
Merkur
25. Jan.
24. Feb.
8. Apr.
20. Mai
20. Jun.
7. Aug.
10. Sep.
17. Okt.
25. Nov.
Venus
17. Feb.
25. Mrz.
26. Apr.
27. Mai
28. Aug.
28. Nov.
Mars
28. Feb.
27. Apr.
26. Jun.
25. Aug.
24. Okt.
23. Dez.
Jupiter
5. Mai
21. Nov.
Saturn
27. Jan.
2. Aug.
N
30 "
20 "
10 "
0 "
2006

Abb. 2.31

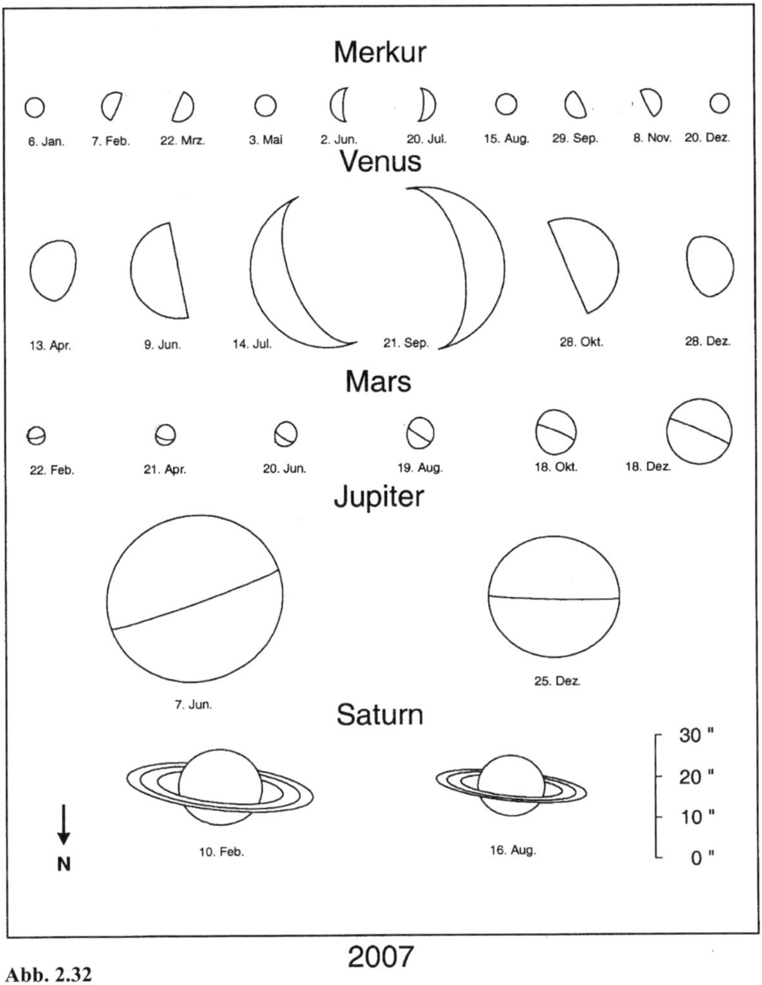
Merkur
6. Jan.
7. Feb.
22. Mrz.
3. Mai
2. Jun.
20. Jul.
15. Aug.
29. Sep.
8. Nov.
20. Dez.
Venus
13. Apr.
9. Jun.
14. Jul.
21. Sep.
28. Okt.
28. Dez.
Mars
22. Feb.
21. Apr.
20. Jun.
19. Aug.
18. Okt.
18. Dez.
Jupiter
7. Jun.
25. Dez.
Saturn
10. Feb.
16. Aug.
N
30 "
20 "
10 "
0 "
2007

Abb. 2.32

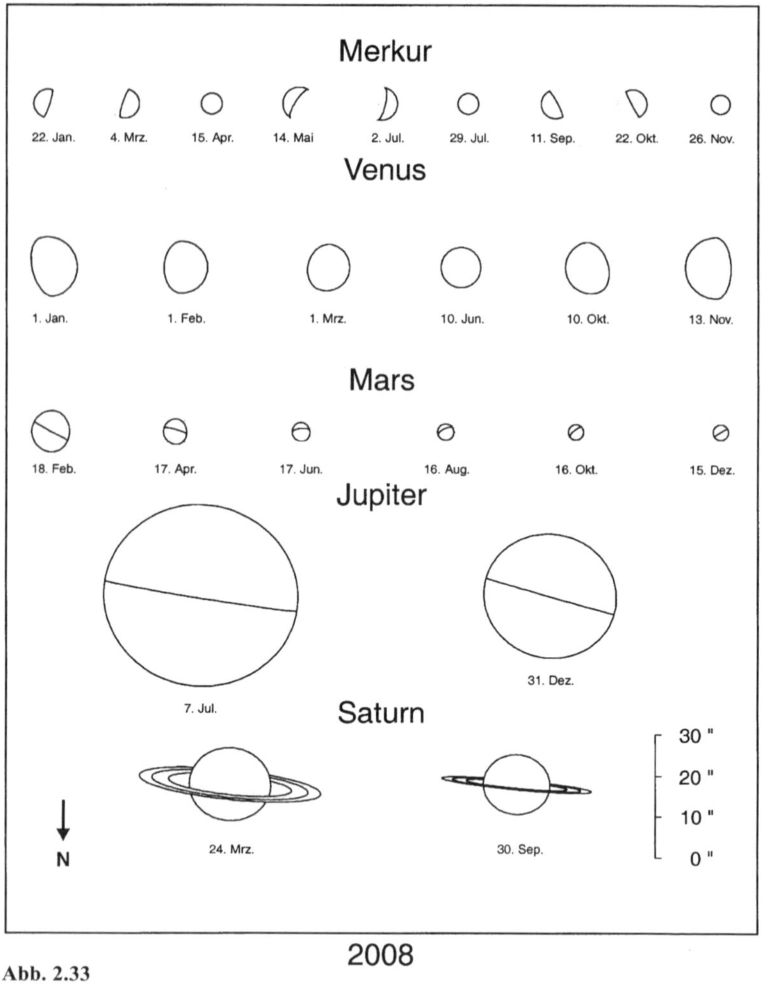
Merkur
22. Jan.
4. Mrz.
15. Apr.
14. Mai
2. Jul.
29. Jul.
11. Sep.
22. Okt.
26. Nov.
Venus
1. Jan.
1. Feb.
1. Mrz.
10. Jun.
10. Okt.
13. Nov.
Mars
18. Feb.
17. Apr.
17. Jun.
16. Aug.
16. Okt.
15. Dez.
Jupiter
7. Jul.
31. Dez.
Saturn
24. Mrz.
30. Sep.
N
30 "
20 "
10 "
0 "
2008

Abb. 2.33

Die wiedergegebenen scheinbaren Planetendurchmesser beziehen sich nur auf die Sichtbarkeit. Genaue Angaben für die jeweilige Sichtbarkeitsperiode enthalten die astronomischen Jahrbücher.
Rein technisch gesehen ist das teleskopische Sehen abhängig von einer möglichst guten Abstimmung der drei Faktoren Beobachter – Fernrohr – Umwelt. Die optimale Zusammenführung dieser drei Faktoren ist das, was man mit Beobachtungskunst zu bezeichnen pflegt. Viele persönliche Einzelerfahrungen, manches Lehrgeld sind notwendig, um ein kleines Stück von dieser Kunst zu erhaschen. Selten lernt man dabei aus. Aber das ist ja die Würze für neue Versuche!

2.4 Bewertung der Luftbeschaffenheit

Jeder zielstrebige Beobachter führt ein Tagebuch, in das er neben den Beobachtungen alle Begleitumstände einträgt, die irgendwie auf die Beobachtung Einfluß gehabt haben (s. S. 64). Von größter Bedeutung ist die Beschaffenheit der irdischen Atmosphäre am Beobachtungsort zum Zeitpunkt der Beobachtung. Diese Beschaffenheit gilt es zu bewerten, damit man später bei der Bearbeitung der Beobachtung und beim Vergleich mit den Ergebnissen anderer Beobachter einen gewissen Maßstab hat [45]. Nun ist die Auswirkung der Luftunruhe recht vielseitig, und es ist schwer, ein objektives Maß dafür zu finden. Am häufigsten wenden die Beobachter die fünfstufige Skala zur Bewertung der Luftbeschaffenheit an, die auf der persönlichen Einschätzung durch den Beobachter beruht: Bei der Beurteilung der Luftgüte gibt man sowohl für die Luftruhe „R“ als auch für die Durchsicht „D“ eine Note zwischen 1 und 5. Die Benotung für „R“ ist vom Fernrohr und der benutzten Vergrößerung abhängig (je stärker die Vergrößerung, desto stärker wird auch die vorhandene Luftbewegung bzw. Turbulenzen in unserer Erdatmosphäre „mitvergrößert“), die Durchsicht „D“ wird ohne Instrument beurteilt. Dabei haben sich die beiden folgenden fünfstufigen Skalen gut bewährt:

R = 1: sehr gut, auch bei starker Vergrößerung ruhige und scharfe Bilder;

R = 2: gut, Bildeindruck wie vorher, doch mit blickweisen Wallungen, die die Definition stören;

R = 3: befriedigend, die Wallungen nehmen mit der Zeit zu, doch sind die Konturen in Zeitabschnitten der Luftruhe bei mittelstarker Vergrößerung einwandfrei;

R = 4: mäßig, die Luftunruhe stört die Beobachtung merklich, nur blickweise bekommt man Details zu sehen;

R = 5: unbrauchbar, es ist unmöglich, Einzelheiten einigermaßen sicher zu erfassen. Auch niedrigere Vergrößerungen bringen kein scharfes Bild.

D = 1: klarer Himmel, Sterne der 5. Größenklasse und evtl. auch schwächere Sterne können erkannt werden;

D = 2: nicht mehr ganz klarer Himmel, jedoch für die Planetenbeobachtung noch gut zu gebrauchen; Sterne der 4. Größe sind noch zu sehen;

D = 3: brauchbare Durchsicht: Sterne der 2.–3. Größe sind noch auszumachen;

D = 4: es ist bereits so dunstig, daß nur noch die hellsten Sterne um die 1. Größenklasse herum zu sehen sind. Trotzdem ist die Planetenbeobachtung noch möglich;

D = 5: starker Dunst oder schon (Hoch-)Nebel, der Planet ist mit bloßem Auge nur noch blickweise auszumachen, selbst wenn seine Position am Himmel bekannt ist. Bei mäßigen Vergrößerungen ist das Planetenbild im Fernrohr so dunkel, daß keine Details mehr wahrgenommen werden können.

Es ist verständlich, daß immer wieder versucht worden ist, eine Skala zur objektiven Beurteilung der Bildgüte zu finden. Es ist nicht ganz einfach, die Verhältnisse bei Verwendung eines 10-Zöllers oder eines 3-Zöllers zu vergleichen. Objektiv und Vergrößerung spielen in bezug auf die wahrgenommene Bildgüte bzw. Luftunruhe eine große Rolle. Die längeren Versuche von O. Richard Norton, Universität von Nevada in Reno, dazu weisen wieder einmal auf die relative Überlegenheit kleiner und mittlerer Optiken hin. Es scheinen insbesondere die Fernrohre um 100 mm Öffnung zu sein, für die Turbulenzelemente der Luft, die Luftschlieren, am wenigsten störend wirken. Die Luftunruhe erkennt man im Fernrohr an den sogenannten „Zitterscheibchen". Der im Brennpunkt des Fernrohrs scharf eingestellte Fixstern (Fokalbild) führt zappelige, zittrige Bewegungen um seinen Mittelpunkt aus. Das Zitterscheibchen kann bei starker Luftunruhe einen Radius von 5 bis 10 Bogensekunden haben. Bei guter Sicht schrumpft dieses Maß erheblich unter 1 Bogensekunde und beträgt dann 0,5" und weniger. Die Ausdehnung des Zitterscheibchens wird als Maßstab für die Bewertung der Luftbeschaffenheit vorgeschlagen. Der Durchmesser des Zitterscheibchens läßt sich z.B. am Abstand von Doppelsternkomponenten gut abschätzen. C. W. Tombaugh und B. A. Smith schlagen folgende Skala vor:

50"	Ø	= Bildgüte	–4	2,0"	Ø	= Bildgüte	+3
32"		=	–3	1,3"		=	+4
20"		=	–2	0,79"		=	+5
12,6"		=	–1	0,50"		=	+6
7,9"		=	0	0,32"		=	+7
5,0"		=	+1	0,20"		=	+8
3,2"		=	+2	0,13"		=	+9

Tab. 2.6

Bei der Planetenbeobachtung wird zur Bestimmung der Luftbeschaffenheit die beste Bildgüte des Beobachtungsabends bestimmt. Doppelsternverzeichnisse für die Skala nach Tombaugh und Smith finden sich u.a. in [39]. Siehe dort auch Karte von W. D. Heintz. Aussagen über die Luftunruhe an Hand des Zustandes des Beugungsscheibchens eines Sterns macht auch Patrick Martinez in seinem Buch „Astrophotographie" [46]. Dabei geht es um die Qualität der Abbildung, vom ungestörten Anblick der Beugungsringe eines Sternes bis hin zur ständigen Bewegung des Bildes, das bei schlechter Luft „die Tendenz hat, wie eine Planetenscheibe auszusehen".

2.5 Zeichnen am Fernrohr

Was der Beobachter in seinem Fernrohr sieht, soll er zeichnerisch festhalten. Gerade die Planetenbeobachtung bringt viele Feinheiten, die nur visuell erfaßbar sind. So gesehen ist die Planetenphotographie niemals eine Konkurrenz für die visuelle Beobachtung, sondern stets eine Ergänzung (s. dazu auch S. 268 und 274). Die zeichnerische Darstellung verlangt allerdings Sorgfalt. Planetenzeichnungen sollen keine „Bildchenmalerei“ darstellen, auch keine „Kunstwerke“, vielmehr rein naturalistische, objektive Darstellungen des Anblicks im Fernrohr sein. Das ist natürlich nicht immer ganz einfach. Das Zeichnen am Okular bringt Schwierigkeiten mit sich. Die bereits beschriebene Luftunruhe stört, die scheinbare Bewegung des Planeten will berücksichtigt sein (gute motorische Nachführung!), dazu die Rotation des Planeten, die beispielsweise bei Jupiter recht bemerkenswert in Erscheinung tritt. Je nach Fernrohrtyp, Montierung und Standort leidet der Beobachter unter der mehr oder minder unbequemen Körperhaltung. Ein Zenitprisma kann da hilfreich sein. Ganz bequem haben es die Besitzer eines Coudé-Refraktors oder Coudé-Reflektors (s. S. 25). Die Temperaturverhältnisse üben weiter einen Einfluß aus, wenn der Beobachter bei minus 10 Grad mit klammen Fingern arbeiten muß. Die Beleuchtung des Zeichenblattes verdient ebenfalls Beachtung. Dunkel geht es nicht. Blenden soll sie aber auch nicht. Glimmlampen und Lampen mit Dimmer haben sich als gerade richtig helle Leuchten bewährt.

Abb. 2.34 Eratosthenes, 19. März 1986, 18:28 UT, Zeichenzeit: 20 Min., 150/1000-mm-Newton, V 200x, Terminator: +17,4°, L = 3– D = 2–, Christian Rott, Tutzing.

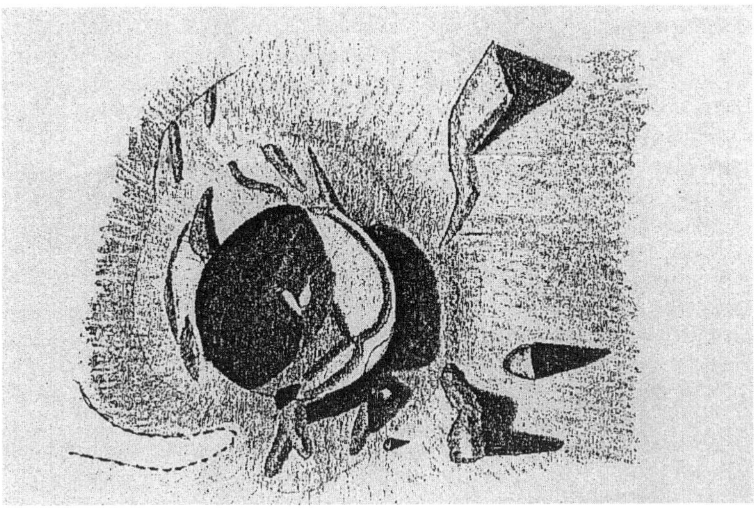

Die astronomische Orientierung entspricht dem Anblick des Sternhimmels mit bloßen Augen:

Norden	oben	Süden	unten
Osten	links	Westen	rechts.

Diese Orientierung wird im astronomischen Fernrohr umgekehrt:

Norden	unten	Süden	oben
Osten	rechts	Westen	links.

Für viele Planetenaufzeichnungen (z.B. von Jupiter) gilt die Definition: von Osten wandert das Detail zum Zentralmeridian und verschwindet im Westen (s. S. 250).

Zur astronautischen Orientierung s. S. 169. Die Orientierung in astronomischen Zusatzgeräten wird auf S. 38 angegeben.

Es ist sinnvoll, zwei Beobachtungsaufgaben zu trennen:
1. allgemeine Zustandsdarstellungen der Oberfläche;
2. Zeichnungen für Positionsbestimmungen.

In beiden Fällen ist es praktisch, wenn der Beobachter Zeichenschablonen zur Hand hat. Solche Schablonen kann sich jeder selbst anfertigen. Gedruckte Schablonen vermittelt die Fachgruppe Planeten der VdS (s. S. 342).

Zum Zeichnen am Fernrohr gehört die Schablone auf eine feste Unterlage. Der Zeichenstift darf nicht zu hart sein. Ein mittelweicher Bleistift eignet sich gut. Man vermeide Fettstifte, Tintenstifte, Tusche und dergleichen. Ein weicher Radiergummi darf nicht fehlen. Der Aufbau allgemeiner Zustandsdarstellungen führt von den groben Umrissen zu den feinen Details. Es ist dabei wenig vorteilhaft, ständig die Vergrößerung zu wechseln. Es ist am besten, die gröberen Einzelheiten bei mittlerer Vergrößerung zu erfassen (etwa mit Vergrößerung zwischen 100- und 150fach). Anschließend trägt man unter Verwendung der nächsten Vergrößerungsstufe (150- bis 200fach) die feineren Oberflächendetails ein. Der zum Teil raschen Rotation einzelner Planeten (Jupiter!) ist dergestalt Rechnung zu tragen, daß der Beobachter mit seiner Zeichnung am Westrand beginnt, wo, entsprechend der Umdrehung, die Details verschwinden. Die Zeichnung schreitet also entgegengesetzt (im astronomischen Fernrohr von links nach rechts) der Planetendrehung fort. Allgemeine Zustandsdarstellungen sollten keine längere Beobachtungsspanne als 10 bis 15 Minuten benötigen. Bei den rasch rotierenden Planeten ist es sehr empfehlenswert, im Verlauf von 30 Minuten zu 30 Minuten (oder einer Stunde zu einer Stunde) solche Zustandsdarstellungen zu machen (s. auch S. 281).

Jede Zeichnung stellt immer eine Vereinfachung der wahren Strukturen dar, allein schon deshalb, weil das Auflösungsvermögen eines jeden Fernrohres begrenzt ist. Je kleiner das Fernrohr, desto geringer die Auflösung und um so weniger Feindetail kann beobachtet werden.

Zu jeder Zeichnung bzw. eigentlich zu jeder Beobachtung (auch Photographie) gehören einige wichtige Daten:
- Datum und Uhrzeit in UT (auf die Minute genau);
- benutztes Fernrohr (Refraktor oder Reflektor; freie Öffnung in Zoll, cm oder mm);
- benutzte Vergrößerung;

- möglicherweise benutzte Farbfiltergläser (genaue Bezeichnung!);
- Name und Ort des Beobachters;
- Luftgüte, ausgedrückt durch Benotung der Unruhe und Durchsicht;
- die – nachträglich – berechneten Werte des Zentralmeridians für die jeweiligen Rotationssysteme.

Bei besonderer Befähigung des Beobachters (Augen!) und geeignetem Instrumentarium (größerer Reflektor) sind farbige Übersichtszeichnungen angebracht. Es ist dabei wichtig, über genügend viele Farbstifte zu verfügen, die feine Tonabstufungen erlauben. Schmierende Farbstifte (Ölkreide) kommen nicht in Betracht.

Was zeichnerische Unterlagen für Positionsbestimmungen anbetrifft, kommt es weniger auf die Fülle der Einzelheiten an, als auf die sorgfältige Wiedergabe einiger ausgewählter Objekte und Einordnung derselben in ein Koordinatensystem. Einer der erfahrensten deutschen Amateurbeobachter, Walter Löbering, Fasendorf, beschreibt seine Methode am Beispiel Jupiter: „Ich verzichte zuerst auf alle randständigen Positionen. In Wirklichkeit trägt man die Flecken am Ost- und Westrande der Jupiterscheibe sehr genau in die Schablone ein, aber bei der Vermessung mittels einer orthographischen Projektion (Glasdiapositiv) sind infolge der perspektivischen Verkürzung die Fehler sehr groß. Weiterhin beobachte ich, daß die Eintragungen auf der Jupiterschablone in den Gegenden 20–40° östlich oder westlich des Zentralmeridians (ZM) meistens mit starken Fehlern behaftet sind. Ich beschränke mich daher bei Positionsbestimmungen immer auf den Raum 20° östlich bis 20° westlich des Zentralmeridians. Steht nun ein Fleck östlich etwa 15–20° des ZM, so nimmt man eine Schablone und trägt den Fleck, indem man sich den ZM im Geiste vorstellt und indem man ihn an etwaigen Nachbarflecken anpeilt, an seinem Platz ein und notiert sofort die Zeit. Das dauert höchstens 15 Sekunden. Dann legt man diese Schablone beiseite. Nach etwa 4–5 Minuten oder weniger nimmt man eine neue Schablone, keinesfalls die schon benutzte, und wiederholt die Beobachtung. In dieser Weise fährt man fort, bis der Fleck 15–20° westlich des ZM steht. So erhält man eine Anzahl von Positionen beiderseits des Meridians, aus welchen man nach Berechnung der Länge des ZM, durch Vermessung mittels orthographischer Projektion, den jeweiligen Abstand vom Meridian westlich +, östlich – und somit die Länge des Fleckes bestimmt."

Es ist verblüffend, wie genau diese an sich einfache Methode ist. Bei Objekten, die eine größere Ausdehnung haben und womöglich gar stabförmig sind, empfiehlt es sich, das Verfahren am vorausgehenden Ende, an der Objektmitte und am nachfolgenden Ende anzuwenden. In der Literatur finden sich häufig die lateinischen Bezeichnungen praecedens (abgekürzt pr. oder p.) für vorausgehend und sequens (abgekürzt sq.) für nachfolgend. Die Genauigkeit dieser visuellen Positionsschätzungen erreicht nach einiger Übung die Genauigkeit ± 1°. Sehr sorgfältige und erfahrene Beobachter können es sicherlich auf ± 0,5° bringen.

Ein paar Anmerkungen zum Zeichnen von Monddetails. Hier weiß der Anfänger oft nicht recht, wo er beginnen soll. Die Einzelheiten sind ungleich zahlrei-

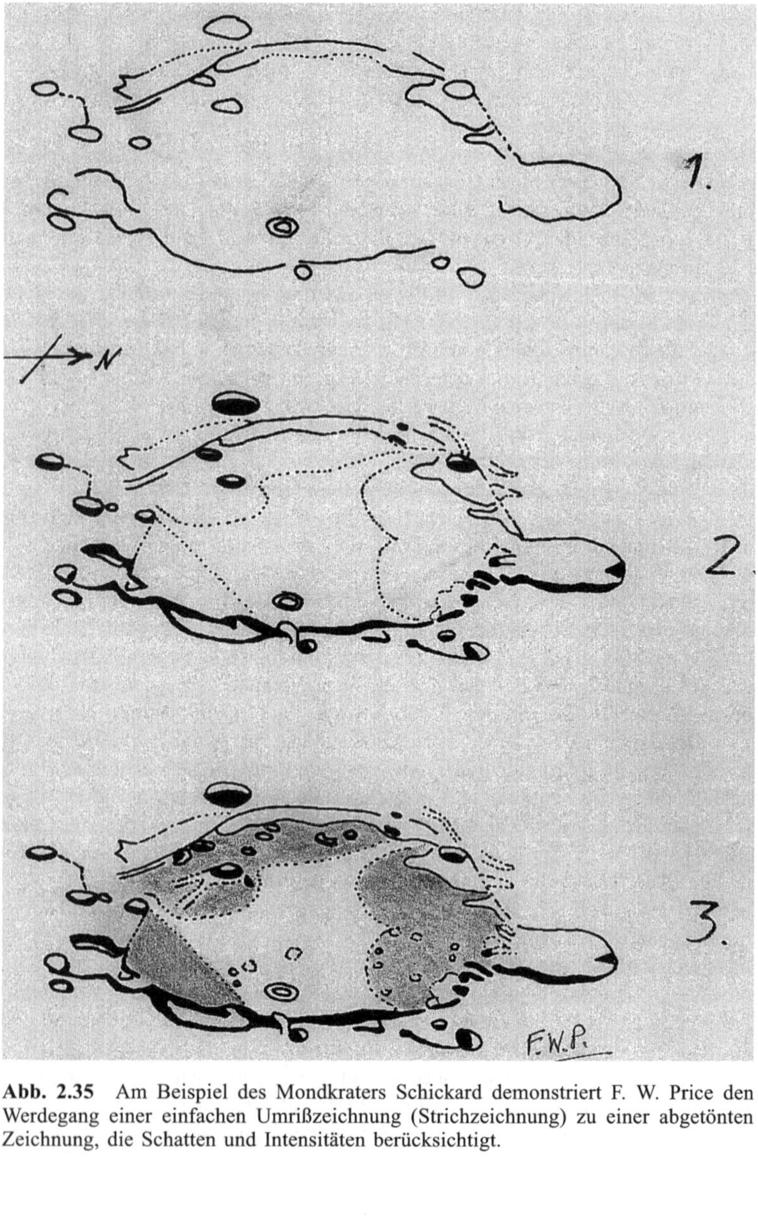

Abb. 2.35 Am Beispiel des Mondkraters Schickard demonstriert F. W. Price den Werdegang einer einfachen Umrißzeichnung (Strichzeichnung) zu einer abgetönten Zeichnung, die Schatten und Intensitäten berücksichtigt.

cher, und bei höheren Vergrößerungen sieht der Beobachter auch nicht mehr die ganze Oberfläche, sondern nur einen Ausschnitt. Skelettkarten zur Orientierung und Umrißskizzen als Zeichenvorlagen sind praktische Hilfsmittel. Beides bekommt man mittels Pause von guten Mondkarten [47] oder von Photos [48, 49]. Auch selbstgemachte Mondphotos kann der Amateur für seine Zeichenstudien hernehmen. Es gibt verschiedene Zeichentechniken, die von der Kunstfertigkeit des Zeichners abhängen.

Schraffen und Schichtlinien hat Ph. Fauth erfolgreich angewendet. Wichtig ist bei Mondzeichnungen vor allen Dingen, daß der Beobachter die jeweils herrschenden Beleuchtungsverhältnisse auf dem Mond genau studiert. Licht und Schatten sind sehr lebendig und verändern das Aussehen der Objekte kurzfristig, ohne daß freilich irgendwelche echten, dauernden Veränderungen vorliegen.

Das Zeichnen am Fernrohr hat auch im Zeichen der fortentwickelten Mond- und Planetenphotographie seinen Sinn. Es ist überhaupt fraglich, ob es vernünftig ist, die visuelle Beobachtung gegen die photographische auszuspielen und umgekehrt. Die Überlegungen von F. Kimberger, Planetenbeobachter in Fürth, verdienen Beachtung: „Es ist eine altbekannte Tatsache, daß zwischen photographisch und visuell gewonnenen Darstellungen von Planetenoberflächen ein Unterschied bestehen muß. Das Auge hat eben ein anderes Erfassungsvermögen als die lichtempfindliche Emulsion. Das bezieht sich einerseits auf die verschiedene Empfindlichkeit für die Erfassung von Hell-Dunkel-Grenzwerten, wie auch für Spektralbereiche. Andererseits besitzt der Film ein anderes Detailauflösungsvermögen als das Auge. Dazu kommt beim Film natürlich noch eine

Abb. 2.36 Jupiter am 20. April 1992, 19:40 MEZ, ZM I 176°, ZM II 4°. Atmosphäre R 2, D 2. Zeichnung von G. D. Roth nach Beobachtungen mit einem 130-mm-Refraktor (APQ) binokular bei 150facher und 250facher Vergrößerung (Aus: SuW **32**, 128, 2/1993).

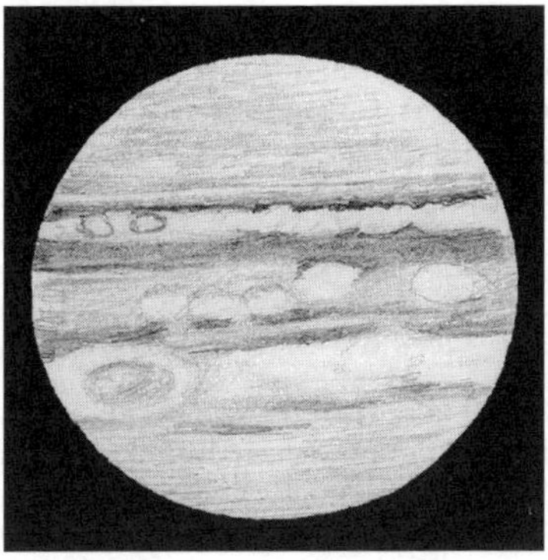

Abb. 2.37 Jupiter am 20. April 1992, 20:52:30 MEZ, ZM II 49°. 2. Aufgenommen mit einer CCD-Kamera (TH 7863) von W. Bickel an einem 404/2372-mm-Newton-Teleskop, Komposit aus 26 einzelnen 0,08-s-Belichtungen (Aus: SuW **31**, 709, 11/992).

Verwaschung der Konturen durch unregelmäßige Kornanhäufungen und die Summierung der Luftunruhe bei längeren Belichtungszeiten." Vier Schlüsse sind nach F. Kimberger aus diesen Tatsachen zu ziehen:

1. Die visuelle Beobachtung hat ihren Wert, auch wenn die photographischen Schichten noch weiterentwickelt werden.
2. Photographisch ermittelte Oberflächendetails kann man nicht als Grundlagen für visuelle Zeichnungen verwenden. Ein Vergleich ist nur bedingt zulässig.
3. Es gilt für den Beobachter, beide Methoden zu pflegen.
4. Verfeinerte Ausarbeitungsmethoden der Negative oder Positive können in ihrer Art einen Beitrag liefern, sind aber keine eigentliche Konkurrenz für die visuelle Beobachtung.

Literatur

[1] Remmert, E.: Vergleichstest: „Cestar 8" contra „Meade LX 10". Teil 2, Sterne und Weltraum **39** (4/2000), S. 269
[2] Claus R.: Refraktor oder Spiegelteleskop, Ahnerts Kalender für Sternfreunde 2001, S. 95
[3] Ligne de, J.: Planetenbeobachtung: Wer sieht mehr? Orion 288 (5/1998), S. 17
[4] Bergmann, R.; Ein High-Tech Dobson-Teleskop, Sterne und Weltraum **34** (1995), S. 940
[5] Wichmann, H.: Über Kontrast und Detailerkennbarkeit bei Mond- und Planetenbeobachtung, Sterne und Weltraum **22** (1983), S. 363
[6] König, A., Köhler, H.: Die Fernrohre und Entfernungsmesser, Springer-Verlag, Berlin – Göttingen – Heidelberg 1959, S. 75
[7] Hornung, H., Hückel, P.: Sonnen-, Mond- und Planetenphotographie mit Amateurteleskopen, Sterne und Weltraum **23** (1984), S. 96
[8] Dragesco, J.: High Resolution Astrophotography, Cambridge University Press, Cambridge – New York – Melbourne 1995, S. 17
[9] Laux, U.: Astrooptik. Optiksysteme für die Astronomie, 2. Auflage, Verlag Sterne und Weltraum, Hüthig GmbH, Heidelberg 1999
[10] Paech, W., Baader, Th.: Tipps & Tricks für Sternfreunde, Verlag Sterne und Weltraum, Hüthig GmbH, Heidelberg 1999
[11] Trittelvitz, M.: Spiegelfernrohre – selbst gebaut. Verlag Sterne und Weltraum, Hüthig GmbH, Heidelberg 2000
[12] Siehe [2], S. 94
[13] Treutner, H., Der Faltrefraktor, Orion **30** (1972), S. 146
[14] Sorgenfrey, W.: Der Bau eines 150/3000 mm-Schaer-Refraktors, in: Refraktor-Selbstbau, Roth, G. D. (Hrsg.), Uni-Druck, München (1965), S. II/1

[15] Pfannenschmidt, E.: Ein Spiegel-Refraktor als Alternative zum Apochromaten, Sterne und Weltraum **39** (11/2000), S. 978–980
[16] Wilson, R. N.: Reflecting Telescope Optics I; Springer-Verlag Berlin – Heidelberg – New York 1996, S. 246
[17] Baum, M.: Die Entwicklung des Schiefspieglers, Sterne und Weltraum **32** (1993), S. 647 und S. 808
[18] Ziegler, H. G.: Aktion Yolo, Orion **50** (1992), S. 152. Siehe auch [8], S. 251
[19] Wolter, H.: Kompakte Yolo-Teleskope mit deformierten Hauptspiegeln, Orion 288 (5/1998), S. 14
[20] Kirchherr, R.: Ein vergessener Fernrohrtyp: Das Schupmannsche Medial, Sterne und Weltraum **19** (1980), S. 104
[21] Claus, R.: Aktuelle Feldstecher von Fujion, Sterne und Weltraum **37** (12/1998), S. 1082
[22] Conrad, R.: Pupillendurchmesser älterer Menschen, Sterne und Weltraum **38** (3/1999), S. 218
[23] Philipp, A.: Okulartest Tele Vue – Meade, Sterne und Weltraum **27** (1988), S. 52; Miller, G., Die Eudiaskopischen Okulare von Baader-Planetarium, Sterne und Weltraum **27** (1988), S. 672; Wolf, Ch.: Okulare von 10 bis 15 mm Brennweite, Sterne und Weltraum **31** (1992), S. 330 und 413
[24] Laux, U.: Astrooptik. Optiksysteme für die Astronomie, 2. Auflage, Verlag Sterne und Weltraum, Hüthig GmbH, Heidelberg 1999, S. 125
[25] Kabelitz, R.: Das Doppelrohr, Sterne und Weltraum **28** (1989) , S. 250, 320 und 390
[26] Darnell, P.,: in: Kalender für Sternfreunde 1964, Ahnert, P. (Hrsg.), Johann Ambrosius Barth-Verlag, Leipzig 1964
[27] Biefang, J.: Binokularansätze im Test, Sterne und Weltraum **38** (8 und 9/1999), S. 678 und 782
[28] Wichmann, H.: Das zweiäugige Sehen astronomischer Objekte, Sterne und Weltraum **11** (1972), S. 47
[29] Siehe [28]
[30] Siehe [10]
[31] Ziegler, H. G.: Teleskopmontierungen und ihre elektrischen Einrichtungen, in: Handbuch für Sternfreunde, Roth, G. D. (Hrsg.), Springer-Verlag, Berin – Heidelberg – New York (1989), Band 1, S. 91
[32] Siehe [30]
[33] Rök-Ramirez, M.: Teleskop-Nachführung aus der Sicht des Elektronik-Entwicklers, Sterne und Weltraum **31** (1992), S. 48
[34] Böcker, D., Voigt von, E.: Astronomische Montierungen: Leicht und trotzdem stabil, Sterne und Weltraum **39** (10/2000), S. 890
[35] Bergthal, S.: Die transportable Montierung 900 GTO von Astro Physics, Sterne und Weltraum **40** (3/2001), S. 273
[36] Optische Glasfilter, Katalog, Schott Glas, Geschäftsbereich Optik, Produktgruppe Optische Filter, Mainz

[37] Spangenberg, W. W.: Optische Filter bei visuellen Beobachtungen, Die Sterne **56** (1980), S. 98
[38] Böhme, D.: Polarimetrie für Amateurastronomen, Sterne und Weltraum **25** (1986), S. 544
[39] Duerbeck, H. W., Hoffmann, M.: Grundlagen der Photometrie, in: Handbuch für Sternfreunde, Roth, G. D. (Hrsg.), Springer-Verlag, Berlin – Heidelberg – New York (1989), Band 1, S. 373
[40] Jahn, W.: Die optischen Beobachtungsinstrumente, in: Handbuch für Sternfreunde, Roth, G. D. (Hrsg.), Springer-Verlag, Berlin – Heidelberg – New York (1981), S. 68
[41] Siehe [38], S. 66
[42] Dick, J.: Praktische Astronomie an visuellen Instrumenten, Johann Ambrosius Barth-Verlag, Leipzig 1963, S. 143
[43] Elgass, E.: Wie gut ist das Seeing in einer Großstadt? Sterne und Weltraum **36** (1997), S. 46
[44] Spangenberg, W. W.: Über einige Probleme des alternden Beobachters, Die Sterne **50** (1974), S. 109
[45] Pfannenschmidt, E.: „Seeing“ – Betrachtungen eines Altmeisters, Mitteilungen für Planetenbeobachter **14** (1990), S. 46
[46] Martinez, P.: Astrophotographie, Verlag Darmstädter Bätter, Darmstadt 1985, S. 354
[47] Rükl, A.: Atlas of the Moon, Paul Hamlyn Publishing, London 1991
[48] Viscardy, G.: Atlas-Guide Photographique de la Lune, Masson, Paris 1984
[49] Schwinge, W.: Fotografischer Mondatlas, Johann Ambrosius Barth, Leipzig 1983

3 Mond- und Planetenphotographie

von Bernd Koch

3.1 Das Mond- und Planetenteleskop

Zur Mond- und Planetenphotographie ist grundsätzlich jedes Teleskop geeignet, an das sich ein Kameragehäuse oder eine CCD-Kamera anschließen läßt und an dem eine Verlängerung der Brennweite durch Okularprojektion möglich ist. Der direkte Vergleich der Aufnahmeergebnisse mit den verschiedenen Teleskopbauarten verdeutlicht die Unterschiede. Folgende generelle Kriterien zur Auswahl eines Teleskops sind zu beachten, um möglichst scharfe kontrast- und detailreiche Planetenphotos anzufertigen:

1. Je größer der Objektiv- bzw. Spiegeldurchmesser, desto mehr Licht sammelt das Teleskop und umso kürzer sind die Belichtungszeiten. Die Luftunruhe kann sozusagen „eingefroren" werden. Das ist besonders bei großen Teleskopöffnungen wichtig, da die Planetenscheibe bei schlechtem Seeing über ihren ganzen Durchmesser verschmiert erscheint. Im Gegensatz dazu springt das Planetenbild bei Teleskopen mit kleineren Durchmessern hin und her (Ortsszintillation), ist in sich jedoch scharf.
2. Je kleiner der Fangspiegel eines Spiegelteleskops, desto höher sind Bildkontrast und Detailauflösung. Zur Kontrastverbesserung sollte man Newtonteleskope mit einer zusätzlichen Gegenlichtblende versehen.
3. Möglichst präzise geschliffene Spiegel oder Linsen einsetzen, die mit einer hochwertigen Vergütung bedampft sind.
4. Farbreine apochromatische Refraktoren bilden kontrastreicher und schärfer ab als lichtstarke Fraunhofer-Achromate (f/10), deren Farbrestfehler (blaue Farbsäume) mit einem leichten Gelbfilter unterdrückt werden müssen und deshalb nur bei Öffnungsverhältnissen ab f/15 zur Farbphotographie in Frage kommen.

Der *Schiefspiegler* vereinigt als obstruktionsfreies Teleskop alle positiven Eigenschaften in sich, denn der Hauptspiegel lenkt das Licht auf einen *außerhalb* des Strahlengangs liegenden Fangspiegel. Dennoch benutzen diesen Teleskoptyp nur Spezialisten, die sich vorwiegend mit der Photographie von Mond, Sonne und Planeten beschäftigen und das Teleskop stationär in einer Kuppel oder Beobachtungshütte aufgestellt haben. Das Teleskop ist aufgrund seiner Abmessungen nicht für den mobilen Einsatz geeignet, und hinzu kommt, daß die Justage schwieriger ist als bei einem Schmidt-Cassegrain oder Newton. Das Öffnungsverhältnis von f/12 bis f/20 führt bei Deep-Sky-Aufnahmen zu relativ langen Belichtungszeiten auf konventionellem Film. Mit hochempfindlichen CCD-Kameras aber eröffnet sich hier dem Schiefspiegler ein früher häufig vernachlässigtes Arbeitsfeld. Auch ein im Vergleich dazu preiswerter *Newton* kann zu einem idealen Planetenteleskop umgebaut werden, wie die phantastischen

Planetenphotos des Amerikaners Donald Parker, Florida, zeigen, dessen 16zölliger Newton mit einem kleinem Fangspiegel ausgestattet ist. Der kleine Fangspiegel ist sehr leicht und läßt sich an nur einer dünnen Strebe aufhängen, was nur minimalste Beugungserscheinungen zur Folge hat. Dieses Gerät weist das beste Preis-Leistungsverhältnis auf. Relativ lichtstarke Fraunhofer-*Refraktoren* mit einem Öffnungsverhältnis von ca. f/10 haben hohe Restfarbfehler, die sich in Form von blauen Farbsäumen um helle Sterne und Planeten bemerkbar machen, mit Gelbfiltern aber unterdrückt werden können. Ab einem Öffnungsverhältnis von f/15 ist die chromatische Aberration erträglich. Große farbreine *Apochromate* liefern im Vergleich zu jedem anderen Teleskop das kontrastreichste Bild. Nachteil: Ab etwa 150 mm Durchmesser wächst der Preis in astronomische Höhen ... *Schmidt-Cassegrain-* oder *Maksutov-Teleskope* gelten als Allround-Teleskope für die astronomische Beobachtung und Photographie. Sie sind kompakt aufgebaut, vereinigen aufgrund ihrer Konstruktion kurze Baulänge und geringes Gewicht und können deshalb leicht zu Orten mitgenommen werden, an denen besseres Seeing als zu Hause zu erwarten ist. Im Vergleich zu gleich großen Newtons mit kleinerem Fangspiegel ist der Bildkontrast aufgrund der großen Fangspiegelabschattung jedoch geringer.

3.2 Seeing und atmosphärisches Spektrum

Ein noch so perfektes Teleskop ist machtlos, wenn das Planetenscheibchen infolge hoher Luftunruhe ständig „wabert“ und unscharf erscheint. Teleskope mit größeren Öffnungen sind von einem schlechten Seeing stärker betroffen als kleinere, bei denen es sich in einem „hin und her springenden“ Planetenbild äußert, das als solches aber scharf erscheint (Ortsszintillation). Daraus könnte man folgern, die größere Teleskopöffnung einfach mit einer runden, außerachsialen Lochmaske zu verkleinern. Dadurch würde das Planetenbildchen schärfer erscheinen – aber auch deutlich dunkler, so daß man die Belichtungszeit verlängern müßte. Würde diese dadurch nun so lang, daß während der Belichtung das Planetenbildchen hin und herspringt, hätte man durch diese Maßnahme also nichts gewonnen. Fazit: Es hilft nichts anderes als ein – zumindest zeitweise – gutes Seeing.
Ein zweiter Gesichtspunkt wird häufig vernachlässigt: Die Auswirkungen der atmosphärischen Dispersion in niedriger Höhe über dem Horizont [8]. Es ist natürlich sehr bequem, den am östlichen Horizont auftauchenden Planeten so früh wie möglich am Abend aufzunehmen, doch man vergißt dabei, daß selbst in einer Höhe von 40° über dem Horizont eine Verschmierung des Planetenbildchens über eine Strecke von 2" (senkrecht zum Horizont) stattfindet (atmosphärische Dispersion). Diese chromatische Unschärfe macht bei einem Marsbildchen von 15" Durchmesser schon 13% des Durchmessers aus. Bezogen auf den Horizont ist der obere Rand des Planetenscheibchens blau, der untere rot gefärbt, was zu der Bezeichnung *atmosphärisches Spektrum* geführt hat. Berechnet wird der Wert der atmosphärischen Dispersion ΔR (Tab. 3.1) gemäß

$$\Delta R = R_{400} - R_{600} = 1{,}2'' \tan Z, \qquad (1)$$

wobei R_{400} und R_{600} die Werte für die Refraktion bei 400 nm (blau) bzw. 600 nm (rot) sind. Z ist die Zenitdistanz, Z = 90° – H. H ist die Höhe über dem Horizont.

H	Z	ΔR
30°	60°	2,1"
20°	70°	3,3"
10°	80°	6,8"

Tab. 3.1 Werte für die atmosphärische Dispersion ΔR (senkrecht zum Horizont) in Abhängigkeit von der Höhe H bzw. der Zenitdistanz Z.

Verbesserungen schaffen da nur Farbfilter, die den Spektralbereich einengen, doch problematisch sind Aufnahmen im Integrallicht, die nicht gefiltert werden können. Fertigt man aber jeweils eine Rot-, Grün- und eine Blauaufnahme an, so kann man diese im Dreifarbenverfahren zu einer Farbaufnahme zusammensetzen, deren Schärfe eine Aufnahme auf Diafilm um ein Vielfaches übertrifft.

3.3 Abbildungsgröße der Planeten in der Brennebene

Tab. 3.2 enthält die scheinbaren Durchmesser der Planetenscheibchen in Bogensekunden sowie deren Durchmesser D in der Brennebene in Millimeter pro 1000 mm Brennweite, die nach Gleichung 2 wie folgt berechnet werden:

$$D = \frac{\varnothing'' \cdot f_{obj}}{206265} \qquad (2)$$

Planet	∅	D (f=1000 mm)
Merkur	4,8"–13,3"	0,02–0,06 mm
Venus	10"–60"	0,05–0,29 mm
Mars	13"–25"	0,06–0,12 mm*
Jupiter	50"	0,24 mm
Saturn	ca. 20"	0,11 mm
Saturnring	ca. 47"	0,22 mm
Uranus	3,6"	0,02 mm
Neptun	2,5“	0,01 mm
Pluto	0,1“	0,0005 mm

Tab. 3.2 ∅: Größe der Planetenscheibchen in Bogensekunden, D: Größe des Planeten in der Brennebene pro 1000 m Brennweite. Beispiel: Mars ∅ = 25", Brennweite = 30 000 mm. Das ergibt D = 3,6 mm. *: Mars in Aphel- bzw. Periheloppostion. Jupiter bis Neptun: max. Oppositionsdurchmesser.

3.3.1 Theorie und Praxis der Brennweitenverlängerung

Der Mond ist mit maximal 33' 31" scheinbarem Durchmesser so groß, daß er über einer Aufnahmebrennweite von f = 2 462 mm nur noch ausschnittsweise in das Kleinbild-Format paßt. Bei CCD-Kameras mit (zur Zeit noch) kleineren Sensorflächen verschiebt sich die Grenze zu noch kürzeren Brennweiten, so daß eine Brennweitenverlängerung nur angebracht ist, wenn man einzelne Krater mit höchster Winkelauflösung aufnehmen möchte.

Die Primärbrennweite praktisch aller Amateurteleskope ist für Planetenphotos zu kurz. Zur Verlängerung der Aufnahmebrennweite bieten sich verschiedene Verfahren an. Möchte man die Primärbrennweite des Teleskops nur um den Faktor 2 bis 4 steigern, eignet sich ein Telekonverter oder eine Barlowlinse zwischen Teleskop und Kamera. Man sollte auf alle Fälle den vom Hersteller vorgegebenen Abstand zwischen Okular und Barlowlinse einhalten, da sich andernfalls die Abbildungsqualität außerhalb der Bildmitte verschlechtert. Das dürfte zwar bei den (zur Zeit noch) kleinen Abmessungen der CCD-Sensoren kein Problem sein – im Kleinbild-Format wirkt sich das in den Bildecken deutlich sichtbar aus, so z.B. gerade bei der Mondphotographie.
Für manche einfachen Schülerteleskope ist kein Kameraadapter lieferbar, so daß man auf die sog. *afokale Photographie* (Abb. 3.1) zurückgreifen muß, bei der der Photoapparat mit dem Teleskop nicht fest verbunden ist.

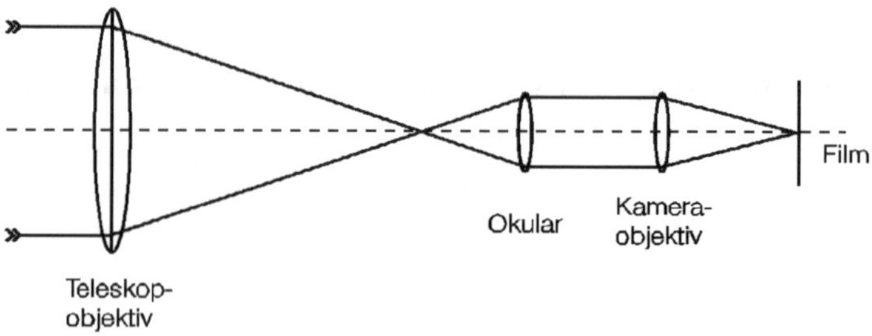

Abb. 3.1 Bei der afokalen Anordnung wird mit dem Okular visuell auf unendlich scharfgestellt, bevor man durch die ebenfalls auf unendlich scharfgestellte Kameraoptik schaut.

Nachteil: Die auf einem Photostativ befestigte Kamera (mit Objektiv) muß von Zeit zu Zeit nachgerückt werden, da das Teleskop mitbewegt werden muß. Diese Anordnung hat aber auch einen Vorteil, denn die durch die Spiegelauslösung erzeugten Schwingungen können sich auf diese Weise nicht direkt auf die Teleskopmontierung übertragen. Mit dieser Methode ist es auch möglich, Videoaufnahmen von Mond- und Planetenoberflächen anzufertigen. Eine Videoaufnahme, auch wenn sie durch schlechtes Seeing zeitweise weniger scharf als eine Photographie erscheint, kommt dem visuellen Eindruck am nächsten – nur das Standbild ist deutlich schlechter als ein echtes Photo. Bedauerlicherweise sind die meisten Camcorder mit einem fest eingebauten Zoomobjektiv ausgestattet, so daß nur die afokale Aufnahmeanordnung in Frage kommt. Mit einem Camcorder läßt sich auch schön der Effekt der Erddrehung demonstrieren. Man stelle den Mond beispielsweise knapp außerhalb des Gesichtsfeldes ein und lasse ihn bei ausgeschalteter Nachführung einfach durch das Bildfeld laufen.
Zur Aufnahme wird das Teleskop visuell auf den Planeten scharfgestellt. Der Photoapparat, mit Photoobjektiv auf unendlich eingestellt, steht auf einem se-

paraten Photostativ direkt hinter dem Okular des Teleskops. Die effektive Brennweite dieser Anordnung ergibt sich zu

$$f_{eff} = V \cdot f_{kam}, \qquad (3)$$

wobei V die Vergrößerung des im Teleskop verwendeten Okulars ist. Beispiel: Teleskopbrennweite 2000 mm, Okularbrennweite 10 mm. Daraus folgt V = 2000 mm/10 mm = 200 x. Hat der Photoapparat ein Objektiv mit f_{kam} = 50 mm, so beträgt die effektive Brennweite f_{eff} = 200 · 50 mm = 10000 mm = 10 m. Die gebräuchlichste Methode der Brennweitenverlängerung ist die der *Okularprojektion.* Das vom Objektiv in der Brennebene des Teleskops erzeugte Bild wird mit Hilfe eines gut korrigierten Okulars vergrößert auf die Filmebene projiziert (Abb. 3.2).

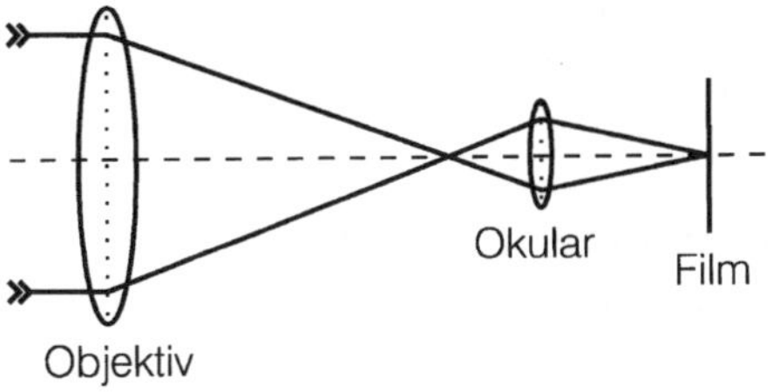

Abb. 3.2 Prinzipielle Anordnung bei der Okularprojektion. Das vom Objektiv in der Brennebene erzeugte Bild wird vom Okular vergrößert auf die Filmebene projiziert.

Die effektive Brennweite berechnet sich gemäß

$$f_{eff} = f_{obj}\,(d/f_{ok} - 1), \qquad (4)$$

wobei f_{obj} die Objektivbrennweite, f_{ok} die Okularbrennweite und d der Abstand zwischen Filmebene und der bildseitigen Okularhauptebene sind. Diese liegt nahe bei der letzten augenseitigen Linsenfläche, so daß man in guter Näherung für d den Abstand von letzter Linsenfläche des Okulars zu Filmebene einsetzen kann. Das neue Öffnungsverhältnis ist nun f_{eff}/D, wobei D der Objektivdurchmesser ist. Beispiel: f_{obj} = 2000 mm, f_{ok} = 10 mm, d = 100 mm. Damit ergibt sich f_{eff} = 2000 mm (100 mm/10 mm – 1) = 18000 mm = 18 m. Eine genauere Methode für die Bestimmung des Wertes für d beschreibt L. Laepple in [1]. Dort weist er darauf hin, daß Okulare für einen parallelen Austritt der Strahlen optimiert sind, wie es für den visuellen Gebrauch richtig ist. Werden sie für eine schwache Brennweitenverlängerung verwendet, weicht der Strahlenverlauf stark davon ab. Als Folge davon ist die Abbildung außerhalb der Bildmitte oft unbefriedigend. Günstiger sind die Verhältnisse, wenn der Verlängerungsfaktor groß ist.

Welcher Okulartyp eignet sich (nicht) für die Okularprojektion? Diese Frage kann mit letzter Sicherheit nur mit Testaufnahmen beantwortet werden. Folgende Kriterien sind bei der Auswahl hilfreich. Je weniger Linsen bzw. Glas/Luftoberflächen das Okular aufweist, desto besser ist der Bildkontrast, sofern es sich mindestens um ein hochwertiges vier- oder fünflinsiges Ortho- oder Plössl-Okular handelt. Die sieben- oder mehrlinsigen Superweitfeldokulare mit bis zu 80° scheinbarem Gesichtsfeld sind speziell für die Deep-Sky-Beobachtung entwickelt worden und erreichen nicht immer die Kontrastleistung eines einfachen orthoskopischen oder Plössl-Okulars. Die Innenhülse des Okulars sollte zudem geschwärzt sein, um unliebsame Geisterbilder oder Reflexe zu vermeiden. Auch achte man vor der Aufnahme darauf, daß die Linsenaußenflächen staub- und fettfrei sind. Liegt die Austrittspupille nämlich sehr dicht an der augenseitigen Außenlinse des Okulars, können Wimpern Fettspuren hinterlassen. Also: Okularaugenlinse vorsichtig mit einem sauberen Leinenlappen und etwas reinem Alkohol reinigen. Bei den Kellnerokularen kommt es häufig vor, daß eine der Linsen sehr nahe an der Brennebene liegt, so daß sich Staub gerne in Form von dunklen Flecken abbildet. Zur Vermeidung von Reflexen sollte die Projektionshülse (bzw. die Zwischenringe) innen mit einem Antireflexgewinde versehen und schwarz eloxiert sein, notfalls mit schwarzem Samt ausgekleidet werden.

3.4 Konventionelle Aufnahmetechnik mit Kameragehäuse und Film

Längst nicht jedes Kameragehäuse ist für die Planetenphotographie geeignet. Wichtig ist, daß das Gehäuse das Auswechseln der Sucher- oder Einstellscheibe zuläßt, sofern nicht schon eine geeignete „Mattscheibe“ vorhanden ist. Schnittbild und Mikroprismen scheiden aus. Aber auch die feinmattierte Einstellscheibe bereitet bei der Fokussierung auf ein dunkles Planetenbild in Okularprojektion Probleme, so daß hier einer Einstellscheibe mit zentralem Klarfleck und eingeritztem Fadenkreuz der Vorzug zu geben ist [3].
Ein kameraspezifisches Problem bereitet der Schwingspiegel der Spiegelreflexkamera, der auch bei kurzen Verschlußzeiten zur Verwacklung der Aufnahme führen kann. Abhilfe schafft in diesem Fall ein Gehäuse mit mechanischer Spiegelvorauslösung (z.B. Nikon F3, Leica R6, Canon F1, Olympus OM-1 und weitere). Auch Gehäuse mit elektronischer Spiegelvorauslösung sind geeignet, die Batterie muß jedoch den erhöhten Anforderungen bei tiefen Temperaturen standhalten. Am einfachsten ist die Belichtung nach der Hutmethode. Der Teleskopdeckel wird aufgesetzt und die Kamera in B-Einstellung ausgelöst. Nun wird der Deckel vorsichtig abgenommen, aber noch vor die Teleskopöffnung gehalten. Nach Abklingen der Schwingungen (5–10 s, je nach Montierung) wird der Strahlengang freigegeben und man zählt die Sekunden laut mit. Hier ist es hilfreich, zu zweit zu arbeiten, um auch den Zeitpunkt ruhigster Luft für die Aufnahme zu erwischen. Der zweite Beobachter schaut durch ein parallel montiertes Hilfsfernrohr, das als Seeingmonitor dient und gibt das Kommando zum Start der Aufnahme.

3.5 Hinweise zur Belichtung

Während der Belichtungsmesser der Kamera für den Mond einen guten Anhaltswert für die Belichtung gibt, ist das Meßsystem bei der Planetenphotographie völlig überfordert. Sobald ein Planet in seine Oppositionsperiode eintritt, sollte man die zu erwartenden Belichtungszeiten durch eine Belichtungstestreihe ermitteln. Um nicht völlig daneben zu liegen, geben Gleichung (5) und Tab. 3.3 einen ersten Anhaltspunkt

$$t = \frac{k \cdot N^2}{C \cdot E}, \qquad (5)$$

wobei t die Belichtungszeit in Sekunden, k der Dämpfungsfaktor, N die Blende, C die Belichtungskonstante und E die Filmempfindlichkeit in ASA bedeuten. Beispiel: Jupiter (C = 30), k = 1 (hohe Transparenz der Atmosphäre), N = 40, E = 100 ASA. Damit folgt t = 0,5 s. Da der Dämpfungsfaktor k aufgrund der von Abend zu Abend unterschiedlichen atmosphärischen Transparenz nur abgeschätzt werden kann, sollte die Belichtungsreihe zwischen ¼ und 4 Sekunden liegen. Die Daten der einzelnen Belichtungen müssen sorgfältig notiert werden, damit eine eindeutige Zuordnung stattfinden kann. Umgekehrt bietet die Auswertung der Testreihe nun die Möglichkeit, einen Korrekturwert für den Dämpfungsfaktor der gewählten Aufnahmeanordnung zu ermitteln (s. auch S. 117).

Planet	C
Venus (Viertel)	250
Venus (Halb)	500
Venus (Voll)	1000
Mars	110
Jupiter	30
Saturn	8

Tab. 3.3 Werte für die Belichtungskonstante C, die nur als Ausgangswerte für eine Testbelichtungsreihe zu verstehen sind.

3.6 Mond- und Planetenphotographie mit CCD-Kameras

Den unterschiedlichen Kameragehäusen und Filmsorten konventioneller Filmtechnik entsprechen hier die CCD-Kameramodelle mit den herstellerspezifischen CCD-Sensoren. An dieser Stelle kann die Vielfalt der inzwischen kommerziell erhältlichen CCD-Kameras nicht ausführlich dargestellt werden – die Liste wäre schon nach wenigen Monaten veraltet. Im Zuge des technischen Fortschritts werden ständig neue Modelle mit verbesserten Leistungsmerkmalen angeboten, und auch die Bildbearbeitungssoftware steht dem nicht nach. Deshalb wird im folgenden die grundsätzliche Aufnahmetechnik mit CCD-Kameras beschrieben.

Grundsätzlich ist ein CCD-Sensor wie folgt aufgebaut: Die lichtempfindliche Fläche (das spätere Bild) ist in Form einer Matrix angeordnet, in der jeder Bildpunkt von einer quadratischen oder rechteckigen Photodiode gebildet wird. Photonen, die während der Belichtungszeit (Integrationszeit) auf ein Pixel (abgeleitet von picture element) fallen, erzeugen Ladungsträger (Elektronen), die dort gespeichert werden. Der beim Auslesen der Pixelreihen und -spalten fließende Strom wird über einen Analog-Digitalwandler digitalisiert. Üblich sind je nach Kameramodell 256 (8 Bit, $2^8 = 256$), 4096 (12 Bit, $2^{12} = 4096$), 16384 (14 Bit $2^{14} = 16384$) und 65536 Abstufungen (16 Bit, $2^{16} = 65536$). Das digital vorliegende Bild kann nun sehr effektiven Bildbearbeitungsfunktionen (s. S. 97) unterzogen werden. Unscharfe Maske, Hochpaß- und Maximum-Entropy-Filter, angewendet auf ein CCD-Rohbild des Mondes oder eines Planeten beispielsweise, vermögen Strukturen von wenigen Zehntel Bogensekunden aufzulösen, wie die nachfolgenden Ergebnisse demonstrieren! Planetenphotos in Profiqualität – davon konnten Amateurastronomen vor einem Jahrzehnt nur träumen ...
Egal welches Teleskop und ob Film oder CCD zum Einsatz kommen: Grundvoraussetzung für hochauflösende Planetenphotos ist ein – zumindest zeitweise – perfektes Seeing. Im Verhältnis zum Film ist es aber sehr viel leichter, mit der CCD-Kamera gute Planetenphotos zu schießen. Das liegt als erstes daran, daß das Bild sofort auf dem PC-Monitor sichtbar ist und man nach einer Reihe von Einzelaufnahmen und vorläufiger Bildschärfung entscheiden kann, ob es sich aufgrund des Seeings an diesem Abend lohnt, weiterzumachen. Vergleicht man das CCD-Photo mit dem Anblick durch das Okular, so kann man auch umgekehrt aus dem visuellen Eindruck auf das zu erwartende photographische Ergebnis schließen – ein unschätzbarer Vorteil gegenüber der „blinden" Photog raphie auf Film. Ein zweiter Punkt ist, daß die CCD-Integrationszeiten sehr viel kürzer als die Belichtungszeiten auf Film sind (in der Größenordnung 1 : 100), so daß die Ausschußrate sehr viel geringer ist.
Die spektrale Empfindlichkeitskurve reicht (je nach Bauart des CCD-Sensors, Kodak KAF 400 siehe [9]) vom Blauen bei ca. 400 nm bis in das nahe Infrarot bei ca. 1000 nm, so daß gerade der langwellige Bereich eine Erweiterung gegenüber Filmen darstellt. Bislang war nur von Schwarzweißkameras die Rede, denn die Entwicklung von Farb-CCDs steht zur Zeit erst am Anfang. Diese Modelle sind mit speziellen CCD-Sensoren ausgestattet, bei denen jeweils eine rot-, blau- und grünempfindliche Pixelreihe nebeneinanderliegen. Die spektrale Selektion erfolgt mit einem Farbfilter vor dem jeweiligen Pixel. Bei diesem Verfahren ist die Ortsauflösung geringer als mit einem vergleichbaren Schwarzweißchip, man erspart sich jedoch eine Menge Arbeit. Bislang müssen nämlich drei möglichst gleich scharfe, nacheinander angefertigte CCD-Photos in den Grundfarben Rot, Grün und Blau zu einem RGB-Farbbild zusammengesetzt werden. Ein Verfahren, das viel komplizierter ist als eine einfache Farbdiaaufnahme, doch das Ergebnis rechtfertigt den Aufwand.
Es gibt drei grundverschiedene Verfahren, digitale Planetenaufnahmen zu erhalten. Das erste ist eine Kombination von herkömmlicher Aufnahmetechnik und digitaler Nachbearbeitung: Auf Filmen belichtete Mond- und Planetenaufnah-

men digitalisiert man mit handelsüblichen 12- bis 16-Bit-Diascannern. Das zweite und deutlich effektivere Verfahren verwendet eine gekühlte CCD-Kamera. Das Planetenbild wird mit drei Farbfiltern Rot, Grün und Blau aufgenommen und anschließend zu einem RGB-Bild zusammengesetzt. Die Farbauszüge müssen auf Grund der Planetenrotation kurz hintereinander aufgenommen werden. Das schnellere und qualitativ bessere Bild liefert eine Farb-CCD-Kamera, die direkt ein farbiges Planetenbild liefert. Die Belichtung wird je nach Kameramodell mit einem internen oder externen mechanischen oder elektronischen Verschluß gesteuert. Hervorragend bewähren sich die gegenüber allen anderen Kameras extrem preisgünstigere Webkameras (Webcams), die direkt mit dem USB-Port des PCs verbunden werden. Deren optische Qualität ist inzwischen so gut, daß die Planetenbilder nicht mehr von den Aufnahmen mit 10fach teureren CCD-Kameras unterschieden werden können. Man sollte allerdings ein Modell aussuchen, dessen Objektiv man leicht entfernen und an das man einen Teleskopadapter (31,7-mm-Steckhülse) setzen kann. Die dritte und immer beliebtere Methode nutzt die Vorteile einer digitalen Videokamera (Camcorder). Aus tausenden von farbigen digitalen Einzelbildern können am PC-Monitor sehr schnell die schärfsten Planetenbilder selektiert werden (s. a. [10]).
Der Vorteil der gekühlten CCD-Kameratechnik liegt in ihrer universellen Anwendbarkeit, ihrer hohe Rohbildqualität und möglichen Langzeitbelichtungen. Zudem bekommt man beim Kauf einer solchen Kamera ein mehr oder weniger brauchbares Bildverarbeitungsprogramm mitgeliefert. Von Nachteil ist die zwingende Notwendigkeit eines Computers schon für die Aufnahme und der enorme Energieverbrauch der Peltierkühlung, so daß für den transportablen 12V-Betrieb einer von einem Notebook gesteuerten CCD-Kamera nur eine große, frisch geladene Autobatterie in Frage kommt. Steht keine externe Batterie zur Verfügung, sollte die Spannungsversorgung über die eingebaute Autobatterie sicherheitshalber nur bei laufendem Motor erfolgen, wobei aber elektromagnetische Störungen in Form von Streifen im CCD-Bild nicht auszuschließen sind. Unter Umweltgesichtspunkten verbietet sich allerdings diese Lösung.
Die Bilder werden nach der Aufnahme bzw. Digitalisierung als Grauwertmatrix abgespeichert. Ein Bild besteht aus einem Vorspann, der die Größe, den Grauwertumfang und weitere Daten zum Bild enthält, und den Bildgrauwerten selbst, die zeilenweise sortiert sind. Die Art und Weise, nach der der Vorspann gestaltet ist und die Bilddaten aufgezeichnet sind, unterscheidet sich bei den einzelnen Modellen leider sehr stark, weil jeder Hersteller sein eigenes Bildformat verwendet. Die Originalbilder werden in der Regel zunächst als 8, 12 oder 16-Bit-Bilder abgespeichert (je nach Modell) und können dann nach der Bearbeitung und Skalierung der Grauwerte in gängige 8-Bit-Formate konvertiert werden. Zu nennen sind als wichtigste Formate TIFF, GIF, PCX und BMP. Das FITS-Format ist als 16-Bit-Format Standard im wissenschaftlichen Bereich und wird von mancher CCD-Kamerasteuersoftware unterstützt. Ein S/W-Bild belegt pro Pixel bis zu zwei Bytes (2 x 8 = 16 Bit) Speicherplatz. Bei einem Megachip von 1024 k x 1024 k beispielsweise belegt ein 16-Bit-Bild also 1024 x 1024 x 2 KB = 2 MB Speicherplatz! Rechnet man Dunkelbilder und Flat Fields

hinzu, so erzielt man an einem Abend leicht 200 MB und mehr an Daten. Eine ausreichend große Festplatte und ein zusätzlicher (externer) Massenspeicher (Streamer, Wechselplatte, MOD-Laufwerk oder gar CD-Brenner) sind zur Sicherung der Bilddaten unerläßlich.

3.6.1 Die Mindest-Äquivalentbrennweite bei der CCD-Planetenphotographie

Die untere Grenze für die Aufnahmebrennweite bei der Planetenphotographie wird durch das Nyquist-Theorem bestimmt: Es besagt, daß die Größe eines CCD-Pixels in Bogensekunden am Himmel höchstens halb so groß sein sollte wie das (theoretische) Auflösungsvermögen des Teleskops. Das vom Teleskop in der Brennebene abgebildete Planetenscheibchen (Auflösungsgrenze Dawes-Limit) wird von der CCD-Pixelmatrix „gesamplet" (abgetastet), wie sich die Informationstheoretiker ausdrücken. Je mehr Pixel innerhalb einer Fläche liegen, deren Durchmesser durch die Auflösungsgrenze des Teleskops definiert ist, desto höher ist die sog. „Sampling-Frequenz" und desto genauer wird die Intensitätsverteilung des Objekts registriert. Eine niedrige Sampling-Frequenz (Pixelabmessung in Bogensekunden vergleichbar mit dem Auflösungsvermögen des Teleskops) führt zu einer Modulation der registrierten Intensitätsverteilung und macht sich in Form von Artefakten im Bild bemerkbar. Der Effekt wird als „Aliasing" bezeichnet. Diese Betrachtung führt zu dem erstaunlichen Ergebnis, daß die Äquivalentbrennweite um so größer sein muß, je größer der Objektivdurchmesser ist. Auf den zweiten Blick ist aber klar, daß es hier natürlich nur darum geht, bei perfektem Seeing die *theoretische* Auflösungsgrenze auch in der Praxis – wenn auch selten – zu erreichen.

Ein erstes Kriterium für die Wahl der Mindest-Äquivalentbrennweite ist die Abschätzung des Auflösungsvermögens des Teleskops. Nach Dawes berechnet sich das Auflösungsvermögen A in Bogensekunden zu

$$A = \frac{125''}{D\,[\mathrm{mm}]}, \qquad (6)$$

wobei D der Objektivdurchmesser in Millimeter ist. Beispiel: D = 200 mm ergibt A = 0,63". Also muß in der gewählten Anordnung der Abbildungsmaßstab auf einem CCD-Pixel A/2 Bogensekunden pro Pixel oder weniger betragen, in diesem Beispiel weniger als 0,32"/Pixel. Nun kann man berechnen, wie lang die Brennweite sein muß, damit dieser Abbildungsmaßstab erreicht wird:

$$f_{\mathrm{eff}} \geq 2\,\frac{206265\ x}{A['']}, \qquad (7)$$

$$f_{\mathrm{eff}}[\mathrm{m}] \geq 0{,}413\ \frac{x\,[\mu\mathrm{m}]}{A['']} \approx \frac{x\,[\mu\mathrm{m}]\ D\,[\mathrm{mm}]}{300}, \qquad (8)$$

wobei x die Kantenlänge eines CCD-Pixels, A das Auflösungsvermögen in Bogensekunden und D der Objektivdurchmesser sind.
Beispiel: x = 9 μm (z.B. Chip Kodak KAF-400), D = 200 mm. Daraus folgt: $f_{eff} \geq 9 \cdot 200/300$ m = 6 m. Je größer die Pixel, desto länger muß die Brennweite sein. Beträgt die Kantenlänge eines Pixels z.B. 22 μm, so muß die Äquivalentbrennweite mindestens 14,6 m betragen. Löst man Gl. (4) nach f_{ok} auf, so kann man die nötige Okularbrennweite berechnen, sofern der Abstand d zwischen Augenlinse und Brennebene des Okulars bekannt ist:

$$f_{ok} = d \, \frac{f_{obj}}{f_{eff} + f_{obj}}, \qquad (9)$$

wobei f_{ok} die Okularbrennweite, f_{obj} die Primärbrennweite des Teleskops, f_{eff} die gewünschte Äquivalentbrennweite und d der Abstand der Augenlinse des Okulars von der Ebene ist, in der der CCD-Sensor liegt. Beispiel: d = 100 mm, f_{obj} = 2000 mm, f_{eff} = 14600 mm, daraus folgt f_{ok} = 12 mm.
Hinweis: Die Äquivalentbrennweite läßt sich viel exakter bestimmen, wenn man ein Objekt photographiert, dessen Ausdehnung ∅ im Winkelmaß bekannt ist, z.B. ein Doppelsternsystem, dessen Komponenten einen Winkelabstand deutlich unter einem Grad aufweisen. Liegt der Guide Star Catalog (GSC) oder der Hipparchos-Katalog vor, kann man auch den Abstand zweier Sterne mit bekannten Koordinaten ausmessen, oder aber den polaren Durchmesser eines Planetenscheibchens nehmen – doch Vorsicht vor Phaseneffekten außerhalb des genauen Oppositionszeitpunktes, die den Äquatordurchmesser eines Planetenscheibchens scheinbar verkleinern! Die Äquivalentbrennweite berechnet sich zu:

$$f_{eff}\,[\text{m}] = 0{,}2063 \, \frac{n \cdot x\,[\mu\text{m}]}{\varnothing\,['']}, \qquad (10)$$

wobei x die Kantenlänge eines Pixels in Mikrometer, n der Abstand der beiden (Doppel-)Sternkomponenten (ausgedrückt in der Anzahl der Pixel) und ∅ der Abstand in Bogensekunden ist. Beispiel: Doppelstern, Abstand der Komponenten ∅ = 20", n = 125 Pixel, x = 9 μm. Daraus folgt f_{eff} = 11,6 m.
Den Wert für n ermittelt man mit ausreichender Genauigkeit, indem mit dem Zeiger oder Fadenkreuz eines Bildbearbeitungsprogramms die Koordinaten der Mittelpunkte x_1, y_1 bzw. x_2, y_2 der beiden Sterne bestimmt werden. Die Anzahl der Pixel n zwischen den beiden Sternen berechnet sich nach

$$n = \sqrt{(y_2 - y_1)^2 + (x_2 - x_1)^2}\,. \qquad (11)$$

Je länger die Äquivalentbrennweite, desto schlechter wird das Öffnungsverhältnis und desto länger muß belichtet werden. Das Signal-Rausch-Verhältnis ist bei der halben Sättigungsintensität am besten, andererseits darf nur so lange belichtet werden, wie es das Seeing zuläßt. Letztlich zeigt erst die Erfahrung, welche Kombination von Äquivalentbrennweite und Belichtungszeit unter gegebenem Seeing die schärfsten Aufnahmen ergibt. Es empfiehlt sich, nach einer Serie von Planetenaufnahmen das schärfste Bild auszuwählen und „auf die Schnelle“ zu bearbeiten. Dann kann man entscheiden, ob es sich lohnt, an diesem Abend weitere Aufnahmen anzufertigen oder nicht. Wer erst einmal über ein wenig Routine verfügt, kann die Bildqualität auch problemlos anhand des Rohbildes auf dem Monitor beurteilen.

3.6.2 Hinweise zur Durchführung der Aufnahme

Das aus der langen Äquivalentbrennweite resultierende enge Gesichtsfeld ist natürlich ein Handikap bei der Zentrierung des Planeten auf einem CCD-Sensor – das Kleinbildformat ist vergleichsweise riesig! Deshalb sind die Anforderungen an Teleskop und Montierung auch höher:

1. Der periodische Fehler des Antriebs darf nicht so groß sein, daß der Planet im Verlaufe eines Umlaufes der Schnecke in Rektaszension aus dem Gesichtsfeld wandern kann.
2. Die Polachsenjustierung muß hinreichend genau sein, sonst muß die Feinbewegung in Deklination ständig bemüht werden, um den Planeten in die Bildmitte zurückzuholen.
3. Die Deklinationsabwanderung des Mondes kann bis zu 0,26" pro Sekunde betragen. Eine Nachführung mit Mondgeschwindigkeit in Rektaszension *und* Deklination ist hier also wünschenswert.
4. Der Fokussiertrieb muß hinreichend stabil sein.

Ein- und Scharfstellen sind die zentralen Probleme, gerade bei der langbrennweitigen Mond- und Planetenphotographie. Zunächst wählt man nach den oben aufgeführten Kriterien ein Okular für die Okularprojektion aus. Um sich am Anfang an den kleinen Himmelsausschnitt zu gewöhnen, setzt man ein Okular mit einer etwas kleineren als der gewünschten Äquivalentbrennweite ein und wechselt erst später auf die gewünschte Brennweite. Bevor aber die CCD-Kamera an das Teleskop angeschlossen wird, muß der Planet visuell möglichst genau zentriert werden. Dann wird die CCD-Kamera vorsichtig angesetzt, und nach erfolgter Probebelichtung wird das Ergebnis auf dem PC-Monitor beurteilt, um ggf. die Position und vor allen Dingen die Bildschärfe sofort korrigieren zu können. Die Fokussierung gestaltet sich problematisch, wenn die Bildwiederholungsrate gering ist. Beispiel: Benötigt die Steuersoftware der betreffenden CCD-Kamera mehr als ein paar Sekunden, um das belichtete Bild auszulesen und darzustellen, so ist das Einstellen des Planeten und das Finden des korrekten Fokus' eine langwierige Angelegenheit – besonders dann, wenn das Seeing nur wenige sehr kurze Augenblicke absolut ruhiger Luft zuläßt. Anzustreben sind Bildwiederholraten von maximal einer Sekunde, die manche Kameras dadurch erreichen, daß sie nur einen Teil des Bildes auslesen und darstellen. Eine schnelle Darstellung auf dem Monitor ist der eine Gesichtspunkt, der andere ist, wie gut man die Bildqualität auf diesem beurteilen kann. Einige wenige Systeme weisen deshalb zusätzlich einen Ausgang für ein Videosignal auf, an den ein Videomonitor angeschlossen werden kann. Das hat den Vorteil, daß das Bild schneller als auf einem PC-Monitor und zudem mit sehr guter Graustufendarstellung erscheint [11].

Ist das Mond- oder Planetenbild in ausreichender Größe und Schärfe auf dem CCD-Sensor zentriert, beispielsweise mit einem Flip-Mirror-System (Schwingspiegelkasten [11]) geht es an die „Integration" des Bildes. Für diesen Begriff wird im folgenden der alte Begriff „Belichtung" aus dem Bereich herkömmlicher Photographie verwendet. Die Begriffsübernahme aus der herkömmlichen Phototechnik ist sinnvoll, da schon in wenigen Jahren der Film als primäres Aufnahmemedium durch den CCD-Sensor weitgehend abgelöst sein wird. CCDs haben eine deutlich höhere Quantenausbeute als Filme. Doch sollte man sich bei der Angabe eines festen Belichtungsverhältnisses zu einem bestimmten Film hüten, denn dieses darf strenggenommen nur bei einem vergleichbaren Signal-Rausch-Verhältnis angegeben werden. Einen grundlegenden Artikel zu diesem Thema findet man in [2]. Die Steuerung der Aufnahmedauer, genauer die Art des Verschlusses, ist von zentraler Bedeutung und bei jedem Kameramodell unterschiedlich. Belichtungen auf Film erfordern Zeiten im Bereich einiger Sekunden, die leicht mit Hilfe der Hutmethode (siehe oben) angefertigt werden können. CCD-Aufnahmen werden im Vergleich sehr viel kürzer belichtet (Verhältnis typisch 1 : 100), so daß diese Art der Belichtungssteuerung viel zu ungenau ist. Falls die Kamera über keinen Verschluß verfügt, muß ein Zentralverschluß zwischen Teleskop und CCD-Kamera gesetzt werden; bei vielen CCD-Modellen ist ein Verschluß bereits im Gehäuse integriert. Und dieser ist auch nötig, da beim Auslesen des Bildes aus dem CCD-Sensor dieser noch beleuchtet wird und somit eine Verschmierung des Bildes stattfindet. Einen eleganteren Weg gehen CCDs, die nach dem Interline- bzw. Frame-Transfer-Verfahren arbeiten. Bei einem Interline-Transfer-Chip liegt neben einer lichtempfindlichen Pixelreihe jeweils eine abgedeckte. Sofort nach Beendigung der Belichtung werden die erzeugten Elektronen an die abgedeckten Pixelreihen weitergereicht – der perfekte „elektronische" Verschluß! Beim Frame-Transfer-Verfahren wird das komplette Bild in einen abgedeckten Speicherbereich verschoben und ausgelesen.

Die Belichtungszeit wird nach oben hin durch das Seeing begrenzt. Für ein optimales Signal-Rausch-Verhältnis wäre es wünschenswert, so lange zu belichten, bis das Intensitätsmaximum etwa bei der halben Sättigungsintensität liegt. Aufgrund häufig schlechten Seeings liegen die Verhältnisse meist so, daß die Einzelaufnahme sehr kurz belichtet werden muß und demzufolge einen hohen Rauschanteil aufweist. Dann bleibt nur übrig, viele Einzelaufnahmen aufzunehmen, zu bearbeiten und zu addieren. Mit der Aufnahme einer Serie von Einzelbelichtungen muß man sich aufgrund der Planetenrotation allerdings beeilen: Das Zeitintervall beträgt bei Mars 13 Minuten, bei Jupiter hingegen hat man nur zwei bis drei Minuten Zeit. Unter diesen Bedingungen ist die Anfertigung eines Dreifarbenkomposits aus einer Serie von Rot-, Grün- und Blauaufnahmen eine stressige Angelegenheit und nur bei allerbestem Seeing rasch durchführbar.

Dunkelbildaufnahmen sind trotz der Kürze der Belichtungszeit bei den „Multi-Pinned Phase“ CCD-Sensoren (z.B. Kodaks KAF-Serie) notwendig, um die speziell bei diesem Sensortyp vorkommenden Populationen „warmer“ Pixel zu subtrahieren [12]. Es handelt sich hierbei um Pixel, die einen überdurchschnittlich hohen Rauschanteil (Noise) aufweisen. Die Ungleichmäßigkeit in der Empfindlichkeit der einzelnen CCD-Pixel korrigiert oder zumindest verringert man mit einer Aufnahme einer vollkommen gleichförmig ausgeleuchteten Fläche, die bis zur halben Sättigung belichtet wird [13]. Dieses Bild nennt man „Flat Field“, übersetzt „ebenes, flaches Bildfeld“. Das Flat Fielding dient weiterhin dazu, sich abbildende „Staubringe“ im Rohbild zu eliminieren. Ein Flat Field kann durch die Aufnahme der diffus beleuchteten Kuppelwand (Dome Flat) oder des vergleichsweise hellen Dämmerungshimmels (Sky Flat) erfolgen. Hat man sich zum Sky Flat entschlossen, muß die Kamera den ganzen Abend hindurch in der *gleichen* Position am Teleskop befestigt sein, sonst gibt es zusätzliche Ungleichmäßigkeiten im korrigierten Bild. Da der Nachthimmel nicht gleichmäßig ausgeleuchtet ist, kann bei großen CCD-Sensoren ein Helligkeitsgradient im Sky Flat sichtbar sein. Dieser wird bei Mondlicht noch weiter verstärkt. Eine Untersuchung der Problematik [7] führte zu dem Ergebnis, daß eine Stelle am Dämmerungshimmel, 15° Grad vom Zenit entfernt in Gegenrichtung zur Sonne, zum gleichmäßigsten Sky Flat führt. Dritte Möglichkeit ist der Bau einer Light Box (Lichtkasten), die auf die Teleskopöffnung gestülpt wird [7]. Die vierte und letzte Möglichkeit ist, das Mond- und Planetenbild per Software „flachzuziehen“, sofern entsprechende Routinen in einer Bildbearbeitungssoftware überhaupt verfügbar sind.

3.6.3 Grundsätzliche Überlegungen zur digitalen Bildbearbeitung

Konventionelle Photolabortechniken finden sich zur Genüge in der Literatur beschrieben, so daß auf das Studium der Bücher verwiesen sei, die sich mit der labortechnischen Ausarbeitung von Planetenaufnahmen beschäftigen [14]. Die Vergrößerungstechniken sind ausgereizt, neue Verfahrenswege sind nicht mehr zu erwarten. Die gute alte Dunkelkammer hat – zumindest für die Ausarbeitung von Planetenaufnahmen – ausgedient: Sie ist längst von der digitalen Bildbearbeitung abgelöst worden. Und das zu Recht: Das Herausarbeiten feinster Planetendetails mit Hilfe raffinierter Bildbearbeitungsmethoden am PC steht heute jedem Amateurastronomen zur Verfügung, und man erzielt Resultate, die Mitte der achtziger Jahre nicht für möglich gehalten wurden. Ganz abzuschaffen braucht man seine Dunkelkammer aber deswegen noch lange nicht: großflächige Deep-Sky-Objekte, die das volle KB-Format von 24 x 36 mm^2 oder gar Mittelformate ab 60 x 60 mm^2 verlangen, tragen eine Fülle von Informationen, die mit CCD-Kameras vergleichbarer Auflösung im Amateurbereich zu passablen Preisen (noch) nicht erreichbar sind. Ein Vergleich: Eine CCD-Kamera mit 25 x 25 mm^2 Aufnahmefläche (Kodak KAF-1001E-Sensor) kostete Anfang 2002

noch rund EUR 9.700,–, ein Kleinbild-Gehäuse mit 24 x 36 mm^2 Aufnahmefläche gibt es schon ab EUR 80,– ... Zudem kann man seine Filme auf preiswert einscannen und erhält bei einem 8-Bit-Kleinbildscan 18 MB große Bilder. Um den vollen Informationsgehalt eines gescannten Negativs auszunutzen, benötigt man einen leistungsfähigen Rechner mit mindestens 40 MB Hauptspeicher und einer mehrere Gigabyte großen Festplatte. Im Vergleich dazu kommt man bei der Planetenphotographie (jedoch nicht beim Mond) mit preiswerten CCD-Kameras aus, deren Flächen deutlich unter einem Quadratzentimeter liegen.
Aufgrund des sich sehr schnell ändernden Angebots verfügbarer Software sowie Versionsänderungen kann hier keine Empfehlung für eine bestimmte Bildbearbeitungssoftware gegeben werden. Unscharfe Maske, Hochpaßfilterung, Maximum-Entropy-Deconvolution und Co-Adding – um nur die wichtigsten zu nennen – sind Bearbeitungsroutinen, die ein leistungsfähiges Bildbeabeitungsprogramm anbieten sollte. Besondere Schwierigkeiten bereitet die korrekte Addition von einzelnen Planetenaufnahmen, die aus Seeinggründen so kurz wie möglich, also „unterbelichtet" wurden. Angenommen, es stehen mittels Hochpaßfilterung oder unscharfer Maske geschärfte Einzelbilder zur Verfügung. Diese wurden innerhalb einer Zeitspanne aufgenommen, in der sich der Planet weniger gedreht hat als man bei gegebenem Seeing auflösen kann. Man wird feststellen, daß sich die Einzelbilder voneinander unterscheiden, d.h. daß das Seeing unterschiedlich „eingefroren" wurde. Man steht nun vor dem Problem, in sich „verzerrte" Planetenbilder so zu addieren, daß keine unscharfen Bildpartien oder doppelte Planetenränder entstehen. Es bleibt der Erfahrung des Bildbearbeiters überlassen, welche Bildpartien er zur Deckung bringt, um ein ansprechendes Ganzes zu erreichen. Die Bildlegenden der folgenden Tafeln geben – soweit bekannt – jeweils an, mit welcher Software und welchen Schritten das Bild bearbeitet worden ist (s. auch S. 97).

3.7 Planetenaufnahmen

In der Literatur wird nur selten über die Sichtbarkeit von Oberflächenstrukturen auf *Merkur* berichtet, obwohl es prinzipiell möglich ist, zumindest grobflächige Schattierungen zu erkennen, wie es die Aufnahme von R. Hillebrecht vom Mai 2000 demonstriert (Abb. 3.3 e).
Mit Blaufiltern sieht man am Terminator der *Venus* Bänder und Streifen sowie eine Marmorierung der Venusscheibe (Abb. 3.3 a). Benutzer von Teleskopen unter 150 mm Durchmesser sollten das hellere Blaufilter W 38A nehmen, bei größeren Geräten ist das Dunkelblaufilter W 47 zu empfehlen [4]. Mit Annäherung an die untere Konjunktion wird die Venussichel schmaler und größer, und die Sichtbarkeitschance für das aschgraue Licht der Venus steigt. Aufgrund der Lichtstreuung in der Venusatmosphäre können sich die übergreifenden Hörnerspitzen sogar zu einem vollen Lichtkreis um die Planetenscheibe schließen. Eine Aufnahme der 2,15° vom Sonnenrand entfernten „3/4-Venus" gelang B. Flach-Wilken zur unteren Konjunktion am 14.6.1988 [4,5] (Abb. 3.3 b). Auf-

grund der hohen Absorption im nahen UV bei 350 nm sind Refraktoren gegenüber reinen Reflektoren im Nachteil. Bedenkt man noch, daß die standardmäßig in fast allen Okularen und Barlowlinsen bzw. Konvertern enthaltenen Kron- und Flintgläser zusätzlich im UV stark absorbieren, wundert es nicht, daß in der Kombination UV-Filter UG 1/TP 2415 rund zehnmal länger belichtet werden muß als mit der Kombination RG 610/TP 2415, obwohl der TP im UV sein Empfindlichkeitsmaximum hat. Problematisch gestaltet sich das Fokussieren mit einem für das Auge „schwarzen" UV-Filter. Ersatzweise fokussiert man mit einem Blaufilter (z.B. BG 25) gleicher Dicke, den man zur Aufnahme gegen das UV-Filter (UG 1) austauscht. Genauer kann die Fokusdifferenz zwischen UG 1 und BG 25 nur mittels Testaufnahmen ermittelt werden. Dies setzt jedoch einen Nonius am Okularauszug voraus, wobei zusätzlich der Temperaturgang des Teleskops berücksichtigt werden muß.
Die Abbildungen 3.4 a und 3.4 b zeigen deutlich den Vorteil einer großen Objektivöffnung bei der Photographie des Planeten *Mars*. Die günstigere Blende aufgrund einer größeren Öffnung läßt bei gleicher Brennweite eine deutlich kürzere Belichtungszeit zu – die Aufnahmen werden schärfer. Gerade bei der Marsbeobachtung und -photographie ist der Einsatz von Farbfiltern zur kontrastreichen Darstellung der Oberflächendetails und Unterscheidung von atmosphärischen Strukturen entscheidend. Generell ist ein Orange- oder Rotfilter geeignet, den Dunst der Marsatmosphäre zu durchdringen und Oberflächenstrukturen kontrastreich hervorzuheben, wohingegen ein Blaufilter die Sichtbarkeit der atmosphärischen Details, wie die Polhaube, Wolken und Nebel verstärkt (Abb. 3.4 c, 3.4 d). Wie weit die CCD-Technik die Planetenphotographie der Amateure vorangebracht hat, zeigen die Ergebnisse von W. Bickel (Abb. 3.5 a–c). Betrachtet man in Abb. 3.5 a die Doppelstruktur von Sinus Meridiani (knapp rechts unterhalb der Bildmitte), so muß man wissen, daß die beiden „Höcker" zum Aufnahmezeitpunkt nur 0,9" auseinanderlagen und feinste abgebildete Details auf der Marsoberfläche nur rund 0,3" groß erschienen.

Jahr	Monat	Tag	∅"	mag	f_{eff} [m]	Blende	Film/ CCD	Filter	Entwickler	Bel.-zeit [s]	Autor
1986	Jul	12	23,0	–2,4	63	198	TP2415	–	Rodinal	5	a
1986	Jul	12	23,0	–2,4	55	52	TP2415	W2	unbekannt	0,3	b
1988	Aug	12	19,0	–1,7	28	79	TP2415	–	unbekannt	3	c
1988	Sep	10	23,1	–2,3	51	170	TP2415	RG610	Rodinal	3	d
1988	Sep	22	23,8	–2,5	12	96	TP2415	RG610	unbekannt	1	e
1988	Sep	24	23,7	–2,5	36	130	RD100	–	E6	1	f
1988	Okt	18	21,3	–2,1	19	76	TP2415	–	unbekannt	1,5	g
1988	Nov	6	17,5	–1,5	–	–	CCD	–	–	–	h
1993	Feb	2	13,0	–0,8	45	111	CCD	RG630	–	0,04	i
1995	Jan	31	13,6	–1,1	13	72	CCD	RG610	–	0,07	k
1995	Feb	3	13,7	–1,1	50	83	CCD	RG630	–	0,02	l
1995	Feb	22	13,6	–1,1	20	57	CCD	W25	–	0,02	m

Tab. 3.4 Aufnahmedaten in den Marsoppositionen 1986–1995.
∅": Durchmesser des Marsscheibchens in Bogensekunden, f_{eff}: Äquivalentbrennweite.

Tab. 3.4. gibt eine Zusammenstellung typischer Aufnahmedaten, wie sie von verschiedenen Photographen in den Marsoppositionen 1986–1995 gewählt wurden. Gleichung 5 (s. S. 77) ermöglicht die Abschätzung der nötigen Belichtungszeit auf Film, wobei man diese Werte jedoch nur als Anhaltswert für eine eigene Belichtungsreihe nehmen sollte. Tab. 3.4 enthält in der Praxis bewährte Film/Filter-, bzw. CCD/Filter-Kombinationen, die als Grundlage für eigene Versuche dienen können. Die Bildautoren und ihre Instrumente:

a) 250-mm-Newton (D. C. Parker, Florida),
b) 1,06-m-Teleskop auf dem Pic du Midi (J. Dragesco),
c) 356-mm-Schmidt-Cassegrain (G. Reus),
d) 300-mm-Schiefspiegler (B. Flach-Wilken),
e) 125-mm-Refraktor, TP 2415 hyp. (D. Gutermuth),
f) 280-mm-Schmidt-Cassegrain (R. Sommer),
g) 250-mm-Newton (M. Stangl),
h) 318-mm-Tri-Schiefspiegler, Starlight Xpress, CCD-Sensor: Sony ICX027 BL, 510 x 256 Pixel, Pixelgröße 12,7 x 16,6 μm^2 (T. Platt),
i) 404-mm-Newton, Selbstbau CCD-Kamera, CCD-Sensor: TH 7863, ca. 280 x 390 Pixel, Pixelgröße 23 x 23 μm^2 (W. Bickel),
k) 180-mm-Refraktor, ST-5, Sensor: TC-255, 320 x 240 Pixel, Pixelgröße 10 μm (R. Hillebrecht),
l) 602-mm-Gregory-Reflektor, CCD-Sensor: TH 7863 (W. Bickel),
m) 356-mm Schmidt-Cassegrain, Starlight Xpress CCD-Kamera (B. Koch, St. Korth).

Die Beobachtung und Photographie der Oberfläche des Planeten *Jupiter* profitieren vom Einsatz diverser Farbfilter. Sie dienen zum einen der Kontraststeigerung, zum anderen aber auch zur Abschwächung der enormen Helligkeit des Planeten bei visuellen Beobachtungen mit größeren Teleskopen. Photographisch sind folgende Filter sinnvoll einzusetzen: Ein hellblaues Filter (W 80 A, W 82 A) erhöht den Kontrast zwischen Bändern und Zonen. Polnahe bläuliche Girlanden und Brücken zwischen den Bändern dunkelt ein Gelb- oder Orangefilter (W 12, W 21) merklich ab. Die Farbe des GRF kann von Dunkelrot über Orange, Pink, Hellgelb bis zum grünlich angehauchten Weiß variieren. Mit einem hellblauen Filter (s.o.) oder einem Grünfilter W 58 wird der GRF (in seiner roten Phase) am wirkungsvollsten abgedunkelt, sein Kontrast gegenüber der Umgebung am stärksten angehoben. Die Abbildungen 3.6 b–c zeigen die Einschläge von Shoemaker-Levy 9 auf Jupiter am 21. und 26.7.1994.
Aufgrund des geringen Kontrasts der Details in der Atmosphäre des Planeten *Saturn* empfiehlt sich der Einsatz von Filtern. Ein hellblaues Filter (W 80 A, W 82) erhöht den Kontrast zwischen den dunklen Bändern und hellen Zonen, ein Orange- bis Hellrotfilter (W 21, W 23 A) verdunkelt die bläuliche Polarregion, ein Hellgrün- oder Gelbgrünfilter (W 57, W 11) dunkelt die rötlich gefärbten Bänder ab. Dem erdgebundenen Beobachter sind nur die „klassischen" Ringe A bis G mit den Hauptteilungen zugänglich. Die hellweißen Ringe A und

B, die durchaus Intensitätsvariationen aufweisen können, sind schon in kleinsten Teleskopen sichtbar, wohingegen der innere C-Ring sehr dunkel und schwer erkennbar ist. Dessen visueller Eindruck wird durch seinen auf Saturn fallenden Schatten verstärkt, den man von der Erde aus teilweise durch den C-Ring hindurch sehen kann. Vor der Opposition befindet sich der auf den Ring projizierte Schatten des Planeten auf der westlichen Ringseite und danach auf der östlichen. Bei gutem Seeing ist die bekannte Cassinische Ringteilung zwischen den Ringen A und B schon in Teleskopen von 80 bis 100 mm gut sichtbar (Abb. 3.3c, d).

Die drei äußersten Mitglieder der Planetenfamilie, *Uranus, Neptun und Pluto* sind in Amateurteleskopen undankbare Beobachtungsobjekte, denn die maximalen scheinbaren Durchmesser betragen bei Uranus 3,6", Neptun 2,5" und Pluto 0,1". Da Uranus und Neptun z. Zt. in einem Bereich auf der Ekliptik zu finden sind, der in Mitteleuropa im Sommer tief am Himmel steht, spielt das Seeing eine große Rolle. Theoretisch sollte es möglich sein, bei perfektem Seeing grobe Schattierungen auf den beiden Planetenoberflächen mit der CCD-Kamera aufzunehmen. Und es wird sicher nur eine Frage der Zeit sein, wann die erste Amateuraufnahme des Plutomondes Charon veröffentlicht wird ...

Abb. 3.3 a Wolkenstrukturen auf der Venus im UV-Licht am 6.5.1988, 17:20 UT. Aufnahme mit 300-mm-Schiefspiegler bei 44 m Brennweite, 8 s belichtet auf TP 2415 durch die Filter UG 1 und BG 38. Photo: B. Flach-Wilken.

Abb. 3.3 b Der „Venusrücken", aufgenommen am 14.6.1988 um 8:20 UT. Die Venus befand sich zu diesem Zeitpunkt nur 2,15° vom Sonnenrand entfernt! Aufnahme mit einem 120-mm-Refraktor, bei 7,8 m Brennweite auf TP 2415 durch Hellrotfilter RG 610. Photo: B. Flach-Wilken.

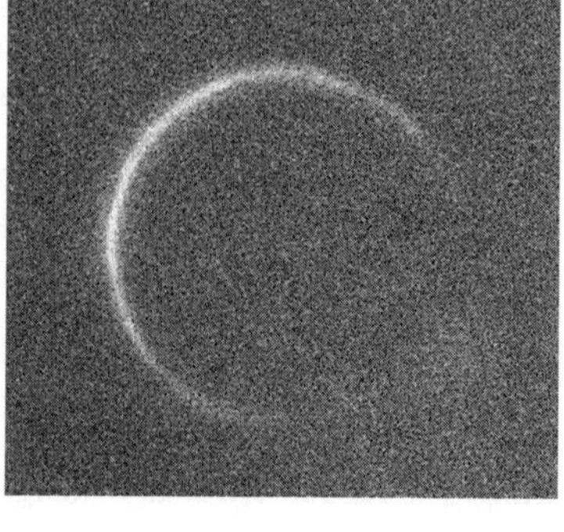

Abb. 3.3 c Saturn am 27.7.1989. Aufnahme mit 404-mm-Newton in Okularprojektion bei 32 m Brennweite, CCD-Photo 8 s belichtet durch ein IR-Filter. Photo: W. Bickel.

Abb. 3.3 d Saturn mit Cassiniteilung am 30.9.1994, ein Dreivierteljahr vor der Kantenstellung. Aufnahme mit C14 bei 8 m Brennweite (2x-Konverter). Die Aufnahme ist ein Komposit (Mittelwert) aus 7 CCD-Photos zu je 1/4 s Belichtungszeit, die vor der Mittelung einzeln unscharf maskiert wurden (Radius 3 Pixel). Photo: B. Koch.

Abb. 3.3 e Strukturen auf der Merkuroberfläche am 26.5.2000, 14:45 UT, aufgenommen an einem 180-mm-Starfire-Refraktor in Okularprojektion mit CCD-Kamera ST-5 und Rotfilter. Merkur maß 6,3", der ZM hatte 241,5° an diesem Tage. Photos: R. A. Hillebrecht.

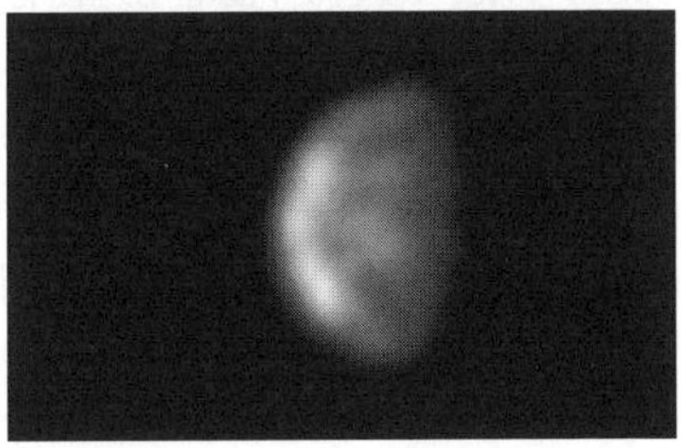

Abb. 3.4 Mars mit Südpolkappe am 10.9.1988, ZM = 40°, ∅ 23,1".

Abb. 3.4 a Aufnahme mit 102-mm-Fluorit-Refraktor in Okularprojektion auf TP 2415. Photo: W. Lille.

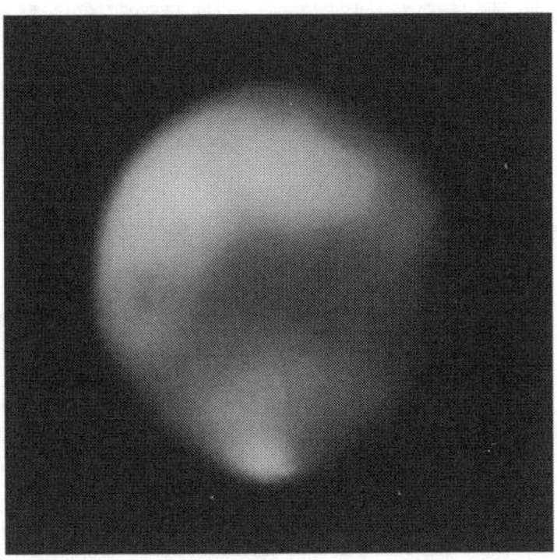

Abb. 3.4 b Aufnahme um 0:53 UT mit 300-mm-Schiefspiegler bei 51 m effektiver Brennweite, f/170, 3 s belichtet auf TP 2415 durch das Hellrotfilter RG 610. Photo: B. Flach-Wilken.

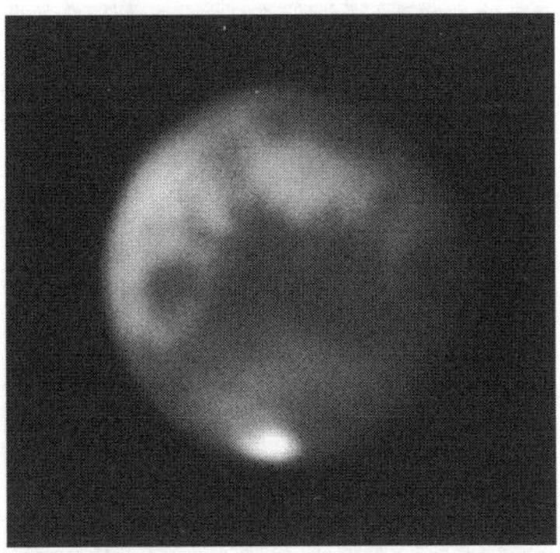

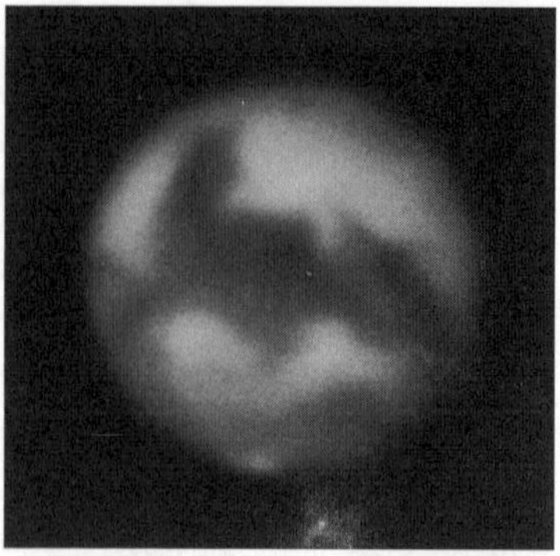

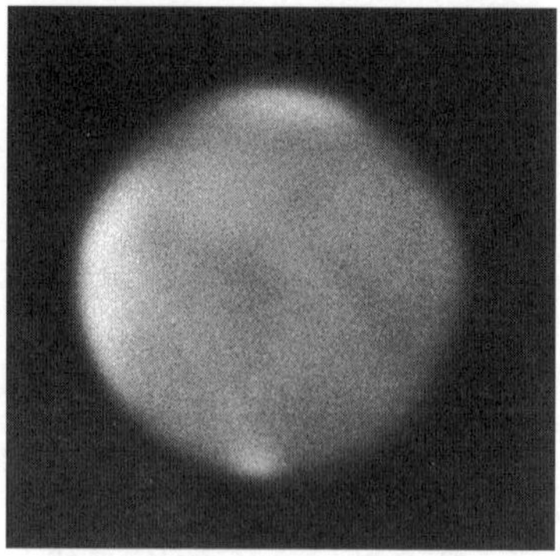

Mars am 21.9.1988, Aufnahmen mit 300-mm-Schiefspiegler.

Abb. 3.4 c ZM = 264°, ∅ 23,8", 51 m effektive Brennweite, f/170, 2 s belichtet auf TP 2415, RG 610. Photo: B. Flach-Wilken.

Abb. 3.4 d ZM = 256°, ∅ 23,8", 35 m effektive Brennweite, f/117, 15 s belichtet auf TP 2415 durch ein Blaufilter BG 25. Photo: B. Flach-Wilken.

Abb. 3.5 a Mars am 2.2.1993, ZM = 18°, ∅ 13,0". Komposit aus 46 Aufnahmen mit jeweils 0,04 s Belichtungszeit. Bildbearbeitung: Unscharfe Maske. Instrument wie Abb. 3.5 b. Photo: W. Bickel.

Abb. 3.5 b 9.2.1993, ZM = 283°, ∅ 12,3". Komposit aus 41 Aufnahmen mit jeweils 0,04 s Belichtungszeit. Bildbearbeitung: Unscharfe Maske. CCD-Aufnahmen (TH 7863) mit 404-mm-Newton in Okularprojektion, ca. 45 m Brennweite, Rotfilter RG 630. Photo: W. Bickel.

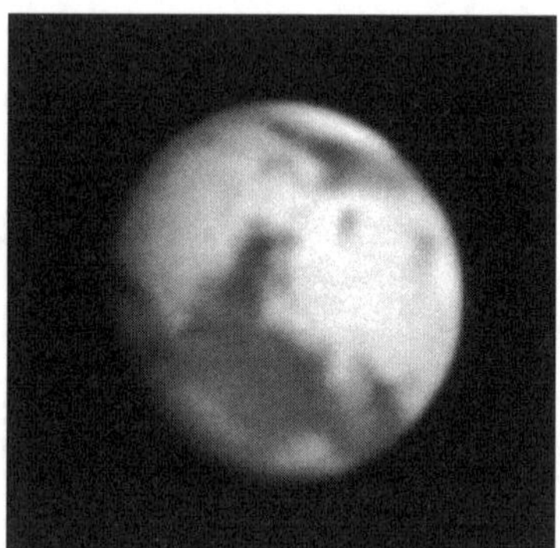

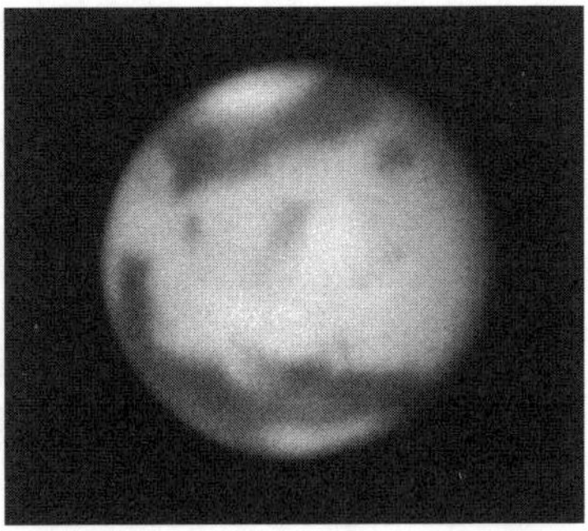

Abb. 3.5 c 3.2.1995, ZM = 228°, ∅ 13,6". Komposit aus 6 Aufnahmen mit jeweils 0,02 s Belichtungszeit. Bildbearbeitung: Unscharfe Maske. CCD-Aufnahme (TH 7863) mit 602-mm-Gregory in Okularprojektion, ca. 50 m Brennweite, Rotfilter RG 630. Photo: W. Bickel.

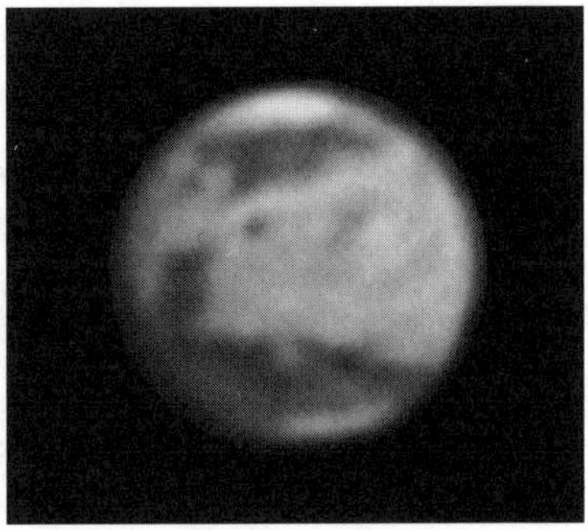

Abb. 3.5 d 3.3.1995, 19:42 UT, ZM = 242°, ∅ 13,0", Komposit aus drei Aufnahmen mit jeweils 0,02 s Belichtungszeit mit Starlight Xpress CCD-Kamera durch ein Rotfilter W 25. Celestron 14 in Okularprojektion bei 20,2 m Äquivalentbrennweite. 5 x 5-Pixel unscharfe Maske, nach Addition leichte Verunschärfung mit Gaussfilter. Photo: B. Koch, St. Korth.

Abb. 3.5 e 3.3.1995, ZM = 279°, ∅ 13,0". Belichtung 0,06 s, ST-5-Aufnahme mit 180-mm-Starfire in Okularprojektion bei 13,2 m Brennweite mit Rotfilter RG 610. Bildverarbeitung: Maximum Entropy (20 Schritte) mit Software Hidden Image, leichte Verunschärfung über 3 Pixel und Anhebung des Kontrasts mit unscharfer Maske. Photo: R. Hillebrecht.

Abb. 3.5 f 2.1.1993, ZM = 325°, ∅ 14,9". Komposit aus 256 Videobildern, die mit einer Hi-8-Videokamera aufgenommen und nachbearbeitet wurden. Aufnahme mit 150-mm-AS-Refraktor. Photo: Sternwarte Radebeul/G. Dittié.

Abb. 3.6 a Jupiter am 17.5.1992. Komposit aus 25 Aufnahmen mit jeweils 0,16 s Belichtungszeit. Bildbearbeitung: Wiener-Filter. Instrument wie Abb. 3.6 b. Photo: W. Bickel.

Abb. 3.6 b 21.7.1994, 19:29 UT. Einschlag der Fragmente H, Q1, R+S+D+G. Komposit aus 8 Aufnahmen mit jeweils 0,04 s Belichtungszeit. Bildbearbeitung: Unscharfe Maske. CCD-Photos (Sensor: TH7863) mit 404-mm-Newton in Okularprojektion, ca. 32 m Brennweite, Rotfilter RG 630. Photo: W. Bickel.

Abb. 3.6 c 21.7.1994, 20:33 UT. CCD-Photo mit Starlight Xpress Kamera am Celestron 14 in Okularprojektion bei ca. 12 m Brennweite. Bildbearbeitung: Die Einzelaufnahme wurde ca. 0,25 s ohne Filter belichtet, stark geschärft mit unscharfer Maske, danach leicht geglättet (Rauschminderungsfilter).
Photo: B. Koch, St. Korth, S. Binnewies.

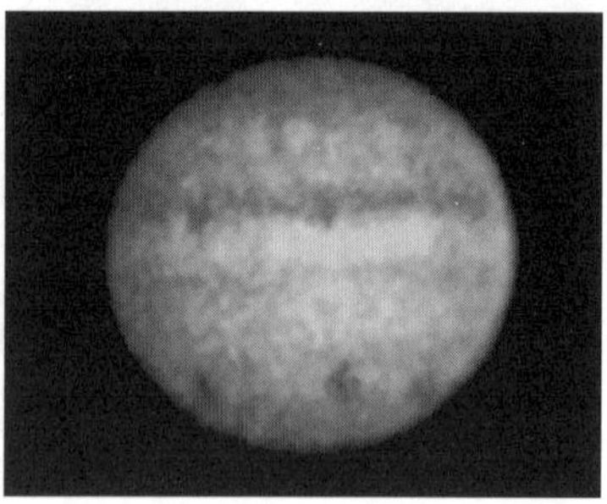

Abb. 3.6 d 8.12.2000, 22:27 UT. CCD-Aufnahme Jupiters mit dem GRF, 180-mm-Refraktor in Okularprojektion von ca. 5,6 Metern Brennweite, Rotfilter RG 160, Addition von vier Bildern von je 0,07 s, Kamera ST 5, Maximum-Entropy in MaximDL.
Photo: R. A. Hillebrecht.

3.8 Mondaufnahmen

Der Mond eignet sich aufgrund seiner großen Helligkeit ideal für extrem kurzbelichtete, das Seeing „einfrierende" CCD-Aufnahmen. CCD-Kameramodelle, die nach dem Frame-Transfer- oder Interline-Transfer-Prinzip einen „elektronischen" Verschluß aufweisen und auf diese Weise kürzeste Belichtungszeiten im Bereich von Millisekunden realisieren, sind im Vorteil. Manche Kameramodelle mit integrierten Verschlüssen lassen als kürzeste Verschlußzeiten nämlich nur 0,1 Sekunden zu, was bei unserem häufig schlechten Seeing meistens zu lang ist. Zu den Mondaufnahmen muß angemerkt werden, daß alle Bilder einer Bildverarbeitung unterzogen wurden (Schärfung), um feinste Details sichtbar werden zu lassen.
Abb. 3.7 a zeigt einen Ausschnitt aus dem nördlichen Bereich der Mondalpen. Das Alpental (Vallis Alpes) ist 130 km lang und weist in der Talsohle eine hauchzarte Rille auf, die es auf dieser Aufnahme herauszuarbeiten galt. Abb. 3.7 b zeigt mit dem Krater Clavius eine der bekanntesten Wallebenen (Durchmesser 225 km). Die Region um die Mondkrater Kopernikus (unten), Stadius (rechts) und Eratosthenes (oben) dürfte das meistphotographierte Ziel auf dem Mond sein (Abb. 3.8). Die zahlreichen winzigen, nur wenige Zehntel Bogensekunden großen und aufgelösten (!) Krater haben an diesem Abend das phantastische Auflösungsvermögen von Bernd Flach-Wilkens 300-mm-Schiefspiegler voll zur Geltung kommen lassen. Abb. 3.9 a zeigt, was mit Amateurteleskopen im Bestfall erreichbar ist. In hoher Auflösung schwierig aufzunehmen ist das Schrötertal (Vallis Schröteri), das größte sinusförmige Tal auf dem Mond. Es beginnt 25 km nördlich des Kraters Herodotus und verengt sich von anfangs 10 km auf nur 500 m Breite. Die Gesamtlänge beträgt 200 km, größte Tiefe ist 1 000 m. Rechts im Bild befindet sich der Krater Aristarchus. In Abb. 3.9 b sind die bekannten Krater Alphonsus, Alpetragius und Arzachel mit ihren zahlreichen Zentralbergen und eingebetteten Kratern zu sehen. Abb. 3.9 c zeigt Krater Gassendi (Durchmesser 33 km, Tiefe 3 600 m mit Rillen, Hügeln und Zentralbergen. In Abb. 3.9 d schließlich ist Clavius in hoher Auflösung zu sehen.

Abb. 3.7 a Das Alpental (Vallis Alpes) am 11.3.1995. Aufnahme mit Celestron 14 in Okularprojektion, 0,02 s Belichtungszeit und Starlight Xpress CCD-Kamera. Photo: B. Koch.

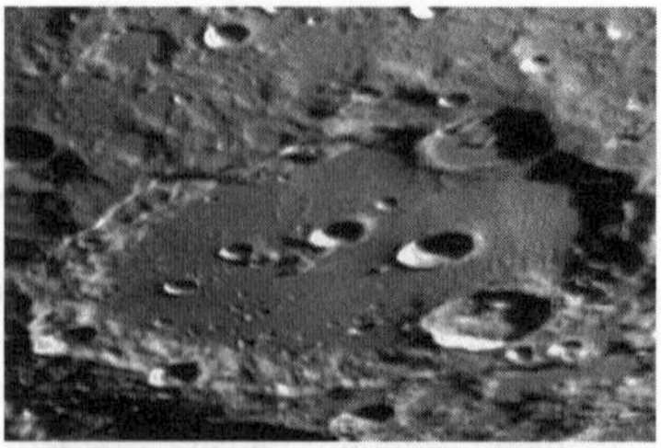

Abb. 3.7 b Clavius am 11.3.1995. Aufnahmen mit Celestron 14 in Okularprojektion, 0,02 s Belichtungszeit und Starlight Xpress CCD-Kamera.
Photo: B. Koch.

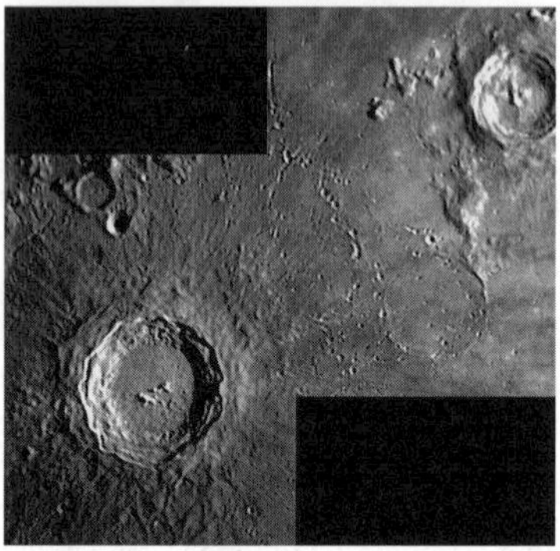

Abb. 3.8 Region um die Krater Kopernikus, Stadius und Eratosthenes. CCD-Mosaik aus Teilaufnahmen mit einem 300-mm-Schiefspiegler am 11.3.1995 bei 15m effektiver Brennweite (f/50), jeweils 0,06 s belichtet mit einer ST-6 CCD-Kamera durch ein GG 495-Filter.
Photo: B. Flach-Wilken.

Abb. 3.9 a Krater Aristarchus und Schrötertal (Vallis Schröteri). CCD-Photo am 12.2.1995 bei 15 m effektiver Brennweite, 0,05 s belichtet.
Photo: B. Flach-Wilken.

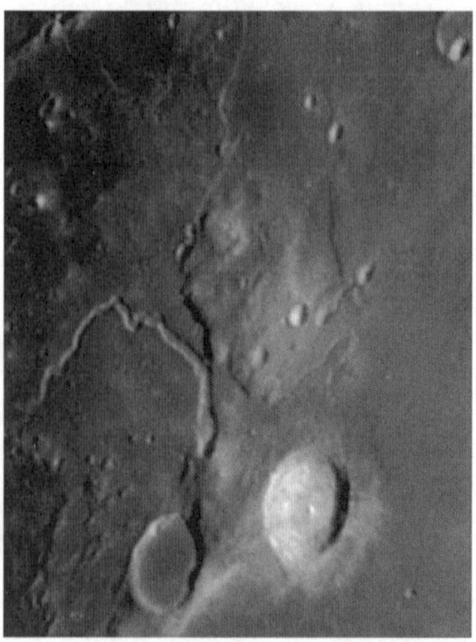

Abb. 3.9 b Alphonsus, Alpetragius und Arzachel. CCD-Mosaik am 12.8.1995 bei 15 m effektiver Brennweite.
Photo: B. Flach-Wilken.

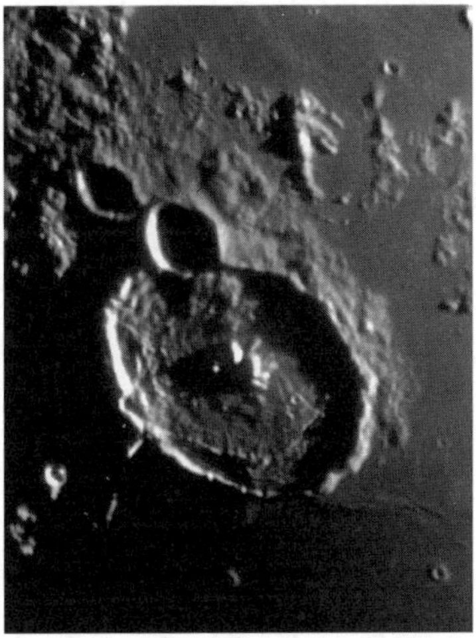

Abb. 3.9 c Gassendi. CCD-Photo am 12.3.1995, 0,07 s belichtet. Photo: B. Flach-Wilken.

Abb. 3.9 d Clavius am 15.10.1994 bei 12 m effektiver Brennweite, 0,07 s belichtet. Aufnahmen mit 300-mm-Schiefspiegler und einer ST-6 CCD-Kamera von B. Flach-Wilken.

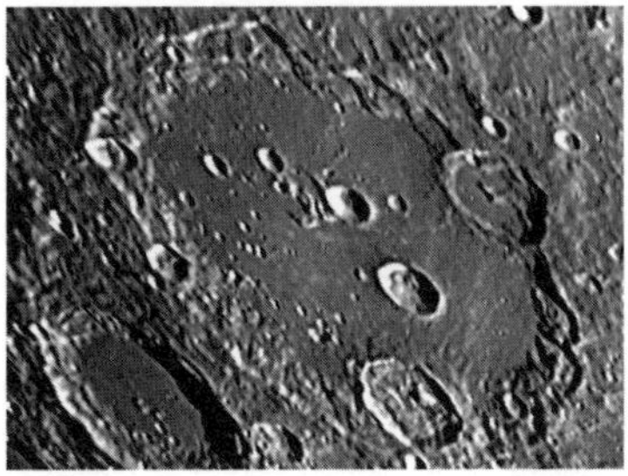

Literatur

[1] Laepple, L.: Kapitel „Optische Instrumente", Seite 126 im Handbuch der Astrophotographie, B. Koch (Hrsg.), Springer-Verlag Heidelberg – Berlin 1995

[2] Newberry, M. V.: The Signal-to-Noise Connection I. CCD Astronomy Part I, Band 1/2 (Sommer 1994) und Part II, Band 1/3 (Herbst 1994).

[3] Jahn, C. H.: Kapitel „Die Sonne" im Handbuch für Sternfreunde, G. D. Roth (Hrsg.), Springer-Verlag Berlin – Heidelberg – New York 1989

[4] Dobbins, T. A., Parker, D. C., Capen, C. F.: Observing and Photographing the Solar System, Willmann-Bell, Inc., Richmond, Virginia, USA 1988

[5] Elgaß, E.: Venus 1984/85. Sterne und Weltraum **24**, Nr. 7 (1985)

[6] Flach-Wilken, B.: Schöne Seiten- und Rückenansichten. Sterne und Weltraum **28**, Nr. 1, 52 (1989)

[7] Chromey, F. R.: Special Considerations for Flat Fielding. CCD Astronomy, Herbst 1996, S. 18

[8] Koch, B.: Kapitel „Atmosphärische Phänomene", Seite 6ff, im Handbuch der Astrofotographie, B. Koch (Hrsg.), Springer-Verlag Berlin – Heidelberg – New York 1995

[9] Gombert, G.: Exploring the Near-Infrared Sky. CCD Astronomy, Sommer 1996, S. 13

[10] Römer, O.: Planetenphotographie mit Videokameras, Ahnerts Astronomisches Jahrbuch 2001, S. 202; Römer, O.: Uranos – Ein Programm zur Auswertung von Astro-Videoaufnahmen, Ahnerts Astronomisches Jahrbuch 2002, S. 222

[11] Koch, B., Korth, St.: Imaging from Suburbia. CCD Astronomy, Herbst 1996, S. 8
[12] Newberry, M.V.: Dark Frames. CCD Astronomy, Sommer 1995, S. 12
[13] Newberry, M.V.: Pursuing the ideal Flat Field, CCD Astronomy, Winter 1996, S. 18
[14] Koch, B. (Hrsg.): Handbuch der Astrofotografie, Springer-Verlag Berlin – Heidelberg – New York 1995

4 Die CCD-Bildbearbeitung

von Rudolf A. Hillebrecht

4.1 Einleitung

Nahezu keines der CCD-Bilder, die heute in Büchern oder Zeitschriften auftauchen, ist noch ein Rohbild, wie es der Beobachter auf dem Computermonitor direkt nach der Aufnahme sah. Alle Bilder haben statt dessen mehr oder weniger umfangreiche Nachbearbeitungen hinter sich, die sie erst zu einem ansehnlichen Ergebnis machten. Diese Nachbearbeitung der CCD-Rohbilder ist weitläufig mit dem vergleichbar, was der Photograph an Tricks und Kniffen in der Dunkelkammer anwandte, um aus seinen winzigen Planetenabbildungen auf dem Negativ bestaunenswerte Vergrößerungen anzufertigen.
Fragen wie die Kontrastregelung und Kornunterdrückung beschäftigten den Photographen. Die CCD-Bildbearbeitung eröffnet darüber hinaus neue Felder der Ergebnisbeeinflussung, wie vor allem die Nachschärfung, mit deren Hilfe aus eher unscheinbaren Rohbildern noch ungeahnte Mengen an Details auf den Planeten sichtbar gemacht werden können. Dabei ist es für den CCD-Beobachter aber genauso wichtig zu wissen, was er mit welcher Nachbearbeitung an seinen Bilddaten verändert, wie der Photograph sich dereinst mit verschiedenen Entwicklern, Papiergradationen oder Sandwichtechniken auskennen mußte. Denn ungezielt und erst recht im Übermaß eingesetzte Bildbearbeitung birgt die Gefahr in sich, Details in die Bilder „hineinzurechnen", die mit der Realität nichts mehr zu tun haben. Im Sinne einer möglichst wirklichkeitsgetreuen Wiedergabe sollten die Grenzen der Bildbearbeitung bekannt sein.

4.2 Was heißt CCD-Bildbearbeitung?

Im Gegensatz zum Photo sind die Bildinformationen einer CCD-Aufnahme als Zahlen gespeichert. Dieses Zahlenfeld, das der Computer in ein Bild umsetzen kann, läßt sich mit seiner und der Mathematik Hilfe auch in weitem Rahmen verändern. Bald schon nach der beginnenden Verbreitung der CCD-Bildtechnik tauchten Begriffe wie „Unscharfe Maske", „Hoch- und Tiefpaß-Filterung", schließlich „Deconvolution" oder „Maximum Entropy" auf. Allesamt stehen sie für einige der Methoden, aus Planeten-Rohbildern (natürlich auch aus CCD-Aufnahmen anderer Objekte) schärfere und bessere Bildergebnisse herauszurechnen.
Hier sollen der konkrete Einsatz und die Wirkung verschiedener Bildbearbeitungsmethoden verdeutlicht werden, das aber nur in der durch den zur Verfügung stehenden Platz gebotenen Kürze, die nur ein Anreißen der Materie erlaubt. Vertiefende Ausführungen dazu würden sicherlich ein eigenes Buch fül-

len, der Leser wird hier durch entsprechende Angebote des Buch- und Zeitschriftenmarktes weitere Quellen finden [1].
Im folgenden sollen einige dieser Methoden genauer angesprochen werden. Dies sind:

- Unscharfes Maskieren,
- Tiefpaß-Filterung,
- Hochpaß-Filterung,
- Median-Filter,
- Fourier-Transformationen,
- Deconvolution,
- Maximum Entropy,
- Skalierung.

Es sind dies nur ein Teil der in der gesamten Bildbearbeitung von CCD-Aufnahmen zur Verfügung stehenden Methoden. Andere, hier nicht genannte, sind für die Planetenbeobachter entweder wenig oder gar nicht von Bedeutung.

4.2.1 Auch roh muß es schon gut sein

Wenn der CCD-Beobachter erstmalig seine Kamera an Planeten zum Einsatz bringt, wird er zumeist mit einem Staunen verfolgen, wie sich die Bilder des Objektes vor ihm auf dem Bildschirm aufbauen. Saturn zeigt seine schönen Ringe, Jupiter präsentiert auch in den Rohaufnahmen bereits Bandstruktur, Mars zeigt seine Polkappen und Dunkelgebiete, und schwer zu bändigen ist manchmal die Lichtfülle einer Venussichel.
Doch die Rohbilder werden denjenigen zunächst enttäuschen, der schon einmal andere CCD-Aufnahmen gesehen hat und deren Detailreichtum mit den unveränderten Aufnahmen vergleicht. Die frischen Daten wirken eher flau und unscharf und sind deshalb nicht besonders spektakulär. So stellt sich bei den meisten ein zweiter „Aha-Effekt" ein, wenn sie zum ersten Mal bei schlechtem Wetter die Bilder wieder hervorholen und im Computer einer Nachbearbeitung unterziehen. Oftmals kaum zu glauben ist, was sich da aus eher unscheinbaren Rohbildern noch herausholen läßt. Ungeahntes, bis dahin unsichtbares Detail tritt hervor, anderes, was im Rohbild schon zu erahnen war, wird überdeutlich und springt nun geradezu ins Auge. Eine neue Welt entrollt sich vor dem Auge des Betrachters.
Aber Vorsicht: Wunder kann die Bildbearbeitung nicht vollbringen. Aufnahmen, die zum Beispiel bei sehr großer Luftunruhe entstanden, werden diese auch im scharfgerechneten Ergebnis zeigen: scharfgerechnete Luftunruhe. CCD-Bilder, die zu kurz belichtet wurden, werden mit hervorgerechnetem Hintergrundrauschen zu kämpfen haben. Schlechte Fokussierung läßt sich zu einem bestimmten Teil durch die Scharfrechnung wieder gutmachen, aber nie ausgleichen. Oder ganz direkt ausgedrückt: Nur aus guten Rohbildern lassen sich perfekte Ergebnisse gewinnen.

Abb. 4.1 Auch der Merkur läßt sich hin und wieder erhaschen. Hier aufgenommen am 15. Mai 2000 am Taghimmel bei recht gutem Seeing. Zwei Einzelbilder von je 0,01 s. Integrationszeit wurden durch ein Rotfilter RG 175 bei ca. 8,6 Metern Äquivalentbrennweite mit einer CCD-Kamera SBIG ST 5 an einem 180-mm-Refraktor aufgenommen und später in Maxim DL addiert und bearbeitet. Die Schärfung erfolgte durch Maximum Entropy. Merkur hatte an diesem Tage einen Durchmesser von 5,3" und sein ZM lag bei 206°. Der Planet war trotz seines geringen Abstandes von nur 7,8° zur Sonne bei –1,6 mag leicht am Taghimmel aufzufinden. Bildautor: Rudolf A. Hillebrecht.

Ein gutes Rohbild lebt von den selben Voraussetzungen wie ein gutes Photo; möglichst perfekter Fokus, ruhige Luft und eine ausreichende Belichtung. Das sind die Bilddaten, die ein Nachbearbeitungsprogramm am liebsten mag. Im Unterschied zur Photographie sollten dem Rohbild neben der reinen Aufnahme aber noch mindestens zwei Schritte angediehen worden sein, die beim Photo so nicht möglich oder nötig waren: Ein Dunkelbildabzug und Flat-Fielding. Der Dunkelbildabzug reduziert das von der Kamera selbst produzierte „Rauschen". Jedes einzelne Pixel käme auch ohne Lichteinfall zu unterschiedlichen Werten, manche sind gar defekt und fallen als schwarze oder weiße Pixel auf. Ein Dunkelbild hält dies grundlegend fest. Vom belichteten Bild abgezogen, mitteln sich die geringen Unterschiede der einzelnen Pixel zu den wahren Werten aus, und die fehlerhaften Pixelwerte verschwinden.

Das Flat Fielding hingegen beseitigt Bildbeeinträchtigungen durch Staub oder Vignettierungen. Insbesondere Staub kann sonst zur ernsthaften Fehlerquelle für irreale Details werden. Deshalb sollte auch und gerade bei der Planetenaufnahme das Flat Field niemals unterschätzt werden. Da es für ein korrektes, gutes Flat Field eine Reihe von Voraussetzungen zu beachten gilt, sei an dieser Stelle auf entsprechende Literatur verwiesen (s. S. 115). Dort kann nachgelesen werden, wie ein solches Flat Field zu erstellen ist.

Genauso wichtig allerdings ist eine ausreichende Belichtung der Aufnahme, damit die Bilddaten „satt" genug sind und sich nicht zu sehr mit dem immer vorhandenen Rauschen des Hintergrundes mischen. Dieses würde später in einer Nachbearbeitung auch mitverstärkt und läßt dann entweder das Ergebnis sehr körnig und unrealistisch erscheinen oder erzeugt sogar nicht vorhandene Strukturen, die als Details mißgedeutet werden könnten. Deshalb die eindringliche Wiederholung der Grundaussage: Ein möglichst perfektes Rohbild ist die Voraussetzung für exzellente Ergebnisse.

4.2.2 Aus flau mach scharf

CCD-Bildbearbeitung ist wie Kochen. Auf keinen Fall gilt: Viel hilft viel, denn ein durch zu üppige Bearbeitung „versalzenes“ Ergebnis hat keinen Wert mehr. Zwar geht – außer an Zeit – dadurch in der Regel nichts verloren, weil die Originale immer erhalten bleiben sollten, aber niemand möchte erst beim 20. Versuch zum Ziel kommen, wenn es schneller ginge. Und das ist möglich, wenn der Beobachter weiß, was er macht.
Zunächst wird er bestrebt sein, das nach vorgenannten Kriterien bestmögliche Rohbild zu finden. Aus einer Serie – und viele Bilder sollte jeder CCD-Beobachter während einer Beobachtungsnacht ohnehin aufnehmen – ist es deshalb zunächst sinnvoll, durch Vergleiche der Rohbilder das augenscheinlich beste herauszusuchen, um es einer ersten Verschärfung zu unterziehen. Die dazu am weitesten verbreitete Methode, die auch in den einfacheren Bildbearbeitungsprogrammen zu finden ist, nennt sich „Unscharfe Maskierung“.

4.3 Vom Rohbild zur fertigen Aufnahme: Ein Beispiel zur Unscharfen Maske

Anhand einer Reihe von Einzelaufnahmen des Planeten Mars wird hier die Leistungsfähigkeit der Unscharfen Maske demonstriert. Ein Flat Field war in diesem Fall leider nicht angefertigt worden, so daß eine leichte Retusche kleinerer Staubflecken nachträglich vorgenommen werden mußte. Vier Rohaufnahmen wurden am 22.2.1995 zwischen 21:33 und 21:40 MEZ aufgenommen. Diese wurden einzeln bearbeitet und anschließend zu einem Komposit zusammengesetzt. Teleskopdaten: Celestron 14, Okularprojektion mit 15-mm-Okular (Ultima), Äquivalentbrennweite 20,2 m, Rotfilter W 25. Belichtungszeit 0,018 s je Aufnahme. CCD-Kamera: Starlight Xpress, 510 x 256 Pixel.

Abb. 4.2 Mars: Unscharfe Maske und Komposit
a) Rohbild, b) Rohbild nach Unscharfmaskierung mit Radius 5 Pixel, c) Komposit (Mittelwert) aus vier unscharf maskierten Einzelaufnahmen. Aufnahmen am 22.2.1995 mit Celestron 14. Durchmesser der Marsscheibe: 13,6". Photos und Bildbearbeitung: B. Koch, St. Korth.

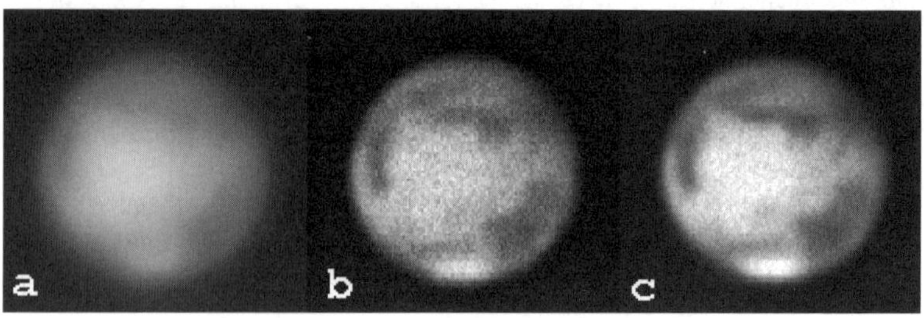

Abb. 4.2 a zeigt ein typisches Rohbild dieser Serie: Auf den ersten Blick erscheint es völlig unmöglich, daß in einem derart diffusen Marsbild eine halbwegs scharfe Aufnahme steckt. Der Eindruck täuscht, wenn man das Ergebnis nach unscharfer Maskierung betrachtet (Abb. 4.2 b), einem der mächtigsten Filter in der digitalen Bildbearbeitung. Um den erhöhten Rauschpegel zu senken, werden nun vier gleichartig bearbeitete Bilder zu einem Komposit (gemittelt) zusammengesetzt (Abb. 4.2 c). Dabei muß beachtet werden, daß die in Frage kommenden Einzelaufnahmen zeitlich nur so weit auseinander liegen, daß sich die Planetenrotation bei der real vorhandenen Auflösung nicht bemerkbar macht: Bei Jupiter muß man sich schon beeilen und sollte innerhalb weniger Minuten eine Serie „im Kasten“ haben.

4.3.1 „Über den Hohen Paß zum scharfen Bild“

Grundlage der Unscharfen Maske ist die Hochpaß-Filterung. Sie hebt alles in einem Bild vorhandene Detail schärfer heraus, indem sie für jedes Pixel und seine acht Nachbarn rechnet. Dabei wird das zentrale Pixel dieses „Rechenkastens“ im Vergleich zum Umfeld übergewichtet und in Bruchteilen gewichtete umliegende Pixel von seinem Wert abgezogen. Für jedes Pixel eines Bildes wird auf diese Weise ein neuer Wert ermittelt.
In gleichbelichteten Flächen würde sich keine Veränderung ergeben, bei Unterschieden zwischen den Pixeln werden helle noch heller, dunklere noch dunkler. Diese Methode verstärkt so vor allem feine Details – leider auch das im Bild enthaltene Rauschen. Und das Rauschen ist in erster Linie eine sehr feine, jedes einzelne Pixel treffende Erscheinung. Die reine Hochpaß-Filterung eignet sich deshalb nur für sehr rauscharme, möglichst satt belichtete und bei ruhiger Luft aufgenommene Bilder, also fast perfekte Rohaufnahmen. Die allerdings sind in der Praxis eher die Ausnahme. Anders sieht dies aber schon wieder bei der Kombination von mehreren Einzelaufnahmen zu einem gemittelten Rohbild aus.

4.3.2 Weg mit dem Rauschpegel

In den meisten Fällen wird mehr oder weniger Rauschen in den Bilddaten enthalten sein. Rauschen, das sind überwiegend zufällige Wertschwankungen in den Einzelpixeln. Nicht selten machen sie sich bemerkbar, wenn der Beobachter verständlicherweise versucht hat, durch eine möglichst kurze Integrationszeit des Bildes der Luftunruhe ein Schnippchen zu schlagen. Kurzbelichtete CCD-Bilder liegen an der Untergrenze dessen, was sich als sauberes, „sattes“ Bildsignal noch deutlich über den immer vorhandenen Rauschpegel erhebt. Oder anders ausgedrückt, wenn von einem maximal erreichbaren Pixelwert bei 16384 (14 Bit) das Planetenbildchen an seiner hellsten Stelle vielleicht nur 2000 oder 3000 als Spitzenwert ausweist, ist die Wahrscheinlichkeit sehr hoch, daß das

Abb. 4.3 a Jupiter (Bernd Flach-Wilken). Aufnahme vom 7. Juli 1995 mit 30-cm-Schiefspiegler bei 20 m Äquivalentbrennweite, Rotfilter RG 610 zur Unterdrückung des atmosphärischen Spektrums, Kamera SBIG ST 6, 0,1 Sekunden Belichtung.
Das Rohbild ist bereits Bias-korrigiert, und die vorhandenen Grauwerte sind optimal über den gesamten, zur Verfügung stehenden Grauwertbereich skaliert. Noch wirkt das Bild ein wenig unscharf, obwohl schon erhebliches Detail erkennbar ist.

Abb. 4.3 b Die gleiche Rohaufnahme, nun allerdings durch das im Kamera-Betriebsprogramm CCDOPS eingebaute Schärfefilter einfach verschärft. Deutlich tritt vorher eher „schwammiges“ Detail nun hervor. Allerdings ist die Verschärfung mit diesem Filter nur bei ausreichend belichteten Aufnahmen mit gutem Signal-Rauschverhältnis sinnvoll, ansonsten wird zuviel Rauschen mitverstärkt. Ein Rest davon schwingt auch in dieser Einzelaufnahme noch unterschwellig mit.

Abb. 4.3 c Um das Bildrauschen zu senken, wurden drei Einzelbilder addiert. Da sie in einem Zeitraum von 20 Minuten aufgenommen wurden, ist an den Rändern des Jupiter schon eine Verschiebung durch die zwischenzeitliche Rotation erkennbar. Der Rest der Planetenscheibe zeigt hingegen ein rauschärmeres, „glatteres“ Aussehen bei gleichzeitig noch einmal etwas gesteigerter Detailauflösung.

Rohbild stark verrauscht erscheint und die Nachbearbeitung damit entsprechend zu kämpfen hat.
Dem Anwender bleiben dann zwei grundlegende Möglichkeiten, dem Rauschen zu begegnen. Verfügt er über mehrere, zeitnah aufgenommene und vergleichbar gute Planetenbildchen aus einer Serie, kann er zwei oder mehr Aufnahmen elektronisch übereinanderlegen. Das Bildsignal echter Details verstärkt sich, das Rauschen wird zurückgedrängt und mittelt sich zudem über verschiedene Bilder aus. Diese Methode ist sehr wirksam, aber auch entsprechend arbeitsintensiv, denn zumeist müssen die Einzelbilder vor dem Addieren ausgemessen werden, um den Mittelpunkt eines Planetenbildchens festzustellen.
Nicht selten ergibt sich die Möglichkeit auch nicht, weil es an ausreichend geeigneten Bildern zum Addieren fehlt. Dann bleibt nur noch, das Rauschen im Bildergebnis selbst zu bekämpfen und nach Möglichkeit auszuschalten. Einen Weg dazu bietet die Tiefpaß-Filterung, das Gegenteil der Hochpaß-Filterung und zur Herstellung der Maske auch Bestandteil der Unscharfen Maskierung.
Die Tiefpaß-Filterung rechnet ebenfalls in einem 3x3-Kasten um ein zentrales Pixel herum. Bei der Durchschnittsmittelung wird der Wert des zentralen Pixels mit 1/9 gewichtet, ebenso der Wert der acht umliegenden Pixel. Alle zusammen ersetzen den alten Wert des zentralen Pixels. Der Effekt gleicht einer Verwischung, das neue Bild sieht glatter aus, scharfe Kanten verschwinden, darin natürlich auch das Rauschen. Im Bildbearbeitungs-Englisch heißt dies „averaging“ oder „blurring“.
Wenn hingegen vom „smoothing“ die Rede ist, wird eine Tiefpaß-Filterung mit etwas anderen Gewichtungen gemeint. Diesmal wird das Zentralpixel stärker gewichtet als die umliegenden Pixel. Ergebnis ist, daß die Verunschärfung nicht so schwerwiegend ausfällt. Einen solchen Weg würde man einschlagen, um zum Beispiel leichtes Rauschen zu unterdrücken, wenn dieses gerade beginnt, augenfällig zu werden.
Die Kunst bei der Tiefpaß-Filterung besteht nun darin, die Filtergewichtung zu finden, mit der sich im Rohbild bereits erkennbares Rauschen gerade unterdrükken läßt, ohne bereits Details mit zu verschlucken. Hier läßt sich kein Patentrezept angeben, da nur Probieren am individuell sehr unterschiedlichen Rohbild zum optimalen Ergebnis führt.
Tiefpaß-Filterung ist im übrigen nicht auf eine Rechenbox von 3 x 3 Pixeln beschränkt. Gute CCD-Bildbearbeitungsprogramme erlauben die freie Definition von Rechenboxen, auch Rechtecken, sowie die Eingabe der Gewichtungen. Spätestens hier unterscheiden sich Programme, die speziell für astronomische Anwendungen geschrieben und ausgelegt wurden, von solchen, wie sie zur allgemeinen Bildbearbeitung heute gängig sind (wie Adobe Photoshop, aber auch andere). Letztere haben nur im Ausnahmefall die für astronomische Nachbearbeitungen wünschenswerten Eingabemöglichkeiten, was sie deshalb dafür nur bedingt einsetzbar macht.

4.3.3 Ab durch die „Mitte"

Noch besser als ein Tiefpaß-Filter erfüllt das sogenannte Median-Filter die Anforderung, das Rauschen weitestgehend zu eliminieren. Anstatt ein Pixel mit dem Durchschnitt der Nachbarpixel zu ersetzen, geschieht dies beim Median-Filter durch den rechnerischen Mittelwert einer ganzen Rechenbox. Das heißt, die Hälfte der einbezogenen Pixel wird heller sein als der neue Pixelwert, die andere Hälfte dunkler.
Diese Methode macht es möglich, daß besonders drastisch abweichende Pixelwerte keinen große Einfluß auf den neuen Pixelwert nehmen können. Drastische Abweichungen kommen zum Beispiel bei toten oder „heißen" Pixeln vor, so diese nicht vorher durch entsprechende Filterung bereits entfernt wurden.

4.3.4 Die Mischung macht's

Nicht selten werden die vorgenannten Methoden in Mischungen angewandt. Bei Aufnahmen, die schon als Rohbild ein sichtbares Rauschen zeigen, kann es sich lohnen, vor dem ersten Verschärfungsschritt schon ein Median- oder Tiefpaßfilter anzuwenden, um zu einem „geglätteten" Ausgangsbild zu kommen, das dann per Unscharfer Maske oder Hochpaß-Filter nur noch in den Details angehoben wird.
Auch eine Verschärfung mittels Unscharfer Maske kann sich noch lohnen, wenn nach dem ersten Durchgang noch ein zweiter zur Anwendung kommt. Zwischen den beiden Durchgängen würde das Ergebnis des ersten dann allerdings mittels Tiefpaßfilter oder Medianfilter von den ersten, hochgerechneten Rauschspuren befreit, damit diese im zweiten Verschärfungsdurchgang nicht zu sehr angehoben und gar zu einem „Detail" gemacht werden.

4.4 Ein CCD-Bild „entwickeln"

Spätestens seit dem optischen Fehler des Hubble Space Telescopes macht ein anderes Schlagwort in der CCD-Bildbearbeitung die Runde: Deconvolution, oder übersetzt so viel wie die „Zurückentwicklung". Gemeint ist das Wiederfinden des Ausgangsbildes in dem durch Störungen deformierten Bild. Diese Störungen sind sowohl optischer Natur als auch durch die Luftunruhe sowie das elektronische System verursacht. Soweit sie Optik und Luftunruhe betreffen, lassen sie sich weitgehend wieder aus den Rohdaten herausrechnen, was die Deconvolution-Methode und die ihr artverwandte Maximum Entropy Deconvolution auch tun.
Die dahinter stehenden Rechenoperationen zählen zu den fortgeschrittenen Filtermethoden, die auf der sogenannten Fourier-Transformation basieren. Rauminformationen werden hier in Schwingungen transformiert. Durch Umkehrung der Rechnung läßt sich das Original rekonstruieren. Da umfangreiche Rechnungen notwendig sind, waren die auf diesen Prozessen basierenden Bildbearbei-

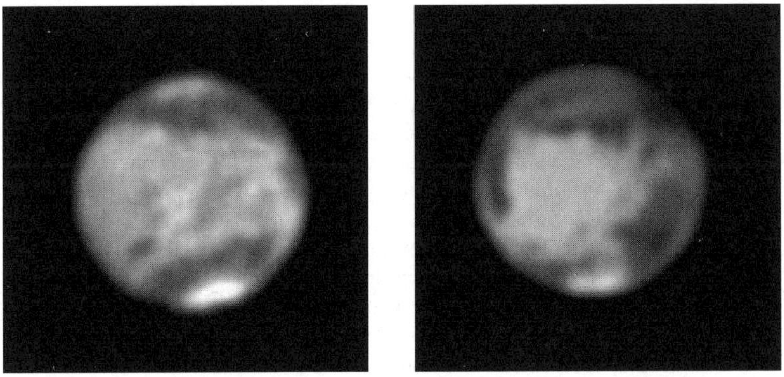

Abb. 4.4 Zwei Bilder der Mars-Opposition 1994/95, die zeigen, daß selbst in den „schlechten“ Oppositionsjahren am Mars viel zu beobachten ist. In beiden Bildern hat Mars nur knappe 14 Bogensekunden Durchmesser. Beide Bilder sind an einem 18-cm-Refraktor bei 13,7 Metern Äquivalentbrennweite und einer SBIG ST 5-Kamera durch ein RG 610-Rotfilter aufgenommen und anschließend mit einem Maximum Entropy-Verfahren verschärft worden. Die Aufnahme links vom 30. Januar 1995 zeigt das Mare Tyrrhenum (oben) und die Region Utopia (unten). Dazwischen das von Dunkelmarkierungen eingerahmte Elysium, über dem eine leichte Aufhellung hängt. Die rechte Aufnahme entstand am 22. Februar. Links verschwindet gerade Syrtis Major, während der Sinus meridianii vor seinem Mittagspunkt steht. Trotz der geringen Größe des Mars ist die Gabelbucht klar getrennt. Rechts unten taucht das Mare Acidalium auf. Auch auf dieser Aufnahme zeigt die Polkappe Struktur. Bildautor: Rudolf A. Hillebrecht.

tungsmethoden erst mit Einzug schneller, speicherstarker Computer auch für den Amateurbereich verfügbar.

Die Deconvolution kann nun beispielsweise den Einfluß von Luftunruhe wieder umkehren – vorausgesetzt, das Muster der Luftunruhe ist bekannt. Ist diese aber am Zerrmuster eines Sternes, der in natura ein perfekter Punkt sein sollte, nachweisbar, kann sich der Computer auch den schrittweisen Rechenweg zurechtlegen, um aus dem gestörten das ideale Bild zurückzurechnen. Das trifft auch für die Planetenbeobachtung zu.

Leider bedeutet die fortgeschrittene Methode auch, daß es hier bei der Angabe verschiedener Faktoren zur Berechnung auch eine Reihe von Fallen gibt, die der Anwender kennen muß, um den Prozeß nicht in die Irre zu leiten und zu verfälschten oder zu unbrauchbaren Ergebnissen zu gelangen. Am besten für die planetare Beobachtung geeignet erscheint die Maximum Entropy Deconvolution, weil sie am besten mit dem Rauschen in Bildern fertig wird und außerdem im Gegensatz zu anderen Methoden vergleichsweise schnell arbeitet. Mit dieser Methode ist es durchaus realistisch, Bilder bis an die theoretische Auflösung eines gegebenen Instrumentes zu schärfen.

An dieser Stelle ist aber erneut ein deutlicher Warnhinweis nötig, denn gerade die Maximum Entropy ist es gewesen, der „Wunder“ in der Bildbearbeitung nachgesagt wurden. Solche, wenn man überhaupt davon sprechen kann, treten aber nur ein, wenn der Umgang mit diesem Bearbeitungsmittel äußerst bewußt erfolgt. Kleine Fehler oder Nachlässigkeiten „bestraft“ sie mit groben Fehlergebnissen. Leider sind solche nicht selten auch noch für reell angesehen worden. Die größte Anfälligkeit zeigt diese Methode gegen hohe Rauschpegel in den Bildern. Das Rauschen wird von ihr kraftvoll hochgerechnet, wobei es hin und wieder zu Ergebnissen kommen kann, die dann viel „Pseudodetail“ auf Planetenoberflächen erscheinen lassen. In Fachkreisen – sie wurde dereinst für die noch defekte Hubble-Optik als Ausgleichsrechnung für die gestörten Rohbilder entwickelt – wird die Methode deshalb mit viel Vorsicht betrachtet und angewandt. Beste Ergebnisse erbringt sie mit aus mehreren, aufaddierten Einzelaufnahmen gut ausgemittelten Rohbildern von entsprechender Sättigung und bei Anwendung „schonender“, das heißt nicht zu aggressiver Berechnungsvorgaben.

4.5 Grenzenlose Möglichkeiten?

Wen als Anwender der Reiz der Bildbearbeitung gepackt hat, der wird von den faszinierenden Möglichkeiten nicht mehr loskommen. Die ungeheure Vielfalt von Bearbeitungsmöglichkeiten, die immer wieder zu neuen, besseren Ergebnissen führen, ist stete Motivation, Stunde um Stunde damit zu verbringen. Grenzenlos sind die Chancen der Bildbearbeitung allerdings keineswegs. Im Gegenteil, immer öfter sind CCD-Bildergebnisse zu sehen, die offensichtlich über die Grenzen hinaus bearbeitet wurden und deshalb nicht mehr als verläßlich angesehen werden können.

Solange es sich zum Beispiel um die Verschärfung von Mondbildern handelt, besteht wenig Gefahr etwas falsch zu machen. Schnell würde auffallen, wenn hier etwas nicht stimmt, weil der Vergleich stets zur Hand ist. Ganz anders ist es aber bei den Planeten. Wer will schon von einem Bild des Jupiter zum Beispiel beurteilen können, ob ein gezeigtes Detail real oder künstlich ist, wenn sich die Oberfläche ständig ändert. Gleiches gilt für alle anderen Planeten natürlich auch.

Die größte Gefahr besteht darin, die Berechnungen zu weit zu treiben, wenn gleichzeitig aus unscheinbaren Rauschdifferenzen der Pixel Detailstrukturen werden. Allerdings wird es gerade dem Anfänger schwer fallen, diese Grenzen zu erkennen. Deshalb sollte von vornherein der Grundsatz gelten: Weniger ist mehr. Ein Bild sollte nur so lange verschärft und im Kontrast angehoben werden, wie es noch halbwegs ansehnlich und vielleicht am ehesten noch einem Photo vergleichbar ist. Beginnt es körnig zu werden und sieht es in irgendeiner Weise schon „künstlich“ aus, ist die Grenze wahrscheinlich überschritten worden.

4.6 Zu neuen „Maßstäben“

Auch Planetenbilder haben hin und wieder Skalierungen, d.h. Anpassungen der Helligkeitswerte zur geeigneten Bearbeitung oder Darstellung auf einem Monitor, nötig. Die Skalierungen dienen meistens dazu, den nutzbaren Helligkeitsbereich besser auszunutzen. Weil Planetenbilder selten voll ausbelichtet sind, sondern zumeist eher am unteren Ende der Sättigung liegen, ist es sinnvoll, das Rohbild vor der Verarbeitung auf den möglichen Bearbeitungsspielraum zu dehnen.
Dieses sogenannten „Stretchen“ wird vor der Verarbeitung meistens linear, das heißt gleichartig über die ganze Skala erfolgen. Das fertig bearbeitete Bild kann dann noch per „Gammawert-Korrektur“ oder logarithmischer Skalierung in Kontrast und Grauwerten zur besten Darstellung angepaßt werden. Manche Programme bieten hier bereits speziell für die Planetenbildverarbeitung geeignete Routinen an. Ansonsten ist die beste Einstellung nicht selten vom benutzten Monitor abhängig und deshalb in gewissen Grenzen variabel.

4.7 Wie denn nun am besten?

Natürlich wüßte der Leser hier jetzt am liebsten, wie er sein Bild auf dem direkten Wege zum perfekten Ergebnis bekommt. Leider gibt es dafür kein Patentrezept. Zu unterschiedlich sind die Voraussetzungen und Rohbilder, zu rasch wechseln auch die Programme. Gleich bleiben sollte ihnen aber das an Grundsätzlichem, was bis hierher beschrieben worden ist. Dennoch, ein paar Tips aus der Praxis sollen an dieser Stelle schon noch das Salz in der Suppe sein, um vielleicht einige Klippen leichter umschiffen zu können.

Bevor Sie einsteigen: Vergewissern Sie sich, welche Software zur Verarbeitung der mit Ihrer Kamera gewonnenen und abgespeicherten Bildformate geeignet ist und möglichst viele Berechnungsmöglichkeiten für die Planetenbilder bietet. Hier ein paar Namen, ohne jeglichen Anspruch auf Vollständigkeit: „AIP“ und „BatchPix/ColorPix“ von Richard Berry, sehr günstige Programme für SBIG ST 4/ST 6 und TIFF (nicht AIP); „MaxIm DL“ aus Kanada, mit der Maximum Entropy Deconvolution, sehr gut für Planetenbilder geeignet; „MIPS“ von Buil und Kollegen aus Frankreich, ebenfalls mit Maximum Entropy sowie einer Reihe von gerade für die Planetenbeobachtung sehr wünschenswerten Details wie Kartographie; „MIRA“, professionelle 32-Bit Bildverarbeitungssoftware aus den USA. Nicht zu vergessen das ESO-Programm „MIDAS“, das zwar außerordentlich umfangreich und leistungsstark ist, aber leider nicht so einfach in der Handhabung wie viele andere Programme, weil es profunde Computer- und möglichst auch Programmierkenntnisse voraussetzt. Die Palette der hier genannten Programme reicht im Preis von unter 50 Euro bis hinauf zu 500 Euro und mehr. Ständig wächst das Angebot, weil neue Produkte, Kameras und Programme, auf den Markt drängen.

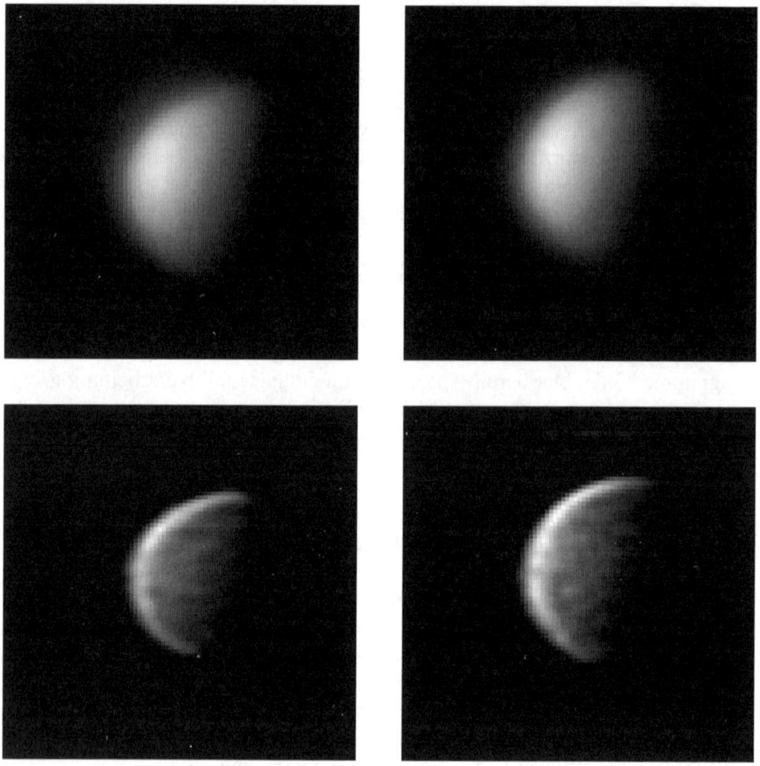

Abb. 4.5 Venus im ultravioletten Licht.
Die obere Reihe zeigt zwei Rohbilder der Venus im ultravioletten Licht, aufgenommen am 28.12.1992 (links) und einen Tag später (rechts); Instrument war ein 7-Zoll-Refraktor bei 6,65 m Äquivalentbrennweite, Filter UG 1. Als Kamera kam eine SBIG ST 4 zum Einsatz. Am 28. wurden vier Einzelaufnahmen von je 0,15 Sekunden addiert, am 29. drei solche bei etwas schlechterer Luft.
Die untere Reihe zeigt Bearbeitungen dieser Rohaufnahmen in „AIP". Durchgeführt wurden drei Durchgänge Unscharfer Maskierung, wobei zwischen den Unscharfen Masken sanfte Medianfilterung zur Glättung angewandt wurde. Deutlich sind im UV-Licht Strukturen in der sonst einheitlichen Wolkenhülle zu sehen, die von einem Tag zum nächsten auch Veränderungen zeigen. Bildautor: Rudolf A. Hillebrecht.

Die ersten Berechnungen: Wenn das Planeten-Rohbild in den Computer eingelesen wird, sollten schon erledigt sein: Dunkelbildabzug (erfolgt meist direkt nach der Aufnahme, oft auf Wunsch automatisch) und Flat-Fielding. Nun ist aus einer Serie von Aufnahmen das beste herauszusuchen. Aber: Berechnen Sie aus Serien nie allein das Beste. Der Augenschein kann täuschen; manchmal gibt es unscheinbare Rohbilder, die sich nach einer Berechnung als die eigentlich besseren erweisen.

Wenn das Bild schon ausreichend hell ist, kann auf eine Skalierung verzichtet werden. Ansonsten sollte die Helligkeit mit Hilfe eines Histogrammes der Pixelwerte über den vollen Bereich der Pixelintensitäten ausgestreckt werden, zum Beispiel mit einer linearen Skalierung der im Bild vorgefundenen Ober- und Untergrenzen auf die maximal möglichen.

Macht das skalierte Bild einen „satten“, wenig verrauschten Eindruck, kann gleich der erste Schritt zur Verschärfung erfolgen. Per Unscharfer Maske sollte der erste Durchgang nicht zu heftig sein. Die Größe der Pixelbox bei der Unscharfen Maske ist direkt abhängig von der Luftruhe und damit von der Güte des Rohbildes sowie der Größe des Planetenabbildes in Pixeln. Je kleiner ein Bildchen ist, desto kleiner sollten auch die Boxen gewählt werden. Große Aufnahmen bei langer Brennweite vertragen gerade im ersten Durchgang auch größere Boxen.

Nach dem ersten Durchgang wird es in den allermeisten Fällen sinnvoll, wenn nicht sogar nötig sein, vor einem zweiten das aufgetauchte Rauschen zu unterdrücken. Das geschieht durch Anwendung eines Median- oder Tiefpaß-Filters, mit dem das Bild wieder „geglättet“ wird. Dieses Zwischenergebnis kann nun einem zweiten Verschärfungsschritt unterzogen werden. Entweder per Unscharfer Maske, dann mit einer auf jeden Fall kleineren Pixelbox als im ersten Durchgang. Oder mit einem Hochpaßfilter, wobei Versuche die brauchbarsten Werte ergeben müssen.

Mehr als zwei Durchgänge verträgt nahezu kein Bild. Hier sollte für die Unscharfe Maskierung und das Hochpaßfiltern die Grenze erreicht sein. Manchmal ist sogar schon bei einem Durchgang Schluß, wenn das Rohbild zum Beispiel unter schwierigen Bedingungen aufgenommen wurde.

Anders läuft die Verschärfung bei der Maximum-Entropy-Methode ab. Hier muß der Anwender vorher einige Eingaben machen, wie die Photonenausbeute der Kamera, die PSF (Point Spread Function), das ist der Faktor, der für die Luftunruhe steht und der umso höher ausfällt, je stärker das Bild verschliert ist, sowie das Verfahren, nach dem gerechnet werden soll. Auch das Hintergrund-Rauschen geht in die Rechnung ein und wird in der Regel direkt aus dem Bild gemessen.

Kleine Unterschiede in den Faktoren, gerade bei der Photonenausbeute und ganz besonders der PSF, führen zu teilweise grundlegend verschiedenen Ergebnissen. Eine Reihe von Versuchen ist in der Regel nötig, um die sinnvollen Kombinationen zu finden. Diese führen dann allerdings konstant zu sehr guten Ergebnissen, wobei der Anwender häufig die schrittweise Entwicklung auf dem Monitor verfolgen, gegebenenfalls auch unterbrechen kann, wenn er meint, das Ziel erreicht zu haben.

Auch bei der Maximum Entropy kann es aber wie beim unscharfen Maskieren Sinn machen, das einmal erzielte Ergebnis noch einmal leicht zu glätten, um durch eine leichte Unscharfe Maske den Schlußpunkt zu setzen. Auch hier bie-

Abb. 4.6 Jupiter und exotische Filter.
Die CCD-Technik erlaubt manchmal auch Filtereinsatz, bei dem die Photographie überfordert wäre. Hier ein Beispiel mit einem sehr engbandigen, tiefroten Filter nahe der Linie von 8940 Angström, wo an einer Methanbande beobachtet werden kann. Beide Jupiteraufnahmen stammen vom 19. Juni 1995 und wurden durch einen 18-cm-Refraktor bei etwa 5,80 m Äquivalentbrennweite mit einer SBIG ST 5 aufgenommen. Links durch ein gewöhnliches RG 610-Rotfilter bei 0,2 Sekunden Belichtung. Rechts zwölf Minuten früher durch besagtes Methanband-Filter, wobei wegen der hohen Dichte des Filters und trotz der Empfindlichkeit der CCD-Kamera im Roten noch 10 Sekunden Belichtung nötig waren, um ein ausreichend gesättigtes Bild zu erhalten. Deutlich sichtbar ist auf beiden links am Rand der GRF, der im rechten Bild als „weißes Loch" erscheint. Außerdem „leuchtet" im Methanlicht die südliche Polkappe des Jupiter. Auf der Scheibe sind ansonsten ähnliche Details zu sehen, weil das verwandte Filter noch nicht engbandig und genau genug auf die Methanlinie zentriert war. Dennoch sind auch mit diesem Filter schon interessante Effekte zu beobachten. Bildautor: Rudolf A. Hillebrecht.

ten einige Programme Berechnungsmöglichkeiten, die zu sehr verschiedenen Ergebnissen führen. So läßt sich zum Beispiel mit geschickter Kontraststeuerung die oftmals störend hervortretende Randabdunklung bei Jupiter weitestgehend ausgleichen.

4.8 Und jetzt auch noch in Farbe

Filterarbeit mit der CCD-Kamera war schon bald nach deren Erscheinen selbstverständlich. Da lag es nahe, aus den einzelnen Farbbildchen auch Dreifarbenbilder nach dem RGB-Prinzip zusammenzustellen. Durch entsprechende Hard- und Software ist dies heute kein Problem mehr. Der Anwender sollte aber beachten: Dreifarbentechnik mit der CCD-Kamera ist eine zeitaufwendige Beschäftigung. Die Aufnahmen verlängern sich, von jedem Objekt sind außerdem mindestens drei notwendig.

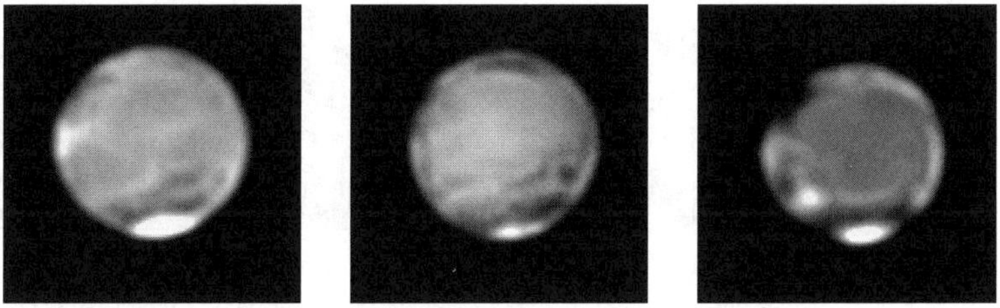

Abb. 4.7 Mars in drei Filtern.
Diese drei Marsbilder wurden während der Opposition 1994/95 am 9. Februar 1995 an einem 18-cm-Refraktor aufgenommen. Mars hatte zu dieser Zeit nur knappe 14 Bogensekunden Durchmesser, so daß 13,7 Meter Äquivalentbrennweite zur Anwendung kamen, um ein ausreichend großes Scheibchen des Planeten auf dem Chip einer SBIG ST 5 Kamera abzubilden. Drei unterschiedliche Filter wurden eingesetzt: Links ein Grünfilter VG 6, bei dem 0,5 Sekunden belichtet wurde. Grünbilder geben am ähnlichsten den Anblick mit dem bloßen Auge wieder. Der Beobachter am Teleskop ohne Filter hätte also neben den Oberflächenmarkierungen (links oben verschwindet gerade Solis Lacus) und der gleißenden Polkappe auch die helle Wolke am Westrand des Planeten sehen können.
Diese erscheint nur noch schwach angedeutet im Rotbild (Mitte), das durch ein RG 610-Filter bei nur 0,05 Sekunden Belichtung aufgenommen wurde. Dafür treten hier die Dunkelmarkierungen deutlicher hervor, da ein Rotfilter den Blick am tiefsten durch die Atmosphäre bis zum Boden erlaubt. Man beachte auch das veränderte Aussehen der Polkappe, die eine Teilung zu zeigen scheint, die als *Rima tenuis* bezeichnet wird. Nach jüngsten Erkenntnissen handelt es sich aber wohl eher um konzentrische Ringe rund um den Pol, die beim Abtauen der Polkappe auftauchen.
Rechts ein Bild im Ultravioletten mit einem UG1-Filter, das nun schon 4 Sekunden Belichtung erforderte. Hier sind die Dunkelmarkierungen nur noch verschwommen erkennbar, und das auch nur, weil kein Rotsperrfilter benutzt wurde. Das UG 1 läßt jedoch einen Restanteil Rot durch. Im UV-Licht sind hauptsächlich Atmosphärenerscheinungen zu sehen, so treten der Dunst am Morgenrand (rechts) und die Wolken links überdeutlich hervor. Die Polkappe verbirgt sich unter einer Dunsthaube. Bildautor: Rudolf A. Hillebrecht.

Drei Rohbilder unterschiedlicher Ausprägung sind zu bearbeiten. Die Bilder fallen schon deshalb so verschieden aus, weil sie zum Beispiel bei Mars nahe einer Oppositionshelligkeit von etwa –1 mag im Roten 0,08 Sekunden, Grün bei 0,2 Sekunden und im Blauen bei 0,6 Sekunden liegen können und bei geringeren Helligkeiten natürlich noch deutlich länger ausfallen. Das hat entsprechenden Einfluß auf die Rohbilder. Diese müssen jedoch so gleichartig wie möglich bearbeitet werden. Das heißt, mit denselben Skalierungen, Verschärfungsschritten und endgültigen Bearbeitungen. Nur dann ist davon auszugehen, daß der durch Farbaddition erreichte Gesamteindruck einigermaßen realistisch wird. Die sich aus dieser Art der Darstellung ergebenden Möglichkeiten sind allerdings faszinierend und lohnen oftmals auch den erhöhten Aufwand.

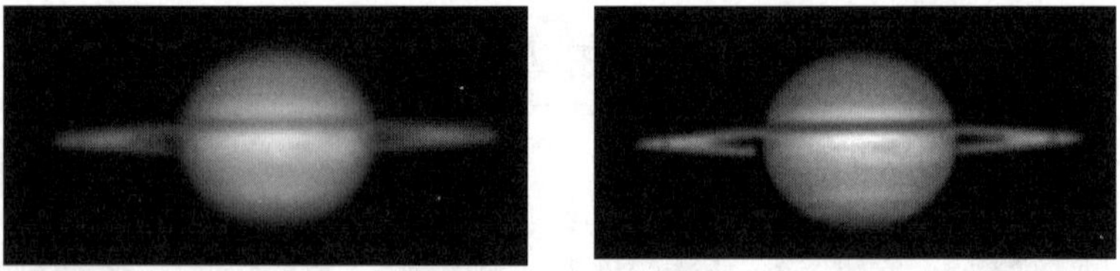

Abb. 4.8 Saturn – Rohbild und Bearbeitung.
Diese beiden Bilder zeigen den Unterschied von Rohbild und bearbeitetem Bild. Das Bild wurde aufgenommen am 22. Oktober 1996 gegen 18.50 UT bei gutem Seeing an einem 12-Zoll-Schiefspiegler und mit einer Äquivalentbrennweite von rund 12 m bei Verwendung einer SBIG ST 6. Ein Filter GG 495 kam zum Einsatz, die Belichtung betrug 2 Sekunden pro Einzelbild.
Links ein Rohbild, das nur Bias-korrigiert ist. Von diesen Rohbildern wurden einfach geschärfte und auf die volle Helligkeit skalierte Versionen angefertigt und vier von diesen addiert, um das Bildrauschen zu verringern. Das Ergebnis ist im rechten Bild zu sehen. Es zeigt deutliches Detail und bessere Auflösung bei zusätzlich verbessertem Kontrast. Bildautor: Bernd Flach-Wilken.

Zur Bildbearbeitung von Dreifarbenbildern wird in der Regel neben einem normalen Bildbearbeitungsprogramm ein Farbmischprogramm notwendig. Dieses übernimmt die paßgenaue Überlagerung der drei Einzelbilder und deren endgültige Gewichtung bei der Farbabmischung.
Die Dreifarbentechnik kann wegen des Aufwandes und der notwendigen Vorkenntnisse zur gezielten und richtigen Anwendung guten Gewissens aber eigentlich nur fortgeschrittenen CCD-Amateuren empfohlen werden. Vielleicht wird sie aber in ein paar Jahren auch Allgemeingut sein; schon sind auch erste CCD-Direktfarbkameras auf dem Markt. Sie wiederum werden nach neuer Bearbeitungssoftware verlangen.

4.9 Die Bildausgabe

Die Möglichkeiten der digitalen Bildbearbeitung sind nahezu unbegrenzt. Umso größer ist bei vielen die Enttäuschung, wenn das Bild das erste Mal zu Papier gebracht werden soll. Tintenstrahl- oder Laserdrucker sind bislang nur unzureichend in der Lage, ein Bild in photoähnlicher Qualität auszudrucken, oft nicht einmal annähernd so, wie es auf dem Monitor aussieht. Hinzu kommt die störende Rasterung, die gerade bei kleinen Planetenausdrucken viel Detail verschluckt. Deutlich bessere Druckergebnisse liefern sogenannte Thermosublimationsdrucker, in sehr guter Qualität ab etwa EUR 1 000,–, aber im Amateurbereich auch schon für deutlich unter EUR 500,– erhältlich, die bei einer Auflösung von nur 300 dpi ein Ergebnis liefern, das auf den ersten Blick nicht von

einem Photoabzug zu unterscheiden ist. Moderne Tintenstrahler (ab 720 mal 720 dpi) haben zusammen mit speziellem Glanzpapier für den Ausdruck aber mittlerweile ebenso beachtliche Qualität erreicht.
Natürlich kann man auch ganz auf den Drucker verzichten und das Bild vom Monitor abphotographieren, was für viele immer noch die effektivste Methode zur Vervielfältigung der Ergebnisse ist. Je größer der Planet auf dem Monitor dargestellt wird, desto schärfer wird das abphotographierte Bild. Die Lochmaske des Monitors (typisch 0,26 mm) macht sich später als feine Rasterung im Bild bemerkbar, stört aber bei großen Maßstäben nicht. Dies ist zweifellos die billigste Lösung bei guter Auflösung und hervorragender Kontrastwiedergabe – nur traurig, daß man nach digitaler Aufnahme und Bearbeitung wieder zum herkömmlichen Film greifen muß ... Gute hochauflösende Kleinbild-Filmbelichter mit Bildausgaben in Photoqualität liegen in einer Preisklasse um EUR 5000,–, so daß man auf die Angebote von Belichtungsstudios achten sollte, Bilder in hoher Auflösung auf Diamaterial zu einem günstigen Preis auszubelichten. Doch auch und gerade in diesem Sektor wird der technologische Fortschritt wahrscheinlich bald dafür sorgen, daß auch dem Amateurastronomen für die Ausgabe seiner Bilderergebnisse preiswerte Geräte in photonaher Qualität zur Verfügung stehen werden.

4.10 Ausblick

Der – ebenso wie die CCD-Kameratechnik – selbst junge Markt an Verarbeitungssoftware befindet sich in rasanter Entwicklung und in stetem Umbruch. Begleitet von immer neue Computergenerationen steht vor allem das zur Verfügung, wonach die komplizierten Rechenabläufe verlangen: Speicherplatz und eine möglichst hohe Taktgeschwindigkeit, um die Rechenzeit erträglich zu halten.
Für die Planetenbildner ist dies primär aber gar nicht so entscheidend. Ihre Grundlagen werden sich dadurch nicht sehr verändern. Die mathematischen Methoden, wie sie Basis der Unscharfen Maske oder Filterungen auf der Basis der Fourier-Transformationen sind, bestanden auch früher schon und sind auf heutiger Technik umsetzbar. Mit neuen, umwälzenden Methoden ist deshalb nicht unbedingt zu rechnen, eher mit komfortableren, auf die speziellen Bedürfnisse der CCD-Planetenbeobachter abgestimmten Programmen.
Das Ziel kann auf jeden Fall klar formuliert werden: Unter den geeigneten Umständen – das sind eine möglichst gute Optik, sorgfältige Fokussierung bei ausreichend Äquivalentbrennweite, eine nicht nur durchschnittliche Luftruhe und eine geeignete Kamera – steht am Ende der Bearbeitung das Planetenbild mit einer Detailauflösung am theoretischen Limit des Teleskops. Und das ist bei weitem mehr, als sich Planetenbeobachter bislang visuell und photographisch erträumen konnten.

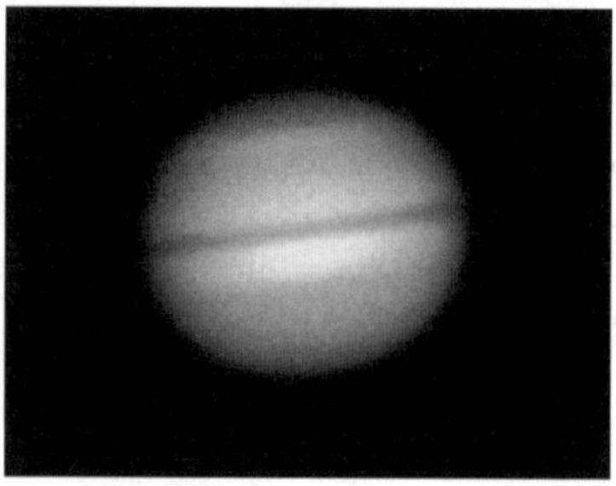

Abb. 4.9 a Saturn 1
Dieses Bild wurde kurz vor Ende der „ringlosen“ Zeit am 5. August 1995 von Bernd Flach-Wilken mit seinem 30-cm-Schiefspiegler bei rund 20 m Äquivalentbrennweite aufgenommen. Das Seeing war mittel, als Kamera kam hinter einem Filter OG 550 eine SBIG ST 6 zum Einsatz. Vier Einzelbilder von je 1 Sekunde Belichtung wurden zu diesem Resultat addiert, das gleichermaßen bearbeitet wurde, wie am Vergleich Rohbild – Bearbeitung gezeigt (s. S. 112). Auf dem Original war bei extremer Skalierung gerade noch der C-Ring zu erahnen.
Bildautor: Bernd Flach-Wilken.

Abb. 4.9 b Saturn 2
Eine Aufnahme vom 12. August 1995, nur einen Tag nach dem Kantendurchgang, mit dem 30-cm-Schiefspiegler bei rund 20 Metern Äquivalentbrennweite aufgenommen. Das Seeing war schlecht, die Kamera war eine SBIG ST 6 mit einem Filter OG 550. Drei Einzelbilder von je 1 Sekunde Belichtung wurden addiert, Bearbeitung wie vorstehend. Die Saturnkugel wurde in ein extrem skaliertes Gesamtbild einkopiert, um den visuell sichtbaren Gesamteindruck wiederzugeben. Dabei wurden auch die Monde Dione (links) und Enceladus sichtbar.
Bildautor: Bernd Flach-Wilken.

Abb. 4.9 c Saturn 3
Die dritte Aufnahme vom 19. August 1995 ist mit dem 30-cm-Schiefspiegler bei rund 27 Metern Äquivalentbrennweite aufgenommen. Das Seeing war mittel, die Kamera eine SBIG ST 6 mit Filter GG 495. Drei Einzelbilder von je 3 Sekunden Belichtung wurden addiert, Bearbeitung wie vorstehend. Der Ring ist auch nach einfacher Skalierung wieder sofort sichtbar.
Bildautor: Bernd Flach-Wilken.

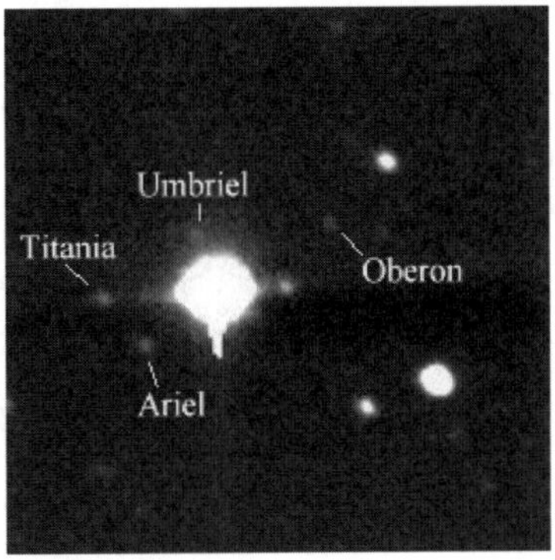

Abb. 4.10 Uranus und seine Monde. Leicht lassen sich mit der CCD-Kamera ferne Planetenmonde einfangen. Hier vier Monde des Uranus, aufgenommen am 27. Juni 1992 mit einer einfachen SBIG ST 4 an einem 18-cm-Refraktor. Vier Aufnahmen von je 60 Sekunden Belichtung wurden für ein besseres Signal-Rausch-Verhältnis addiert. Das Ergebnis zeigt eindeutig die vier größten Uranusmonde, von denen der hellste, Titania, eine Helligkeit von 13,8 mag hat, der schwächste hier abgebildete, Umbriel, 14,9 mag.
Bildautor: Rudolf A. Hillebrecht.

Abb. 4.11 Neptun und Mond Triton. Auch beim Neptun läßt sich einer der beiden großen Monde, Triton, leicht mit der CCD-Kamera einfangen. Hier am 5. August 1992 mit einer simplen SBIG ST 4 an einem 18-cm-Refraktor. Drei Aufnahmen von je 60 Sekunden wurden zu einem Komposit zusammengestellt. Triton steht direkt rechts von Neptun bei einer eigenen Helligkeit von 13,5 mag. Der Planet selbst ist natürlich bereits überbelichtet. Bildautor: Rudolf A. Hillebrecht.

Literatur

[1] Buil, C.: CCD Astronomy, Willmann-Bell Inc. 1991, ISBN 0-943396-29-8. Das wahrscheinlich umfassendste aktuelle Werk über die mathematischen Grundlagen der CCD-Aufnahme und der Bildbearbeitung. Sehr fundiert, gut bebildert.

[2] Wernli, H.-R.: Die CCD-Astrokamera für den Amateur, Birkhäuser, 1995, ISBN 3-7643-5218-3. Ein für den Amateur aus Amateurerfahrungen, aber mit professionellem Hintergrund geschriebenes Buch, vorwiegend theoretisch, aber auch mit praktischen Anwendungen. Bilder von CCD-Amateuren.

[3] Berry, R.: Introduction to Astronomical Image Processing, Willmann-Bell Inc., Richmond, Virginia (USA)

[4] Berry, R.: Choosing and Using a CCD Camera, Willmann-Bell Inc., Richmond, Virginia (USA)

[5] Kanto/Munger/Berry: CCD Camera Cookbook, Willmann-Bell Inc., Richmond, Virginia (USA). Das Buch zur Selbstbaukamera Cookbook 245. Einschließlich Anleitung und Arbeitshinweisen.

[6] Lindley: Practical Image Processing in C, Willmann-Bell Inc., Richmond, Virginia (USA)

[7] Pratt: Digital Image Processing, Willmann-Bell Inc., Richmond, Virginia (USA)

[8] Achternbusch, M.: Die CCD-Beobachtung. In: Kammer, A., Kretlow, M. (Hrsg.): Kometen beobachten. Verlag Sterne und Weltraum, Heidelberg 1997

[9] Ratledge, D.: The Art and Science of CCD Astronomy, Springer-Verlag, 3. Auflage, Berlin, Heidelberg, New York 1999, ISBN-3-540-76103-9

5 Tabellen zur Ermittlung der Belichtungszeiten für Mond- und Planetenaufnahmen

von Wolfgang Gruschel

In SuW [1] hat der Autor Formeln hergeleitet, mit denen die Belichtungszeiten für photographische Aufnahmen des Erdmondes und der Großen Planeten berechnet werden können.
Um die Ermittlung der Belichtungszeiten bequemer zu gestalten, werden hier aus den Formeln abgeleitete Tabellen angeboten. Die Tabellen vermitteln dem photographischen Planetenbeobachter Belichtungszeiten für ein breites Spektrum von Aufnahmebedingungen. Der Gebrauch der Tabellen wird beschrieben und durch ein Anwendungsbeispiel verdeutlicht.

5.1 Wovon hängt die Belichtungszeit ab?

Die Belichtungszeit bei Aufnahmen beleuchteter Himmelskörper hängt im wesentlichen von vier Faktoren ab: der Leuchtdichte des Motivs (genauer: über das Biild des Motivs gemittelter Wert der Leuchtdichte), der Lichtdurchlässigkeit der Erdatmosphäre auf dem Weg des Lichtes, der Filmempfindlichkeit und der Blendenzahl der Aufnahmeoptik [1, 2].

5.2 Zur Vorbereitung: Berechnung der Blendenzahl B

Die Blendenzahl B muß zum Glück nicht vor jeder Aufnahme ermittelt werden. Allerdings kann der Besitzer eines Teleskops meist zwischen mehreren Werten von B wählen. Er sollte diese vor Beginn der Aufnahmen berechnen und notieren.
Fotoaufnahmen: Für Aufnahmen, bei denen der Film in der Brennebene des Fernrohrobjektivs liegt, ist B gleich B_0 = Brennweite f des Objektivs dividiert durch dessen freien Durchmesser D (d.h. $B_0 = f/D$).
Projiziert man dagegen das Bild des Motivs mit einem Okular auf den Film (Kamera ohne Kameraobjektiv), so ist B gleich dem obigen Wert B_0 mal einem Faktor, der sich aus Projektionsabstand/Okularbrennweite –1 ergibt. Hat man eine Kamera mit Objektiv am Fernrohrokular, so lautet der Faktor, mit dem B_0 zu multiplizieren ist: Brennweite des Kameraobjektivs/Okularbrennweite.

5.3 Gebrauch der Tabellen

Mit Hilfe der Formeln aus [1] läßt sich eine Leuchtdichte-Tabelle für den Erdmond und die Großen Planeten aufstellen (Tab. 5.1), die den Ausgangspunkt zur Ermittlung der Belichtungszeiten darstellt. Die Leuchtdichte der Mond- oder Planetenoberfläche verändert sich mit dem Phasenwinkel (und dem Sonnenabstand) des jeweiligen Himmelskörpers. Den Phasenwinkel kann man astronomischen Jahrbüchern entnehmen oder abschätzen. Für den Erdmond beträgt sein Wert ungefähr 12,4° mal Anzahl der Tage vor oder nach Vollmond (der Wert 0° tritt allerdings nur bei einer totalen Mondfinsternis auf; daher taucht in Tab. 5.1 beim Mond der Wert 1½ Grad als Minimum auf). Für Jupiter und Saturn hat der Phasenwinkel stets kleine Werte und spielt keine Rolle.
Die in Tab. 5.1 aufgeführten Werte der Leuchtdichte würde man außerhalb der Erdatmosphäre messen. Die irdische Lufthülle bewirkt eine Trübung des Lichteindruckes, somit eine Herabsetzung der „Weltraum“-Meßwerte. Die optische Durchlässigkeit der Atmosphäre hängt von ihrem Trübungsgrad und von der Zenitdistanz z des Gestirns ab (z = 90° – h. h = Höhenwinkel des Gestirns). In Tab. 5.2 stehen für verschiedene Werte von z die Faktoren, mit denen man die Leuchtdichte aus Tab. 5.1 multiplizieren muß, um deren Wert für den irdischen Beobachter zu erhalten (modifizierte Leuchtdichte). Hierbei wird zwischen drei Trübungsstufen unterschieden (der Wert *b* in Tab. 5.2 ist ein Parameter aus der Theorie der Lichtstreuung; man kann ihn grob aus der horizontalen Sichtweite abschätzen: b = 0,05 bei sehr guter Fernsicht, b = 0,10 bzw. b = 0,20 bei leichter bzw. starker Trübung).
Der weitere Weg ist einfach: man sucht in Tab. 5.3 [3] in der linken Spalte einen Leuchtdichtewert, der dem zuvor mit Hilfe von Tab. 5.1 und Tab. 5.2 ermittelten Wert am nächsten kommt, und findet in der entsprechenden Zeile unter der DIN- bzw. ASA-Empfindlichkeit des verwendeten Films den Lichtwert (L.W.). Den optischen Durchlaßgrad der Aufnahmeoptik kann man durch eine Korrektur der Filmempfindlichkeit um eine Stufe nach unten berücksichtigen (z.B., wenn das Licht durch viele Linsen geht).
In Tab. 5.4 sind einer ganzen Reihe von Blendenzahlen B die zugehörigen Blendenstufen n zugeordnet. Von der Blendenstufe n ist jetzt nur noch der ermittelte Lichtwert L.W. abzuziehen (dabei können auch negative Zahlen auftreten). In Tab. 5.5 steht neben der Ergebniszahl (n – L.W.) die gesuchte Belichtungszeit.

5.4 Anwendungsbeispiel

W. Gruschel hat dank des geschilderten Verfahrens ohne unnötigen Filmverschleiß neben Planetenaufnahmen auch über 100 Farbdiapositive verschiedener Gebiete und Phasenerscheinungen des Erdmondes angefertigt [4]. Verwendet wurde ein selbstgebauter 170-mm-Reflektor, aufgenommen wurde auf 50 ASA-Diafilm (Agfachrome), ein Material mit geringen Belichtungstoleranzen.

Anhand eines Beispiels soll gezeigt werden, wie man mit Hilfe der Tabellen die richtigen Belichtungszeiten findet.

Die Aufnahme wurde 6½ Tage nach Vollmond angefertigt, der Phasenwinkel beträgt demnach ca. 6,5 · 12,4°. In Tab. 5.1 lesen wir für 80° eine Leuchtdichte von 3150 asb (Apostilb) ab (3,141593 asb = 1 cd/m^2). Dieser Wert wird aber noch durch den Einfluß der Erdatmosphäre vermindert. Der Mond stand zum Zeitpunkt der Aufnahme ca. 30° über dem Horizont, und die Sichtweite am Boden betrug (tagsüber) etwa 20 km. In Tab. 5.2 finden wir unter b = 0,10 bei einer Zenitdistanz von 90° – 30° = 60° den Faktor 0,54, d.h. die Leuchtdichte, unter der uns der Mond erscheint, ist 0,54 · 3150 asb = 1700 asb.

Für den Wert 1600 asb finden wir in Tab. 5.3 unter der Filmempfindlichkeit 18° DIN/50 ASA den Lichtwert L.W. = 11.

Das Fernrohrobjektiv hat einen freien Durchmesser von 165 mm und eine Brennweite von 1275 mm. Das ergäbe zunächst eine Blendenzahl B = 7,7. Da für die Aufnahme jedoch ein Okular, Brennweite 8 mm, benutzt wurde, ist bei einem Projektionsabstand (Okular – Film) von 40 mm mit einem Faktor 40 mm/8 mm –1 = 4 zu multiplizieren: B = 4 · 7,7 = 31.

Zu der Blendenzahl B = 32 gehört laut Tab. 5.4 die Blendenstufe n = 10. Von n brauchen wir nur noch den oben ermittelten Lichtwert L.W. = 11 abzuziehen und können für das Ergebnis n – L.W. = –1 in Tab. 5.5 die Belichtungszeit ablesen: ½ Sekunde.

Hinweis: Eine ausführliche Abhandlung zum Thema mit weiteren Tabellen, mit Schaubildern und Formeln ist zu erhalten bei: Dr. W. Gruschel, Mayenfischstraße 24, D-78462 Konstanz. Der Astronomische Arbeitskreis Kassel e.V. hat mit Hilfe dieser Unterlagen ein Computerprogramm entwickelt, und in seiner Zeitschrift „Korona“ einen ausführlichen Artikel [5] darüber veröffentlicht.

5.5 Tabellen

Tab. 5.1 Mittlere Leuchtdichten der Oberflächen von Venus, Mars, Jupiter, Saturn und Erdmond (gültig außerhalb der Erdatmosphäre). Angaben für den irdischen Beobachter erhält man durch Multiplikation mit den Werten aus Tab. 5.2.

	Leuchtdichten in asb* für			
	Erdmond	Venus	Mars	
Phasenwinkel			Sonnenabstand	
in Grad			1.5 A.E.	1.6 A.E.
0		154000	9400	8250
1½	15750			
10	12300			
20	9600	145000	7100	6300
30	7750			
40	6300	123000	5800	5100
50	5200			
60	4400	100000		
70	3800			
80	3150	82000		
90	2500			
100	2150	68000		
110	1900			
120	1600	66000		
130	1350			
140	1250			
150	1100			

Mittlere Leuchtdichte der Oberfläche von Jupiter: 2250 asb.
Mittlere Leuchtdichte der Oberfläche von Saturn: 700 asb.

* 1 Apostilb (asb) ist gleich 1 Candela pro Quadratmeter (cd/m^2; Einheit der Leuchtdichte) dividiert durch die Kreiszahl π, bzw. 1 cd/m^2 = 3,141593 asb, d.h. 1 asb = 0,31831 cd/m^2.

Tab. 5.2 Durchlässigkeit einer Standard-Erdatmosphäre für Licht der Wellenlänge 550 nm. 3 Trübungsstufen.

Zenitdistanz in Grad	b = 0,05 (sehr klar)	b = 0,10 (leicht trüb)	b = 0,20 (stark trüb)
0	0,82	0,74	0,59
30	0,79	0,70	0,55
45	0,75	0,65	0,48
60	0,66	0,54	0,35
70	0,56	0,41	0,22
75	0,47	0,31	0,13
78	0,39	0,23	0,084
80	0,33	0,18	0,053
82	0,25	0,12	0,027
84	0,17	0,064	0,009
85	0,13	0,040	0,004
86	0,084	0,021	0,001

Der Durchgang des Lichts durch Wolken/Nebel muß hier unberücksichtigt bleiben.

Tab. 5.3 Ermittlung der Lichtwerte aus modifiziertem Leuchtdichte-Wert und Filmempfindlichkeit (DIN/ASA).

	Empfindlichkeit (DIN/ASA)			
	15° DIN	18°DIN	21° DIN	24°DIN
Leuchtdichte	25 ASA	50 ASA	100 ASA	200 ASA
in asb	Lichtwerte			
0,8	–1	0	1	2
1,6	0	1	2	3
3,2	1	2	3	4
6,25	2	3	4	5
12,5	3	4	5	6
25	4	5	6	7
50	5	6	7	8
100	6	7	8	9
200	7	8	9	10
400	8	9	10	11
800	9	10	11	12
1 600	10	11	12	13
3 200	11	12	13	14
6 250	12	13	14	15
12 500	13	14	15	16
25 000	14	15	16	17
50 000	15	16	17	18
100 000	16	17	18	19
200 000	17	18	19	20
400 000	18	19	20	21

Definition der alten Maßeinheit Apostilb:
Eine nach dem LAMBERTschen Gesetz strahlende Fläche von 1 m^2 hat die Leuchtdichte 1 Apostilb (asb), wenn sie einen Lichtstrom von 1 Lumen (1 lm) aussendet. (Wie man sieht, ist es für photometrische Rechnungen sehr praktisch, die Leuchtdichte in Apostilb anzugeben. Die offizielle (SI-)Maßeinheit der Leuchtdichte seit 1974 ist aber 1 Candela pro Quadratmeter (cd/m^2). Zur Umrechnung bemüht man die Kreiszahl π: 1 cd/m^2 = 3,141593 asb oder 1 asb = 0,31831 cd/m^2).

Tab. 5.4 Blendenzahlen B und die ihnen zugeordneten Blendenstufen n.

B	n
1	0
1,4	1
2	2
2,8	3
4	4
5,6	5
8	6
11	7
16	8
22	9
32	10
45	11
64	12
90	13

Tab. 5.5 Differenzen (n – L.W.) und die zugehörigen Belichtungszeiten in Sekunden nach der geometrisch abgestuften Belichtungszeitenreihe.

(n – L.W.)	Belichtungszeit
–11	1/2000
–10	1/1000
– 9	1/500
– 8	1/250
– 7	1/125
– 6	1/60
– 5	1/30
– 4	1/15
– 3	1/8
– 2	1/4
– 1	1/2
0	1
1	2
2	4
3	8
4	15
5	30
6	60

Literatur

[1] Gruschel, W.: Bestimmung der Belichtungszeiten für Mond- und Planetenaufnahmen aus photometrischen Formeln, SuW **23**, 40 [1984]

[2] Gruschel, W.: Photographie und Photometrie des Planetensystems, Orion **154** (1976) 70–74

[3] zusammengestellt nach Daten einer alten DIN-Norm

[4] Gruschel, W., Schneider, F. und Eichler, K.: „Jugend forscht"-Wettbewerb 1968. Kurz und Gut (1968), Heft **8**, Jugendbeilage

[5] Wißkirchen, Ch. u. E.-W.: Computerprogramm zur Ermittlung der Belichtungszeiten von Mond- und Planetenaufnahmen, Korona **54** (1990), 12–26

6 Die lichtelektrische Beobachtung

von Günter D. Roth

6.1 Lichtelektrische Empfänger

Eine erhebliche Genauigkeitssteigerung in der Astrometrie und Photometrie wird bei der Verwendung lichtelektrischer Empfänger erreicht:
1. Photomultiplierröhren (PMT),
2. Photodioden,
3. Halbleiterbildaufnehmer („ charge coupled devices", CCD).

Im lichtelektrischen Empfänger lösen die auftreffenden Photonen einen elektrischen Strom aus. Die Lichtmessung wird zur Strommessung.
Das in Verbindung mit einem lichtelektrischen Photometer verwendete Fernrohr sollte eine Öffnung von wenigstens 150 mm haben. Das Photometer wird in der Nähe der Fokalebene des Fernrohrs untergebracht. Es funktioniert folgendermaßen: Mit Hilfe eines Einstellokulars mit Fadenkreuz wird der zu photometrierende Himmelskörper auf einem Klappspiegel auf Mitte gebracht. Wird der Spiegel weggeklappt, gelangt das Licht des Himmelskörpers, z.B. eines Kleinen Planeten, durch eine Blende auf ein Filter und dann durch eine Fabry-Linse, die einen mehrere mm großen Lichtfleck auf dem lichtelektrischen Empfänger erzeugt (Abb. 6.1). Der hier erzeugte Strom kann auf verschiedene Weise aufbereitet werden:
1. in einem Stromverstärker. Die Datenerfassung erfolgt auf einem Papierstreifenschreiber;
2. in einem Stromverstärker und einem Spannungsfrequenzwandler. Die Meßdaten erscheinen auf einem Zähler;
3. in einem Impulsverstärker und Impulsformer. Die Meßdaten erscheinen auf einem Zähler.

Die im folgenden beschriebene differentielle Beobachtung ist die einfachste Art und Weise, sinnvolle Beobachtungen mit einem lichtelektrischen Photometer durchzuführen und wesentliche Ergebnisse zu erhalten, insbesondere bei der Beobachtung veränderlicher Sterne relativ kurzer Periode und kleiner Amplitude. Die Methode läßt sich bei allen Arten von Photometern anwenden und ist auch für die Photometrie z.B. Kleiner Planeten geeignet.
Über die Grundlagen der lichtelektrischen Photometrie berichten H. W. Duerbeck und M. Hoffmann in [1]. Dort wird auch ein BASIC-Programm zur Reduktion differentieller lichtelektrischer Beobachtungen vorgestellt (1. Band, S. 393).
Man wählt sich einen Veränderlichen und zwei Sterne in seiner Nachbarschaft, die etwa folgende Kriterien erfüllen sollen [1]:
- Ihr Abstand vom Veränderlichen soll möglichst so gering sein, daß sie gleichzeitig mit dem Veränderlichen im Sucher des Teleskops gesehen werden können.

- Sie sollen möglichst ähnliche Farben und Helligkeiten wie der Veränderliche besitzen. Bei der Wahl von Vergleichssternen tut ein Sternatlas, der die Spektren (Farben) der Sterne angibt, wie der Atlas Borealis/Eclipticalis/Australis von Antonin Becvar (Sky Publishing Corporation, Cambridge, MA, USA) gute Dienste.
- Sie sollten nicht veränderlich sein. Da dies oft nicht von Anfang an bekannt ist, benutzt man zwei Vergleichssterne, die man gegenseitig vergleichen kann.

Helligkeitsänderungen von Himmelskörpern des Sonnensystems sind auf drei Ursachen zurückzuführen:

1. Einfluß der Entfernung.
2. Einfluß der Phase.
3. Rotationslichtwechsel als Folge von Oberflächenbeschaffenheit und Form.

Rotationslichtwechsel treten nicht nur bei Kleinen Planeten auf. Es gibt sie sowohl bei den Großplaneten (z.B. Merkur und Mars) als auch deren Monde (z.B. Jupitermonde Europa, Ganymed, Callisto). Mit Hilfe der lichtelektrischen Photometrie können kurz- oder langfristige Änderungen der Reflexionseigenschaften von Planetenatmosphären und -oberflächen (Amplituden 0,02 mag) nachgewiesen werden, die z.B. Aufschlüsse geben können über witterungsbedingte Vorgänge oder vulkanische Aktivitäten.

Abb. 6.1 Aufbau des lichtelektrischen Photometers. R = Zwischenring, D = Diaphragma, K = Kippspiegel, O = Okular, L = Fabry-Linse, F = Filter, SEV = Sekundär-Elektronen-Vervielfacher. b) Organisation des Photometers mit Geräten zur Wiedergabe und Aufzeichnung von Meßdaten, P = Photometer, N = Netzgerät, ADU = Analog-Digital-Umsetzer, DAU = Digital-Analog-Umsetzer. Die Fabry-Linse hat die Aufgabe, das in der Meßblende fokussierte Lichtbündel des Fernrohrs für die Photokathode aufzufächern. Das Gestirn wird so als gleichförmig beleuchteter Fleck auf der Kathode abgebildet. Wichtig ist die UV-Transparenz der Fabry-Linse. Deshalb empfiehlt sich die Verwendung einer Quarzlinse [2].

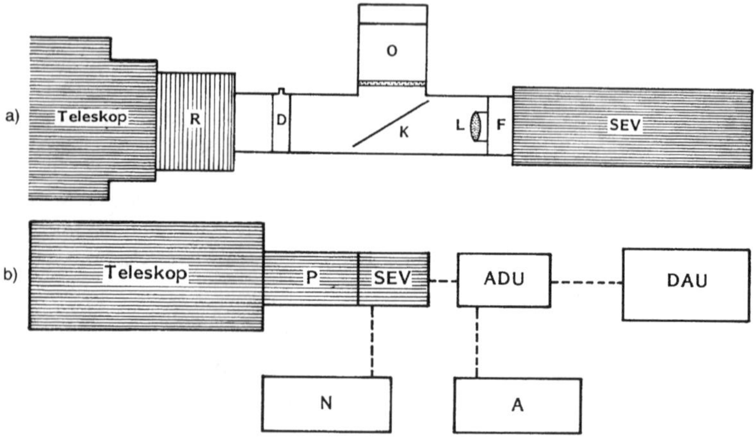

6.1.1 CCD-Beobachtung

Die CCD-Kamera als der moderne Photonensammler nimmt auch für die qualifizierte Amateurarbeit immer mehr den ersten Platz unter den lichtelektrischen Empfängern ein. Sie ist geeignet sowohl für astrometrische (s. S.235) als auch für photometrische Aufgaben, wie sie z.B. der Planetoidenbeobachter anpeilt. In den letzten Jahren sind zahlreiche Erfahrungsberichte veröffentlicht worden. Auf einige von ihnen sei hier aufmerksam gemacht [4].
Gegenüber der photographischen Emulsion ist die Lichtausbeute des CCD außerordentlich hoch. Filme können gerade 1% des einfallenden Lichtes zur Filmschwärzung nutzen. Beim CCD-Chip erreicht der Wirkungsgrad 80% und mehr. Bereits bei Verwendung eines Teleskops von 8" Öffnung wird mit der Belichtungszeit von einer Sekunde die 14. Größenklasse erreicht. Bei einigen Minuten Belichtung wird es die 18. Größenklasse. Weitere Vorteile sind u.a. der lineare Zusammenhang zwischen Intensität des Bildes und der Belichtungszeit, Verfügbarkeit des Bildes sofort nach der Aufnahme, die digitale Aufzeichnung. Mit Hilfe der CCD-Kamera lassen sich mit geringem Aufwand Helligkeitsdifferenzen zwischen einem Planetoiden und einem Referenzstern bestimmen (Differentielle Photometrie). Das ist dann der Fall, wenn der Kleine Planet und der Stern von ähnlicher Helligkeit und gleicher Farbe sind und im gleichen Aufnahmefeld liegen. Die Genauigkeit der Helligkeitsunterscheide erreicht 0,01 mag. Die Helligkeitsbestimmung ist hier ohne Extinktionskorrektur möglich [5].
Das für die astrometrische Reduktion von CCD-Bildern empfehlenswerte Softwarepaket „Astrometrica“ (s. S. 236) unterstützt nicht nur die Positionsbestimmungen von Planetoiden. Es bietet die Möglichkeit, „Sternkarten auf der Basis des ‚Hubble Space Telescope Guide Star Catalogue‘ (GSC) zu erstellen, einfache Bildverarbeitung zu betreiben oder Kometen- und Planetoiden-Ephemeriden zu berechnen, die neben der Position des Objekts auch Informationen über

Abb. 6.2 Das SSP-3 Photometer von Optec. Damit sind in Verbindung mit einem 30-cm-Teleskop Messungen vom Blau- bis Infrarot-Bereich bis 10 mag möglich.

Abb. 6.3 ST-5 CCD-Kamera, gekoppelt mit Kleinbildobjektiv. Photo: Baader-Planetarium.

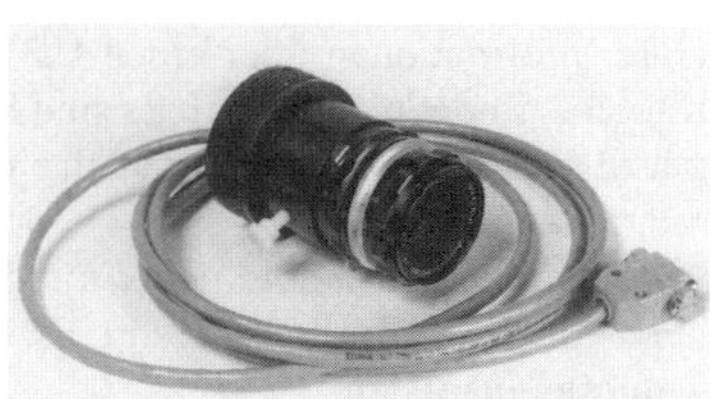

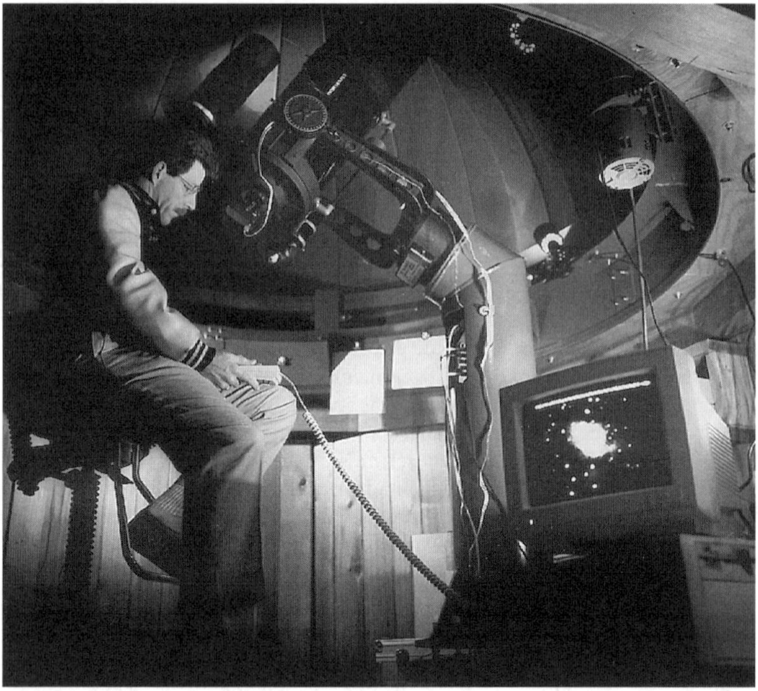

Abb. 6.4 Amateursternwarte: 2,6-m-Kuppel, Celestron 11. Der Beobachter hat eine CCD-Kamera an das Fernrohr angeschlossen und verfolgt die automatische Nachjustierung am Rechner. Abgebildet auf dem Monitor der Crabnebel (M1) als CCD-Aufnahme, Belichtungszeit 1 m. Photo: Baader-Planetarium.

die scheinbare Bewegung und die Sichtbarkeitsbedingungen des Gestirns liefert" [5]. Mit dem Programm gelingen Helligkeitsbestimmungen fast nebenbei. Neben dem Buch „Kometen beobachten", herausgegeben von A. Kammerer und M. Kretlow [4] mit grundsätzlichen Informationen über die CCD-Kamera und ihre Anwendungsmöglichkeiten nicht nur für die Kometen – sondern auch z.B. für die Planetoidenbeobachtung, geben die Fachsektionen der „Vereinigung der Sternfreunde e.V." (VdS) Auskunft. Anschriften stehen auf S. 342 in diesem Buch.

Gute Informationen über einen UBVRI-Filtersatz zur Photometrie mit CCD-Kameras findet man bei [6]. Es sind Filterkombinationen zur CCD-Photometrie mit SIBIG-Kameras. Dort ist auch ein Standard-Eichfeld für die UBVRI-Photometrie abgedruckt.

Informationen zur Photometrie mit der CCD-Kamera: Wolfgang Quester, Wilhelm-Str. 96 – B13, D-83830 Esslingen, Tel.: 07 11 36/36 67 66, email: w.quester@aol.com.

6.2 Fehlerquellen

H. W. Duerbeck und M. Hoffmann machen im „Handbuch für Sternfreunde" (1. Band, S. 383) auch auf die natürlichen und instrumentellen Fehlerquellen des lichtelektrischen Photometers aufmerksam:

- „*Natürliche Fehlerquellen:*
  Schwankungen der Himmelshelligkeit und der Himmelstransparenz
  Einschluß schwacher Hintergrundsterne in der Meßblende
  ‚Überfließen des Sternbildes' bei schlechter Bildruhe und zu kleiner Meßblende.
- *Apparative Fehlerquellen:*
  Vignettierung im Strahlengang von Fernrohr und Photometer
  Nichtlinearitäten in der Verstärker-Elektronik, insbesondere auch Totzeiten im Empfänger oder in der Elektronik
  fehlende magnetische und elektronische Abschirmungen
  veränderliche Temperatur des Detektors
  Schwankung der Versorgungsspannung, Polarisationseffekte in der Optik
  Meßfehler durch unterschiedliche Sternzentrierung auf der Blende (wenn keine Fabry-Linse vorhanden)."

In dem Beitrag von H. W. Duerbeck und M. Hoffmann „Grundlagen der Photometrie" wird bezüglich der Grenzen und Fehler photometrischer Messungen weiter ausgeführt: „Durch Luftturbulenzelemente wird die Strahlung aus ihrer ursprünglichen Richtung abgelenkt und das Strahlenbündel aufgeweitet. Da sich die Elemente rasch gegeneinander verschieben, beobachtet man eine wellenlängenabhängige Intensitäts- und Richtungsszintillation. Die normale Lichtbrechung in der Atmosphäre (Refraktion) führt zu einer Aufweitung des einfallenden Strahlenbündels, und bei großen Zenitdistanzen wird jedes punktförmige Sternbildchen zu einem merklichen Spektrum aufgeweitet.
Das mit einem Teleskop gesammelte Licht wird durch die optischen Bauteile weiter verändert. An Spiegeln treten wellenlängenabhängige Reflexionsverluste auf, beim Durchgang durch Glas wird Strahlung absorbiert und an den Grenzflächen von Linsen geht ein weiterer Teil durch Reflexion verloren.
Nach einer weiteren Abschwächung und teilweisen Blockierung in Farbfiltern gelangt der Rest des Lichts auf einen Detektor, der je nach Effektivität nur einen Bruchteil der einfallenden Information registriert. Bis das endgültige Meßergebnis vorliegt, muß die Information aufbereitet werden, wobei noch einmal, zum Beispiel durch zusätzliches Empfängerrauschen, Informationsverluste auftreten können." [3]

Literatur

[1] Duerbeck, H. W., Hoffmann, M.: Grundlagen der Photometrie, in: Handbuch für Sternfreunde, Roth, G. D. (Hrsg.), Springer-Verlag, Berlin – Heidelberg – New York 1989, Band **1**, S. 392

[2] Schnitzer, A.: Lichtelektrische Photometrie veränderlicher Sterne für Astro-Amateure. BAV-Zentrale, Wilhlem-Foerster-Sternwarte, Berlin o.J.

[3] Siehe [1], S. 382

[4] Kammerer, A., Kretlow, M. (Hrsg.): Kometen beobachten. Verlag Sterne und Weltraum, München 1998

[5] Achternbosch, M.: Die CCD-Beobachtung, in: Kometen beobachten, Kammerer, A., Kretlow, M. (Hrsg.), Verlag Sterne und Weltraum, München 1998

[6] Paech, W., Baader, Th.: Tipps & Tricks für Sternfreunde, 2. durchgesehene Auflage, Verlag Sterne und Weltraum, Hüthig GmbH, Heidelberg 2000, S. 128 und 203.

[7] Köberl, Th.: Elektronische Datenerfassung in der Astronomie: Wesen und Ergebnisse der CCD-Technik. Der Sternenbote **37**, 86ff (Mai 1994)

[8] Meyer, E., Raab, H.: Astronomie mit CCD-Kameras, Der Sternenbote **36**, 154ff (August 1993)

[9] Meyer, E.: Acht neue Kleinplaneten entdeckt! Sterne und Weltraum **35**, S. 571 (7/1996)

[10] Heiser, E., Schröder, R., Hänel, A.: Astrometrie mit der CCD-Kamera. Sterne und Weltraum **35**, S. 680ff (8-9/1996)

[11] McLean, I. S., 1989: Electronic and Computer-Aided Astronomy – From Eyes to Electronic Sensors. Chichester: Ellis Horwood Ltd.

[12] Buil, C., 1991: CCD-Astronomy – Construction and Use of an Astronomical CCD-Camera. Richmond: Willmann-Bell, Inc.

[13] Henden, A. A., Kaitchuck, R. H., 1982: Astronomical Photometry. New York: Van Nostrand Reinhold Comp. Inc. Köberl, T., 1994, Methoden zur digitalen Bildverarbeitung, In: Draeger J., Härpfer A. und Kronawitter A. (Hrsg.): Genese astronomischer Objekte verschiedener Größenskalen – Tagungsband zum IWAA '94 in Laufen, S. 99–115.

[14] Kristian, J., Blouke, M.: Charge-coupled devices in astronomy, Scientific American 247, No. **4**, S. 48 (Oktober 1982)

[15] Mackay, C. D.: „Charge-coupled devices in astronomy", in: Annual Review of Astronomy and Astrophysics **24**, Palo Alto: Annual Reviews Inc. 1986, S. 255

[16] Harris, C.: Silicon eye: a CCD imaging system, Sky and Telescope **71**, S. 407 (April 1986)

[17] Simons, D.: Lightweight pulse-counting photometer, Sky and Telescope **72**, S. 295 (September 1986)

[18] Hall, D. S., Genet, R. M., Thurston, B. L. (Hrsg.): Automatic Photoelectric Telescopes (IAPPP Communication No. 25), Mesa, AZ: The Fairborn Press 1986

[19] Binzel, R. P.: „Photometry of Asteroids“, in: Solar System Photometry Handbook, Genet, R. M. (Hrsg.), Richmond, VA: Willmann-Bell 1983, S. 1–1
[20] Meyer, Raab: Astrometrie an Kometen, Der Sternenbote, **34**, S. 238ff (12/1991)
[21] Instrumentierung und Forschungsprogramme für Teleskope unter 1,5 m Öffnung, Der Sternenbote, **32**, S. 226ff (12/1989)
[22] Janesick, Blouke: Sky on a Chip: The fabulous CCD, Sky and Telescope, **74**, S. 238ff (9/1987)
[23] Di Cicco: S&T Test Report, Sky and Telescope, **84**, S. 395ff (10/1992)

7 Die Objekte in Einzeldarstellungen

7.1 Merkur

von Detlev Niechoy

Der sonnennächste Planet ist ein sogenannter „unterer“ Planet. Abb. 7.1 erläutert die Phasen des Merkur und die relative Größe der Merkurscheibe während der synodischen Periode. Merkur zeigt während seiner synodischen Umlaufzeit zunehmende Phasen. Bei zunehmender Phase steht er der Erde viel näher als bei voller Phase („Vollmerkur“). Wegen der relativen Stellungen der Erde und des Merkurs in bezug auf die Sonne ist Merkur nie in sehr großem Winkelabstand von der Sonne zu beobachten. Der größte Abstand, die sogenannte größte Elongation, beträgt bestenfalls 28°. Für den Verlauf der Sichtbarkeit des Planeten nach einer oberen Konjunktion zur Sonne folgender Überblick (Mittelwerte):

Obere Konjunktion zur Sonne	0 Tage	„Vollmerkur“
Merkur wird Abendstern	12 Tage später	
Größte östliche Elongation	36 Tage später	Letztes Viertel
Merkur wird rückläufig	47 Tage später	
Merkur verschwindet vom Abendhimmel	53 Tage später	
Untere Konjunktion zur Sonne	58 Tage später	„Neumerkur“
Merkur wird Morgenstern	63 Tage später	
Ende der Rückläufigkeit	69 Tage später	
Größte westliche Elongation	80 Tage später	Erstes Viertel
Merkur verschwindet vom Morgenhimmel	104 Tage später	
Obere Konjunktion zur Sonne	116 Tage später	„Vollmerkur“

Der Winkelabstand zur Sonne ist nicht immer gleich groß. Auch die Lage der Ekliptik zum Horizont spielt eine Rolle für die Beobachtbarkeit dieses schwierigen Objekts. Für Beobachter auf der Nordhalbkugel ist Merkur günstig im Frühjahr am Abendhimmel und im Herbst am Morgenhimmel. Im einzelnen sind für jedes Jahr die astronomischen Jahrbücher „Ahnerts Kalender für Sternfreunde“, „Der Sternenhimmel“ oder „Das Himmelsjahr“ zu Rate zu ziehen. Als Ergänzung für die kleinen Jahrbücher kann mancher Amateur, insbesondere wenn er sich Spezialaufgaben gestellt hat, z.B. Bahnrechnungen, den jährlich erscheinenden „Astronomical Almanac“ verwenden, das große Jahrbuch der Fachastronomie. Aber auch die neuesten Astronomieprogramme wie „Redshift“, „Guide 7.0“ oder „The Sky“ stellen eine gute Hilfe dar, wenn man sich nach der Position der Planeten erkundigen will.

Die im folgenden aufgeführten Bahndaten der Planeten sind oskulierende, auf das Koordinatensystem J 2000,0 bezogene Bahnelemente. Gerade die äußeren Planeten von Jupiter an stören sich gegenseitig stark wegen ihrer großen Massen und den größeren Entfernungen zur Sonne, so daß sich ihre Bahnelemente besonders schnell ändern. Die angegebenen Werte gelten daher streng nur zur Epoche JD 2450600,5 = 1. Juni 1997, 00.00 Uhr UT. Aktuelle Bahndaten der Planeten in Oliver Montenbruck, Grundlagen der Ephidemeridenrechnung, 6. Aufl., S. 137–150, Spektrum Akademischer Verlag, Heidelberg, 2001.

E = Größte östliche Elongation, W = Größte westliche Elongation

1996	Jan 2	19° 28' E	2002	Jan 11	19° 01' E	2008	Jan 22	18° 39' E
	Feb 11	25° 55' W		Feb 21	26° 35' W		Mar 3	27° 09' W
	Apr 23	20° 14' E		May 4	20° 58' E		May 14	21° 48' E
	Jun 10	23° 42' W		Jun 21	22° 44' W		Jul 1	21° 47' W
	Aug 21	27° 24' E		Sep 1	27° 13' E		Sep 11	26° 52' E
	Oct 3	17° 55' W		Oct 13	18° 04' W		Oct 22	18° 19' W
	Dec 15	20° 27' E		Dec 26	19° 52' E			
1997	Jan 24	24° 32' W	2003	Feb 4	25° 21' W	2009	Jan 4	19° 21' E
	Apr 6	19° 13' E		Apr 16	19° 46' E		Feb 13	26° 06' W
	May 22	25° 22' W		Jun 3	24° 26' W		Apr 26	20° 25' E
	Aug 4	27° 19' E		Aug 14	27° 26' E		Jul 13	23° 27' W
	Sep 16	17° 53' W		Sep 26	17° 52' W		Aug 24	27° 22' E
	Nov 28	21° 38' E		Dec 9	20° 56' E		Oct 6	17° 57' W
							Dec 1	21° 27' E
1998	Jan 6	23° 04' W	2004	Jan 17	23° 55' W	2010	Jan 27	24° 45' W
	Mar 20	18° 32' E		Mar 29	18° 53' E		Apr 8	19° 21' E
	May 4	26° 44' W		May 14	26° 00' W		May 26	25° 08' W
	Jul 17	26° 41' E		Jul 27	27° 07' E		Aug 7	27° 22' E
	Aug 31	18° 11' W		Sep 9	17° 58' W		Sep 19	17° 52' W
	Nov 11	22° 57' E		Nov 21	22° 11' E		Dec 1	21° 27' E
	Dec 20	21° 38' W		Dec 29	22° 27' W			
1999	Mar 3	18° 11' E	2005	Mar 12	18° 20' E	2011	Jan 9	23° 17' W
	Apr 16	27° 35' W		Apr 26	27° 10' W		Mar 23	18° 37' E
	Jun 28	25° 33' E		Jul 9	26° 15' E		May 7	26° 33' W
	Aug 14	18° 48' W		Aug 23	18° 24' W		Jul 20	26° 49' E
	Oct 24	24° 17' E		Nov 3	23° 31' E		Sep 3	18° 07' W
	Dec 3	20° 23' W		Dec 12	21° 05' W		Nov 14	22° 45' E
							Dec 23	21° 51' W
2000	Feb 15	18° 09' E	2006	Feb 24	18° 08' E	2012	Mar 5	18° 13' E
	Mar 28	27° 50' W		Apr 8	27° 46' W		Apr 18	27° 30' W
	Jun 9	24° 03' E		Jun 20	24° 56' E		Jul 1	25° 45' E
	Jul 27	19° 48' W		Aug 7	19° 11' W		Aug 16	18° 42' W
	Oct 6	25° 31' E		Oct 17	24° 49' E		Oct 26	24° 05' E
	Nov 15	19° 20' W		Nov 25	19° 54' W		Dec 4	20° 33' W
2001	Jan 28	18° 26' E	2007	Feb 7	18° 14' E	2013	Feb 16	18° 08' E
	Mar 11	27° 28' W		Mar 22	27° 44' W		Mar 31	27° 50' W
	May 22	22° 27' E		Jun 2	23° 22' E		Jun 12	24° 17' E
	Jul 9	21° 08' W		Jul 20	20° 19' W		Jul 30	19° 38' W
	Sep 18	26° 32' E		Sep 29	25° 59' E		Oct 9	25° 20' E
	Oct 19	18° 34' W		Nov 8	18° 59' W		Nov 18	19° 29' W

Tab. 7.1 Größte Elongation von Merkur 1996–2013 nach J. Meeus.

Welche Daten braucht der Beobachter?

1. Rektaszension und Deklination zum Aufsuchen. Besonders wichtig sind diese Angaben bei Tagbeobachtungen mit Hilfe der Teilkreise. Hierfür ist aber eine stärkere Optik erforderlich.

2. Den jeweiligen scheinbaren Durchmesser. Er variiert zwischen 4,8 Bogensekunden und 13,3 Bogensekunden.
3. Die scheinbare Helligkeit. Sie wechselt zwischen +3 mag und –1,2 mag.
4. Den Phasenwinkel, der das Maß für den unbeleuchteten Teil der Planetenscheibe ist. 0° = Vollmerkur, 180° = Neumerkur. In manchen Jahrbüchern wird auch der Anteil der beleuchteten Planetenscheibe mit einer Maßzahl angegeben: 1,00 = voll beleuchtet (Phasenwinkel 0°), 0,00 = unbeleuchtet (Phasenwinkel 180°).
5. Den Elongationswinkel, der angibt, wie groß der jeweilige Winkelabstand des Merkur zur Sonne ist.

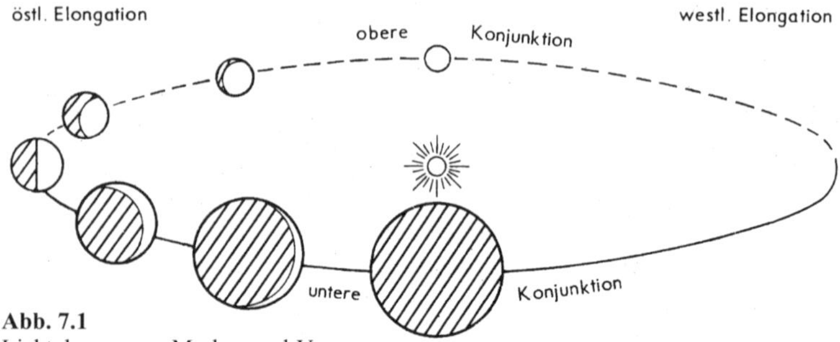

Abb. 7.1
Lichtphasen von Merkur und Venus

Für den Amateurbeobachter ist es häufig nicht ganz leicht, diesen sonnennächsten Planeten aufzufinden. Trotzdem melden Beobachter das *Auffinden des Planeten* in geringem Winkelabstand vom Sonnenrand [1]. Das Vorhandensein von Wolken erweist sich ausnahmsweise als nützlich: „Der Planet war am deutlichsten auszumachen, wenn die Sonne gerade hinter einer Wolke verborgen war; in solchen Augenblicken war der Kontrast des Scheibchens gegen den Himmel wie beim Halbmond am Blau eines klaren Mittagshimmels." F. Dorst beobachtete einen Tag nach der Oberen Konjunktion vom 21. Juni 1971 und fand Merkur in 1,7° Sonnenranddistanz. Alles hängt davon ab, daß die Sonnenumgebung streulichtarm ist: Dann kann man auch einen Versuch wagen, den Planeten in noch kleinerer Sonnenrandentfernung zu entdecken: „Beobachter mit Okularen von genügend kleinem Gesichtsfeld können bei entsprechender Vorsicht unter den bezeichneten Wetterbedingungen auch noch in beispielsweise 10 Bogensekunden Distanz vom Sonnenrand oder weniger mit Erfolg operieren!" Für Instrumente ab 2-Zoll Öffnung.
Für die Beobachtung im Amateurfernrohr stehen zur Zeit der Elongationen ungefähr fünf Wochen zur Verfügung. Der scheinbare Durchmesser des Planeten liegt dabei zwischen 5 und 9 Bogensekunden. Für den Erfolg der Beobachtung ist weniger die Größe des Fernrohrs maßgeblich als beste atmosphärische Bedingungen. Die Praxis hat bewiesen, daß unter guten Luftbedingungen 3- bis 4-zöllige Fernrohre ohne weiteres Einzelheiten auf Merkur erkennen lassen.

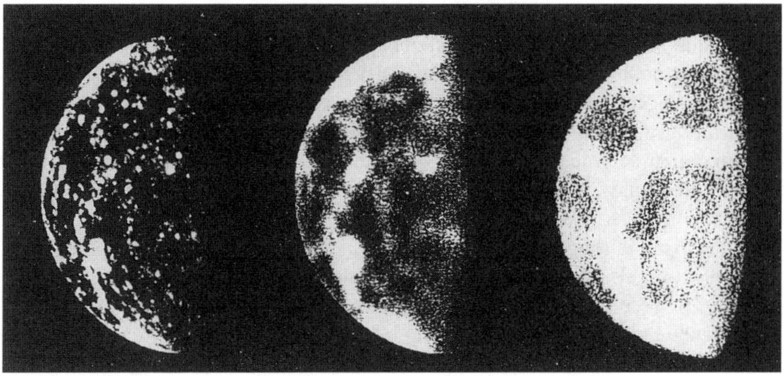

Abb. 7.2 Vergleich der Merkuraufnahme von Mariner 10 (links) mit Beobachtungen von A. Dollfus.

Merkur hat unter den Planeten die kürzeste Umlaufzeit und die größte Bahngeschwindigkeit. In 88 Tagen bewegt er sich einmal um die Sonne und in 59 Tagen dreht er sich einmal um seine Achse. Die Umlaufzeit und Rotationszeit verhalten sich wie 2 : 3. Während zweier Merkurjahre, also Umläufe um die Sonne (ca. 176 Erdentage) vergehen gut drei Merkurtage.

Für die erdgebundene Beobachtung bedeutet das, daß Merkur sich nach zwei Sonnenumläufen wieder der unteren Konjunktionstellung nähert, in der man dieselben Oberflächenmerkmale auf der sonnenbeschienenen Seite wahrnehmen kann wie beim ersten Merkurtag. Das ist auch der Grund, warum die Beobachter Antoniadi, Dollfus und Camichel immer wieder die gleichen Merkmale in ihre Karten eingezeichnet haben.

Die Annahme, daß diese Merkmale keine Beziehung zur Wirklichkeit und die Namen für die Flecken keine Bedeutung haben, wie man aus den 2 800 Mariner-10-Aufnahmen schließen konnte, wurde von Prof. A. Dollfus bei einem Vergleich der Bilder mit erdgebunden Beobachtungen widerlegt. So nahm er z.B. eine Mariner-10-Aufnahme, die im Blauen aufgenommen wurde, stellte sie unscharf ein, um die atmosphärischen Bedingungen bei der Beobachtung zu simulieren und fand eine gute Übereinstimmung mit seinen Beobachtungen, die in 1952 gefertigt wurden [2] (s. Abb. 7.2).

Richtig ist, daß die Beobachter auf der Erde auch mit den besten Teleskopen nicht die Krater, Täler und Berge auf Merkur sehen können. Aber sie können die unterschiedlichen Merkmale bzw. Regionen wahrnehmen, die eine unterschiedliche Albedo haben, wie wir es vom Mars her kennen. Auch beim Mars wurden keine genau bestimmbaren Kratergebiete, Täler und Bergregionen gesehen, sondern ebenfalls nur großflächige Albedo-Merkmale. Die einzelnen Beobachtungen von Merkur wurden in Übersichtskarten übertragen. Hier wurden Beobachtungen von A. Dollfus vom Observatorium auf dem Pic Midi zu einer Mercatorkarte zusammengestellt.

Diese Merkur-Merkmale wurden in einer Albedo-Karte vom Planeten mit internationaler Nomenklatur übernommen [2], wie Abb. 7.4 zeigt. David L. Graham ging sogar noch einen Schritt weiter. Er hat in einem Artikel [3] die Karte mit der Albedo-Nomenklatur von Dr. A. Dollfus mit der Karte der Nomenklatur einer topographischen Karte, die aus den Mariner-10-Aufnahmen erstellt wurde, übereinandergelegt. Bei dieser Gegenüberstellung der beiden Karten hat er eine interessante Übereinstimmung mit einzelnen Regionen der beiden Karten festgestellt.
Für den Amateurbeobachter bleibt Merkur eines der schwierigsten Beobachtungsobjekte. Vor allem wäre hier eine regelmäßige, erdgebundene visuelle Beobachtung wichtig, um die Intensität der verschiedenartigen Oberflächenmerkmale festzuhalten. Da der Merkur keine merkliche Atmosphäre hat, sind die Albedo-Merkmale auf die gegebenen Oberflächenformationen zurückzuführen. In den meisten Fällen wird der Beobachter sich mit dem Auffinden und der Bestimmung der Phase begnügen müssen. Da die Bahnelliptizität merklich ist, liegen Dichtotomie und größte Elongation immer einige Tage auseinander.
Bei besseren Bedingungen und mit wachsender Beobachtungserfahrung wird man dann einige der schwachen Merkmale wahrnehmen können. Diese sind nicht so ausgeprägt wie die Albedo-Merkmale auf Mars oder die Wolkenbänder auf Jupiter. Sie sind eher sehr, sehr schwach und werden auf Grund der deutlichen Nähe des Planeten zur Sonne in ihrer Wahrnehmung sehr schwierig sein. Die erfolgreiche Beobachtung der Merkmale auf Merkur wurde mit Teleskopen ab 6-Zoll gemacht.
Bei einer Merkur-Abendsichtbarkeit wird ein erfahrener Beobachter im umkehrenden Teleskop nahe der Halbphase die dunklen Merkmale Solitudo Criophori und Solitudo Aphrodites und die hellen Gebiete Pieria und Pentas wahrnehmen. Bei einer Merkur-Morgensichtbarkeit können die bekannten dunklen Merkmale Horarum Vallis und Admeti Vallis sowie Solitudo Lycaonis bemerkbar sein [4]. Siehe hierzu Abb. 7.3.

Abb. 7.3 Sichtbare Albedo-Merkmale dargestellt bei einer Merkur-Abendsichtbarkeit und einer -Morgensichtbarkeit.

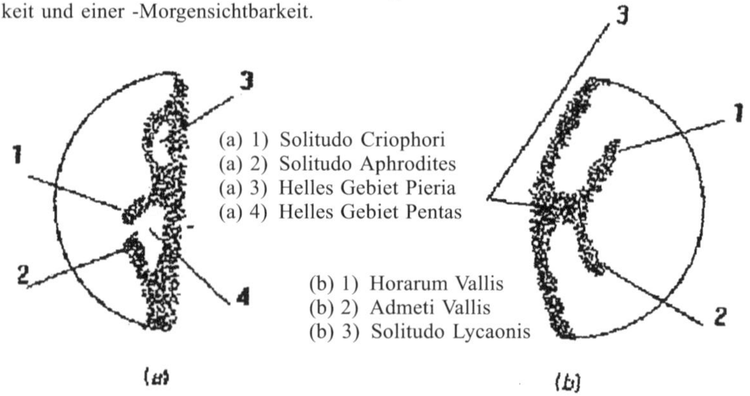

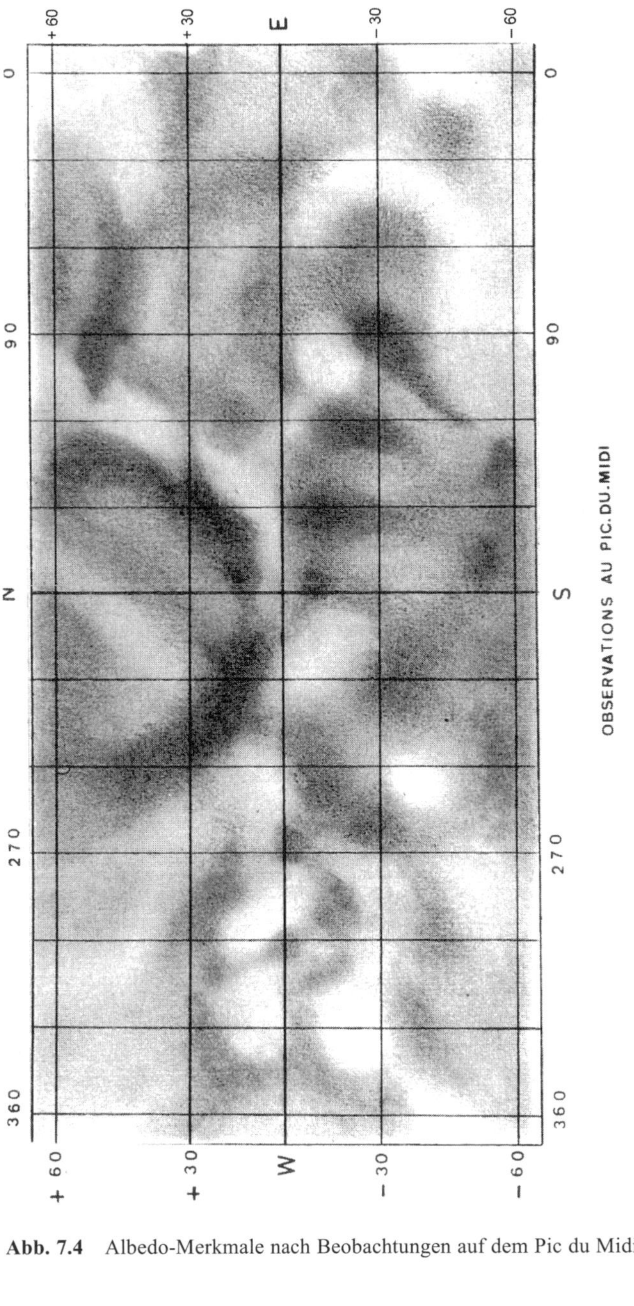

Abb. 7.4 Albedo-Merkmale nach Beobachtungen auf dem Pic du Midi (Frankreich).

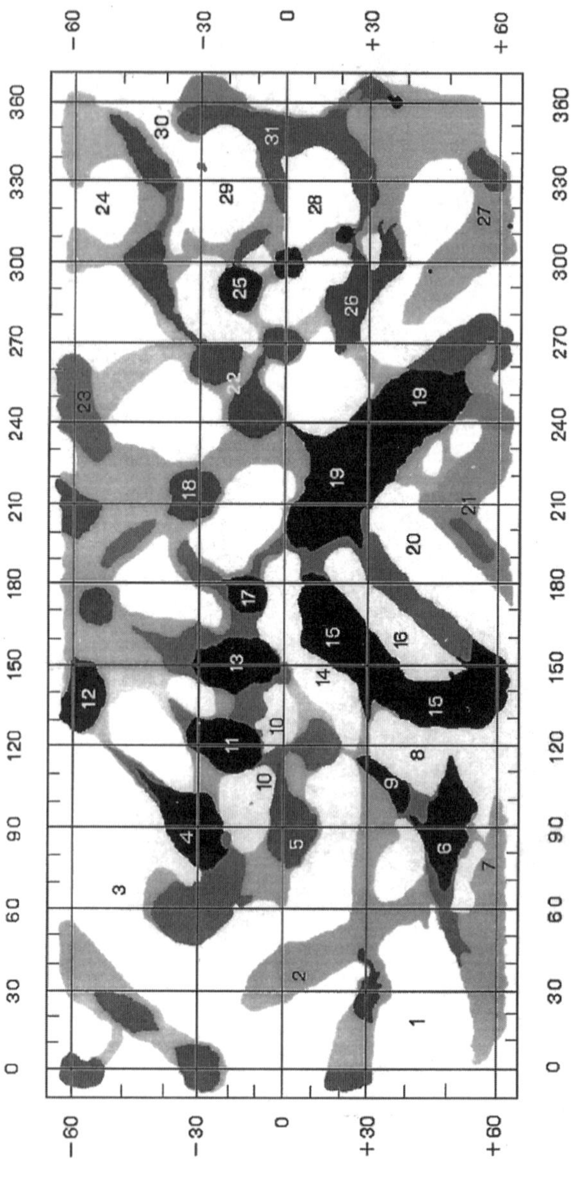

Abb. 7.5 Merkur-Mercatorkarte mit der Nomenklatur der Albedo-Merkmale nach A. Dollfus gezeichnet von D. Niechoy. Liste der Nomenklatur siehe nächste Seite.

Liste der Nomenklatur der Albedo-Merkmale des Planeten Merkur mit Längen- und Breitenangaben:

Nr.	Bezeichnung	Breite	Länge
1	Aurora	45,0 Nord	90
2	Tricrena	0,0 Nord	36,0
3	Solitudo Hermae Trismegisti	45,0 Süd	45
4	Solitudo Martis	35,0 Süd	100
5	Solitudo Lycaonis	0,0 Nord	107
6	Solitudo Admetei	55,0 Nord	90
7	Caducenta	45,0 Nord	135
8	Pleias Gallia	25,0 Nord	130
9	Solitudo Horarum	25,0 Nord	115
10	Phaethontias	0,0 Nord	167
11	Solitudo Jovis	0,0 Nord	0
12	Solitudo Promethei	45,0 Süd	142,5
13	Solitduo Maiae	15,0 Süd	155
14	Pleias	siehe Pleias Gallia	
15	Solitudo Neptuni	30,0 Nord	150
16	Heliocaminus	40,0 Nord	170
17	Solitudo Helii	10,0 Nord	180
18	Solitudo Atlantis	35,0 Nord	210
19	Solitudo Phoenicis	25,0 Nord	225
20	Liguria	45,0 Nord	225
21	Tartarus	?	?
22	Solitudo Criophori	0,0 Nord	230
23	Solitudo Persephones	41,0 Nord	225
24	Cyllene	41,0 Nord	270
25	Solitudo Alarum	15,0 Süd	290
26	Solitudo Aphrodite	25,0 Nord	290
27	Apollonia	45,0 Nord	90
28	Pentas	5,0 Nord	310
29	Pieria	0,0 Nord	270
30	Hesperis	45,0 Süd	355
31	Sinus Argiphontae	10,0 Süd	335

Sinus = Schlucht, Solitudo = Wüste

Neben der visuellen zeichnerischen Beobachtung sollte der Beobachter versuchen, die Helligkeiten der Merkmale zu schätzen. Für die Schätzung der Intensität der Helligkeit ist die Stufenschätzmethode der ALPO sehr zu empfehlen. Die Schätzung nach der ALPO-Skala erfolgt von Stufe 10 – sehr hell glänzend/weiß bis Stufe 0 – sehr dunkel/tief schwarz. Die Stufen zwischen 10 – 0 müssen bei der Beobachtung interpoliert werden. Vergleiche auch Tabelle im Kapitel „7.2 Venus“.

In den Abbildungen 7.6 a–f sind die Beobachtungen verschiedener Beobachter aus unterschiedlichen Merkursichtbarkeiten der letzten Zeit wiedergegeben. Sie zeigen sehr schön, wie unterschiedlich sich Wahrnehmungen der Beobachter widerspiegeln.

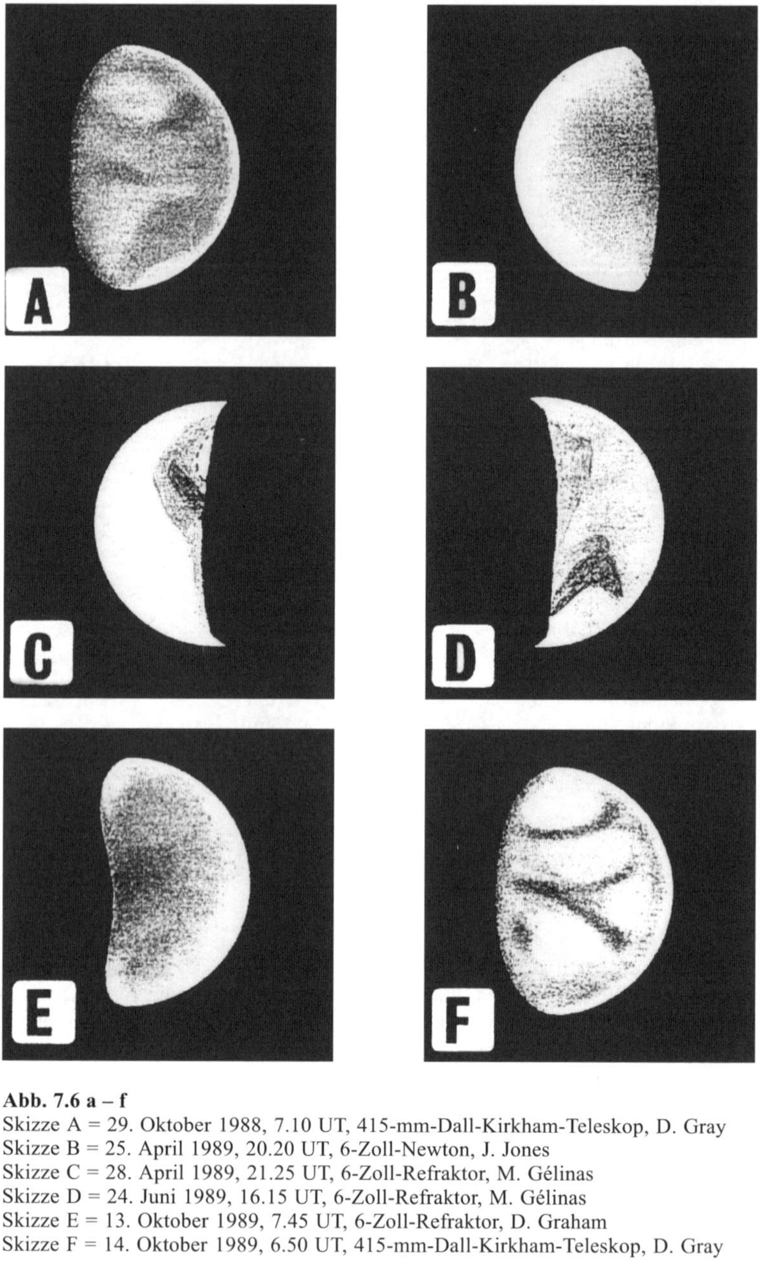

Abb. 7.6 a – f
Skizze A = 29. Oktober 1988, 7.10 UT, 415-mm-Dall-Kirkham-Teleskop, D. Gray
Skizze B = 25. April 1989, 20.20 UT, 6-Zoll-Newton, J. Jones
Skizze C = 28. April 1989, 21.25 UT, 6-Zoll-Refraktor, M. Gélinas
Skizze D = 24. Juni 1989, 16.15 UT, 6-Zoll-Refraktor, M. Gélinas
Skizze E = 13. Oktober 1989, 7.45 UT, 6-Zoll-Refraktor, D. Graham
Skizze F = 14. Oktober 1989, 6.50 UT, 415-mm-Dall-Kirkham-Teleskop, D. Gray

Zeichenschablonen für die Merkurbeobachtung sind beim Arbeitskreis Planetenbeobachter erhältlich. Sie haben dieselbe Größe wie die Zeichenschablonen für die Planeten Venus und Mars, Durchmesser 40 mm. Neben der visuellen Beobachtung wurden in der jüngsten Zeit mit Hilfe der CCD-Technik neue Beobachtungsmethoden gefunden. Vergleiche Kapitel 4 „Die CCD-Bildbearbeitung", die sehr erfolgversprechend ist.
Aufmerksamkeit verdienen die Merkur-Durchgänge. Das sind die Vorübergänge des Planeten vor der Sonnenscheibe. Abb. 7.7 zeigt alle Vorübergänge für die Jahre 1920 bis 2080 nach Berechnungen von J. Meeus [5]. Der erste Merkurdurchgang wurde von Gassendi in Paris 1631 beobachtet.
Die für dieses Jahrhundert interessanten Merkurdurchgänge sind die vom 07. Mai 2003 (Dauer ca. 5 ¼ Std.), die vom 09. Mai 2016 (ca. 7 ½ Std.) und die vom 11. November 2019 (ca. 5 ½ Std.) [7].
Daß die Merkurdurchgänge so selten sind, liegt zum einen an der schwach geneigten Bahn zur Ekliptik, wodurch er für gewöhnlich während seiner unteren Konjunktion nördl. oder südl. an der Sonne vorüberzieht. Findet jedoch die untere Konjunktion statt, wenn sich der Planet in der Nähe seines Knotens, Schnittpunkt Merkurbahn zur Ekliptik, befindet, dann ist er als kleiner dunkler Punkt oder Scheibchen im Fernrohr zu sehen [9]. Für die Beobachtung von Merkurdurchgängen sind die Vorsichtsmaßnahmen wie bei der Sonnenbeobachtung unbedingt zu beachten. Nie ohne Objektivfilter oder nur mit der Projektionsmethode beobachten.

Abb. 7.7 Merkurdurchgänge zwischen 1920–2080.

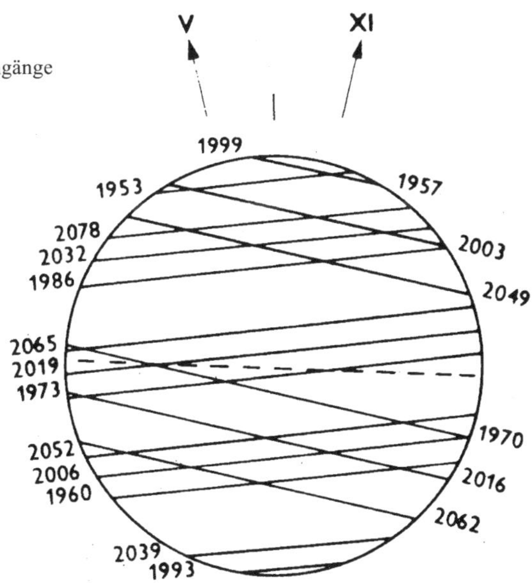

Für die Sichtbarkeit an den einzelnen Beobachtungsorten, kann man sehr schön die Daten mit den im Handel erhältlichen Astronomieprogrammen für den Computer errechnen lassen, wie z.B. „Redshift 3", „The Sky" u.v.m. Aber auch auf den Homepages der Volkssternwarten oder astronomischen Vereinigungen werden diese Ereignisse einschließlich der Ephemeriden angekündigt, als Beispiel sei hierzu die Homepage der Volkssternwarte Würzburg angeführt (http://www.wuerzburg.de/vstw/).

Mittlere Entfernung von der Sonne	57,909 Mio. km = 0,3871 AE*
Kleinste Entfernung von der Sonne	0,31 AE
Größte Entfernung von der Sonne	0,47 AE
Exzentrizität	0,2056
Kleinste Entfernung von der Erde	0,53 AE
Größte Entfernung von der Erde	1,47 AE
Bahnumfang	360 Mio. km
Mittlere Bahngeschwindigkeit	47,9 km/s
Siderische Umlaufzeit	87,97 Tage
Synodische Umlaufzeit	115,88 Tage
Bahnneigung gegen die Ekliptik	7,0051°
Äquatordurchmesser	4879,4 km
Abplattung	0
Oberfläche in Erdoberflächen	0,146
Rauminhalt in Erdvolumen	0,056
Masse	$3{,}3022 \cdot 10^{26}$ g
Masse in Erdmassen	0,05527
Dichte	5,43 g/cm^3
Rotationszeit	58,646 Tage
Neigung des Äquators gegen die Bahnebene	0° (eigentlich 180°)
Fluchtgeschwindigkeit	4,3 km/s
Oberflächentemperatur max.	+430°C (700 K)
Oberflächentemperatur min.	–180°C (90 K)
Geometrische Albedo	0,106
Farbindex	+0,9 mag
Scheinbare Helligkeit max.	–1,2 mag
Scheinbare Helligkeit min.	+3,0 mag
Scheinbarer Durchmesser max.	13,3"
Scheinbarer Durchmesser min.	4,8"
Atmosphäre	Bodendruck 10^{-2} mbar; H_2 und He in der Ionosphäre
Oberflächenstruktur	mondähnlich
H_2O	nicht vorhanden
Magnetfeld	$4 \cdot 10^{-3}$ Gauß

* 1 AE = 149,598 Mio. km

Tab. 7.2 Dimensionen und Bahnverhältnisse des Planeten Merkur.

Literatur

[1] Dorst, F.: „Merkurbeobachtung bei geringem Winkelabstand vom Sonnenrand“ in: Sterne und Weltraum **11** (1972), Heft 4, S. 102

[2] Dollfus, A., et al.: „IAU Nomenclatur for Albedo, Features on the Planet Mercury“, Icarus **34**, 1978, S. 210ff

[3] Graham, David L.: JBAA, 105, 1, 1995, S. 12ff

[4] Prices, F.: The planet Observer’s Handbook, Cambridge University Press, 1994, S. 90ff

[5] Meeus, J.: BAA-Journal **67**, 30, 1956. Dort weitere Angaben zur Berechnung der Durchgänge und die genauen Zeiten

[6] Maunder, M., Moore, P.: Transit – When Planets cross the sund, Springer-Verlag, 2000, S. 103ff

[7] Wittmann, A., Wöhl, H.: „Der Merkurdurchgang vom 11. November 1973“, in Sterne und Weltraum **13** (1974), Heft 2, S. 41ff

[8] Sheehan, W.: Planets & Perceptions, University Arizona Press, 1993, S. 68ff

[9] Lexikon der Astronomie – Bd. 1, Spektrum Akademischer Verlag Heidelberg, 1995, S. 176ff

7.2 Venus

von Detlev Niechoy

Dieser Planet ist der zweite der sogenannten „unteren" Planeten. Die Phasen des Planeten Venus entwickeln sich genauso wie diejenigen des Planeten Merkur (s. Abb. 7.1). Auch Venus kann nie in Opposition kommen, weil sie innerhalb der Erdbahn um die Sonne kreist. Aber ihr Winkelabstand von der Sonne wird doch merklich größer. Er erreicht bis zu 47°. Der größere Winkelabstand und die beträchtliche Helligkeit des Planeten bewirken, daß Venus bisweilen ein auffälliges Objekt am Abend- bzw. Morgenhimmel ist, der berühmte „Abend- und Morgenstern". Für den Verlauf der Sichtbarkeit des Planeten nach einer oberen Konjunktion zur Sonne folgender Überblick:

Obere Konjunktion zur Sonne	0 Tage	„Vollvenus"
Venus wird Abendstern	35 Tage später	
Größte östliche Elongation	221 Tage später	Letztes Viertel
Venus wird rückläufig	271 Tage später	
Venus verschwindet vom Abendhimmel	286 Tage später	
Untere Konjunktion zur Sonne	292 Tage später	„Neuvenus"
Venus wird Morgenstern	298 Tage später	
Ende der Rückläufigkeit	313 Tage später	
Größte westliche Elongation	362 Tage später	Erstes Viertel
Venus verschwindet vom Morgenhimmel	549 Tage später	
Obere Konjunktion zur Sonne	584 Tage später	„Vollvenus"

E = Größte östliche Elongation, W = Größte westliche Elongation

1996 Apr 1	45° 58' E	2002 Aug22	46° 00' E	2009 Jan 14	47° 07' E
1996 Aug20	45° 50' W	2003 Jan 11	46° 58' W	2009 Jun 5	45° 51' W
1997 Nov 6	47° 08' E	2004 Mar29	46° 00' E	2010 Aug20	45° 58' E
1998 Mar27	46° 30' W	2004 Aug17	45° 49' W	2011 Jan 8	46° 57' W
1999 Jun 11	45° 23' E	2005 Nov 3	47° 06' E	2012 Mar27	46° 02' E
1999 Oct 30	46° 29' W	2006 Mar25	46° 32' W	2012 Aug16	45° 48' W
2001 Jan 17	47° 06' E	2007 Jun 9	45° 23' E	2013 Nov 1	47° 04' E
2001 Jun 8	45° 50' W	2007 Oct 28	46° 28' W	2014 Mar22	46° 33'W

Tab. 7.3 Größte Elongation von Venus 1996–2014 nach J. Meeus.

Auf der nördlichen Hemisphäre besteht die beste Beobachtungsmöglichkeit, wenn die östliche Elongation in das Frühjahr fällt und der Planet dann unter besonders günstigen Umständen bis gegen Mitternacht über dem Horizont steht. In jeder Elongation kann Venus ungefähr 7 Monate lang beobachtet werden. Die größte scheinbare Helligkeit wird 35 Tage nach der östlichen Elongation und ungefähr 35 Tage vor der westlichen Elongation erreicht. Der Planet leuchtet dann mit –4,6 mag, nach Sonne und Mond als das hellste Gestirn am Himmel.

Schwierig ist die Beobachtung nahe der Konjunktion. Doch ist es mit Hilfe eines Feldstechers möglich, den Planeten noch zu beobachten, wenn er kurz vor oder nach der oberen Konjunktion 5–10° von der Sonne entfernt steht. Geübte Beobachter sehen ihn sogar mit bloßen Augen! Während der unteren Konjunktion kann man gelegentlich die etwa 1 Bogensekunde breite Venussichel mit dem Feldstecher sehen. Die alten Babylonier sollen in ihren Keilschriften immer von der Bananenform der Venus gesprochen haben. Kein Wunder, die scharfen Augen von Wüstenbewohnern und von Seeleuten sind ja bekannt, und in der Nähe der unteren Konjunktion gelingt es auch heute manchem, den Planeten etwas länglich zu sehen. Wohlverstanden, mit bloßen Augen! Max Kutscher erkannte Venus in der Nähe der unteren Konjunktion als längliches Dreieck. Jeder kann hier seinen eigenen Augen-Test machen. Zur Zeit der unteren Konjunktion beträgt der scheinbare Durchmesser der schmalen Sichel rund 60" (von Sichelspitze zu Sichelspitze gemessen). Der Abstand von der Sonne in unterer Konjunktion kann bis zu 9° erreichen. Venus ist dann für mehrere Tage Morgen- *und* Abendstern.

Welche Daten braucht der Beobachter? Es sind die gleichen wie bei Merkur, und sie stehen in allen bekannten Jahrbüchern:

1. Rektaszension und Deklination.
2. Scheinbarer Durchmesser. Er variiert zwischen 10" und 64".
3. Scheinbare Helligkeit. Sie erreicht maximal –4,6 mag.
4. Phasenwinkel.
5. Elongationswinkel.

Ein paar Tips zum Aufsuchen am Tage. Tagbeobachtungen sind gerade bei Venus recht empfehlenswert und liegen im Bereich der Amateurfernrohre. Die Tagbeobachtung bietet den Vorteil, daß der Planet nicht tief über dem Horizont steht. Es ist ratsam, das Fernrohr in der Nacht vorher auf Fixsterne scharf einzustellen, damit der Beobachter am Tage dann sofort das scharfe Planetenbild im Gesichtsfeld hat und nicht erst fokussieren muß. Gegebenenfalls kann man auch eine Markierung am Okularauszug anbringen, die die Scharfeinstellung anzeigt. Die große scheinbare Helligkeit von Venus macht es leicht, am Tag sogar mit bloßen Augen auf Entdeckung zu gehen. Mit einem Feldstecher wird die Suche auf jeden Fall erfolgreich sein. In Frage kommt als „Suchgebiet" jeweils ein Stück Ekliptik vor bzw. nach der Sonne, dessen Bogen am Himmel man sich ohne Schwierigkeiten gedanklich vorstellen kann. Gut ist es, wenn sich der Beobachter so stellt, daß er vom Sonnenschein nicht geblendet wird (Hausschatten, Baum usw.).

Mit dem parallaktisch aufgestellten astronomischen Fernrohr bietet sich die „klassische" Einstellung mit Hilfe der Teilkreise an. Wer ein azimutal aufgestelltes Fernrohr besitzt, kann folgenden Trick anwenden. Der Beobachter sucht sich am Nachthimmel einen Fixstern, der die gleiche Deklination wie Venus hat. Die Abweichung von der Deklination des Planeten darf nur so groß sein, daß sie das Gesichtsfeld des Okulars verkraften kann. Man stellt den Stern ein und klemmt fest. Man braucht noch die Rektaszension des Sterns und die Zeit, wann man ihn am Nachthimmel eingestellt hat. Jetzt läßt es sich leicht ausrechnen, um wieviel Uhr Sternzeit Venus durch das Gesichtsfeld geht:

Einstellzeit Fixstern + (RA Fixstern – RA Venus)
= Durchgangszeit Venus.

Die große scheinbare Helligkeit der Venus erleichtert sehr das Auffinden und Beobachten am Taghimmel. Dagegen stört diese Helligkeit manchmal bei Beobachtungen am dunklen Abend- oder Morgenhimmel. Da Filterbeobachtungen bei Venus sowieso anzuraten sind, kann man hier gleich zwei Wünsche auf einmal zufriedenstellen: Ausschaltung der Blendung und visuelle Spektralphotometrie mittels der bekannten Farbfilter (s. S. 39). Übrigens unterstützen Filter auch Tagbeobachtungen. Der helle Himmelshintergrund wirkt bei Tagbeobachtungen störend und vermindert die Kontraste. Gelb- und Rotfilter halten das blaue Streulicht des Himmelshintergrundes zurück.

Oberflächendetails auf der Venus sind von der Erde aus mit optischen Teleskopen nicht sichtbar. Bei den gelegentlich von Beobachtern wahrgenommenen „*Oberflächendetails*", die von diesen als Flecke oder Schattierungen bezeichnet werden, handelt es sich um Erscheinungen der dichten Venusatmosphäre, die uns den Blick auf die darunter liegende Oberfläche verwehrt, wie wir sie von den Aufnahmen des Pioneer-Venus-Orbiter und der Magellansonde her kennen. Daß die Venus eine Atmosphäre hat, läßt sich durch visuelle Beobachtungen mit Amateurfernrohren leicht nachweisen. Bereits in den Wochen vor und nach der unteren Konjunktion wird der aufmerksame Beobachter nicht nur die schmale sichelförmige Phasengestalt, sondern auch das Übergreifen der Sichelspitzen hinüber in den unbeleuchteten Teil des Planetenscheibchens wahrnehmen können. Die Verlängerung der Sichelspitzen kann soweit gehen, daß der Eindruck eines geschlossenen, ganz zart leuchtenden Kreises entsteht. Was man hier sieht, ist nichts anderes als Sonnenlicht, das von hinten durch die dichte Atmosphäre des Planeten kommt und dort gebrochen und zerstreut wird.

Die Raumsondenmissionen zur Venus (Venera-Sonden der UdSSR, Mariner- und Pioneer-Sonden der USA) haben wichtige Informationen über Atmosphäre und Oberfläche des Planeten gebracht. Die feste Oberfläche rotiert in 243 Erdtagen. Damit ist die Rotation länger als ein Venusjahr (225 Erdtage). Die Rotation ist retrograd, von Ost nach West. Die Sonne geht auf der Venus im Westen auf und im Osten unter. Über die Hälfte der wüstenartigen Planetenoberfläche ist erstaunlich flach. Knapp ein Fünftel liegt unterhalb der Nullhöhe. Der Rest sind Erhebungen, die bis zu 10 000 m Höhe erreichen.

Die Atmosphäre besteht aus mehreren Wolkenschichten. Besonders bemerkenswert ist die Tatsache, daß die obere Schicht erheblich schneller rotiert als die unteren. Nahezu die ganze Sonnenenergie wird nahe der Wolkenobergrenze absorbiert. Das führt zu jener Erwärmung, die der Motor für die Bewegungsvorgänge in der Atmosphäre ist. Von Raumsonden aufgenommene UV-Photos bestätigen viele Feinstrukturen in den Wolken. Eine besondere Rolle scheinen Wirbel zu spielen. Sie erscheinen als Y- und C-förmige Gebilde (s. Abb. 7.8). Mit den Mitteln des Amateurbeobachters bieten sich vor allem Überwachungsbeobachtungen der Vorgänge in der höheren Venusatmosphäre an.

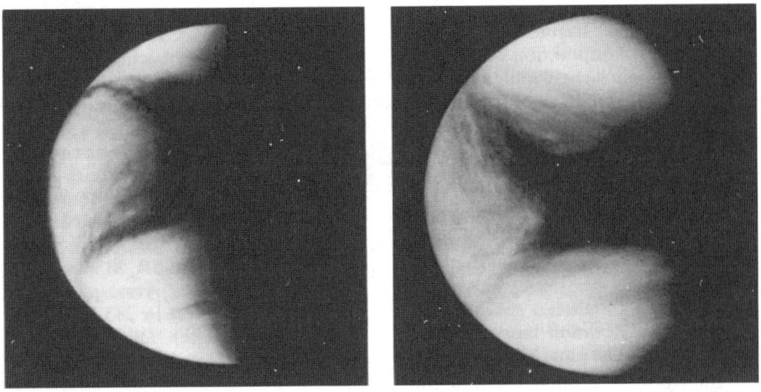

Abb. 7.8 Zwei UV-Aufnahmen des Planeten Venus von der amerikanischen Pioneer-Venus-Sonde aus (links am 25. Dezember 1978 aus 63 000 km Entfernung, rechts am 10. Januar 1979 aus 48 000 km Entfernung). Sichtbar ist u. a. auch die markante dunkle, horizontale Y-förmige Wolkenformation. Diese und ähnliche rasch veränderliche Wolkenstrukturen sind wiederholt auch von Planetenbeobachtern gezeichnet worden. NASA Photos.

7.2.1 Beobachtungsaufgaben

Die größte Streuung bringen jene Beobachtungsreihen, die sich auf die visuelle, filter-visuelle und photographische Erfassung der zarten hellen und dunklen Schattierungen berufen. Alle diese Schattierungen haben ihre Ursachen in den Schichten der Venusatmosphäre. In den letzten Jahrzehnten wurden viele Experimente durchgeführt, um die Realität der Beobachtungsergebnisse zu untersuchen. Künstliche Kugeln wurden so beleuchtet, daß die Bedingungen denjenigen der Venus entsprachen. W. W. Spangenberg, selbst ein erfahrener Planetenbeobachter, ging dabei so weit, daß er eine den natürlichen Verhältnissen entsprechende Luftunruhe mit Hilfe einer Heizsonne und aufsteigenden Wasserdampfes direkt vor dem Fernrohr erzeugt hat. Auch projizierte er auf die Modellvenus Oberflächendetails, um zu prüfen, wie objektiv vorhandene Einzelheiten auf das Auge wirken und von ihm wahrgenommen werden. Zieht man Bilanz aus allen diesen Versuchen, so muß man feststellen, daß die auf Venus beobachteten Einzelheiten nicht ausschließlich psychophysische Phänomene sind. Es liegen ihnen vielmehr tatsächlich reale Erscheinungen auf dem Planeten zugrunde. Für die Realität sprechen die Ultraviolettphotos.
Für die Beobachtung des Planeten Venus eignen sich grundsätzlich Teleskope aller Art. Bereits der Zwei- und Dreizöller ist für die Venusbeobachtung geeignet. Die Übung des Beobachters und die allgemeinen Sichtbedingungen (Luftunruhe, Seeing) spielen eine ganz große Rolle. Bei der Beurteilung des Gesehenen mag jeder Beobachter die folgenden Punkte zu Rate ziehen, die das Ergebnis der Erfahrung langjähriger Beobachter sind:

1. Kleine Fernrohre zeigen Details verhältnismäßig kräftig, mit zunehmender Öffnung wird das Detail zarter und verwaschener.
2. Kurze Zeit vor Sonnenaufgang sind die Beobachtungen mit Teleskopen von 2–5-Zoll günstiger, Tagesbeobachtungen sind mit Teleskopen ab 5–6-Zoll lohnenswert.
3. Verschiebungen beobachteter Einzelheiten im Verlauf einiger Stunden stehen offenbar im Zusammenhang mit dem Sonnenstand am Beobachtungsort (Kontrastwirkung bei Sonnenaufgang und nach Sonnenuntergang).
4. Zu beachten ist die starke Aufhellung des Planetenrandes. Zur Scheibenmitte hin treten dann dunkle Intensitäten auf.
5. Filterbeobachtungen sollten in den Filterbereichen Blau-Violett, Blau, Gelb und Rot durchgeführt werden. Von der Beobachtung mit Grünfiltern sollte Abstand genommen werden, da die Beobachter in diesem Filterbereich vermehrt Schattierungen wahrnehmen.
6. Ungleiche Bilder mit verschiedenen Filtern und geringe Beständigkeit von Schattierungen sind zurückzuführen auf die Wirkung der Venusatmosphäre. Der Beobachter sieht nicht stets die gleiche Schicht der Atmosphäre, insbesondere nicht mit verschiedenen Filtern.

„Der Anblick der Venus macht auf mich den Eindruck, der demjenigen einer geschlossenen, von der Sonne beschienenen Stratusdecke von einem hoch über derselben fliegenden Flugzeug aus gleicht“ beschreibt Werner Sandner seine Fernrohrbeobachtungen des Planeten. Das Wolkenartige des Anblicks wird jeder erfahrene Beobachter bestätigen.

Als Beobachtungsaufgaben kommen in Frage:

1. Bestimmung der Dichotomie (Teleskope ab 2 Zoll),
2. Angabe der Terminatorform (Teleskope ab 2 Zoll) (Terminator irregularity),
3. Übergreifen der Hörnerspitzen (Teleskope ab 3 Zoll) (Cusp extension),
4. Sichtbarkeit des „aschgrauen“ Lichtes (Teleskope ab 4 Zoll) (Ashen light),
5. Beobachtungen der Schattierungen (Teleskope ab 3 Zoll) (Bright and dark markings).

7.2.1.1 Phasenbestimmung

Seit vielen Jahren beschäftigen sich viele Beobachter mit der Bestimmung der optischen Dichotomie, die fast immer zu einem anderen Zeitpunkt eintritt als die theoretisch berechnete. Diese Abweichung zwischen theoretischer und beobachteter „Halbvenus“ hat der Lilienthaler Amateur Schröter bereits 1793 entdeckt. Der Effekt wird deshalb in der Literatur häufig auch als „Schröter-Effekt“ bezeichnet. „Über die Realität des Schröter-Effektes der Venus“ hat D. Böhme [1] sehr umfassend und mit zahlreichen weiteren Literaturhinweisen berichtet. Unter Dichotomie ist der Augenblick zu verstehen, in dem der Beobachter die halbvolle Scheibe wahrnimmt („Halbvenus“, erstes bzw. letztes Viertel, Phasenwinkel 90°). Die genaue Bestimmung dieser Phase ist gar nicht so leicht, wie es scheint. Am Taghimmel ist das Bild meistens zu flau, um Eindeutiges auszusagen, in der Dämmerung und am Abend ist es zu hell. Die Kontrastwirkung stört die Phasenbestimmung. Hinzu kommen Effekte, die ihre Ursache in der Venusatmosphäre haben, etwa Dämmerungserscheinungen, die die Lichtgrenze unscharf erscheinen lassen. Während man früher geneigt war, anzunehmen, daß die Abweichung zwischen optischer Dichotomie und theoretischer auf einen physiologischen Trugschluß zurückzuführen ist, gilt heute die Wirkung der Venusatmosphäre als wesentliche Ursache. Die Beobachter berichten übereinstimmend von Abweichungen bis zu mehreren Tagen. Zwei russische Amateure, Michelson und Petrov, haben darauf hingewiesen, daß diese Abweichungen nicht nur für die Dichotomie, sondern über den ganzen Phasenverlauf hinweg nachweisbar sind. Gewissenhafte Beobachter können hier ihre eigenen Versuche anstellen.

Bei Beobachtungen der Venusphase zur Ermittlung des „Schröter-Effekts" ist auf den Unterschied zwischen größter Elongation und geometrischer Dichotomie zu achten. W. Kunz hat einen ausführlichen Aufsatz darüber veröffentlicht [2]. Eine Rolle spielt ja die Tatsache, daß eine elliptische Planetenbahn aus geometrischen Ursachen zu zeitlichen Unterschieden zwischen dem Elongationszeitpunkt und dem Dichotomiezeitpunkt führt. Der Hinweis auf Einflüsse der Venusatmosphäre in bezug auf ein verfrühtes oder verspätetes Auftreten der tatsächlichen gegenüber der berechneten Dichotomie muß um die geometrischen Grundbedingungen ergänzt werden. Dazu W. Kunz: „Denn durch zahlreiche Beobachtungsreihen wurde namentlich von seiten der Amateurastronomie zu klären versucht, welches Ausmaß die zeitliche Verschiebung zwischen beobachtbarer (B) und berechneter Halbphase (R) als Folge der dichten Venusatmosphäre haben kann (Schröter-Effekt). Bei der Aufstellung der B–R ist dann natürlich R auf die theoretische Dichotomie zu beziehen und nicht etwa auf den Zeitpunkt der größten Elongation. Bei einem maximalen (Elongationszeitpunkt) E–D (Dichotomiezeitpunkt) von ca. drei Tagen könnten bei unachtsamem Vorgehen allein deswegen die B–R (»10 d) mit einem Fehler von ca. 30 % behaftet sein."

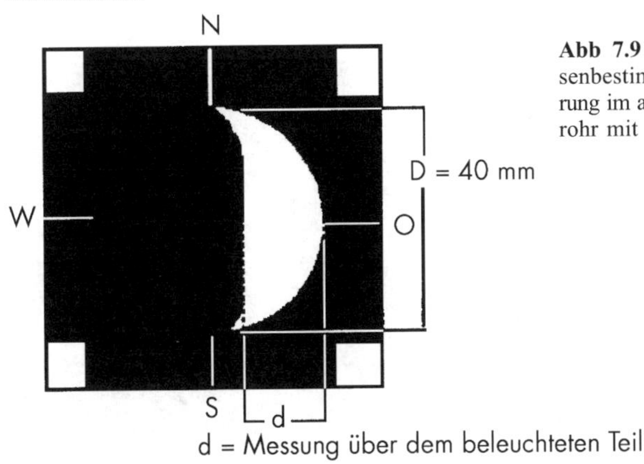

Abb 7.9 Schema der Phasenbestimmung (Orientierung im astronomischen Fernrohr mit Zenitprisma).

Als Beispiel für Dichotomiebeobachtungen einer Beobachtergemeinschaft siehe [3].
Die Dichotomie läßt sich nach drei Methoden bestimmen:
1. graphisch auf Grund visueller Beobachtungen,
2. photographisch,
3. durch Messung mittels Fadenmikrometer.

Die graphische Methode gründet sich auf visuelle Beobachtungen, die bereits während der gesamten Sichtbarkeit der Venus durchgeführt, aber mindestens einige Wochen vor der größten Elongation beginnen sollten. Auch nachher sollen sie aus Gründen der besseren Genauigkeit einige Wochen fortgeführt werden. Bei jeder Beobachtung wird, so gut es geht, der Verlauf der Phase in die Zeichenschablone eingetragen. Nach Beendigung der Beobachtungsreihe bestimmt man den Durchmesser (D) des Planeten, sofern man keine Beobachtungsschablone verwendet hat, anhand der Nord-Süd-Achse (s. Abb. 7.9). Was möglich ist, da der Planet Venus keine Abplattung z.B. wie die Erde besitzt. Bei der Beobachtungsschablone wird deren Durchmesser zugrunde gelegt. Danach wird die Länge (d) des beleuchteten Teils der Planetenscheibe in der Mitte der Schablone von der Lichtgrenze (Terminator) zum Rand der Schablone gemessen. Um den Wert der Phase „k“ in Dezimal-Bruchteilen zu erhalten, rechnet man k = d/D. Die so ermittelten Phasenwerte „k“ werden auf der Ordinate eines Koordinatensystems aufgetragen, auf der Abszisse das Beobachtungsdatum in julianischen Tagen (s. auch „Handbuch für Sternfreunde“). Durch die sich im Koordinatensystem ergebende Punktwolke, die sich unzweifelhaft aus den visuellen Beobachtungen ergibt, legt man eine Kurve, die möglichst gleich weit von allen Punkten entfernt ist. Dort, wo die Kurve die Phasenbreite k = 0,5 schneidet, können wir den Zeitpunkt für die optische Dichotomie auf der Abszisse in julianischen Tagen ablesen.

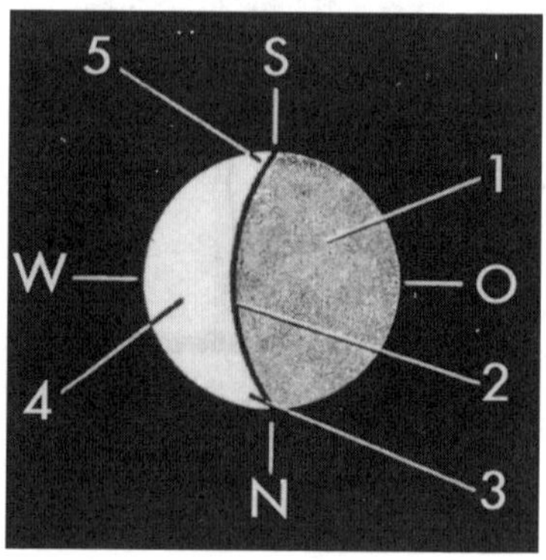

Abb. 7.10 Zur Beobachtung des Planeten Venus im umkehrenden astronomischen Fernrohr. S = Süd; 1 = unbeleuchtete Seite (Nachtseite); W = West; 2 = die sich ständig ändernde Lichtgrenze (Terminator); 3 = helle Polzone, je nach Phase entsteht der Eindruck einer Sichelspitze, eines Horns, umgeben von einem dunklen Wolkengürtel; N = Nord; 4 = beleuchteter Teil der Atmosphäre, oft mit der Y-förmigen äquatorialen Wolkenstruktur; O = Ost, die Winde in der Atmosphäre wehen von Ost nach West. Sie wehen in allen Breiten in der Rotationsrichtung des Planeten. 5 = helle Polzone, je nach Phase entsteht der Eindruck einer Sichelspitze, eines Horns, umgeben von einem dunklen Wolkengürtel.

Liegen genügend auswertbare Photos vor, kann der Beobachter diese auf analoge Weise für die Bestimmung der Dichotomie verwenden. Die Bestimmung des Zeitpunktes der optischen Dichotomie mittels Mikrometer geschieht durch direkte Messung des Sicheldurchmessers von Tag zu Tag (s. auch S. 45). Die Verwendung von Farbfiltern ist anzuraten. Auch bei visuellen Schätzungen der Phase für eine spätere graphische Auswertung (siehe oben) ist das systematische Beobachten mit Filtern sehr nützlich. So erstellte W. W. Spangenberg grundsätzlich bei jeder Beobachtung je eine Zeichnung ohne Filter, eine mit dem Blaufilter BG 23, eine mit dem Rotfilter RG 2 und eine mit dem Grünfilter VG 8.
Die Internationale Union der Amateur Astronomen (IUAA) empfiehlt für die Filterbeobachtungen bei dem Planeten Venus auf den Grünfilter ganz zu verzichten, da er den Beobachtern vermehrt den Eindruck dunkler Schattierungen vermittelt. Dies wurde in langjährigen Beobachtungsreihen internationaler Beobachtergruppen festgestellt. Viel besser wäre ein guter Gelbfilter, wie der Wratten 15 oder der GG 455 von Schott. Für die beiden anderen Filterbereiche Rot und Blau empfiehlt die „Association of Lunar and Planetary Observers" (ALPO) den Wratten 47 (Blauviolett) und den W 25 (Rot). Vergleichbare Schottfilter wären der BG 3 (Blau) und der RG 610 (Rot) von Schott.
Wir kommen zu Angaben über die Terminatorform. Der Terminator (die Lichtgrenze) ist nicht regelmäßig entsprechend der jeweiligen Phase geformt. Viele Beobachter melden Unregelmäßigkeiten, sogenannte Terminatordeformationen (Abb. 7.11). Hans Oberndorfer: „Lokale Deformationen des Terminators, die sich als Aus- oder Einbuchtungen der Lichtgrenze darstellen, waren zu jeder Phase beobachtet worden". Die Schwierigkeit, die Deformation des Terminators als solche zu erkennen, besteht darin, diese nicht mit den dunklen Merkmalen in der Nähe des Terminators oder im Terminatorschatten zu verwechseln, was auf Grund der nicht gleichbleibenden Wetterbedingungen (Durchsicht, Luftruhe) mitunter sehr leicht geschehen kann.

Abb. 7.11 Terminatorform in verschiedenen Farbfiltern nach J. H. Robinson, BAA.

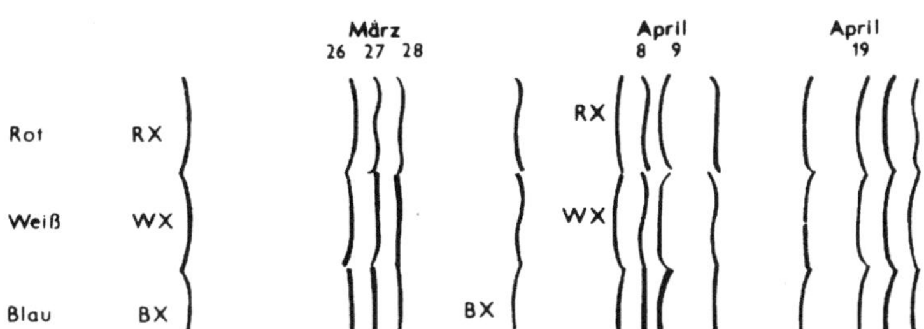

7.2.1.2 Helle und dunkle Merkmale

Über die Beobachtung von Schattierungen ist schon kurz berichtet worden. Welche Schattierungen oder Merkmale sehen die Beobachter? Auf Grund der Zusammenarbeit der überregionalen Beobachtergruppen amerikanischer, britischer und deutscher Amateur-Venus-Beobachter wurde im Rahmen des Internationalen Venus Watch – Programms (IVW) eine Liste aufgestellt, welche Merkmale am häufigsten gesehen wurden. In den Tabellen 7.4 und 7.5 sind die hellen und dunklen Merkmale aufgelistet:

Tab. 7.4 Helle Merkmale auf der Venus

Deutsch	Englisch	Kürzel
Polflecke	cusp caps	SCC/NCC*)
Randaufhellung am hellen Teil der Planetenscheibe	limb brightening	LB
Helle Bänder	bright bands	BB
Helle Flecke	bright spots	BS
Helle Gebiete/Regionen	bright area/region	BA/BR
Sehr helle Flecke	bright star spots	BSS

Tab. 7.5 Dunkle Merkmale auf der Venus

Deutsch	Englisch	Kürzel
Polsäume	cusp caps collars	SCCC/NCCC*)
Terminatorschatten	terminator shadow	TS
Dunkle Bänder	dark bands	DB
Dunkle Flecke	dark spots	DS
Dunkle Gebiete	dark area	DA
Dunkle Striche	dark streaks	DST
amorphe Flecke	amorphe spots	AS
irreguläre Merkmale	irregulary markings	IM
radiale Striche	radial spoks	RS

*) S = südlich, N = nördlich

In Abbildungen 7.12 a–e sind ein Teil der oben genannten Merkmale wiedergegeben und werden auch im folgenden beschrieben:
Polflecke = Die hellen Regionen an den Polen des Planeten, die sich von der übrigen Planetenscheibe fast immer abheben, als helle Merkmale. Intensitätsstufe 9–8,5 je nach Beobachtungsbedingungen (Wetter, Tages- oder Nachtbeobachtung, Planetenstellung). Zu Zeiten des größten Glanzes des Planeten Venus gelegentlich sogar Stufe 10 (s. Abb. 7.12 a, b, c, e).
Polsäume = Gelegentlich auch als Polbänder bezeichnet. Der dunkle Einschluß, der die hellen Polflecke umfaßt. Intensitätsstufe zwischen 5–8. Stufe 8, da gelegentlich der Polsaum die gleiche Helligkeit wie die übrige Planetenscheibe hat (s. Abb. 7.12 a, b, c, e).
Randaufhellung am beleuchteten Teil = Die Randaufhellung zieht sich als heller, meist schmaler Streifen am Rand der beleuchteten Seite des Planeten-

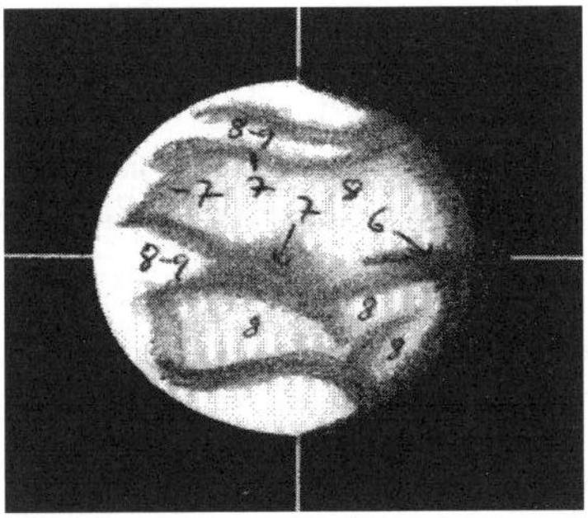

Abb. 7.12 a 14.4.94, 19.06 UT, 145 x, 4"-Refraktor

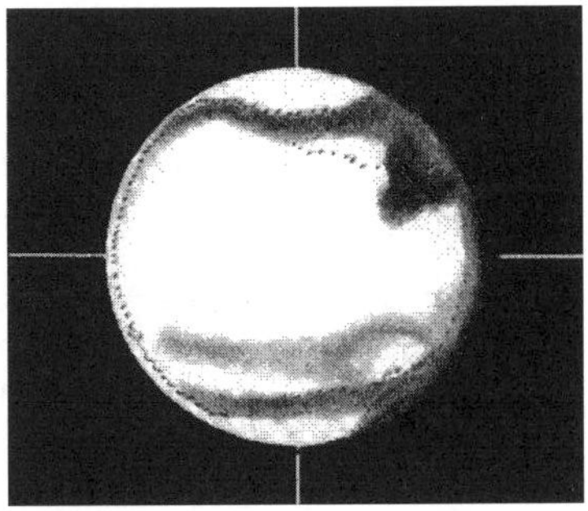

Abb. 7.12 b 7.5.94, 19.31 UT, 217 x, Filter: W 16, 4"-Refraktor

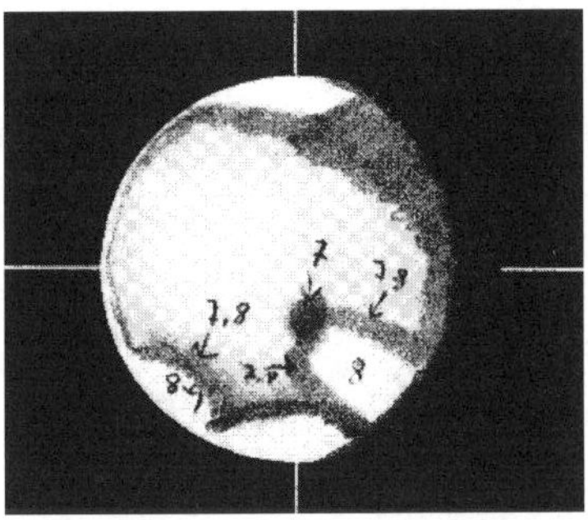

Abb. 7.12 c 15.5.94, 19.20 UT, 145 x, 4"-Refraktor

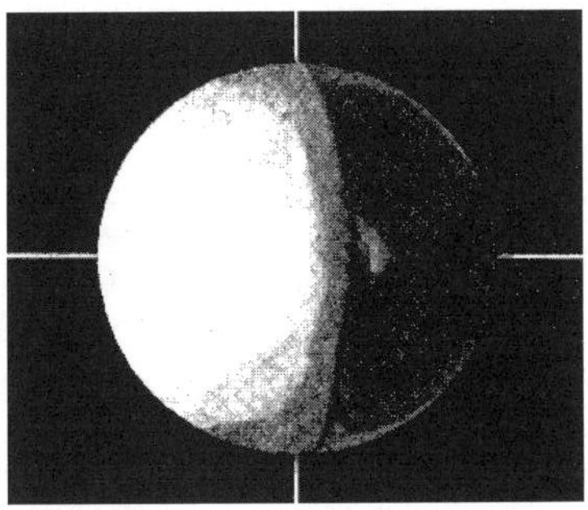

Abb. 7.12 d 22.7.94, 11.16 UT, 225 x, Filter: W 47, 8"-Schmidt-Cassegrain-Reflektor

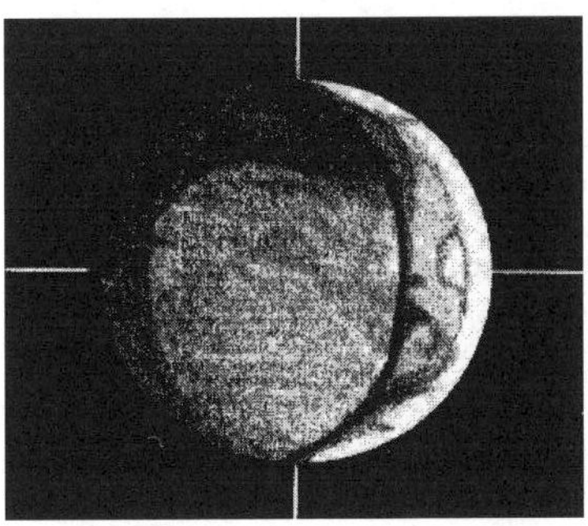

Abb. 7.12 e 5.12.94, 09.29 UT, 225 x, Filter; W 25, 8"-Schmidt-Cassegrain-Reflektor

Abb. 7.12 a–e Planet Venus, alle Beobachtungen von Detlev Niechoy

scheibchen von Pol zu Pol. Häufig dieselbe Intensitätsstufe wie die Polflecke (Stufe 9–8,5), wird jedoch gelegentlich von dunklen Bändern oder Strichen geteilt.
Gelegentlich zeigt sich auch eine helle, große Ausbuchtung, die in das Innere des Planetenscheibchens vordringt, was man als Fleck der Randaufhellung bezeichnet (s. Abb. 7.12 a, b, c, e).
Helle und dunkle Bänder = Sind die Bänder, die sich parallel zu den Polsäumen oder -bändern ausgerichtet über den beleuchteten Teil ziehen. Intensität der dunklen Bänder variiert zwischen Stufe 5–7, der hellen Bänder zwischen Stufe 9–8 (s. Abb. 7.12 a, b, c).
Helle und dunkle Flecke = Deutlich begrenzte und runde Flecken, die auf der beleuchteten Planetenscheibe wahrgenommen werden. Helle Flecke wurden gelegentlich auch auf der unbeleuchteten Nachtseite wahrgenommen. Die Intensität der hellen Flecke liegt bei Stufe 9,5–8,5 und die der dunklen Flecke zwischen Stufe 6–4 (s. Abb. 7.12 a, c, d, e).
Helle und dunkle Gebiete/Regionen = Großflächige helle Merkmale, die zuweilen keine deutliche Begrenzung aufweisen. Intensität der hellen Gebiete zwischen Stufe 9–7,5, die der dunklen zwischen Stufe 7–5 (s. Abb. 7.12 a, b, c, e).
Sehr helle Flecke = Flecke, die sofort bei der Beobachtung auffallen, sie werden wegen ihrer außerordentlichen Helligkeit auch „bright star spots“ (BSS) genannt. Diese Flecke treten selten auf und haben immer eine sehr hohe Helligkeit; Intensitätsstufe 10. Die Wahrnehmung ist vermutlich von der Stellung der Planeten in bezug auf Sonne und Erde abhängig.
Dunkle Striche = Dunkle Merkmale, die nicht wie die Bänder parallel zu den Polsäumen verlaufen, eher senkrecht oder diagonal und dazu noch vereinzelt auftreten. Intensität zwischen Stufe 7–5 (s. Abb. 7.12 b, c, e).
Dunkle amorphe Flecke = Deutlich dunkle Gebiete geringer Ausdehnung ohne eine deutliche Begrenzung. Intensität liegt zwischen Stufe 7–5 (s. Abb. 7.12 b).
Irreguläre Merkmale = Meist dunkle Strukturen, deren genaue Zuordnung dem Beobachter schwerfällt und deren Aussehen schwer zu bestimmen ist. Intensität zwischen Stufe 7–5 (s. Abb. 7.12 a, e).
Radiale Striche = Dunkle Striche, die von der Mitte des beleuchteten Teils der Planetenscheibe ausgehen. Intensität zwischen Stufe 7,5–6 (s. Abb. 7.12 b).

Sehr wichtig ist auch folgender Hinweis: Alle Beobachter, die Schattierungen auf der Venus wahrgenommen haben, berichten von sehr schwachen Erscheinungen, diese sollten in den Schablonen jedoch deutlich kenntlich, also kontrastverstärkt dargestellt werden. Bei kontrastverstärkten Zeichnungen sollte der Beobachter sich ruhig auch in der Intensitätsschätzung der Helligkeit der Merkmale versuchen. Diese Intensitätsschätzung wurde von der ALPO eingeführt und mit Erfolg angewandt.
Bei der Schätzung der Intensität der Merkmale wird von den Stufen 10 bis 0 geschätzt. Wobei die Stufe 10 für sehr, sehr helle, je nach Wahrnehmung auch

gleißend helle, brilliante und die Stufe 0 für sehr, sehr dunkle, ja tiefschwarze Merkmale oder Regionen steht. Die Werte zwischen 10 und 0 sind vom Beobachter je nach seiner Empfindung zu interpolieren. Als Beispiel bei der Beobachtung mit einem 2-zölligen Teleskop ist bei kleiner Vergrößerung die Phasengestalt des Planeten zu erkennen. Den beleuchteten Teil wird man mit Stufe 8 oder 9 und die unbeleuchtete Seite mit Stufe 1 oder 0 schätzen. Bei mittlerer Vergrößerung wird man die Phasengetalt des Planeten und das marmorierte Aussehen des beleuchteten Teiles wahrnehmen. Hier wird man die Intensität des beleuchteten Teils mit Stufe 7 oder 6, die mögliche Randaufhellung mit Stufe 8 oder 9 und den unbeleuchteten Teil mit 1 oder 0 schätzen. Die höchste Stufe 10 sollte den sehr hellen Flecken (BSS) oder anderen sehr hellen Merkmalen vorbehalten sein.

Wird bei Tagesbeobachtungen die mittlere Stufe 5 für den Terminatorschatten genommen, so kann das zu übertrieben sein. Da der Beobachter zwar die Lichtgrenze zwischen beleuchtetem Teil und unbeleuchtetem Teil wahrnimmt, aber den unbeleuchteten nicht sieht. Vielmehr nimmt er einen grauen bis graublauen Hauch des Terminatorschattens wahr, der allenfalls mit Stufe 6–7 zu bewerten ist.

Bei all diesen Schattierungen handelt es sich um Erscheinungen in der höheren Venusatmosphäre, die ihr Erscheinungsbild häufig ändern. Manche können nur kurzzeitig wahrgenommen werden und auch ganz verschwinden. Alle Wolkenerscheinungen rotieren in vier bis fünf Tagen, in Ost-West-Richtung, um die Venus. So auch die dunkle Y- und C-förmige Strukturen, die planetenübergreifend sind und auf große Wirbel aufmerksam machen. Breiten besonderer Veränderlichkeit sind 35° Süd, 15° und 45° Nord.

Auch sind Beobachtungen auf der Nachtseite des Planeten Venus von besonderem Interesse. Hier sei nur das bereits schon erwähnte „aschgraue“ Licht der Venus genannt. Eine Erscheinung, die immer noch Rätsel aufgibt, aber aufgrund von photographischen Aufnahmen, die von K.-D. Kalauch 1977 [4] und B. Flach-Wilken 1988 [5] als durchaus existent gilt.

Abb. 7.13 Das aschgraue Licht der Venus – Aufnahme von Bernd Flach-Wilken vom 12.5.88, 16.50 UT, aschgraues Licht im UV, Tageshimmelbeobachtung, 300 mm-Schiefspiegler (1 : 20), Filter: UG 1, t = 1,0 Sekunde.

Das „aschgraue“ Licht der Venus wurde erstmals 1643 vom italienischen Astronom Riccioli wahrgenommen, der von der merkwürdigen Erscheinung berichtet, daß auch der Planet Venus bei etwa der gleichen Phase wie der Mond im „aschfarbenen“ Licht leuchtete. Nur daß dieses Leuchten bei der Venus nicht dieselben Ursachen haben kann wie das Erdlicht beim Mond. Seither haben viele Beobachter, darunter auch so bekannte wie William Herschel und J. H. Schröter dieses Phänomen bei der Venus wahrgenommen, doch geklärt werden konnte es bis heute nicht. Bei einer von der University of California Los Angeles durchgeführten „Ashen light Campaign 1987–1990“ wurde in Zusammenarbeit mit den internationalen Beobachtergruppen versucht, der Ursache dieses Phänomens auf den Grund zu gehen (vgl. [6]). Erdgebundene Beobachtungen wurden mit den Daten des in die Venusatmosphäre abstürzenden Pioneer-Venus-Orbiters verglichen. Die Ergebnisse dieses Beobachtungsprogramms ließen den Schluß zu, daß das „aschgraue“ Licht der Venus eine reale Erscheinung ist. Eine Wechselwirkung zwischen Sonnenwind, -partikel und Venusatmosphäre oder auch ein sogenanntes Rekombinationsleuchten, wie Edgar Mädlow [7] vermutet, ist nicht auszuschließen.
Bei der Wahrnehmung des „aschgrauen“ Lichts der Venus, das ab einem beleuchteten Teil des Planetenscheibchens von < 40 % oder Phase k = 0,4 auftreten kann, sollte der Beobachter möglichst die Auffälligkeit der Erscheinung des „aschgrauen“ Lichts bestimmen, wobei die während der internationalen Beobachtungsperiode eingeführte „Ashen Light Number = ALN“, siehe nachfolgende Tab. 7.6, eine Hilfe sein kann. Neben der visuellen Beobachtung sind auch photographische Beobachtungen sehr hilfreich (s. Abb. 7.13). In der neuen, von den Amateuren erschlossenen Beobachtungstechnik der CCD-Astronomie sieht der amerikanische Astronom Dale P. Cruikshank die Möglichkeit für erfolgreiche Beobachtungen dieses Phänomens.

Tab. 7.6 Ashen Light Number – Bewertungszahl der Auffälligkeit des „aschgrauen“ Lichts (AL) bei der Venus

Note	Bemerkung
1	„aschgraues“ Licht ist absolut und auf Anhieb sichtbar/AL is definitely seen = DS *)
2	„aschgraues“ Licht ist sichtbar/AL is very strongly suspected = VStS *)
3	„aschgraues“ Licht ist möglicherweise sichtbar/AL is strongly suspected = StS *)
4	„aschgraues“ Licht ist sehr vage/vermutlich zu sehen/AL is suspected = S *)
5	„aschgraues“ Licht ist nicht zu sehen/AL is not seen or suspected = NS *)

*) Beurteilung der Auffälligkeit des „aschgrauen“ Lichts durch die A.L.P.O.

Neben dem „aschgrauen“ Licht wurde auch gelegentlich von anderen auffälligen Erscheinungen auf der unbeleuchteten Seite des Planeten Venus durch Beobachter berichtet. So wurde 1986 und 1988 ein ungewöhnlicher Lichtsaum am Rand des unbeleuchteten Teils bemerkt und es wurden auch schon vereinzelt helle Flecke wahrgenommen. Inwieweit diesen nicht gerade häufigen Beobachtungen eine besondere Bedeutung zukommt, ist nur durch eine regelmäßige Überwachung und Beobachtung des Planeten Venus zu klären.

7.2.1.3 Venusdurchgänge

Ein weiteres Betätigungsfeld für den Beobachter sind die Venusdurchgänge. Hierbei befindet sich der Planet in seiner unteren Konjunktion und die Bahn führt den Planten direkt vor der Sonnenscheibe vorüber. Die Sonne, die Venus und die Erde befinden sich dann in einer direkten Linie.
Die Venusdurchgänge sind seltener als die des Planeten Merkur. Während eines Jahrhunderts finden nur zwei Venusdurchgänge statt. Der letzte beobachtete Venusdurchgang fand am 6. Dezember 1882 [8, 11] statt, und es vergehen ca. 121½ Jahre, bis wieder ein solches Ereigniss eintritt. Dass diese Venusdurchgänge so selten sind, liegt an der schwachen Bahnneigung des Planeten zur Ekliptik, und nur, wenn die untere Konjunktion in der Nähe eines der Schnittpunkte Planetenbahn–Ekliptik (sogenannter Knotenpunkt) liegt, kann es zu einem solchen Ereignis kommen [12].
Am 8. Juni 2004 ist es wieder soweit: An diesem Tag überquert die Venus wieder die Sonnenscheibe. Das Ereignis wird in den frühen Morgenstunden beginnen und ca. 6 ¼ Stunden dauern. Bei gutem Wetter ist zu erwarten, dass man den Durchgang in seiner gesamten Länge verfolgen kann.

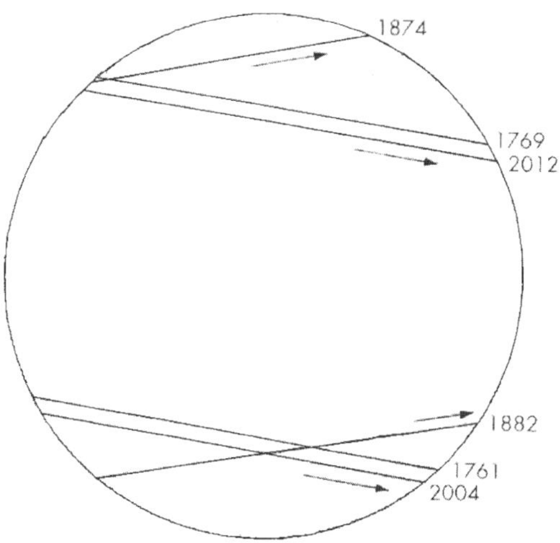

Abb. 7.14 Bahnen der Venusdurchgänge 1761 bis 2012.

International Venus Watch Program – IVW

ALPO – BAA – VdS

Venus

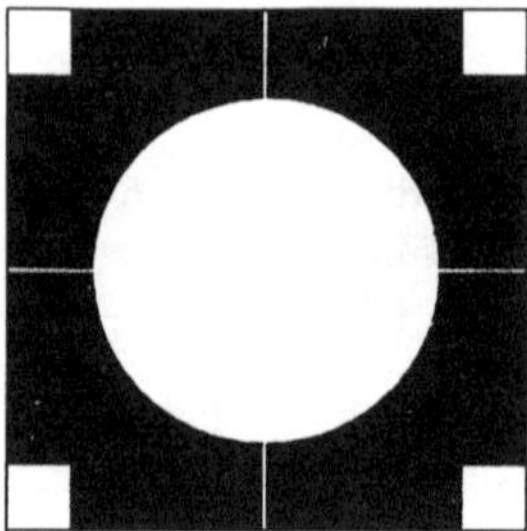

Date: ____ a m d , UT: ____ h m

Seeing: T: __ S: __; ____

Instr.: ____ Magn.: ____ Filter: ____

Observer: ____

Place of Obs.: ____

ZM: ____ Phase: ____ ALN: ____

Computer Analysis:	Definitely present	Possibly present	Definitely absent
N. cusp cap	☐	☐	☐
N. cusp cap collar	☐	☐	☐
S. cusp cap	☐	☐	☐
S. cusp cap collar	☐	☐	☐
Term. shading	☐	☐	☐
Term. irregularity	☐	☐	☐
Limb brightening	☐	☐	☐
Cusp extensions	☐	☐	☐
Cusp shortenings	☐	☐	☐
Ashen Light	☐	☐	☐
Night-side darker	☐	☐	☐

Comment: ____

No: ____

Abb. 7.15 Zeichenschablone des Arbeitskreises Planetenbeobachter. Der Durchmesser des kreisförmigen Ausschnitts beträgt im Original 40 mm.

Erläuterung der Spalten und Angaben in der Venus-Schablone

Date:	Jahr, Monat, Tag
UT:	Beobachtungszeit in Weltzeit (Universal Time, UT)
Seeing:	T = Durchsicht (Transparency) S = Luftruhe (Seeing)
Instr.:	Teleskoptyp, Öffnung in Zoll/Brennweite
Magn.:	Benutzte Vergrößerung
Filter:	Benutzte Filter, z.B. W27, W15, W25, RG610
Observer:	Name, Vorname des Beobachters
Place of Obs.:	Beobachtungsort, gr. B. gr. L.
ZM:	Auswertungspunkt für die schwachen Merkmale
Phase:	Beobachtete Phase, bestimmt durch den Beobachter. D/D = „d" beleuchteter Teil in mm, „D" Schablonendurchmesser in mm (40 mm)
ALN.:	Ashen light number = aschgraues Licht Nummer. Beurteilung der Auffälligkeit des aschgrauen Lichtes der Venus durch den Beobachter. Siehe Text S. 154
N. Cusp cap	nördl. Polfleck
N. Cusp cap collar	nördl. Polsaum, S = südl.
Term. shading	Terminatorschatten (Dämmerungszone)
Term. irregularity	Terminatordeformation
Limb brightening	Randaufhellung am beleuchteten Teil
Cusp extension	Ausgedehnte Spitze, Übergreif. Hörnerspitzen
Cusp shortenings	verkürzte Sichelspitze
Ashen Light	aschgraues Licht

Night side darker	Dunkle Nachtseite der Venus, bezogen auf den Himmelshintergrund
Comment	Platz für kurze Beschreibungen während der Zeichnung
Definitely Present	Sehr deutlich wahrnehmbar, unverkennbar, auf Anhieb zu erkennen.
Possibly Present	Wahrnehmbar, nicht auf den ersten Blick erkennbar
Definitely absent	Absolut nicht sichtbar

Der zweite Venusdurchgang in diesem Jahrhundert ist der vom 5./6. Juni 2012. Mit einer ungefähren Dauer von 6 ½ Std. ist dieses Ereignis gut eine Viertelstunde länger, jedoch beginnt der Durchgang schon vor Sonennaufgang, so daß man hier nur das Ende des Ereignisses beobachten kann. In der Abb. 7.14 sind die Bahnen der Venusdurchgänge 1761 bis 2012 wiedergegeben. Die nächsten Venusdurchgänge nach diesen Ereignissen finden am 11. Dezember 2117 und am 8. Dezember 2125 statt [9].

Das Besondere an den Venusdurchgängen ist, daß man beim letzten Venusdurchgang in 1882 die Astronomische Einheit, also die Entfernung Sonne–Erde, bestimmt hat [10]. Aber auch bei der visuellen Beobachtung eines Venusdurchgangs gibt es Interessantes zu sehen. Man beachte bei der Beobachtung von Durchgängen der inneren Planeten immer die Vorsichtsmaßnahmen, die auch für die Sonnenbeobachtung gelten, niemals ohne Objektivfilter zu beobachten oder die Projektionsmethode anzuwenden.

Auch bei einem Venusdurchgang wird der Planet als kleiner dunkler Punkt oder als kleines dunkles Scheibchen (im Fernrohr) sichtbar sein. Jedoch wird zu Beginn des Durchgangs ein Phänomen beobachtet werden können, das als „schwarzer Tropfen“ bezeichnet wird. Dieses Phänomen wurde beim Venusdurchgang von 1769 von Captain Cook und Charles Green beobachtet und beschrieben. Bei diesem Phänomen handelt es sich um eine Beugungserscheinung des Lichts. Sie entsteht dadurch, daß sich nach dem Eintritt des schwarz erscheinenden Planetenscheibchens vor der Sonnenscheibe sich dieses nicht vollständig vom Rand der Sonne ablöst und für kurze Zeit zwischen dem Sonnenrand und dem Planetenscheibchen eine schwarze tropfenförmige Erscheinung bildet. Auch beim Ende des Durchgangs, wenn das Planetenscheibchen die Sonnenscheibe wieder verläßt, ist das Phänomen wieder zu sehen [9,13].

Für alle bei der visuellen Beobachtung des Planeten Venus wichtigen Daten werden vom Arbeitskreis Planetenbeobachter, Fachgruppe der Vereinigung der Sternfreunde e.V., Beobachtungsschablonen ausgegeben (s. Abb. 7.15). Diese Schablone ist auch dort sowie bei der Materialzentrale der Vereinigung der Sternfreunde e.V. (VdS) zu beziehen.

Mittlere Entfernung von der Sonne		108,208 Mio. km = 0,7233 AE
Kleinste Entfernung von der Sonne		0,72 AE
Größte Entfernung von der Sonne		0,73 AE
Exzentrizität		0,0068
Kleinste Entfernung von der Erde		0,27 AE
Größte Entfernung von der Erde		1,73 AE
Bahnumfang		680 Mio. km
Mittlere Bahngeschwindigkeit		35,02 km/s
Siderische Umlaufzeit		224,701 Tage
Synodische Umlaufzeit		583,92 Tage
Bahnneigung gegen die Ekliptik		3,3947°
Äquatordurchmesser		12103,8 km
Abplattung		0
Oberfläche in Erdoberflächen		0,90
Rauminhalt in Erdvolumen		0,85
Masse		$4{,}8690 \cdot 10^{27}$g
in Erdmassen		0,8150
Magnetfeld		schwächer als 10^{-4} Gauß
Dichte		5,24 g/cm^3
Rotationszeit		243,01 d
Neigung des Äquators gegen die Bahnebene		2,7° (bzw. 177,3°)
Fluchtgeschwindigkeit		10,3 km/s
Oberflächentemperatur max.		525°C
Oberflächentemperatur min.		455°C
Geometrische Albedo		0,65
Farbindex		+0,8 mag
Scheinbare Helligkeit max.		–4,28 mag
Scheinbarer Durchmesser max.		64"
Scheinbarer Durchmesser min.		10"
Atmosphäre	97 % CO_2	Sehr dicht. In der Höhe starke
	2 % N_2	Windgeschwindigkeiten.
	0,025 % He	(100–140 m/s)
	0,024 % SO_2	
Oberflächenstruktur		Zwischen Mars und Erde
H_2O		Ja, in den Wolken (0,1–0,4 %)
Oberflächendruck		91 bar

Tab. 7.7 Dimensionen und Bahnverhältnisse des Planeten Venus

Literatur

[1] Böhme, D.: „Über die Realität des Schröter-Effekts der Venus“ in: Die Sterne **57** (1981), S. 363–370

[2] Kunz, W.: „Größte Elongation und Dichotomie der inneren Planeten“, in: Sterne und Weltraum **16** (1977), Heft 10, S. 334f.

[3] Kunz, W., Glitscher, G.: „Bestimmung der Venusdichotomie im Juni 1975“ in: Sterne und Weltraum **15** (1976), Heft 1, S. 29–30

[4] Kalauch, K.-D.: „Das sekundäre Licht der Venus“ in: Die Sterne **69** (1983), S. 365ff.

[5] Flach-Wilken, B.: „Schöne Seiten und Rückansichten“ in: Sterne und Weltraum **28** (1989), S. 52ff.

[6] „Das aschgraue Licht der Venus“ in: Sterne und Weltraum **27** (1988), S. 392ff.

[7] Mädlow, E.: „Zur Interpretation des aschgrauen Lichtes auf der Venus“, Orion **233** (1989), S. 129ff.

[8] Dr. Ule, Otto: Die Wunder der Sternenwelt, Otto Spamer Leipzig, 1884, S. 151

[9] Maunder, M., Moore, P.: Transit – When planets cross the sun, Springer-Verlag, 2000, S. 98ff.

[10] Wittmann, A., Wöhl, H.: „Der Merkurdurchgang vom 10. November 1973“, Sterne und Weltraum **13** (1974), Heft 2, S. 41ff.

[11] Roth, G. D. et al.: Handbuch für Sternfreunde – Bd. 2, Springer-Verlag 1989, S. 218

[12] Lexikon der Astronomie – Bd. 1, Spektrum Akademischer Verlag Heidelberg, 1995, S. 176ff.

[13] Lexikon der Astronomie – Bd. 2, Spektrum Akademischer Verlag Heidelberg, 1995, S. 226ff.

[14] Gerdes, D.: Beobachtungen über die sehr beträchtlichen Gebirge und Rotation der Venus 1973, Heimatverein Lilienthal 1995

[15] Cattermole, P., Moore, P.: Atlas of Venus, Cambridge University Press, 1997, S. 9ff.

7.3 Erdmond

von Günter D. Roth

Der beträchtliche scheinbare Durchmesser macht dieses Himmelsobjekt zu einem bevorzugten Beobachtungsgegenstand. Schon mit kleinen Fernrohren ist viel zu sehen. Der Mond ist ein Übungsfeld ersten Ranges für das teleskopische Sehen. Für die Demonstration einer kosmischen Landschaft bietet der Mond selbst ausgesprochenen Laien etwas. Neben der visuellen Beobachtung steht die photographische, die gleichfalls gegenüber den Planeten wesentlich mehr zu bieten vermag.

Die Naherkundung des Mondes mit Hilfe von Raumsonden setzte im Oktober 1959 ein (Luna 3 photographierte die Mondrückseite). Im folgenden Jahrzehnt waren es die Missionen Ranger, Surveyor, Luna und Apollo (Juli 1969: Apollo 11 brachte erstmals Menschen auf den Mond), mit deren Unterstützung der Mond gründlich erforscht worden ist. Neben der umfassenden bildmäßigen Erfassung der Mondoberfläche gelang es auch, Gesteins-, Sand- und Staubproben auf die Erde zu bringen. In den kommenden Jahren sind eine Reihe von Raumfahrtunternehmen zum Mond geplant, u. a. von der ESA die Sonde Smart 1, die im Herbst 2002 startet und Wasser auf dem Mond suchen soll. Insbesondere die dunklen Südpolkrater sollen darauf untersucht werden. Ein japanischer Satellit soll den Mond 2004 erreichen und Mondbeben messen. 2005 wird der Forschungssatellit Selene folgen, dessen Geräte die chemische Zusammensetzung der Mondoberfläche analysieren sollen. Noch für dieses Jahrzehnt sind unbemannte Landungen geplant. Vorboten für eine erneute Landung von Astronauten auf dem Mond. Eine Mondstation gilt immer noch als alternative Startbasis für die bemannte Mission zum Mars neben der Raumstation ISS.

In der Zeitschrift „Sterne und Weltraum" sind 1999 und 2000 ausführliche Aufsätze über die aktuelle Mondforschung erschienen: über die Oberfläche des Erdmondes [1], seine Chemie [2], seinen inneren Aufbau [3] und die thermische Entwicklung und Konvektion des Mondinneren [4].

Ein neuerlicher Anlauf zur Erforschung des Mondes mit Hilfe von Raumsonden begann 1992 mit der Sonde Galileo und 1994 mit der Sonde Clementine. 1997 startet Japan die Sonde Luna A und die USA die Sonde Lunar Prospector. Die USA entwickelte einen Plan, der die Erkundung des Mondes bis hin zum Bau einer bemannten Station vorsieht. Neben der endgültigen Klärung der Entstehung von Mond und Erde interessiert besonders der Beitrag des Mondes zur Stabilisierung der Erdachse in einer frühen Phase der Erdgeschichte. Rechnungen machen glaubhaft, daß sich die Erdachse ohne Mond um bis zu 85 Grad hätte neigen können. Das hätte u. a. schwerwiegende Folgen für das Erdklima gehabt. Vielleicht gäbe es ohne den Mond kein Leben auf der Erde.

Rund drei Monate umkreiste die Sonde Clementine den Mond und kartierte seine Oberfläche in elf verschiedenen Wellenlängen. Die Kombination der verschiedenen Karten hilft, die chemische und mineralogische Beschaffenheit des

Mondbodens zu erfassen. Nach wie vor auffällig ist der strukturelle Unterschied zwischen Vorder- und Rückseite des Mondes. Die das Mondantlitz prägenden „Meere“ fehlen auf der Rückseite, die fast ausschließlich von kraterzerteilten Hochländern gebildet wird.
Die Aufnahmen der Sonde Clementine bilden auch die Grundlage für eine hochauflösende Karte des Mondes, die 1999 auf 22 CD-ROMs veröffentlicht wurde [5] und Details von 100 bis 150 m Größe zeigt.
Über die Geschichte der Mondkartographie siehe [6].
Trotz der Aufzeichnungen von Clementine gelten die Polregionen des Mondes als noch weitgehend unerforscht, insbesondere der Mondsüdpol mit dem mächtigen Aitken-Becken von über 2 500 km Durchmesser. In der Mitte ist es 12 km tief. Rund 6 000 Quadratkilometer rund um den Südpol liegen ständig im Schatten. Das Vorhandensein gefrorener Gase, z.B. Wassereis wird vermutet.
Im Gegensatz zur Erdoberfläche, die einer Vielfalt von klimatischen Einflüssen ausgesetzt war, ereigneten sich auf der Mondoberfläche keinerlei Witterungserscheinungen. Die Dichte der Mondatmosphäre ist 10^{14} mal dünner als diejenige der Erde. Durch das Fehlen von freiem Wasser auf dem Mond entfällt eine weitere wichtige Voraussetzung für die Erosion, wie wir sie auf der Erde kennen. Dafür spielen andere Vorgänge auf dem Mond eine Rolle. Dazu gehört das permanente Bombardement durch feste Körper von Größen, die vom Staubkorn bis zum massiven Gesteinsbrocken reichen. Während auf der Erde die meisten dieser kosmischen Körper in der Atmosphäre verglühen, erreichen sie mit hohen Geschwindigkeiten auf dem Mond die ungeschützte Oberfläche. Das führt zur Kraterbildung und Gesteinserosion. Ein weiterer Vorgang wirkt zusätzlich auf die Mondoberfläche wie die Verwitterung auf der Erde: der „Sonnenwind“, von der Sonne hinausgeschleuderte Protonen (Wasserstoffkerne) und Elektronen, trifft mit etwa 500 km/s die Mondoberfläche. Dadurch werden die Kristallstrukturen des Mondgesteins zerstört.
Die Aufmerksamkeit der Öffentlichkeit für alles, was mit dem Mond zu tun hat oder haben könnte, ist in den letzten Jahren stark gestiegen. Spekulationen wuchern über die angeblichen Einflüsse des Mondes auf die Erde und ihre Bewohner. Sicher ist, daß die Anziehungskräfte des Systems Erde-Mond die Ozeane in Bewegung halten (Gezeiten). Für anderes, z.B. Mondphasen und Wetter, Vollmond und Geburtenhäufigkeit, Selbstmordraten oder Unfallzahlen fehlen schlüssige statistische Belege. Auch Bauernwissen um das Mondholz bleibt Mythos. Bei bestimmtem Mondstand geschlägerte Bäume sind nicht feuerfester als bei Tag gefällte.

7.3.1 Die Mondphasen

Bereits ohne Fernrohr lassen sich Einzelheiten auf der Mondoberfläche erkennen, am auffälligsten bei Vollmond die sogenannten Mondmeere. Auch die von Tag zu Tag sich ändernde Lichtgestalt (Phase) kann man ohne optische Hilfsmittel verfolgen. Mit dem Fernglas (Feldstecher) wächst die Zahl der sichtbaren

Objekte: Krater, Gebirge, helle Strahlen. Am einprägsamsten erscheinen alle Mondformationen an der Grenze zwischen dem beleuchteten und unbeleuchteten Teil des Mondes, am sogenannten Terminator. Hier werfen die Kraterwälle und Berge wegen des tiefen Sonnenstandes lange Schatten. Die Zeitspanne, die von einem Neumond zum nächsten vergeht, heißt Lunation. Seit 1923 werden sie durchnumeriert: die Lunation Nr. 1 begann mit dem Neumond am 17. Januar 1923.
Die nachfolgende Tabelle gibt dem Beobachter Hinweise betreffend günstige und weniger günstige Zeitpunkte zur Mondbeobachtung im Verlauf eines Jahres. Diese Angaben gelten für die nördliche Hemisphäre:

Phase	3 Tage	1. Viertel	Vollmond	Letztes Viertel	25 Tage
Günstig	Aprilende	Frühjahr	Winter	Herbst	Juliende
Weniger günstig	Oktoberende	Herbst	Sommer	Frühjahr	Januarende

Tab. 7.8

Für jeden Beobachter ist es immer wieder interessant, eine ganze Lunation durchzubeobachten. Dazu zählt auch die zeitliche Erfassung der Sichtbarkeit der schmalen Mondsichel (Neulicht) nach Neumond am Abendhimmel. Unter sehr guten Sichtbedingungen kann das Neulicht etwa 20 Stunden nach Neumond ausgemacht werden. Dazu gehört natürlich auch die letzte Sichtbarkeit der abnehmenden Mondsichel am Morgenhimmel. Die Zahl der Tage, die seit Neumond vergangen sind, geben das Mondalter an. Im Ersten Viertel steht der Mond im Alter von 7 Tagen.
Die noch dunkle Seite des Mondes erscheint beim sehr jungen und sehr alten Mond etwas aufgehellt. Man sieht das aschfarbene (aschgraue) Licht. Es ist nichts anderes als reflektiertes Licht der Erde (s. Abb. 7.16).
Zur Entstehung der Mondphase (s. Abb. 7.17). Die Phasen werden von der Stellung der Sonne, der Erde und des Mondes gegeneinander bestimmt. Der Beobachtungsort auf der Erde hat keinen Einfluß darauf. Vollmond ist gleichzeitig in

Abb. 7.16 4 Tage alter Mond und aschfarbenes Licht: Aufnahme mit 130-mm-EDT-Refraktor, Öffnungsverhältnis 1 : 8, Film: Fujicolor 100, Belichtungszeit 8 s; Photo von Jean Dragesco.

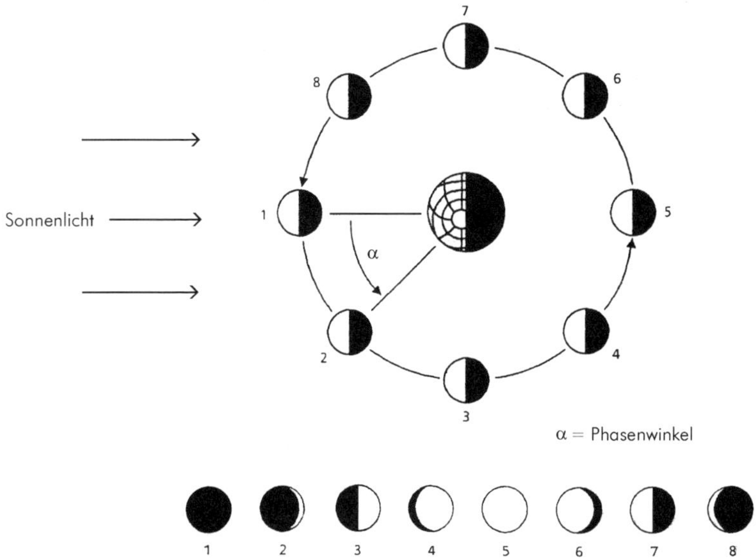

Abb. 7.17 Entstehung der Mondphasen

Europa und Australien. Unterschiede ergeben sich aber für die Lage der Mondsichel, die abhängig ist von der geographischen Breite (s. Abb. 7.18).
Der aufmerksame Beobachter, der über ein Jahr vom gleichen Standort aus den Mondlauf verfolgt, stellt unterschiedliche Auf- und Untergangspunkte und Kulminationshöhen fest. Ursache ist die Neigung der Mondbahn gegen die Ekliptik um 5°. Hand in Hand mit der wechselnden Lage der Mondbahn zur Ekliptik kommt es zu verschiedenen Stellungen der Mondphasen gegenüber dem Horizont. Bekannt ist z.B. die „Kahnlage" der Mondsichel am Abendhimmel im Frühjahr (s. Abb. 7.19).
Die Bahn des Mondes um die Erde ist elliptisch. Da die Bahn außerdem starken Störungen unterworfen ist, ändert sich der Abstand von der Erde zwischen 356 410 (scheinbarer Durchmesser 33'30") und 406740 km (scheinbarer Durchmesser 29'22"). Im Mittel ist der Mond vom Erdmittelpunkt 384405 km entfernt. Der scheinbare Durchmesser entspricht dabei etwa demjenigen der Sonne. Abb. 7.20 macht die unterschiedlichen scheinbaren Monddurchmesser im Perigäum (Erdnähe) und Apogäum (Erdferne) deutlich.
Die Bewegung des Mondes am Himmel ist „schnell": pro Tag ein Bogen von rund 12° in west-östlicher Richtung. Für Beobachter ist wichtig zu wissen, daß die Eigenbewegung des Mondes erheblich von der Lage des Beobachters auf der Erde und von der Stellung des Mondes abhängig ist. Diese Bewegung ist mit der Angabe der geozentrischen Bewegungen in Jahrbüchern nicht unbe-

dingt identisch. Von der Beobachtung zum Beispiel von Sternbedeckungen her ist bekannt, daß die Bedeckung für jeden Standort auf der Erde, was Zeit, Dauer und Orientierung anbetrifft, unterschiedlich verläuft. Das gilt auch für Mondbeobachtungen. Beispielsweise bei Höhenmessungen am Mondrand, wenn die Höhen unmittelbar mit dem Mondhalbmesser verglichen und in Meter umgewandelt werden. Wird der scheinbare Mondhalbmesser in Beziehung zu Beobachtungen gebracht, so muß er berechnet werden [7].

7.3.2 Die Librationen

Die Rotationsdauer des Mondes ist gleich seiner Umlaufzeit um die Erde. Er kehrt demzufolge der Erde immer die gleiche Seite zu. Aber er durchläuft seine Bahn mit veränderlicher Geschwindigkeit und steht außerdem bald nördlich, bald südlich der Erdbahnebene. Das verursacht die sogenannten Librationen.

Abb. 7.18 Lage der Mondsichel relativ zum Horizont in verschiedenen geographischen Breiten. A–C: Sichel des zunehmenden Mondes über dem Westhorizont kurz nach Sonnenuntergang. D–F: Sichel des abnehmenden Mondes über dem Osthorizont kurz vor Sonnenaufgang.

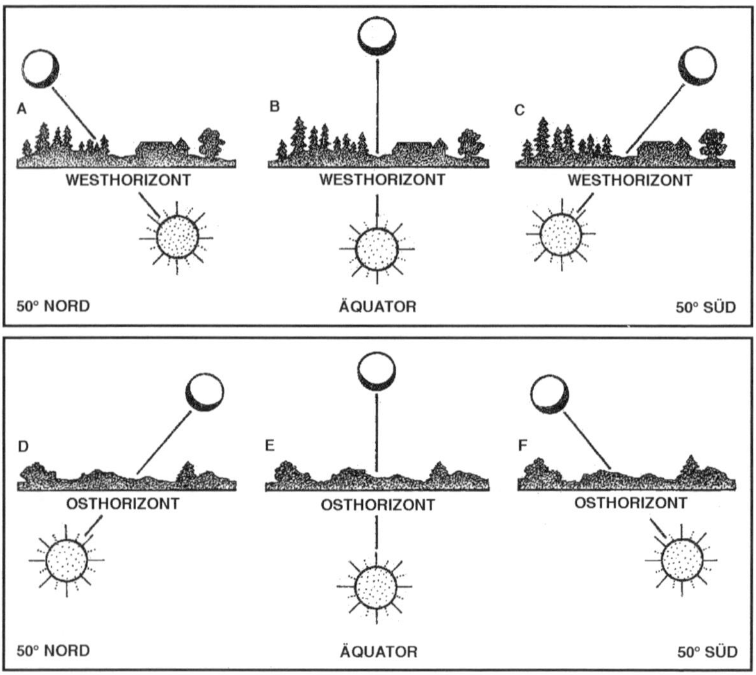

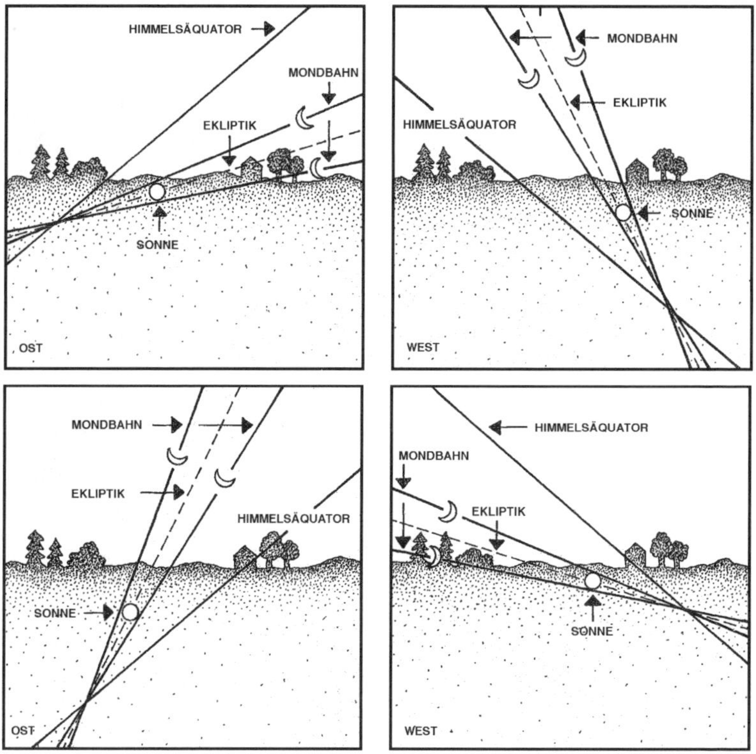

Abb 7.19 Außergewöhnliche Stellungen der Mondphasen zum Horizont: Links oben: Der Mond im Frühjahr am Morgenhimmel. – Rechts oben: Der Mond im Frühjahr am Abendhimmel. – Links unten: Der Mond im Herbst am Morgenhimmel. – Rechts unten: Der Mond im Herbst am Abendhimmel.

Abb. 7.20 Änderung des scheinbaren Monddurchmessers aufgrund unterschiedlicher Entfernung zwischen Erde und Mond. Apogäum = Erdferne (rechte Bildhälfte), Perigäum = Erdnähe (linke Bildhälfte). Aus: W. Schwinge, Fotografischer Mondatlas. Leipzig: J. A. Barth 1983.

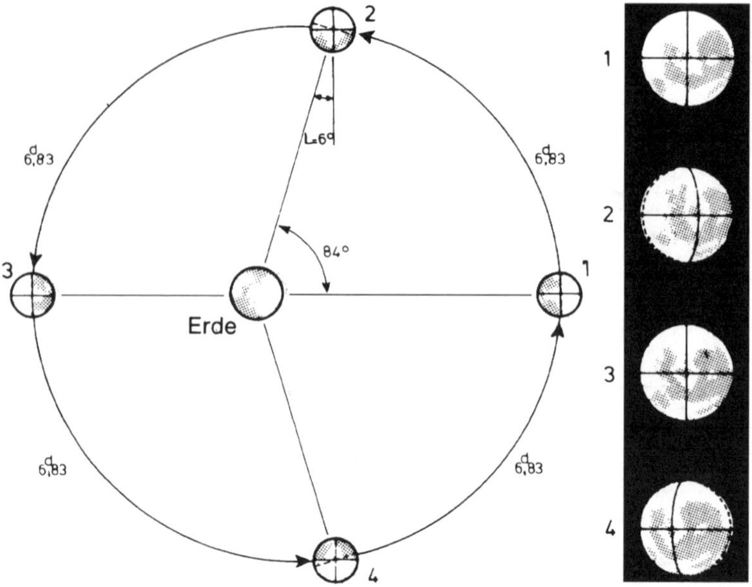

Abb. 21 a Die Rotation des Mondes um seine eigene Achse ist sehr regelmäßig, so daß in 27.32:4 = 6,83 Tagen eine Drehung um 90° vollzogen wird. Die Bewegung des Mondes um die Erde ist dagegen unregelmäßig, da die Mondumlaufbahn elliptisch ist. In der Nähe des Punkts der Bahn, der der Erde am nächsten ist *(Perigäum)* bewegt sich unser Satellit am schnellsten und in der Nähe des erdfernsten Punkts *(Apogäum)* am langsamsten. In Position 1 befindet sich der Mond im Apogäum. 6,83 Tage später (Position 2) hat er sich um 90° um seine Achse gedreht, aber erst 84° um die Erde. Die Folge ist, daß ein kleiner Bruchteil von der Rückseite des Mondes sichtbar wird. Dieses Verhalten wird als *Libration in Länge l* bezeichnet. Die größte Libration in Länge ist starken Schwankungen unterworfen, bedingt durch die sich ändernde Exzentrizität der Mondbahn. In der Tabelle weist das Vorzeichen (+) oder (–) darauf hin, daß ein Teil der westlichen oder östlichen Mondrückseite zu sehen ist.

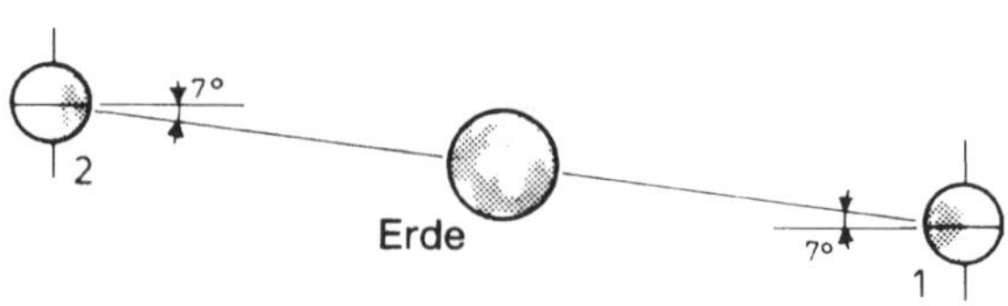

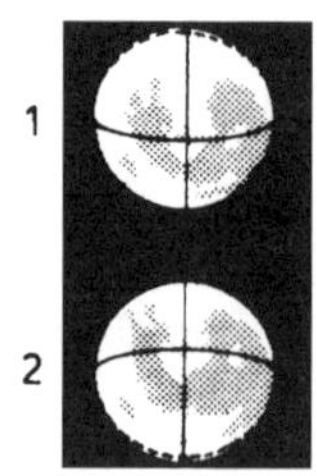

Abb. 7.21 b
Da die Rotationsachse des Mondes nicht senkrecht auf der Bahnebene steht, tritt noch eine *Libration in Breite b* auf. Manchmal ist etwas mehr vom Nordpolgebiet (Position 1), manchmal etwas mehr vom Südpolgebiet (Position 2) des Mondes zu sehen. Aus: B. Koch, Sternenführer 1987, Treugesell-Verlag Düsseldorf.

Sie gestatten dem Beobachter den Anblick von 59% der Mondoberfläche. Es gibt:

1. Die Libration in Länge, bedingt durch die elliptische Mondbahn (maximal ± 7,9°).
2. Die Libration in Breite, weil die Rotationsachse des Mondes nicht genau auf der Mondbahnebene senkrecht steht (maximal ± 6,9°).
3. Die parallaktische Libration, weil der Beobachter auf der rotierenden Erde aus wechselnden Richtungen auf den Mond schaut (maximal ± 1°).

Welche Randgebiete die Libration gerade zeigt, darüber geben die Koordinaten des scheinbaren Mondmittelpunktes Auskunft, die u. a. in „Ahnerts Kalender für Sternfreunde“ jedes Jahr laufend für jeden Tag veröffentlicht werden. Bei positiven Längen (+) des scheinbaren Mondmittelpunktes sind es Gebiete am Westrand, bei negativen (–) am Ostrand, bei positiven Breiten (+) am Nordrand und bei negativen Breiten (–) am Südrand. Besonders deutlich werden Librationseffekte in den Positionswinkeln 45°, 135°, 225° und 315°. Den Positionswinkel zählt man in Grad von Nord über Ost, Süd nach West von 0° bis 360° (s. auch Abb. 7.22 a, S. 168).
Der Anblick der Randgebiete des Mondes im Fernrohr ändert sich mit der Libration beträchtlich. Hinzu kommt die perspektivische Verkürzung zum Rande hin. Die Beobachtung dieser Gebiete erfordert einige Übung. Die Beobachtung selten sichtbarer Mondlandschaften ist sehr reizvoll.
Ein weiteres wichtiges Datum für den Beobachter ist der Positionswinkel der Mondachse. Man findet ihn ebenfalls in Jahrbüchern angegeben. Dieser Positionswinkel bezeichnet die Neigung der Rotationsachse gegen die Nord-Süd-Richtung an der Himmelskugel.

7.3.3 Mondkoordinaten

Der Anblick des Mondes entspricht für den Beobachter weitgehend der *orthographischen Projektion*. Sie ist eine Parallelprojektion, der Blickpunkt liegt in der Schnittkante zwischen der Äquatorebene des Mondes und der Ebene des Nullmeridians. Die orthographische Projektion bildet alle Parallelkreise als *parallel* zum Äquator verlaufende Linien ab, die den als Kreis erscheinenden Randmeridian in gleiche Abschnitte teilen. Der Nullmeridian ist dargestellt, wenn ein Durchmesser des Randmeridians *senkrecht* zu den Parallelkreisen verläuft. Die übrigen Längenkreise stellen sich als *Ellipsen* vor, deren gemeinsame große Achse die Projektion des Nullmeridians ist.
Die selenographische Länge l oder λ beschreibt den Winkel, den die Ebene des Nullmeridians mit der Ebene einschließt, durch die der Meridian zum Beispiel eines Mondkraters führt. Die selenographische Breite b oder β beschreibt den Winkelabstand zum Beispiel eines Kraters vom Mondäquator.
Bei der Orientierung ist zu beachten:

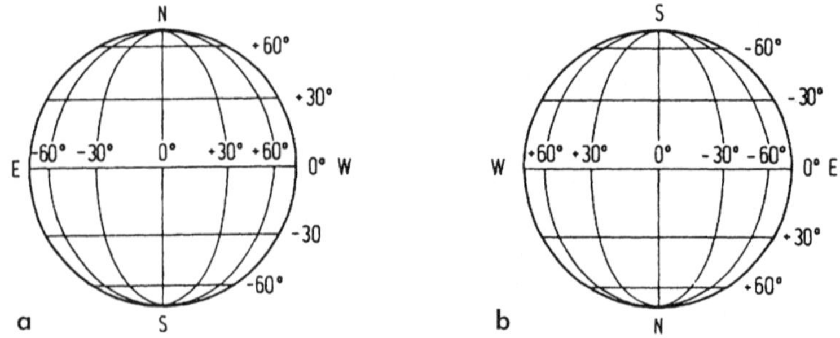

Abb. 7.22 a, b Himmelsrichtungen in Grad auf dem Mond: a mit bloßen Augen; b im astronomischen Fernrohr.

Abb. 7.23 Skelettkarte des Mondes. Anblick im astronomischen Fernrohr.

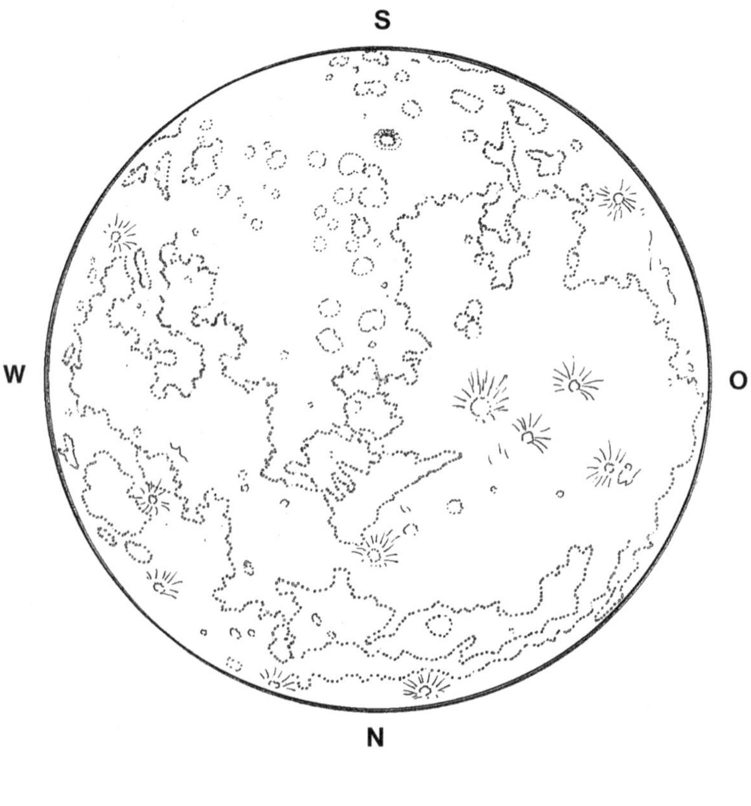

1. Im Feldstecher (und mit bloßen Augen) ist Norden oben und Süden unten. Im umkehrenden astronomischen Fernrohr ist Norden unten und Süden oben (Abb. 7.22 b und 7.23).
2. Die herkömmliche Antwort auf die Frage: wo ist Osten und wo Westen im astronomischen Fernrohr, lautet: Westen ist die bei der scheinbaren täglichen Bewegung vorangehende Seite, Osten die folgende. Man zählt die Länge vom mittleren Zentralmeridian nach Westen mit – und nach Osten mit +.
3. Neu eingeführt worden ist die astronautische Orientierung: Osten ist dort, wo für einen Beobachter auf dem Mond die Sonne aufgeht, Westen dort, wo sie untergeht. Der zuerst von der Sonne beleuchtete Rand auf dem Mond ist der Ostrand (Mare Crisium). Entsprechend lautet auf Karten die Bezeichnung Osten rechts, Westen links (wenn Norden oben!).

Bei der Verwendung von Mondkarten muß der Benutzer prüfen, welcher Orientierung sie folgen. Bei der Anfertigung eigener Zeichnungen ist eine entsprechende Anmerkung notwendig, wobei heute die Empfehlung der Internationalen Astronomischen Union (IAU) gilt, die astronautische Orientierung zu verwenden. Um Verwirrung zu vermeiden, schreibt der Beobachter wie folgt: Ost (IAU) und West (IAU).

Für Positionsangaben von Mondformationen gibt es zwei Systeme:

1. Selenographische Länge (l) und selenographische Breite (b). Das sind die Koordinaten entsprechend auf der Erde geographischer Länge und Breite.
2. Rechtwinklige, orthographische Mondkoordinaten (ξ, η), bezogen auf den Scheibenmittelpunkt.

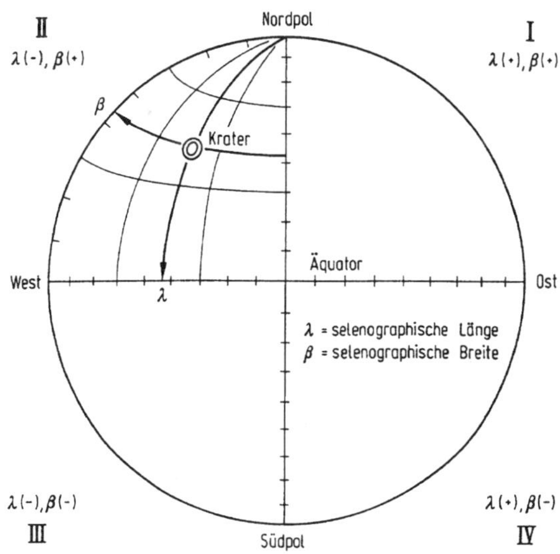

Abb. 7.24 Selenographische Koordinaten (Orientierung im astronautischen Sinn)

Scheibenmittelpunkt	ξ	= 0,	η	=	0
Westrand		= + 1,		=	0
Ostrand		= – 1,		=	0
Nordrand		= 0,		=	+ 1
Südrand		= 0,		=	– 1

Die Beziehung zwischen selenographischen und rechtwinkligen Koordinaten lautet (Mondradius = 1):

$$\xi = \sin \lambda \cos \beta \text{ und } \eta = \sin \beta.$$

Anhaltspunkte für Entfernungen auf dem Mond geben folgende Daten: der selenozentrische Winkel von 1 Grad = 30 km auf der Mondoberfläche. Der Mond erscheint von der Erde aus mit einem Durchmesser von etwa 30 Bogenminuten. Bei mittlerer Monddistanz kommen einer Bogensekunde in der Scheibenmitte 1.9 km gleich. Die lineare Ausdehnung der Radialkomponente je Bogensekunde dehnt sich zum Mondrand hin. Es gilt: 30 km pro Bogensekunde, geteilt durch cos z. Dabei ist z der selenozentrische Winkel zwischen Scheibenmittelpunkt und beobachteter Mondformation.
Ausgangspunkt für das Gradnetz ist der Randmeridian, dargestellt durch den zu wählenden Mondradius R (Abb. 7.25). Der so entstandene Kreis bekommt einen waagrechten und senkrechten Durchmesser, entsprechend dem *Äquator* und dem *Nullmeridian*. Werden die Breitenkreise beispielsweise in Abständen von 10° gezeichnet, teilt man den Kreisrand in 35 gleiche Teile, beginnend vom Äquator, und zieht die parallelen Linien zum Äquator. Dann konstruiert man ein gleichseitiges Dreieck, dessen Seiten dem Mondradius R entsprechen. Damit werden die selenographischen Längen auf geometrischem Weg ermittelt. Der Abstand eines l_n-ten Längenkreises in einer selenographischen Breite b_n, gemessen von der Projektion des Nullmeridians aus, stellt sich dar in der Formel

$$R \cos b_n \cos (90° - l_n).$$

Angenommen, die selenographischen Längen sollen ebenfalls in Abständen von 10° bestimmt werden, trägt man von der *Spitze* des konstruierten Dreiecks aus die *Parallelkreishalbmesser* R cos 80° ... 70° bis 10° nacheinander ab. Aus Gründen der Übersichtlichkeit ist die Unterteilung der Abb. 7.25 in Abständen von 30° gezeichnet, das Prinzipielle wird aus ihr aber sichtbar. Die Schnitt-

Abb. 7.25 Skizze für die Konstruktion eines Gradnetzes.

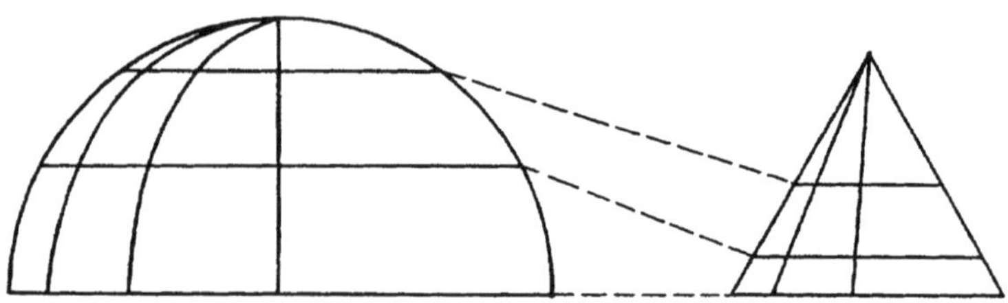

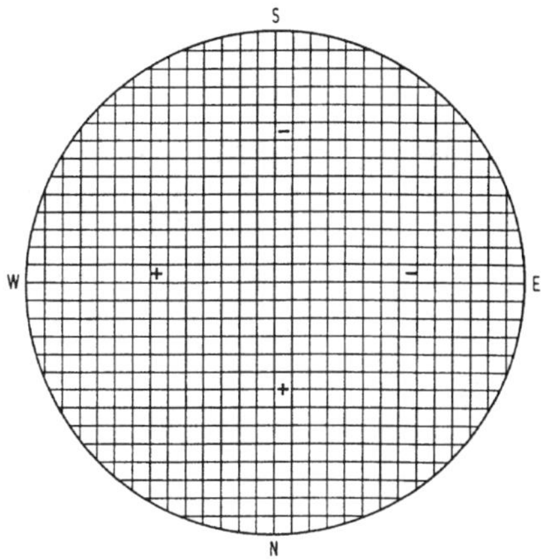

Abb. 7.26
Rechtwinkliges Kartennetz für eine Mondkarte:
westlicher Randpunkt:
$\xi = +1{,}000, \quad \eta = 0{,}000;$
östlicher Randpunkt:
$\xi = -1{,}000, \quad \eta = 0{,}000;$
nördlicher Randpunkt:
$\xi = 0{,}000, \quad \eta = +1{,}000;$
südlicher Randpunkt:
$\xi = 0{,}000, \quad \eta = -1{,}000$

punkte werden durch Linien verbunden, die parallel zur Grundlinie verlaufen. Das gleiche Teilverfahren wendet man für die *Dreiecksbasis* an, beginnend von der rechten oder linken Ecke. Die Teilpunkte der Basis werden anschließend von der Spitze des Dreiecks aus durch Linien verbunden, die alle Parallelen zur Basis im gleichen Verhältnis teilen, wie diese auch: im Verhältnis von cos 10° : cos 20° ... : cos 80°. Ohne Schwierigkeit kann man jetzt die Grundlinie mit den Teilpunkten auf der Projektion des Mondäquators vom Nullmeridian aus nach rechts und links abtragen: die erste Parallele im Dreieck auf der Projektion des Parallelkreises 10° und so weiter.
Heute ist es auch üblich, anstelle der Vorzeichen + und – für die selenographische Länge die Abkürzung der Himmelsrichtung East (Osten) E und West W zu verwenden: beispielsweise 60 E = 60° östlicher selenographischer Länge (l bzw. $\lambda = -60°$). Anstelle der Vorzeichen + und – für die selenographische Breite benützt man die Abkürzung der Himmelsrichtung Norden N und Süden S: beispielsweise 30 N = 30° nördlicher selenographischer Breite (b bzw. $\beta = +30°$).

7.3.4 Lage der Lichtgrenze

Von entscheidender Bedeutung für die Sichtbarkeit der Mondformationen ist die Lage der Lichtgrenze (Terminator). Im zu- und abnehmenden Mond wandert die Lichtgrenze über jedes Objekt der sichtbaren Oberfläche 25 mal im Jahr. Die Sichtbarkeit der Mondformation ist eine Funktion ihrer Sonnenbeleuchtung. Viele Mondformationen können nur am oder nahe am Terminator in ihrer wahren Gestalt erkannt werden. Aber der niedrige Sonnenstand bewirkt lange Schatten, die das Beobachten erschweren und optische Täuschungen geradezu herausfordern. Steht die Sonne hoch über der Mondlandschaft (Vollmond), verschwinden die Schatten und die Konturen. In der Regel wird der Mondbeobachter immer in der Nähe des Terminators seine Objekte suchen. Es ist wichtig, daß für jede Beobachtung der selenographische Längengrad, auf dem die Sonne gerade aufgeht (zunehmender Mond) bzw. untergeht (abnehmender Mond) genau fixiert ist [8, 9]. Dieser selenographische Längengrad bezeichnet die Lage der Lichtgrenze und ist in Jahrbüchern von Tag zu Tag angegeben. Die Morgenlichtgrenze (Morgenterminator) finden wir zwischen Neumond und Vollmond, die Abendlichtgrenze (Abendterminator) zwischen Vollmond und dem nachfolgenden Neumond. Die mittlere stündliche Bewegung der Lichtgrenze beträgt genähert 0,51°.

Für die Definition der Lichtgrenze bedient man sich aus der *Colongitude* der Sonne am Mondzentrum. Sie ist das Komplement der selenographischen Länge der Lichtgrenze am Mondäquator. Sie ist in den englischsprachigen Jahrbüchern (z.B. *The Astronomical Almanac* oder *The Handbook of the B.A.A.*) unter der Rubrik *Sun's Seleonographic Colongitude* zu finden, seit 1986 auch in *Ahnerts Kalender für Sternfreunde* [10]. Ihr Wert beträgt genähert bei Neumond 270°, beim Ersten Viertel 0°, bei Vollmond 90° und beim Letzten Viertel 180°.

Die Beziehungen zwischen der selenographischen Länge $L_{\odot}$ der Sonne, der Colongitude $C_{\odot}$ und der Lichtgrenze zeigt Tab. 7.9.

Sie ist definiert durch den selenographischen Längengrad, auf dem die Sonne im Augenblick der Beobachtung aufgeht (zunehmender Mond) beziehungsweise untergeht (abnehmender Mond). Der Beobachter findet ihn in Jahrbüchern und Kalendern (z.B. *Ahnerts Kalender für Sternfreunde*) täglich angegeben.

In das auf S.170 beschriebene rechtwinklige Netz mit Koordinaten überträgt man genähert die westliche oder östliche Länge der Lichtgrenze L:

$$x = \cos b \sin L.$$

Darin ist b die selenographische Breite des beobachteten Parallelkreises.

Mondphase	$L_{\odot}$	$C_{\odot} = L_{\odot} + 90°$	Lichtgrenze
Neumond bis 1. Viertel	180° bis 270°	270° bis 360°	
	zum Beispiel 200°	dann $C_{\odot}$ = 290°	360° – 290° = + 70°
1. Viertel bis Vollmond	270° bis 360°	0° bis 90°	
	zum Beispiel 295°	dann $C_{\odot}$ = 25 °	0° – 25 ° = – 25°
Vollmond bis 3. Viertel	0° bis 90°	90° bis 180°	
	zum Beispiel 60°	dann $C_{\odot}$ = 150°	180° – 150° = + 30°
3. Viertel bis Neumond	90° bis 180°	180° bis 270°	
	zum Beispiel 120°	dann $C_{\odot}$ = 210°	180° – 210° = – 30°

Tab. 7.9 Beziehungen zwischen der selenographischen Länge $L_{\odot}$ der Sonne, der Colongitude $C_{\odot}$ und der Lichtgrenze. Die westliche beziehungsweise östliche Länge bei der Morgen- oder Abendlichtgrenze ist deutlich zu unterscheiden (Vorzeichen plus beziehungsweise minus).

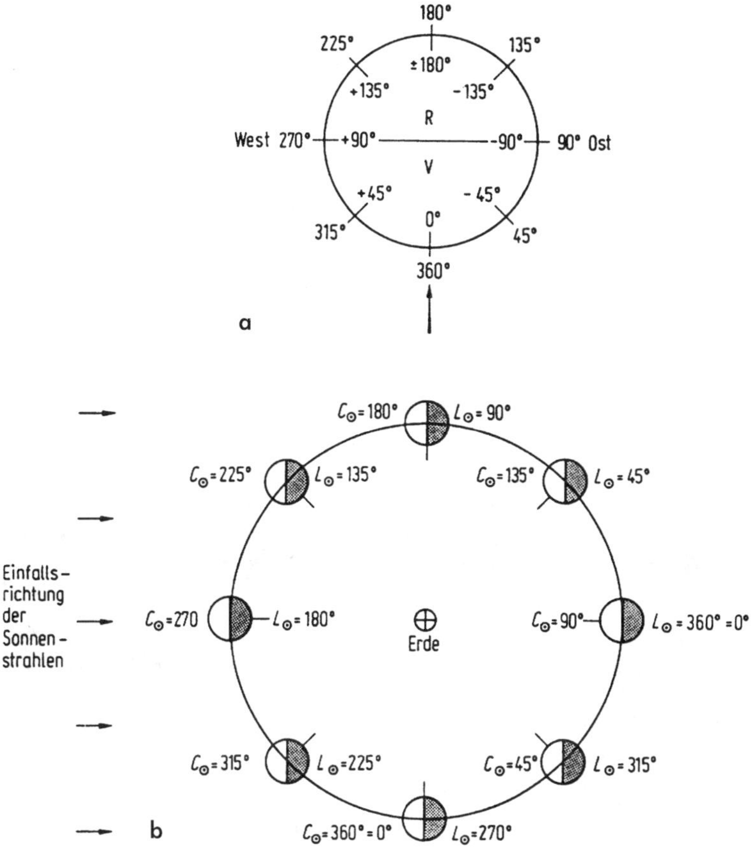

Abb. 7.27 a, b Zur Erläuterung des Begriffs Colongitude. a) Anblick des Mondes im astronomischen Fernrohr. V = Vorderseite, R = Rückseite, innen = konventionelle Längenzählung, außen = durchgehende Längenzählung. b) Es sind acht Stellungen des Mondes auf seiner Bahn eingetragen (Aufblick von Norden). Der der Erde zugewandte selenographische Längengrad 0 ist durch einen kurzen, auf die Erde weisenden Strich markiert. Die Strahlen der Sonne kommen von links (Pfeile). Sie sind praktisch parallel. Die Sonne ist fast 400mal so weit von uns entfernt wie der Mond, ihr Durchmesser ist nahezu doppelt so groß wie der Mondbahndurchmesser. Die im Bild angenommene Richtung der Sonne ($L_{\odot}$) fällt im Bild bei Vollmond mit der Länge 0° des selenographischen Gradnetzes zusammen. Bei jedem Mondbild ist die selenographische Länge der Sonne $L_{\odot}$ eingetragen, außerdem die zugehörige Colongitude $C_{\odot}$. Aus: P. Ahnert, Kalender für Sternfreunde 1988. Leipzig: J. A. Barth 1987.

7.3.5 Die Oberflächenformationen

Die Formationen der Mondoberfläche tragen verschiedene Bezeichnungen. Nachfolgend dazu eine Übersicht [11]:

7.3.5.1 Maria

Mare (lat., Plural Maria), die großen dunklen Flecke auf dem Mond, die man bereits ohne Fernrohr sehen kann. Der Name kommt daher, daß Beobachter in vergangenen Jahrhunderten glaubten, diese dunklen Gebiete seien die „Mondmeere“. In Wirklichkeit ist das Gestein der Maria Basalt, und die Maria sind mit

Abb. 7.28 Typische Formationen der Mondoberfläche. A = Frischer Krater Aristarchus mit Strahlen, Durchmesser 40 km; B = kleiner, schüsselförmiger Krater; C = Krater Prinz, teilweise von Mare-Laven überflutet; D = Mare-Oberfläche; E = gewundene Rille; F = gerade Rille; G = Mare-Rücken; H = Prae-Mare-Material aus Mare-Laven hervorragend, einige gewundene Rillen folgen älteren Bruch- und Grabenstrukturen. Photo: NASA/ULO Planetary Image Centre (J. E. Guest).

Lava überflutete Ebenen. In den Maria gibt es zahlreiche Formationen, die Vulkanen ähnlich sind. Übergänge zu Wallebenen und Ringgebirgen sind fließend. Die fast kreisförmige Wallebene Grimaldi zum Beispiel, mit einem Durchmesser von nahezu 200 km, würde näher zur Mitte der Mondscheibe gelegen wahrscheinlich als Mare bezeichnet werden. Grimaldi hat einen dunklen Boden vom Maretyp und erreicht immerhin die halbe Größe des Mare Crisium.
Die Flächen der Maria sind nicht strukturlos. Drei Objektformen sind für Beobachter besonders interessant: die *Bergadern* (engl. *mare wrinkles, wrinkle ridges*); das sind unterschiedlich strukturierte Aufwölbungen der Mareoberfläche; dann die *Kleinkrater* (engl. *craterlets*) und *Beulen* oder *Kuppeln* (engl. *domes*). Die Beulen sind nur bei flachem Lichteinfall deutlich zu beobachten. In den Kuppeln kann man Löcher beobachten, ähnlich wie in Vulkankratern. Die Kleinkrater in den Maria haben häufig kegelförmige oder schlüsselartige Öffnungen. Es handelt sich hier um interessante Objekte auch in bezug auf die Entstehungsgeschichte des Mondes.

7.3.5.2 Formationen der Terrae (Hochländer)

Gemeint ist damit die Topographie der hellen Gebiete der Mondoberfläche, die in der Regel höher liegen als die Maria. Die Hochländer (Terrae) beanspruchen über die Hälfte der Mondvorderseite und nahezu die ganze Rückseite. Im Gegensatz zu den Maria sind sie gebirgig strukturiert und weisen eine viele Kilometer dicke Kruste auf. Die meisten Krater finden sich in den Hochländern. Die Krater werden als Produkt eines gewaltigen Meteoritenbombardements angesehen, in dessen Verlauf ältere Krater von neuen Einschlägen getroffen, beschädigt oder zerstört wurden. In oder an alten Kratern haben sich so neue gebildet.

7.3.5.3 Ringförmige Formationen

a) Wallebenen, Krater, deren ringförmiger Wall eine Ebene von 50–200 km Durchmesser einschließt; zum Beispiel Abulfeda, Archimedes, Clavius, Fra Mauro, Grimaldi, Maurolycus, Plato.
b) Ringgebirge, ähnlich den Wallebenen, doch höhere Wälle und geringerer Durchmesser der tiefer liegenden eingeschlossenen Ebene. Häufig in der Mitte noch Zentralberge. Bekannte Beispiele: Eratosthenes, Copernicus, Petavius, Theophilus, Tycho.
c) Krater im eigentlichen Sinn sind alle Rundformen auf dem Mond, die keine ausgeprägte, gebirgige Umwallung erkennen lassen. Die Durchmesser sind kleiner als bei Wallebenen und Ringgebirgen. Es gibt die ausgesprochenen Klein- und Kleinstkrater, nach den Photos der Mondsonden mit Durchmessern von 50 cm und weniger (Kraterlöcher). Es gibt Kratergruppen, oft mit perlschnurartiger Anordnung, die im kleinen Fernrohr wie Rillen aussehen.

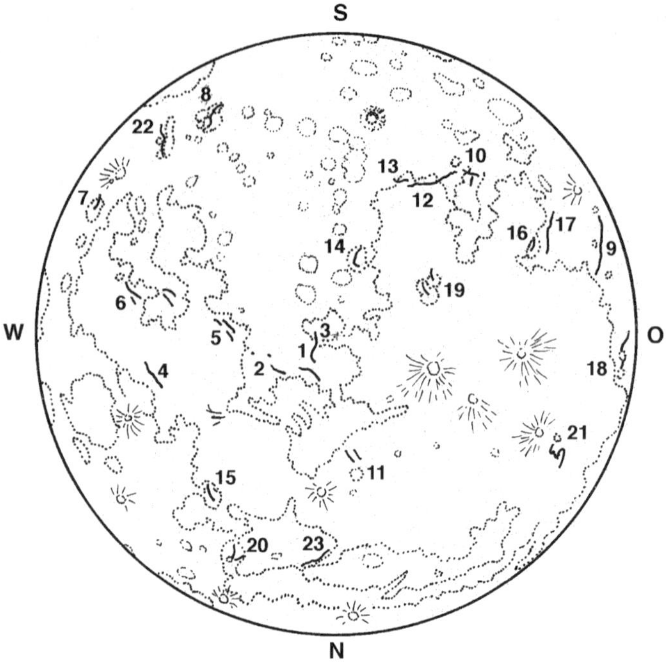

Abb. 7.29 Lage der wichtigsten Rillensysteme auf dem Mond (Orientierung im umkehrenden astronomischen Fernrohr).

1	Hyginus-Rille	9	Sirsalis-Rille	17	Mersenius-Rillen
2	Ariadaeus-Rille	10	Hippalus-Rillen	18	Hevelius-Rillen
3	Triesnecker-Rillen	11	Archimedes-Rillen	19	Parry-, Bonpland- und Fra Mauro-Rillen
4	Cauchy-Rillen	12	Hesiodus-Rille		
5	Sabine und Ritter-Rillen	13	Pitatus-Rillen	20	Lacus Mortis-Rillen
6	Goclenius-Rillen	14	Alphonsus-Rillen	21	Schröters-Tal
7	Petavius-Rille	15	Posidonius-Rillen	22	Rheita-Tal
8	Janssen-Rille	16	Gassendi-Rillen	23	Alpental

Terrassierte Innenwände, ein oder mehrere Zentralberge, Auswurfdecken sowie Sekundärkrater und helle Strahlen in der Umgebung machen viele Mondkrater zu interessanten Beobachtungsobjekten. Die Sichtbarkeit der einzelnen Strukturen ist sehr abhängig von ihrer Beleuchtung.

7.3.5.4 Kettengebirge

Es handelt sich hierbei um große Gebirgszüge mit beträchtlichen Erhebungen (bis 6000 m Höhe). Mit Gebirgen auf der Erde jedoch sind diese Formationen nach ihrer Entstehungsgeschichte nicht vergleichbar. Manches spricht dafür, daß die Berge durch Impakte hochgetürmt worden sind.

7.3.5.5 Lineare Formationen

a) Grabenförmige *Rillen* mit Breiten bis zu 1000 m und Längen bis zu mehreren 100 km. Auf dem Boden sind oft viele Kleinstkrater auszumachen. Beispiele: Ariadaeusrille, Hyginusrille.

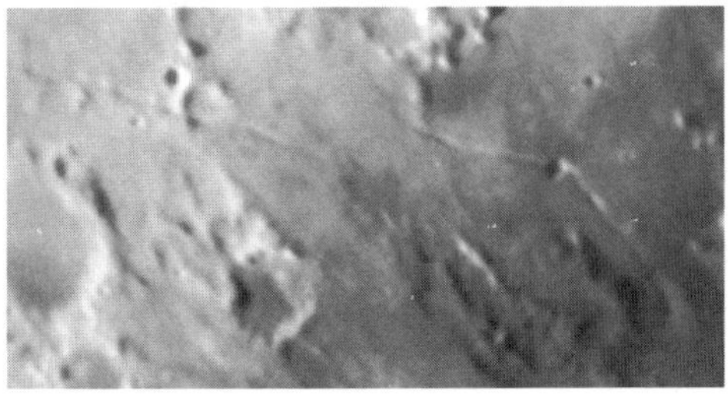

Abb. 7.30 Ariadaeusrille, Hyginusrille

b) Spalten schneiden in die Oberfläche ein und sind bis einige 100 km tief. Sie sind Brüche in der Mondkruste.
c) Täler stellen schmale Einschnitte in ein Kettengebirge dar. Das markanteste Beispiel ist das Alpental.
d) Helle Strahlen sind auffällige streifenförmige und helle Objekte (besonders bei Vollmond!), die meist radial von einem Krater („Strahlenkrater") wegstreben. Bekannte Strahlenkrater: Tycho (auffälligstes System), Kepler, Copernicus, Olbers und andere.

7.3.5.6 Sonderformationen

a) Geisterkrater. Sie erscheinen nur schemenhaft auf dem dunklen Boden eines Mare. Es sind Krater, die vom Lavastrom zugedeckt wurden. Ein bemerkenswertes Objekt ist der halb überflutete Krater Guericke im Mare Cognitum.
b) Zentralberge (engl. *central peak*) sind Bergkegel oder Gebirgsstücke im Innern von Wallebenen und Ringgebirgen. Oft Ähnlichkeit mit Kegelvulkanen auf der Erde.
c) Kaps auf dem Mond sind einzelne, herausragende Bergblöcke, die den Übergang von einer gebirgigen Landschaft (Kettengebirge) in eine ebene (Mare) deutlich markieren. Zwei bekannte Kaps sind das Kap Heraclid und das Kap Laplace, die die Endbastionen der das Sinus Iridum halbseitig umschließenden gebirgigen Mondlandschaft (auch als Hochland bezeichnet) sind.
d) Dunkelflecke gibt es auf der Mondoberfläche verhältnismäßig zahlreich, besonders häufig in den Maria und ihrer nahen Umgebung. Einzelne Dunkelflecke lassen deutlich Veränderungen ihres Aussehens erkennen, die abhängig von der Höhe des Sonnenstandes sind.

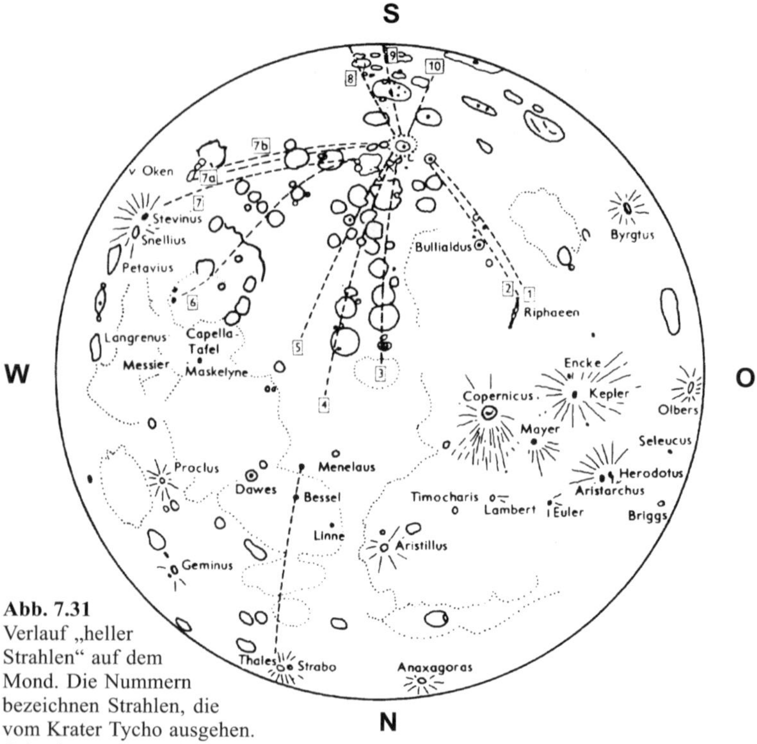

Abb. 7.31
Verlauf „heller Strahlen" auf dem Mond. Die Nummern bezeichnen Strahlen, die vom Krater Tycho ausgehen. Orientierung im umkehrenden astronomischen Fernrohr.

Die Namen der einzelnen Mondformationen und Mondlandschaften stammen zum größten Teil noch aus der Frühgeschichte der visuellen Mondbeobachtung. Langrenus (17. Jh.) versuchte als erster, die Mondformationen zu benennen. Die Namen entnahm er der Bibel und Heiligenlegenden. Sein jüngerer Zeitgenosse Johann Hevel (1611–1687) versuchte es mit den Namen irdischer Landschaften. Alpen und Apenninen gehen auf ihn zurück. Die meisten Benennungen sind von Riccioli eingeführt worden und noch heute üblich. Er benutzte zur Benennung der Krater und Ringgebirge die Namen bekannter Naturwissenschaftler und Philosophen. Den Mondmeeren gab er Namen, die astrologische Einflüsse erkennen lassen. Die deutschen Mondbeobachter Schröter (1745–1816), Beer (1797–1850) und Mädler (1794–1874) haben die Nomenklatur der Mondformationen weiterentwickelt. Von Beer und Mädler wurden erstmals Krater mit Buchstaben gekennzeichnet. Eine international anerkannte Nomenklatur schufen für die IAU 1935 Mary A. Blagg und Karl Müller. Die Benennung nach Persönlichkeiten und geographischen Vorbildern ist bis in die Gegenwart beibehalten worden, so zum Beispiel bei der Namensgebung für die neuentdeckten Formationen auf der Mondrückseite (Lomonossov, Joliot-Curie und so weiter). Die kartographische Erfassung der Rückseite des Mondes und die in jüngster Zeit sehr detailreiche Kartographie der Vorderseite (Maßstäbe 1 : 250 000 und höher) stellte neue Anforderungen an die Nomenklatur. Die Karten mit großem Maßstab folgen einer Gebietsaufteilung: 144 Gebiete mit je 16 Untergebieten, wobei jedes Untergebiet den Namen eines örtlichen Kraters trägt. Von solchen Gliederungen bleibt jedoch das Kartenmaterial, das der Amateurbeobachter benötigt, unberührt.

Nach wie vor ist es üblich, eine Formation mit einem Namen zu versehen. In den letzten zehn Jahren haben eine Reihe kleiner Mondkrater, die mit Buchstaben gekennzeichnet waren, zum Beispiel Messier G, einen neuen Namen bekommen, im Beispiel Lindberg. Alte Buchstabenbezeichnungen bleiben daneben aber noch im Gebrauch.

Seit 1976 haben Nichtkraterstrukturen neue Namen bekommen. Beispiele: Mare Insularum = Meer der Inseln ($b = 7°$ nördlich, $l = 22°$ westlich) oder Sinus Amoris = Bucht der Liebe ($b = 29°$ nördlich, $l = 38°$ östlich).

Heute ist die Internationale Astronomische Union (IAU) für die Vergabe neuer Namen oder Änderungen alter Namen allein zuständig. Der aktuelle Stand der Namen wird in den Sitzungsberichten der in dreijährigem Turnus stattfindenden Generalversammlungen der IAU veröffentlicht. Das Auftreten sehr vieler kleiner und kleinster Formationen hat neue Gattungsbegriffe notwendig gemacht. Dabei bedient sich die IAU der lateinischen Sprache, zum Beispiel:

anguis	=	kurvenförmige Rille,
catena	=	Kraterkette,
dorsum	=	Höhenrücken,
fossa	=	geradlinige Rille,
mons	=	Berg,
montes	=	Gebirge,
promontorium	=	Kap,
rima	=	Rille,
rupes	=	Furche,
vallis	=	Tal.

7.3.6 Beobachtungsaufgaben

Die Lichtfülle des Mondes macht manchem Beobachter zu schaffen. Die Verwendung von Dämpfgläsern ist dann ratsam. Oder das Beobachten in der hellen Dämmerung. Schwierigkeiten bereitet weiterhin der Detailreichtum. Für den Anfänger ist er oft geradezu verwirrend. Sowohl für einen persönlichen Beobachtungsabend wie für eine Demonstration auf einer Volkssternwarte ist es ratsam, an einem Abend nur ein ganz bestimmtes, ausgewähltes Gebiet zu beobachten. Das dafür aber gründlich und in der Reihenfolge:

1. Beschaffung der notwendigen Angaben über das Gebiet.
2. Erste Orientierung im Fernrohr bei kleiner Vergrößerung und mit Unterstützung einer Übersichtskarte.

3. Einstellen des ausgewählten Gebietes bei mittlerer Vergrößerung und Einprägen des Anblicks.
4. Beobachtung feiner Einzelheiten unter Verwendung der höchstmöglichen Vergrößerung, die noch ein klares, scharfes Bild vermittelt, und Vergleich mit einer guten Mondkarte.

Der Klarheit sehr förderlich ist die binokulare Beobachtung (s. S. 32). Sie bietet sich für die Mondbeobachtung geradezu an und verschafft neben einem plastischen Bildeindruck vor allem ein entspanntes Sehen. Nach eigenen Erfahrungen mit dem Baader-Binokular werden speziell auf dem Mond Einzelheiten bei beidäugigem Sehen nicht nur rascher, sondern vor allem auch sicherer und eindeutiger erfaßt. Das bestätigt auch G. Miller in einem Erfahrungsbericht: „Feine Einzelheiten waren beidäugig besser zu erkennen und scheinbar größer, was sich beim Einblick in nur eines der beiden Okulare bestätigte“ [12].

Die Voraussetzung für jede topographische Arbeit ist das Vertrautsein mit den Grundzügen der Oberfläche. *Skelettkarten* zur Orientierung und *Umrißskizzen* als Zeichenvorlage sind notwendige Ausgangspunkte. Beides bekommt man

Abb. 7.32 Mondkrater Humboldt am 27. Februar 1983, Colong. 95,9°. Zeichnung von F. W. Price nach Beobachtungen mit einem 8"-Reflektor.

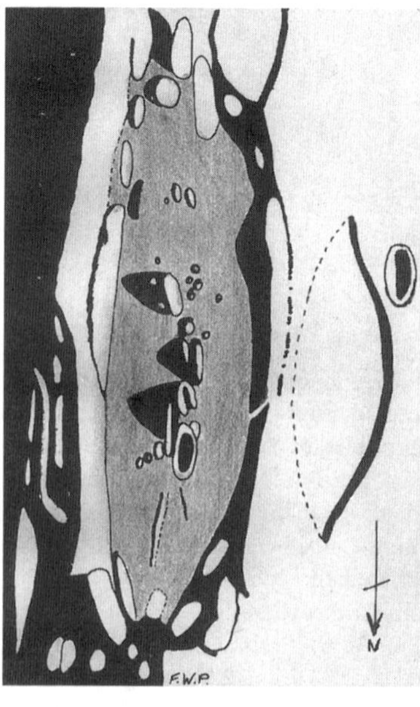

Abb. 7.33 Die weißen Pfeile (oben: Maginus, unten: Sasserides) auf diesem Photo von Jean Dragesco markieren Details auf Kraterböden, die photographisch mit Amateurinstrumenten gerade noch erfaßt werden. Hier bieten sich visuelle Vergleichsbeobachtungen an.

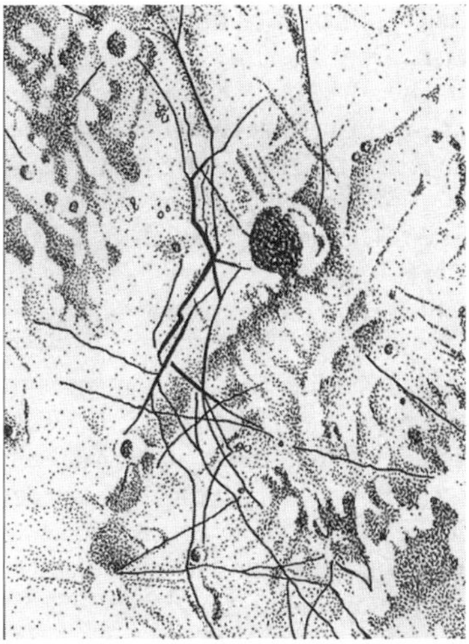

Abb. 7.34 Zeichnung der Triesnecker-Rillen von Nepomuk Krieger. Beobachtet 1899 mit einem 10½-Zoll-Refraktor, F = 330 cm, abgeblendet auf 6½ Zoll. V = 260fach.

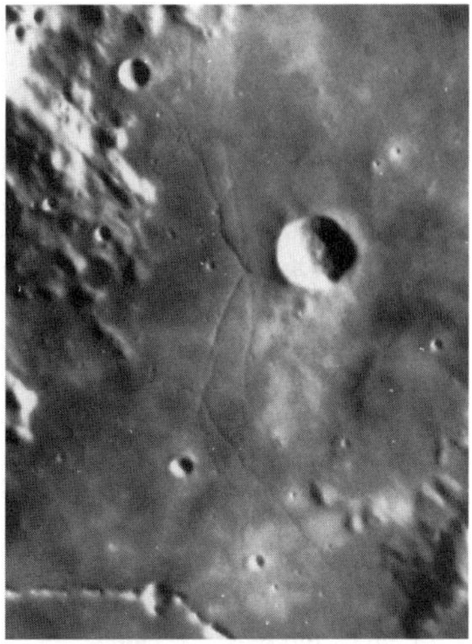

Abb. 7.35 Triesnecker-Rillensystem, Photo von Th. Gérard mit einem 8"-Schmidt-Cassegrain-Refraktor, Öffnung 225 mm, Äquivalentbrennweite 1 : 71, Belichtung 1,5 s auf TP 2415, Entwickler HC 110. Links unten im Bild Krater Hyginus und ein Stück der gleichnamigen Rille.

mittels Pause von zuverlässigen Mondkarten, besser Photographien. Blaß kopierte beziehungsweise vergrößerte Photos eignen sich als Zeichenschablonen. Jede Umrißzeichnung soll *Positionsmarken* enthalten, damit die Einzelheiten winkelgetreu eingezeichnet werden können.

Die Zeichentechnik ist von der Begabung des Beobachters abhängig. Es ist zwischen einfachen *Strichzeichnungen* und *Volltonzeichnungen* zu unterscheiden. Letztere versuchen helle und dunkle Intensitäten in das Bild einzuarbeiten. Ph. Fauth zeichnete in *Schichtlinien* und in plastisch wirksamen *Schraffen*.

Abb. 2.35, S. 66 demonstriert den Werdegang einer einfachen Umrißzeichnung (Strichzeichnung) zu einer abgetönten Zeichnung, die Schatten und Intensitäten berücksichtigt.

Jede Fernrohrgröße hat „ihren Mond", und bestimmt bietet der Mond für jeden Beobachter etwas Interessantes. Kritische, systematische Beobachtungen verlangen aber Geduld und viele Vergleichsmöglichkeiten. Wissenschaftliche Lorbeeren sind damit kaum zu ernten. Dafür aber eine gute Schulung des Auges und praktische Erfahrung im Zeichnen am Fernrohr. Das Photo ist ein brauchbares Hilfsmittel. Ersetzen kann es die visuelle Feinstudie nicht. Mondphotos sind übrigens sehr geeignet als „Untergrund-Schablonen" zum Einzeichnen feiner Details.

Als beispielhafte Arbeit eines Amateurs steht Wolfgang Schwinges „Photographischer Mondatlas", der 1983 erschienen ist: „Der Durchmesser der einzelnen Mondbilder beträgt durchschnittlich 19 cm. Die Ausschnittvergrößerungen der Nord- und Südhälften des Mondes ergeben einen Durchmesser von annähernd 40 cm. Als Aufnahmeinstrument dienten ein Refraktor 110/1600 und ein Cassegrain-Spiegelteleskop 200/1000/3000. Die Aufnahmen wurden im Fokus und mit der Okularprojektionsmethode gewonnen. Die unterschiedlichen Belichtungszeiten reichten von 2 s bis zu 1/250 s" [13].
Auf die Möglichkeit auch hier die CCD-Technik einzusetzen, sei besonders aufmerksam gemacht (s. S. 77 und S. 97).
Bei der kartenmäßigen Darstellung ist heute die Zuhilfenahme von guten Photographien eine Ergänzung für die visuellen Ergebnisse. Dabei muß jede Karte, auch wenn sie nur eine eng begrenzte Mondlandschaft zeigt, ihren Maßstab haben und die Einordnung in ein Gradnetz aufweisen. Jeder Beobachter, der eine bestimmte Mondgegend systematisch beobachtet, sollte versuchen, seine Einzelzeichnungen in einer kartenmäßigen Darstellung zusammenzufassen. Wer sich intensiver um das Verständnis der beiden wichtigsten Vorgänge, die auf dem Mond gewirkt haben, Impakte und Vulkanismus, bemüht, muß ausgesuchte Mondlandschaften kartenmäßig erfassen [14,15].
Beobachtungsaufgaben, deren Ergebnisse die Anfertigung von Spezialkarten empfehlen, sind:

- Beobachtung von feinen Strukturen in einem Mare;
- Beobachtung eines Strahlensystems;
- Beobachtung einer Gegend am Mondrand mit Diskussion der Libration;
- Beobachtung von Rillen mit genauer Angabe des Verlaufs;
- Beobachtung der Verteilung kleiner Krater in der Umgebung einer Wallebene oder eines Ringgebirges.

Für Messungen am Fernrohr kommt das Fadenmikrometer in Frage (s. S. 47). Für die Ableitung von relativen Höhen auf dem Mond sind für den Amateur Messungen der Schattenlängen von Erhebungen lehrreiche Versuche. Dazu ausführliche Beschreibungen des Meßverfahrens in [16].
Bei sehr schräger Beleuchtung erwecken lange, schwarze Schatten den Eindruck, daß wir es mit sehr großen Höhen der Mondberge zu tun haben. Offenbar treten hier auch leicht Meßfehler auf, wie ein Vergleich der Ergebnisse verschiedener Beobachter zeigt: „Beim Vergleich von Höhenangaben für die gleichen Objekte nach den Resultaten mehrerer Beobachter ergaben sich häufig Differenzen von einigen tausend Metern, ohne daß sich deren Ursache aufklären oder wenigstens eindeutig entscheiden ließ, welcher Wert der bessere war. Allerdings sind diese Beträge bei genauer Überlegung des Sachverhalts nicht überraschend und eine einfach geometrische Überlegung ergibt, daß unter günstigsten Beleuchtungsbedingungen bereits Meßfehler der Schattenlänge von weniger als einer Bogensekunde genügen, um merkliche Fehler der errechneten Höhen zu verursachen" [17].

Es gibt auf dem Mond zahlreiche Formationen, die in ihrer tatsächlichen Gestalt und Ausdehnung ungenügend erkannt sind beziehungsweise die scheinbare oder echte Veränderungen vermuten lassen. Nachdem wir heute wissen, daß sich überall auf dem Mond eine 1 bis 20 m starke Schicht von feinem Staub und Schutt befindet und bei jedem neuen Meteoriteneinschlag Gestein zertrümmert und die Monderde neu gemischt wird, sind Veränderungen einzelner Formationen durchaus im Bereich des Möglichen.
So gehört zur kritischen Mondtopographie der Vergleich neuer mit älteren Beobachtungen, um mögliche Veränderungen nachzuweisen. Das kann auch unter Zuhilfenahme von Photos geschehen. Interessant sind in diesem Zusammenhang die Krater Plato, Aristarch, Alphonsus und Linné.
Das Auftreten von Dunkelflecken und Lumineszenzerscheinungen ist gleichfalls zu berücksichtigen. Mehr dazu siehe [18].
Bei der kritischen Mondtopographie geht es jedoch nicht nur um den Nachweis von Veränderungen. In der Mehrzahl der Fälle geht es ganz einfach um ein *genaueres Kennenlernen* eines Objekts. Das setzt intensives Beobachten und gediegene Kenntnis von bereits veröffentlichten Beobachtungsergebnissen voraus. Gerade auf dem Mond wird das Spiel von Licht und Schatten dem Beobachter immer wieder zum Verhängnis, zur Fata Morgana. Bestimmte Oberflächendetails führen unter bestimmten Beleuchtungswinkeln zu sinnesphysiologischen Täuschungen. Naturgemäß trägt dazu auch die Optik bei, wenn das Auflösungsvermögen seine Grenze fast erreicht hat. Keinem Beobachter soll abgeraten werden, eigene Beiträge mit 2- oder 3-Zöllern zu liefern. Aber daß diese Instrumente gerade in bezug auf kleine und kleinste Einzelheiten sehr früh ihre Grenze erreichen, läßt sich nicht vermeiden. Ein Instrument von 6 Zoll Öffnung ist die Mindestgröße für die kritische topographische Beobachtung .
Die Gewinnung von neuen Einzelheiten auf der Grundlage kritischer mondtopographischer Beobachtungen ist auch die Grundlage für die Anfertigung von Spezialkarten, wie sie in [19] genannt sind. Siehe auch [20, 21, 22, 23].

7.3.6.1 Beobachtungen zur physikalischen Beschaffenheit

Hierunter fallen Arbeiten, die sich mit physikalischen Oberflächeneigenschaften beschäftigen:

- Helligkeitsänderungen;
- Verfärbungen;
- Polarisation des von der Mondoberfläche gestreuten Lichts;
- Auftreten von Leuchterscheinungen (Transient Lunar Phenomena, abgekürzt TLP, oder Lunar Transient Phenomena, LTP, auch Moonblinks genannt).

Die Lumineszensvorgänge sind auf Gase zurückzuführen, die aus dem Mondinneren strömen, und die Sonnenstrahlung, die sie auslöst (Photolumineszenz). Für den Beobachter ergeben sich verschiedene Eindrücke. Dazu J. Classen [24]: „Nach ihrem Austritt verschleiern die Gase einesteils durch Absorption oder

Streuung die Durchsicht auf die Mondoberfläche. Die Beobachter glauben dann, ‚Verdunkelungen‘ oder ‚graue Wolken‘ zu erblicken. Andernteils kommt es bei den Gasen zu Lumineszenzvorgängen. Man sieht, wenn man im beleuchteten Teil des Mondes beobachtet, farbige Lichtflecke auf der Mondoberfläche. Bei Beobachtungen im aschgrauen Mondlicht gewahrt man weißliche Erhellungen. Es erfolgt in diesem Falle kein foveales ‚Farb-Sehen‘, sondern nur noch extrafoveales ‚Weiß-Sehen‘ von allerdings sehr großer Reichweite.“

Liste von Mondkratern, in denen TLP beobachtet worden sind:		
Alphonsus	Herodotus	Pickering = Messier A
Aristarchus	Hyginus N	Piton
Atlas	Kap Laplace	Plato
Bullialdus	Kepler	Posidonius
Censorinus	Lichtenberg	Proclus
Copernicus	Linné	Ptolemaeus
Daniell	Manilius	Spitzbergen Mts
Eratosthenes	Menelaus	Theophilus
Eudoxus	Mt. Pico	Torricelli B
Gassendi	Peirce	Tycho
Grimaldi	Picard	

In einer Reihe von Kratern (z.B. Alphonsus und Atlas) kann man *Dunkelflecke* beobachten, die Intensitätsveränderungen erkennen lassen. Im Mittelpunkt der Dunkelflecke werden Kleinkrater beobachtet. Dunkelflecke können bereits mit kleinen Fernrohren beobachtet und überwacht werden. Ähnlich wie die TLP geben die Dunkelflecke die Möglichkeit, Beobachtungsmaterial über Veränderungen auf der Mondoberfläche zu sammeln, das bei der Deutung der Entstehung der Mondformation hilfreich sein kann.

LTP-Beobachtungen wurden schon früher von erfahrenen Beobachtern mitgeteilt, z.B. William Herschel, Wilhelm Struve und E. E. Barnard. Statistisch entfällt rund ein Drittel aller Beobachtungen auf die Region Aristarchus – Herodotus – Schröter‘s Tal. LTP-verdächtig sind die Ränder der Maria, vulkanische Strukturen der Oberfläche, z.B. Dome und Rillen, sowie Krater mit dunklen Flecken auf dem Boden im Inneren.

Über TLP, Dunkelflecke, Verfärbungen und ähnliche Erscheinungen ist in den letzten Jahren viel veröffentlicht worden [25, 26]. Für Beobachtungen von farblichen oder Helligkeitsveränderungen empfiehlt die „British Astronomical Association“ in ihrem Leitfaden für Mondbeobachter die Verwendung von hintereinandergeschalteten Farbglasrevolvern, bestückt mit Rot-, Blau- und Neutralfiltern. Diese Vorrichtung, „Crater Extinction Device“ (CED), wird zwischen Barlowlinse und Okular eingesetzt.

Als Moonblinks werden auch jene Leuchterscheinungen bezeichnet, die kurzzeitig beim Einschlag eines Meteors auf der Mondoberfläche entstehen und von der Erde aus beobachtbar sind. Wer sich für ein Beobachtungsprogramm interessiert, sollte Verbindung zu Arbeitsgemeinschaften (z.B. „Gruppe Berliner Mondbeobachter“) oder einer Volkssternwarte aufnehmen (Adressen S. 342).

Abb. 7.36 a Eine besonders TLP-verdächtige Region auf dem Mond: die Krater Ptolemaeus, Alphonsus und Arzachel. Je nach dem Sonnenstand erscheint der Boden von Ptolemaeus grau, olivgrün und gelblich. Der mittlere Krater, Alphonsus, weist mehrere dunkle Flecken auf, in denen sich Kleinstkrater befinden. Sie sind möglicherweise Quellen von Entgasungserscheinungen. Auch am Zentralberg von Alphonsus sind solche Phänomene beobachtet worden. Zum Beispiel am 4. November 1958 von dem russischen Astronomen N. A. Kozyrev mit dem 50-Zoll-Reflektor des Astrophysikalischen Observatoriums auf der Krim. Aufnahme von G. D. Roth mit einem 130/1000-mm-Refraktor. Äquivalentbrennweite 8 m, Belichtung 2 s auf Kodak Tmax 100. Süden oben.
Siehe auch Abb. 3.9 b auf Seite 94.

Abb. 7.36 b Krater Eudoxus ist TLP-verdächtig. Photo von Th. Gérard mit einem Schmidt-Cassegrain, Öffnung 225 mm, Äquivalentbrennweite 1 : 67, Belichtung 1,3 s auf TP 2415, Entwickler HC 110.

Abb. 7.36 c Mons Piton, im Bild oben rechts, ist ebenfalls ein TLP-verdächtiges Objekt. Die alleinstehende Erhebung im Mare Imbrium ist 2250 m hoch. Unten im Bild das Alpental.
Aufnahme am 18.8.1965, 3:30 UT. Photo von G. Nemec mit einem 200/4000-mm-Refraktor, Äquivalentbrennweite f = 14 m, Belichtung 2 s auf 17/10 DIN.

7.3.6.2 Beobachtungen der Nachtseite des Mondes

Auch auf der Nachtseite des Mondes sind Lumineszenzerscheinungen beobachtbar. Mit einem guten Fünfzöller und genügend starker Vergrößerung (150fach) kann der erfahrene Mondbeobachter ans Werk gehen [27].
In diesem Zusammenhang ist die Überwachung der Intensität des „Sekundären Lichts“ (aschgrauen Lichts) empfehlenswert, das bis zu einem Mondalter von 6 Tagen und ab 22 Tagen (unter Umständen länger bzw. früher) zu beobachten ist. Nach W. M. Tschernow lassen sich Helligkeitsschwankungen mit einer Amplitude von etwa 0,6 mag (Maximum: März–Mai; Minimum: Juni–August) nachweisen. Auch die mittlere jährliche Helligkeit soll um etwa 0,8 mag variieren, was man unter anderem auf atmosphärische Trübungen zurückführt. Verfärbungen (grüne Töne) sind ebenfalls beobachtet worden. In der Literatur sind verschiedene Intensitätsskalen empfohlen worden [28].
Amerikanische Beobachter photographieren seit einigen Jahren das aschgraue Licht des Mondes, um dessen Helligkeit regelmäßig zu überwachen und genau zu messen. Dabei interessiert die Albedo der Erde, deren Veränderungen (z.B. jahreszeitlich) Rückschlüsse etwa auf die globale Bewölkung der Erde erlauben. Unter Umständen können hier für die Erforschung des Erdklimas nützliche Beobachtungen gemacht werden (www.bbso.njit.edu/Research/EarthShine). Philip R. Goode vom Big Bear Solar Observatory, Arizona, hat diese Beobachtungen 1994 mit einem 15-cm-Refraktor und einer CCD-Kamera begonnen.

Mittlere Entfernung von der Erde	384 405 km
Kleinste Entfernung von der Erde (Perigäum)	356 410 km
Größte Entfernung von der Erde (Apogäum)	406 740 km
Mittlere Exzentrizität	0,0549
Mittlere Bahngeschwindigkeit	1,02 km/s
Siderische Umlaufzeit	27,3217 Tage
Synodische Umlaufzeit	29,5306 Tage
Bahnneigung gegen die Ekliptik	5,1453°
Durchmesser	3476 km
Oberfläche	37 960 000 km^2
Rauminhalt	21 990 000 000 km^3
Masse	$7{,}35 \cdot 10^{25}$g
in Erdmassen	0,0123
Dichte	3,342 g/cm^3
Rotationszeit	27,3 Tage
Neigung des Mondäquators gegen die Ekliptik	1,5425°
Fluchtgeschwindigkeit	2,38 km/s
Oberflächentemperatur max.	+118 °C
Oberflächentemperatur min.	–170 °C
Geometrische Albedo	0,12
Farbindex	+1,18 mag
Scheinbare Helligkeit (Vollmond)	–12,55 mag
Scheinbare Helligkeit (Halbmond)	–10,20 mag

Scheinbarer Durchmesser max. (Perigäum)	33' 30"
Scheinbarer Durchmesser min. (Apogäum)	29' 26"
Atmosphäre	Praktisch keine
Oberflächenstruktur	Vulkanische und meteoritische Spuren. Auch solare Einflüsse.
H_2O	Vermutet (Wassereis)
Magnetfeld	1000mal schwächer als das irdische

Tab. 7.10 Dimensionen und Bahnverhältnisse des Erdmonds

Literatur

[1] Oberst, J., Jaumann, R., Hoffmann, H.: Von den Apollo-Landungen bis heute. Was wir über die Mondoberfläche gelernt haben, Sterne und Weltraum **38** (8/1999), S. 648

[2] Dreibus-Kapp, G., Schultz, L.: Chemismus und Bildung des Erdmondes. Ergebnisse aus Untersuchungen der Mondproben, Sterne und Weltraum **38** (9/1999), S. 742

[3] Janle, P.: Der Innere Aufbau des Mondes. Der Stand unseres Wissens nach 40 Jahren Weltraumerkundung, Sterne und Weltraum **38** (10/1999), S. 852 und (11/1999), S. 962

[4] Ziethe, R.: Die Dynamik des Mondinneren, Sterne und Weltraum **39** (10/2000), S. 848

[5] Fischer, D.: Eine hochauflösende Karte des Mondes, Sterne und Weltraum **39** (2–3/2000), S. 110

[6] Janle, P.: Das Bild des Mondes. Vom Altertum bis zum Beginn der Weltraumfahrt, Sterne und Weltraum **38** (8/1999), S. 640

[7] Zimmermann, O.: Astronomisches Praktikum I, Verlag Sterne und Weltraum München 1995, S. 98

[8] Price, F. W.: The Moon Observer's Handbook, Cambridge University Press Cambridge – New York – Melbourne 1988, S. 188

[9] Westfall, J. E.: Atlas of the Lunar Terminator, Cambridge University Press, Cambridge 2000

[10] Ahnerts Kalender für Sternfreunde, Johann Ambrosius Barth Verlag, Heidelberg – Leipzig

[11] Roth, G. D.: Der Mond, in: Handbuch für Sternfreunde, Roth, G. D. (Hrsg.), Springer-Verlag, Berlin – Heidelberg –New York 1989, Band 2, S. 110

[12] Miller, G.: Erfahrungen mit dem Baader-Binokular, Sterne und Weltraum **26** (1987), S. 716

[13] Schwinge, W.: Fotografischer Mondatlas, Johann Ambrosius Barth-Verlag, Leipzig 1983, S. 7

[14] Price, F. W.: The Moon Observer's Handbook, Cambridge University Press Cambridge – New York – Melbourne 1988, S. 244
[15] Hill, H.: A Portfolio of Lunar Drawings, Cambridge University Press Cambridge – New York – Melbourne 1991, S. 1
[16] Zimmermann, O.: Astronomisches Praktikum I, Verlag Sterne und Weltraum München 1995, S. 100
[17] Schmeidler, F.: Höhenmessungen auf dem Mond, Sterne und Weltraum **10** (1971), S. 292
[18] Foley, P. W.: The Observation of Transient Lunar Phenomena, in: Guide to Observing the Moon, British Astronoical Association (Hrsg.), Enslow Publishers, Inc. Hillside – Hants 1986, S. 71
[19] Roth, G. D.: Der Mond, in: Handbuch für Sternfreunde, Roth, G. D. (Hrsg.), Springer-Verlag, Berlin – Heidelberg – New York 1989, Band 2, S. 96
[20] North, G.: Observing the Moon: The Modern Astronomer's Guide, Cambridge University Press, Cambridge 2000
[21] Wlasuk, P. T.: Observing the Moon, Springer-Verlag New York 2000
[22] Cohen, J.: The Face of the Moon: A Descriptive Guide, Melbourne 1998
[23] Cook, J. (Hrsg.): The Hatfield Photographic Lunar Atlas, Springer-Verlag New York 1999
[24] Classen, J.: Das Innere des Mondes, Die Sterne **50** (1974), S. 157
[25] Price, F. W.: The Moon Observer's Handbook, Cambridge University Press Cambridge – New York – Melbourne 1988, S. 237 und 259
[26] Foley, P. W.: The Observation of Transient Lunar Phenomena, in: Guide to Observing the Moon, British Astronomical Association (Hrsg.), Enslow Publishers, Inc. Hillside – Hants 1986, S. 80
[27] Günther, O.: Zur Sichtbarkeit von Einzelheiten auf der Nachtseite des Mondes, Die Sterne **42** (1966), S. 1
[28] Küveler, G., Klemm, R.: Neue Identitätsskalen für das sekundäre Mondlicht, Sterne und Weltraum **11** (1972), S. 239
[29] Informationen für Beobachter veröffentlicht u. a. Charles A. Wood in seinem „lunar notebook“ in *Sky and Telescope* und auf seiner Website für Mondbeobachter www.space.edu/moon.

7.4 Mars

von Christian M. Schambeck

Mars gehört zu den sogenannten „äußeren Planeten“, sein Sonnenabstand ist größer als derjenige der Erde. Seine Bahn verläuft außerhalb der Erdbahn. Wenn er in Oppositionsstellung kommt, kann er wie alle äußeren Planeten im Gegensatz zu den inneren Planeten Merkur und Venus die ganze Nacht über beobachtet werden. Von Opposition zu Opposition vergehen rund 26 Monate.

Oppositionsdaten					Größte Erdnähe			
Datum	UT h	Heliozentrische Länge ° '	Dekl. ° '	Mag.	Datum	UT h	Abstand AE	Äqu. Diam. "
1995 Feb 12	2	142 54	+18 10	−1,0	1995 Feb 11	14	0,676	13,85
1997 Mar 17	8	176 46	+ 4 40	−1,1	1997 Mar 20	17	0,659	14,20
1999 Apr 24	18	214 06	−11 37	−1,5	1999 May 1	17	0,558	16,18
2001 Jun 13	18	262 46	−26 30	−2,1	2001 Jun 21	23	0,450	20,79
2003 Aug 28	18	335 01	−15 49	−2,7	2003 Aug 27	10	0,373	25,11
2005 Nov 7	8	45 01	+15 54	−2,1	2005 Oct 30	3	0,464	20,17
2007 Dec 24	20	92 46	+26 46	−1,4	2007 Dec 18	24	0,589	15,88
2010 Jan 29	20	129 48	+22 09	−1,1	2010 Jan 27	19	0,664	14,10
2012 Mar 3	20	163 39	+10 17	−1,0	2012 Mar 5	17	0,674	13,89
2014 Apr 8	21	198 57	− 5 08	−1,3	2014 Apr 14	13	0,618	15,16

Tab. 7.11 Oppositionen von Mars 1995–2014 nach J. Meeus

7.4.1 Marsbahn und Achsneigung

Zur Zeit der Opposition steht der Planet der Erde am nächsten auf seiner Bahn. Marsbahn und -achse weisen Besonderheiten auf, die für die Beobachtung nicht ohne Auswirkung sind. So weicht die Marsbahn merklich von der Kreisform ab. Sie ist eine Ellipse mit der Exzentrizität von 0,093. Man unterscheidet daher zwei Haupttypen von Oppositionen, die Perihel- und die Aphelopposition. Aufgrund der Bahnbewegung des Planeten (2. Keplersches Gesetz) tritt eine Häufung von Oppositionen um das Aphel ein. Der vollständige Zyklus von Perihel- und Apheloppositionen umfaßt 7 synodische Umläufe des Mars (etwa 15 Jahre). Mit einer Periode von 79 Jahren wiederholen sich die Oppositionen mit einer Toleranz von 4 bis 5 Tagen, nach 284 Jahren findet die Opposition auf den Tag genau wieder statt.

Im Perihel befindet sich Mars südlich des Himmelsäquators, im Aphel nördlich davon. In Mitteleuropa steht der Planet in den Periheloppositionen nicht hoch über dem Horizont. Die Neigung der Marsbahn gegen die Ekliptik (1° 51') be-

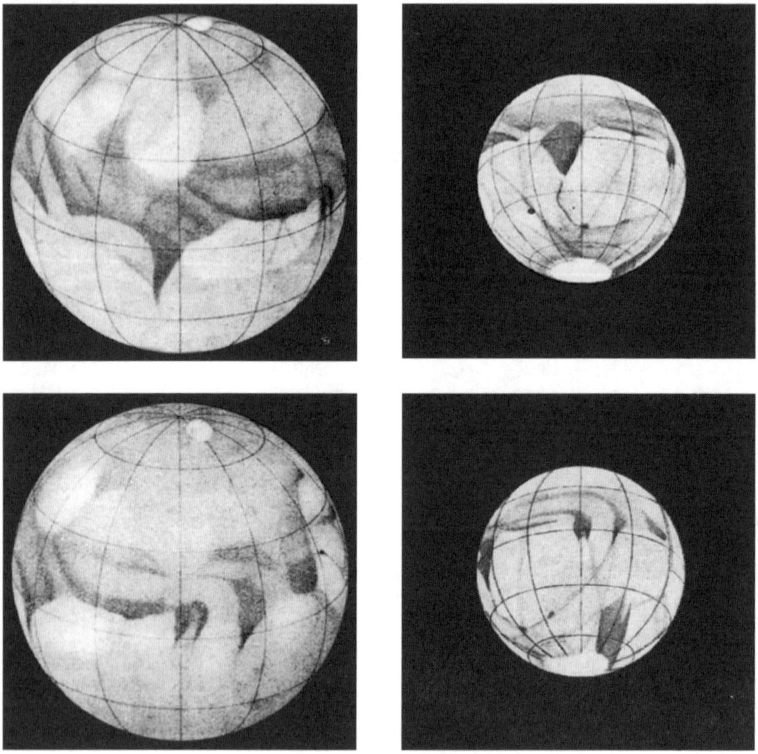

Abb. 7.37 Achsenlage und Größenverhältnisse in Perihel und Aphel-Oppositionen des Mars. In der Perihel-Opposition (links) ist uns die südliche, in der Aphel-Opposition (rechts) die nördliche Hemisphäre des Planeten zugewendet.

wirkt noch zusätzlich, daß der Planet in der Perihelopposition über 6° unter der Ekliptik stehen kann. Bei einer Aphelopposition befindet er sich ungefähr 4° über ihr.

Während der Periheloppositionen mißt der Durchmesser des Marsscheibchens manchmal mehr als 25" und nicht einmal 14" während einer ungünstigen Aphelopposition. Wenn man auf der Marsscheibe soviel sehen will wie mit bloßem Auge auf dem Mond, dann ist bei einer Perihelopposition eine 73fache Vergrößerung notwendig, bei einer Aphelopposition aber eine 133fache. Die größte Erdnähe des Planeten fällt übrigens nicht genau mit dem Tag der Opposition zusammen. Infolge der elliptischen Gestalt der Bahn sind Abweichungen bis zu 8 Tagen möglich.

Die Neigung des Marsäquators gegen die Marsbahn beträgt 25° 11' (Erde 23° 26'). Mars hat demnach Jahreszeiten wie die Erde. Die Lage der Rotationsdauer

bestimmt den jahreszeitlichen Ablauf. Auf der Nordhalbkugel ist 199,6 (irdische) Tage Frühling, 181,7 Tage Sommer, 145,6 Tage Herbst und 160,1 Tage Winter. Auf der Südhalbkugel sind die entgegengesetzten Jahreszeiten von gleicher Länge. In den Periheloppositionen ist uns die südliche Hemisphäre des Planeten zugewandt, in der Aphelopposition die nördliche Hemisphäre. Während des Perihel herrscht Spätherbst, während des Aphel Spätfrühling auf der Nordhemisphäre (s. Abb. 7.37).
Mit der sogenannten planetozentrischen Länge L_s kann der Zeitpunkt einer Erscheinung im Zyklus der Jahreszeiten genau eingeordnet werden. Um die planetozentrische Länge zu erhalten, muß von der heliozentrischen Länge 85° abgezogen werden. $L_s = 0°$ bedeutet Frühlingsanfang auf der Nordhalbkugel. Sommersolstitium ist bei $L_s = 90°$, bei $L_s = 180°$ Herbstäquinoktium. Schließlich entspricht $L_s = 270°$ dem Winteranfang auf der Nordhemisphäre.

7.4.2 Rotation

Mars hat eine Rotationsdauer von 24 h 37 m 22,65 s (Erde 23 h 56 m 4,09 s). Da es eine große Übereinstimmung der Rotationszeiten von Mars und Erde gibt, kann der Beobachter an aufeinanderfolgenden Tagen etwa dieselben Gebiete der Marsoberfläche sehen. Erst allmählich wandern die in der Umdrehungsrichtung vorausgehenden Gebiete in den nachfolgenden Tagen in die Scheibchenmitte. 36 Tage sind notwendig, bis man die gesamte Oberfläche einmal durchbeobachtet hat. In diesem Zeitraum ändern sich aber Entfernung und Projektion so deutlich, daß die Beobachtung unter ständig sich verändernden Bedingungen vonstatten geht.
Die stündliche Änderung des Zentralmeridians auf Mars beträgt 14,6°. In der Regel sind die Zentralmeridiane für 0 h UT für die Tage der Sichtbarkeit in den einschlägigen Jahrbüchern angegeben.

h	°	h	°	m	°	m	°	m	°
1	14,6	6	87,7	10	2,4	1	0,2	6	1,5
2	29,2	7	102,3	20	4,9	2	0,5	7	1,7
3	43,9	8	117,0	30	7,3	3	0,7	8	2,0
4	58,5	9	131,6	40	9,7	4	1,0	9	2,2
5	73,1	10	146,2	50	12,2	5	1,2	10	2,4

Tab. 7.12 Stündliche Änderung des ZM auf Mars

7.4.3 Anblick des Mars im Fernrohr

Die Visitenkarte des Planeten ist seine Färbung. Mars gilt als der rote Planet, was ja mit bloßem Auge schon ersichtlich ist. Eisenoxide und somit Rost oder Oxyhydroxide geben – das lehrten uns die Viking-Lander – der Marsoberfläche die charakteristische Färbung [1].

Im Fernrohr fallen neben einer der hellen Polkappen dunkle und weitaus mehr helle Gebiete des Planetenscheibchens ins Auge. Analog der Nomenklatur auf unserem Erdtrabanten bezeichnete Schiaparelli, auf dem im großen und ganzen die Benennung dieser Strukturen zurückgeht, die dunklen Gebiete als „maria" (sing. mare). „Wüsten" heißen die hellen Flächen des Planeten. Dunkle Flecken werden als „Palus" (Sumpf) oder „Lacus" (See) bezeichnet. Darüber hinaus kennt die Nomenklatur noch „Sinus" (Bucht), „Fons" (Quelle), „Pons" (Brükke), „Regio" (Land) und „Insula" (Insel). Die Bezeichnungen all dieser Strukturen gehen u. a. auf Gebietsnamen des Mittelmeeres (Hellas = Griechenland, Ausonia = Italien) zurück. Das auffälligste Dunkelgebiet, Syrtis maior, hat sein irdisches Gegenstück in der Bucht vor Libyen. Begriffe aus der biblischen Geschichte (Noachis ist semitisch und heißt Noah) finden sich auf unserem Nachbarplaneten wieder, ebenso Namen sagenumwobener Länder und Wohnstätten der Götter (Chryse = Land des Goldes, Mare Sirenum = Meer der Sirenen, der Jungfrauen mit Vogelleibern). Die Unterwelt ist ebenso vertreten (Elysium = Land der glücklichen Schatten) [2]. Siehe Abb. 7.38.
Die Sonden erschlossen in den siebziger Jahren vollends die Oberfläche des Mars, weshalb für die vielen gerade entdeckten Krater, Rillen und Täler neue Bezeichnungen geschaffen werden mußten. Die alte Nomenklatur Schiaparellis wurde um die neuen Namen der zahlreichen geologischen Details ergänzt [3]. Der Amateur wird allerdings nur mit den alten Namen, die strenggenommen nur für die klassische Beobachtung gültig sind, konfrontiert.
Was sind die dunklen und hellen Regionen in Wirklichkeit? Die Marsdetails im Fernrohr sind nichts weiter als Albedostrukturen, d.h. Landschaften mit unterschiedlicher Helligkeit des Bodens. Irgendwelchen topographischen Gegebenheiten wie Bergen und Tälern etc. entsprechen die Albedostrukturen nicht. Nur das Einschlagbecken Hellas erscheint im Fernrohr als das runde Gebilde, das es in Wirklichkeit ist.
Schiaparelli brachte den Stein ins Rollen, als er 1877 dunkle, feine Linien, die sogenannten Kanäle, entdeckte. Lowell hatte es sich um die Jahrhundertwende zum Ziel gesetzt, ein ganzes System solcher Kanäle zu kartographieren. Man glaubte damals, daß diese Kanäle sogar Bewässerungskanäle einer unbekannten Zivilisation sein könnten. Bis in die fünfziger Jahre hinein war der Eifer, Kanäle aufzuspüren, nicht auszurotten. Heute steht fest: Von den Kanälen gibt es auf der Marsoberfläche keine Spur, seien es topographische Formen oder auch nur Albedostrukturen. Ausnahmen gibt es: Ceberus und Thoth-Nepentes sind reale Albedostrukturen und der Kanal Agathadaemon (wörtlich „guter Geist") entspricht dem gigantischen Graben, dem Valles Marineris [4].

7.4.4 Objekte der Marsatmosphäre und -oberfläche

7.4.4.1 Polkappen

Bereits mit einem Zweizöller springen dem Beobachter die Polkappen ins Auge, sind sie doch das Marsdetail mit der weitaus größten Helligkeit. Verfolgt der

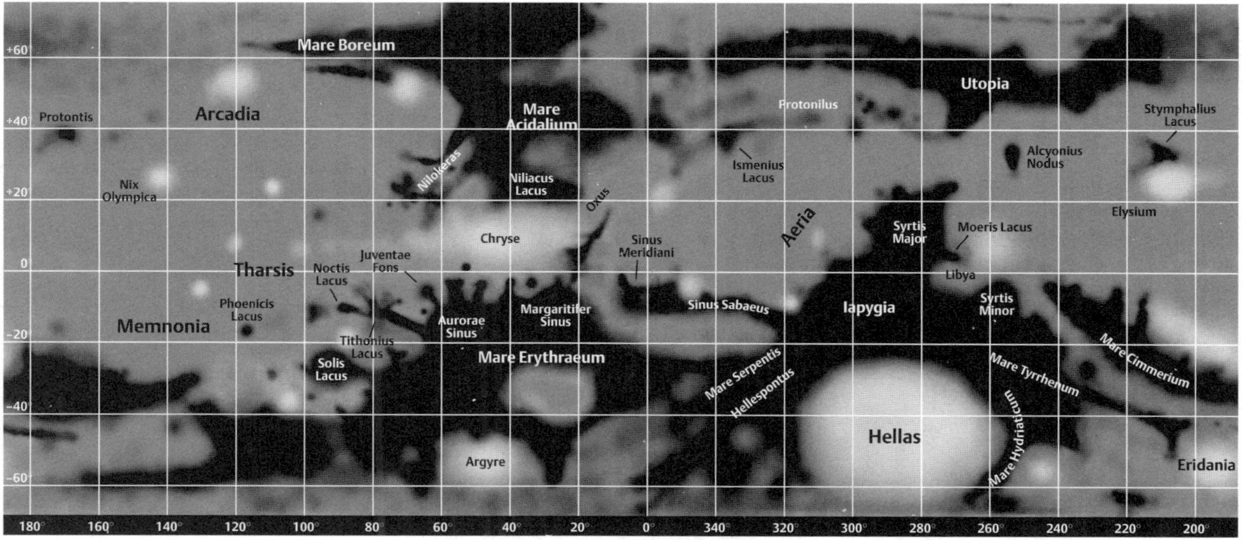

Abb. 7.38 Die Marsoberfläche nach Fernrohrbeobachtungen der Association of Lunar and Planetary Observers (ALPO, Daniel M. Troiani, www.lpl.arizona.edu/alpo).
Aktuelle Karten unter: http://www.lpl.arizona.edu/~rhill/alpo/mars.html. Die berühmte Karte von Antoniadi gibt es als Poster zum Sterne-und Weltraum-Special 3 „Mars – Aufbruch zum Roten Planeten“. Verlag Sterne und Weltraum, Heidelberg 1998.

Amateur über eine längere Zeit die leuchtenden Polkappen, wird er leicht feststellen können, daß sie schnell an Größe verlieren. Bereits W. Herschel blieb das saisonale Verhalten der Polkappen des Mars nicht verborgen. Natürlich lag nichts näher, die Polkappen mit den Eiskappen unseres Planeten zu vergleichen. 1897 behauptete J. Stoney, die weißen Kappen könnten aus CO_2-Kristallen zusammengesetzt sein. Aufgrund photoelektrischer Messungen fand 1952 Kuiper heraus, daß die Kappen nicht aus CO_2, sondern aus schneeähnlichen Wasserablagerungen bestehen. 14 Jahre später schlossen Leighton und Murray aus ihren theoretischen Überlegungen, sowohl CO_2 als auch H_2O müßten die Substanzen der Polkappen bilden. Heute wissen wir, daß diese Vorstellung zumindest für die NPC (= Nordpolkappe) zutrifft [5].
Kehrt das Frühjahr auf der Nordhalbkugel ein, verdampft das CO_2-Eis stetig. Kurz vor dem Solstitium geht auch das H_2O-Eis – H_2O hat eine höhere Sublimationstemperatur als CO_2 – in die Atmosphäre. Zu diesem Zeitpunkt (Ls = 80°) ist nach raschem „Abtauen" das gesamte CO_2 der Eiskappe verdampft. Weit langsamer und unregelmäßiger geht die Sublimation des Wassereises vonstatten [6]. Schmelzraten von vier Oppositionen sollen das mehrphasige Abtauverhalten veranschaulichen: Im frühen Frühjahr zieht sich die NPC in 20–23 Marstagen um einen Breitengrad zurück. Später ist der Prozeß beschleunigt und die Kappe weicht schon in 2–4 Marstagen um einen Grad zurück, bis die restliche H_2O-Kappe im frühen Sommer nur mehr mit 6–10, Mitte Sommer dann mit 20–30 Tagen pro 1 Grad sublimiert [7].
Mit Beginn des Sommers treten dann besonders häufig weiße Wolken, Reif oder Nebel auf, da der sublimierte Wasserdampf aus der Kappe in niedere Breiten transportiert wird und dort zu Eiskristallen erstarrt. Das Verhalten der Polkappen ist also eng mit der Meteorologie des Planeten korreliert [5].
Zwischen NPC und SPC (= Südpolkappe) gibt es Unterschiede: Allein schon der längere Südwinter hat zur Folge, daß in der südlichen Polregion 20% mehr CO_2 ausfriert als im Norden. Zudem bleibt im Sommer immer ein Rest der SPC erhalten. Slipher nennt im Durchschnitt einen Durchmesser von sechs Grad der Restkalotte [8]. Jedoch ist es durchaus möglich, daß die NPC ganz „abschmilzt" und im Sommer nichts von ihr zu sehen ist [5]. Die Sublimation der SPC verläuft im Gegensatz zur NPC gleichmäßig und linear. Die während einer Opposition konstanten Abtauraten der SPC schwanken jedoch von Opposition zu Opposition: So wurde eine besonders rasche Sublimation in den Jahren 1892 und 1956 (3,8 bis 3,9 Marstage pro Breitengrad), eine besonders langsame Sublimation in den Jahren 1977, 1986 und 1988 (6,1 bis 6,7 Marstage pro Breitengrad) festgestellt [9].
Eine Besonderheit des „Abtau"-Prozesses sind weiße Überbleibsel während der maximalen „Schmelz"-Phase, die die Kappe in niederen Breiten zurückgelassen hat. Zuerst sind es nur Ausbuchtungen der hellen Kappe, bis sich diese von der Kalotte abnabeln und zu Inseln am Rande der Kappe werden. Beide Kappen zeigen dieses Phänomen. Da diese Eisinseln zum selben Zeitpunkt und am selben Ort wiederkehren, bekamen sie auch Namen: Ierne (136° a. L.; a. L. = areographische Länge), Cecropia (302° a. L.) und Lemuria (212° a. L., in älteren

Karten Olympia) werden von der NPC abgespalten, wenn der Kappenrand den 80. Breitengrad überschreitet. Ihre Größe und Helligkeit schwankt täglich. Nach einiger Zeit lösen sich die Eisinseln auf [10]. Vermutlich kommt als Ursache für die Existenz solcher Eisinseln Unterschiede in der Eiszusammensetzung – das Verhältnis H_2O/CO_2 könnte dort höher sein – und/oder das Relief der Landschaft in Betracht. Die berühmteste Eisinsel findet sich allerdings im hohen Süden: Die Mounts of Mitchell (320° a. L., –75° a. B.) – so benannt nach ihrem Entdecker – oder Novus Mons wurden bereits 1845 entdeckt [11] (Abb. 7.39).

Eisinseln sind nicht die einzige Eigenheit der Polkappen. Hin und wieder tauchen auch dunkle Rinnen in den Polkappen auf, die als dunkle Linien die Polkappen von einem zum anderen Ende durchziehen können. In den frühen 80er Jahren machte die *rima tenuis* von sich reden, die schon 1888 und später 1903 und 1918 auftauchte. Die NPC zog sich in diesen Jahren schneller als gewöhnlich zurück [12]. Dies war auch der Fall während der ersten Aphelopposition der neunziger Jahre 1992/93. Die *rima tenuis* wurde 1992 bereits bei $L_s = 4°$ zum ersten Mal beobachtet, während die *rima tenuis* in früheren Oppositionen um $L_s = 65°$ zuerst gesichtet wurde [13]. Die SPC hat im übrigen ein ganzes Rinnensystem [14] (s. Abb. 7.39).

Der sogenannte Polsaum taucht, besonders während der beschleunigten Abtauphase, regelmäßig am Rande der Polkappe als dunkle Umkränzung auf. Beer und Mädler beschrieben zum ersten Mal dieses Phänomen. Er kann so dunkel werden, daß seine niedrige Albedo jener der Syrte vergleichbar werden kann. Es ist jedoch nicht so, daß von Opposition zu Opposition der Polsaum als markantes Gebilde hervorsticht. 1967 z.B. war der Polsaum der NPC sehr dunkel und breit. Eine Opposition später hingegen erschien der Polsaum nicht besonders deutlich. Die Breite des Polsaumes ist eine ebenso variable Größe. Unregelmäßigkeiten des Polsaumes in Form „dunkler Nasen“ werden auch immer wieder beobachtet [10].

7.4.4.2 Polhaube

Manchmal meint der noch unerfahrene Beobachter auf dem Planeten alle beiden Polkappen gleichzeitig wahrzunehmen. Nur eine Polkappe ist allerdings eine Polkappe im engeren Sinne. Die andere Polkalotte, die Polkalotte der Herbst- oder Winterhemisphäre, ist eine Wolkenschicht in der Atmosphäre.

Die Eiskappe wird von dieser Wolkenhaube, der sogenannten Polhaube, völlig verdeckt. Die Regeneration der Polkappen vollzieht sich abgeschirmt unter dieser Wolkenschicht. Ein Blaufilter bringt die Polhaube meist am besten zur Geltung.

Deutlich wird die atmosphärische Natur der Polhaube allein schon dadurch, daß im Gegensatz etwa zur nur langsam und stetig schrumpfenden Polkappe die Polhaube sogar innerhalb Stunden oder Tagen ihre Gestalt und Intensität vollkommen ändern kann. Mitunter verschwindet sie ganz von der Bildfläche. Auch liegt die Haube nicht annähernd rotationssymmetrisch wie die Eiskappe. Ihre

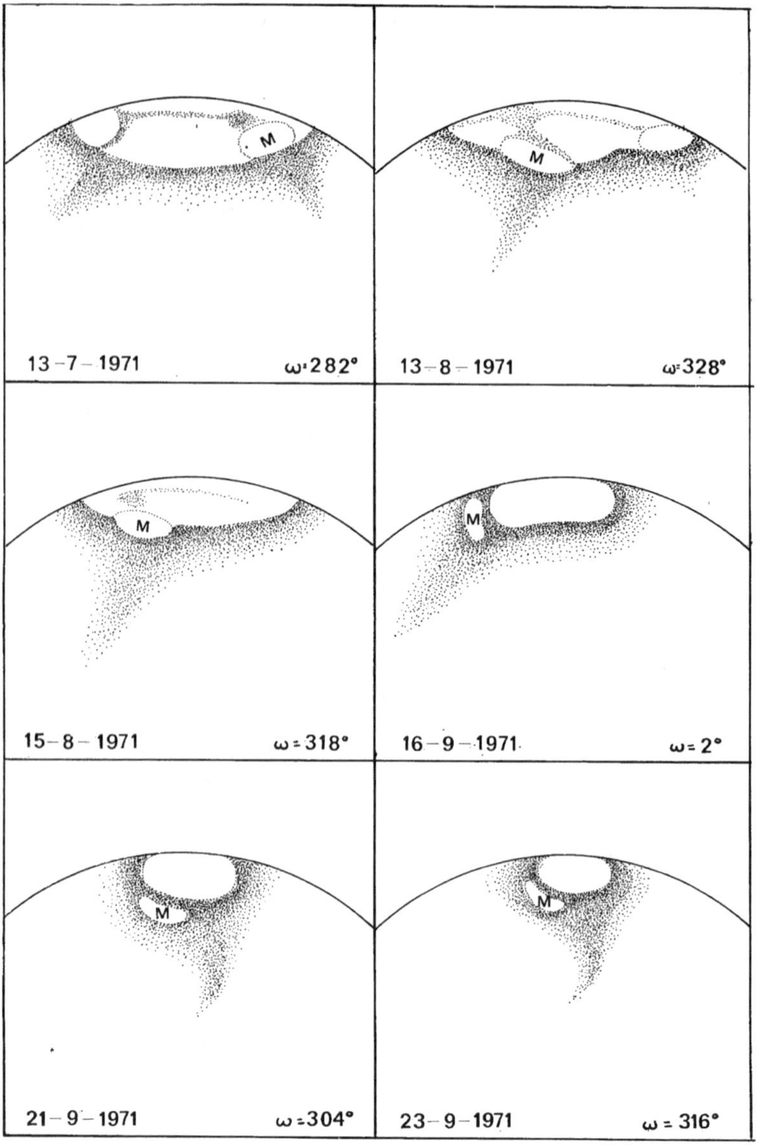

Abb. 7.39 Entwicklung des südlichen Polflecks während der Opposition 1971 (nach Jean Dragesco). Die Mounts of Mitchell sind mit dem Buchstaben „M" gekennzeichnet. In den Zeichnungen vom 13.7., 13.8. und 15.8.71 sind Rinnen zu erkennen.

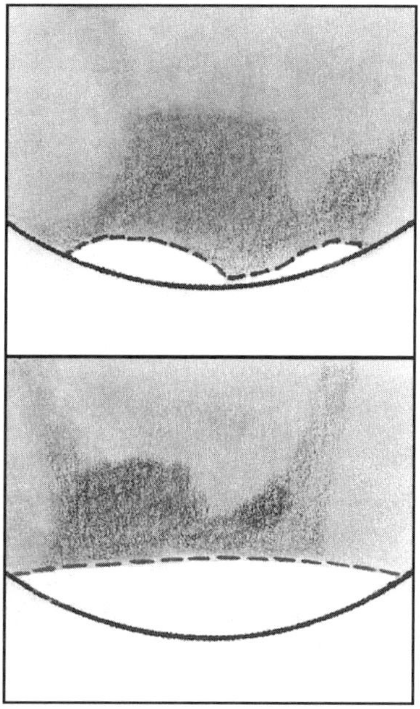

Abb. 7.40 Mit einem 4½"-Newton beobachtete W. Steffen in Paraguay von einem Tag auf den anderen bei bester Luft die Expansion der NPH (Nordpolhaube): Zuerst besteht am 26. Juli 1986, 3.00 UT (ZM: 35°) die NPH aus zwei kleineren Zentren um den Nordpol. Durch einen Blaufilter erscheint laut W. Steffens Kommentar die NPH „etwas größer und heller“ als durch einen Orangefilter (obere Zeichnung). Anderntags um 4.30 UT (ZM: 48°) hat die NPH beträchtlich an Ausdehnung gewonnen (untere Zeichnung). Beide Zeichnungen nach Beobachtungen mittels eines OG 550 bei 225x. Norden unten, Osten links.

Form ist äußerst unregelmäßig: Ausbuchtungen, Abspaltungen, Einschnürungen und andere mögliche Verformungen sind an der Tagesordnung. Im allgemeinen reicht die Helligkeit der Polhaube, die alles andere als homogen ist, nicht an das blendende Weiß der Polkappe heran. Diffus und nicht scharf begrenzt sind die Grenzen dieser Wolkendecke [15]. Auch irgendwelche Beziehungen der Grenzen zu Albedostrukturen konnten bisher nicht erbracht werden [16] (s. Abb. 7.40).
Bis zum 40. Breitengrad kann sich die Polhaube ausdehnen. Heute nimmt man an, daß die Polhaube aus CO_2 und H_2O-Eiskristallen besteht. Mariner-Aufnahmen zeigen eine dunstige Wolkendecke mit vereinzelt diskreten Wolkenformen im Lee topographischer Hindernisse, die wahrscheinlich Wassereiskristallwolken darstellen.
Eine Besonderheit der Polhauben ist es, während globaler Staubstürme auf einmal zu verschwinden. Den höheren Temperaturen in der Atmosphäre zufolge dürften die Eiskristalle der Polhaube nicht mehr stabil sein und in Dampf übergehen [5].
Auch außerhalb der Herbst- und Winterzeiten kann sich zeitweise eine Wolkenhaube entwickeln, die der Polhaube gleicht. Man spricht dann im Unterschied zu der Jahreszeiten überdauernden Polhaube von arktischem bzw. antarktischem Dunst. Während der Sublimation der NPC z.B. kommt es regelmäßig vor, daß in den Zeiten, wenn Mars sein Aphel ($L_s = 70°$) durchläuft, arktischer

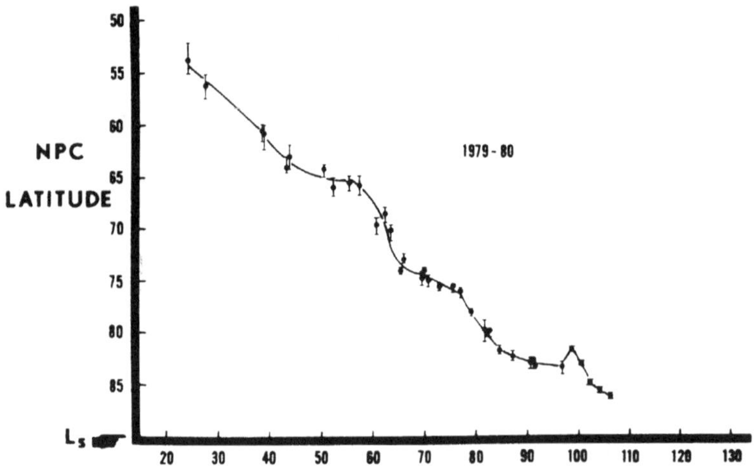

Abb. 7.41 D. C. Parker stellte aus den Mikrometermessungen der Oppositionsperiode 1980 diese Abschmelz- oder besser Sublimationskurve der NPC zusammen. Die Ordinate gibt den areographischen Breitengrad des Kappenrandes, die Abszisse die planetozentrische Länge L_s an. Die kurzfristige Zunahme des NPC-Durchmessers bei L_s = 100° wurde durch sogenannte Aphelkälte hervorgerufen (siehe Text) [17].

Dunst zu beobachten ist, der u. U. sogar mit frischen Eisablagerungen und damit einem Anwachsen des Poldurchmessers einhergeht. C.W. Tombaugh, der Plutoentdecker, prägte hierfür den Begriff der „Aphelkälte“ [17] (s. Abb. 7.41).

7.4.4.3 Weiße Wolken

Capen beschrieb diese an sich häufige atmosphärische Erscheinung als einen „wohldefinierten, weißen Fleck“, der am besten im blauen Licht bemerkt werden kann. Zudem sind weiße Wolken topographisch orientiert. Sie sind demnach nicht gleichmäßig über den ganzen Marsglobus verteilt, sondern bevorzugen bestimmte Regionen. Weiße Wolken rotieren mit dem Planeten.
Vornehmlich tauchen weiße Wolken über den hellen Regionen der Marsscheibe auf, was jedoch nicht heißen soll, daß dunkle Albedostrukturen nicht gelegentlich bedeckt werden [18]. Noch vor Jahrzehnten wurden weiße Wolken gerne in weiße und blaue Wolken unterteilt. Doch ist diese Unterscheidung unsicher und, da sie wahrscheinlich gar nicht gerechtfertigt ist, kaum mehr gebräuchlich [19].
Die klassisch weiße Wolke ist die W-Wolke, die 1907 zum ersten Mal beobachtet wurde und seither wiederholt beobachtet wird. Mariner 9 gelang schließlich der Nachweis, daß die W-Wolke, so benannt nach ihrer Gestalt, eng mit der topographischen Lage der Tharsis-Vulkane korreliert ist [19]. Es zeigte sich, daß gerade an mehr oder weniger sanft geneigten Hängen großflächiger Oberflä-

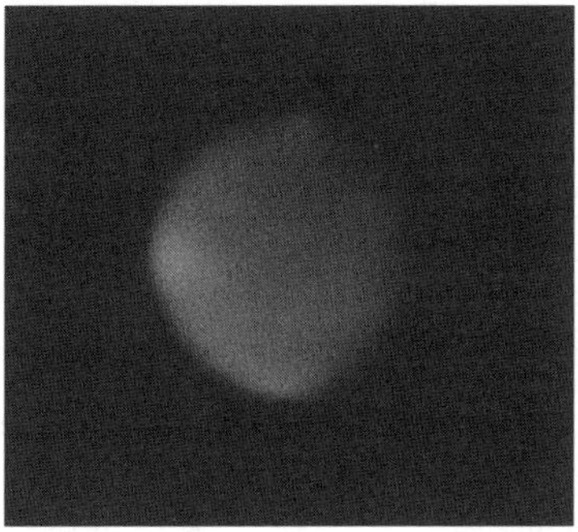

Abb. 7.42 Eine orogene Wolke über den Tharsis-Vulkanen am Ostterimantor mit markanter Nordpolhaube. Es sind keine Dunkelgebiete zu erkennen, da ein „engbandiger" Blaufilter eingesetzt wurde. Osten links, Norden unten. Aufgenommen von B. Flach-Wilken am 6. November 1988, 20.46 UT, ZM: 182° a. L. 30 cm Schiefspiegler, BG 25, TP 2415, 10 s, $f_{eff} = 34$ m.

chenformationen – Vulkane, Plateaus (Elysium), Beckenränder (Chryse) – solche durch Erhebungen verursachten Wolken dieses Typs in Erscheinung treten. Charakteristisch für orogene Wolken ist ihr tageszeitlicher Rhythmus: Meist zur Mittagszeit, wenn also die betreffende Region im Zentralmeridian steht, bilden sich die Wolken und bleiben bis zum Abend bestehen. Über Nacht verschwinden orogene Wolken, so daß am nächsten Marsmorgen nichts mehr von der Wolke zu sehen ist [20].

Noch bevor Mars Ziel interplanetarer Erkundungen wurde, schlug de Vaucouleurs 1954 ein bis heute in seinen Grundzügen vertretenes Modell vor. Nach gegenwärtigem Wissensstand ist der Wassergehalt im Sommer in der Atmosphäre der Nordhalbkugel hoch, da das Eis der Nordpolkappe zum größten Teil sublimiert ist. Eine erhöhte Temperatur bewirkt, daß Luft entlang der Hänge nach oben steigen kann. Gerade zur Mittagszeit ist das der Fall und in Höhen von 10 bis 30 Kilometer kondensiert der Wasserdampf zu Eispartikel aus. Die Wolke wird sichtbar [19, 5] (s. Abb. 7.42).

Weiße Wolken zeigen im allgemeinen ein Maximum an Aktivität kurz nach dem Sommersolstitium der Nordhemisphäre. Kurz vor dem Herbstäquinoktium ist ein zweites, nicht so ausgeprägtes Maximum zu verzeichnen, bis schließlich im Winter die Aktivität ein absolutes Tief erreicht [21].

7.4.4.4 Eisnebel und Reif

Weiße Wolken, Nebel und Reif sind ihrer physikalischen Natur nach ein- und dasselbe: Wassereis. Nur finden sich Nebel und Reif nicht in großen Höhen, sondern einerseits über und andererseits sogar auf der Oberfläche. Intensiver Filtereinsatz ist erforderlich, um alle drei Erscheinungsformen des Wassereises aus der Atmosphäre säuberlich zu trennen. Entscheidend ist, die relative Helligkeit des Fleckes durch ein blaues (evtl. blaugrünes), grünes und gelbes (oder orangenes) Filter zu vergleichen: Leuchtet der verdächtige helle Fleck im blauen Licht kräftiger als im grünen oder gelben Licht, so handelt es sich eher um eine weiße Wolke, wie sie eben beschrieben wurde. Erscheint jedoch das Gebiet

etwa im grünen heller als im blauen oder gelben Licht, so darf von einem über der Oberfläche befindlichen Nebel ausgegangen werden. Frost schließlich fällt mittels eines Blaufilters nicht gut, aber mittels eines grünen und insbesondere gelben Filters deutlich ins Auge. Nebel und Reif zeichnen sich ferner dadurch aus, daß sie, nachdem über Nacht Wasserdampf zu Eiskristallen auskondensiert ist, am Morgenterminator zu beobachten sind. Mit höher steigender Sonne sublimiert das Eis. In der Regel ist zur Mittagszeit nichts mehr von Nebel und Reif übriggeblieben. Gelegentlich überdauert Reif die Mittagssonne [14].
Reif hat dasselbe spektrale Verhalten wie gelbe Wolken. Jedoch hat Reif im Gegensatz zum diffuseren Aussehen einer gelben Wolke scharf umrissene Grenzen. Anders als Reif bewegen sich aber gelbe Wolken, expandieren, bilden neue Zentren und bedecken dunkle Albedostrukturen.
Reif und Nebel rotieren ebenso wie weiße Wolken mit dem Planeten und bevorzugen ausschließlich die Wüstengebiete [18]. Daß die Häufigkeit von Nebel und Reif vom Angebot atmosphärischen Wassers abhängt, leuchtet ein. Deshalb ist analog den weißen Wolken eine saisonale Abhängigkeit zu erwarten [21].
Nebel bildet sich in Tälern, Becken und Hängen, Reif vor allem am Grunde großer Krater, auf Plateaus und Bergen. Das belegen die Photos der Viking-Orbiter.
Wenige Erkenntnisse existieren darüber, welche Gebiete Nebel und Reif zu welcher Jahreszeit bevorzugen. Hess et al. versuchte mit einem Modell auszurechnen, wo in erster Linie Nebel und Reif auftreten. Seiner Voraussage nach sind Cydonia, Ortygia, Cebrenia, Amazonia und Tempe vor allem in der Mitte des Nordsommers reif- und nebelreiche Gegenden, zu Sommeranfang auf der Südhemisphäre vorrangig das Hellasbecken [5].
Die Beobachtung des Hellas- wie des Argyre-Beckens ist von besonderem Interesse. Im Südwinter fungieren beide Becken als „Kältefallen", die den atmosphärischen Wassergehalt kontrollieren. Wasser gefriert dort aus und fehlt dann natürlich in der Atmosphäre zu Bildung von Wolken [20].

7.4.4.5 Randdunst, Randwolken und äquatoriale Wolkenbänder

Randdunst ist am besten im blauen (violetten) Licht zu beobachten und als heller Bogen entlang des Terminators zu erkennen. Randdunst rotiert nicht mit dem Planeten [14]. Dies trifft ebenso für Randwolken zu. Sie sehen wie weiße Wolken aus. Doch anders als klassische weiße Wolken sind sie nicht unbedingt einem topographischen Merkmal zuzuordnen und „kleben" am Rand der Marsscheibe.
Fanden früher äquatoriale Wolkenbänder kaum Erwähnung – galten sie doch als seltenes Phänomen –, werden sie heutzutage als „perhaps the most interesting formations" [49] bezeichnet. Es handelt sich hierbei um ein breites diffuses Wolkenband, das sich entlang der Äquatorzone über die ganze Marsscheibe erstreckt. Es ist schwierig zu beobachten. Der Gebrauch eines tiefblauen oder violetten Filters ist unerläßliche Voraussetzung. Einige Forscher postulieren,

daß viele Randwolken nur die Randpartien der äquatorialen Wolkenbänder darstellen. Seit dem Hubble Space Telescope wissen wir nun, daß dieses Phänomen häufiger zu beobachten ist als früher vermutet. Es stellt sich die Frage, ob – wie 1997 – Wolkenbänder tatsächlich häufiger auftraten oder nur leichter entdeckt werden konnten.

7.4.4.6 Gelbe Wolken

Wohl der interessanteste Wolkentypus sind die gelben Wolken. „Ockerfarbene Schleier" erkannte schon 1809 Honore Flaugergues als Ursache von Bedeckungen weitläufiger Gebiete des Planeten. Gelbe Wolken vermögen sogar den ganzen Planeten einzuhüllen und erst nach Monaten die Oberfläche wieder freizugeben.
Der Name deutet es an: Mit einem Gelb-, Orange- oder Rotfilter springen gelbe Wolken ins Auge. Am anderen Ende des Spektrums, im Blaubereich, deutet wenig oder gar nichts auf die Existenz gelber Wolken hin. Oft mehr als heller Schleier denn als scharf umrissener Fleck zu bestaunen, orientieren sie sich, den weißen Wolken hierin verwandt, topographisch und rotieren mit dem Planeten. Ihr besonderes Merkmal ist die Ausbreitung und Bewegung über die Oberfläche hinweg. Dunkle Albedostrukturen werden dabei nicht selten bedeckt [18]. Große Stürme bevorzugen ferner eine deutliche Expansion in die Westrichtung [22] (s. Abb. 7.43 und 7.44).

Abb. 7.43 Links eine Aufnahme von D. C. Parker vom 19.12.1990, 3.00 UT, ZM = 20°, 2,5 s belichtet: Von Osten nach Westen ist Sabaeus Sinus mit der Gabelbucht, Margaritifer Sinus und Aurorae Sinus zu erkennen. Im Norden der südliche Part des M. Acidalium und die NPH.
Rechts eine Aufnahme von D. C. Parker vom 5.10.1990, 6.04 UT, ZM = 16°, 2 s belichtet: Ein Großteil von Aurorae Sinus ist von einer hellen, gelben Wolke bedeckt (Pfeil). Beachte den nahezu identischen Zentralmeridian beider Aufnahmen bei jedoch unterschiedlicher Phasengestalt.
Photographiert wurde jeweils mittels TP 2415, f/164, ohne Filter an einem 41-cm-Newton f/6. Osten links, Norden unten.

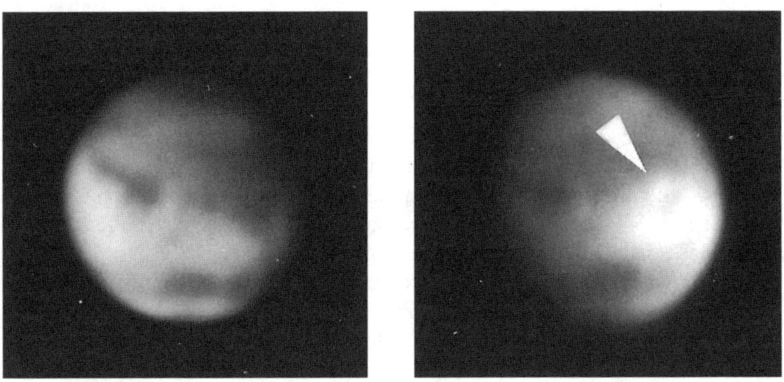

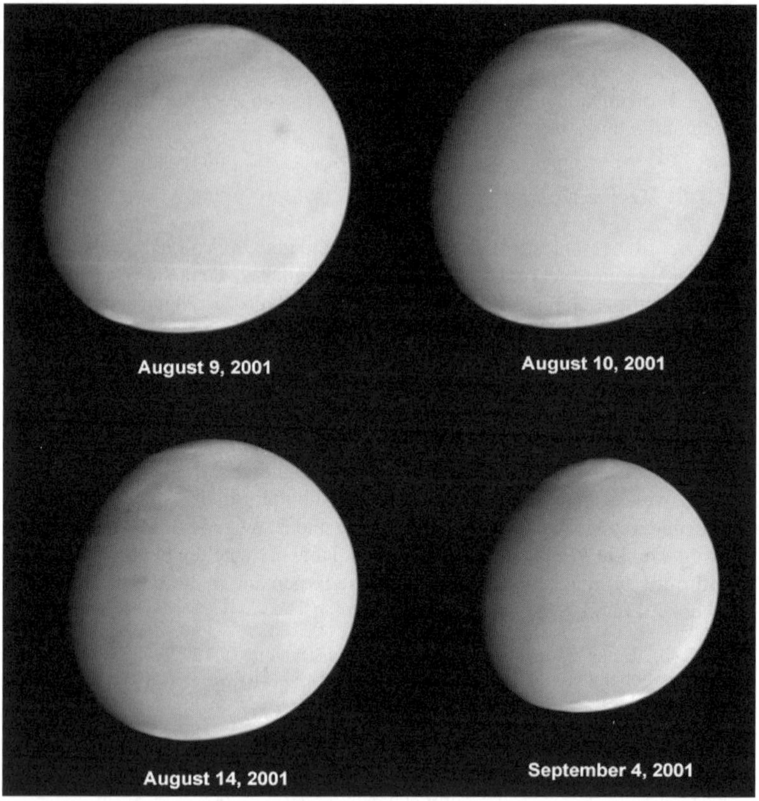

Abb. 7.44 Die Entwicklung eines globalen Staubsturms auf dem Mars im Jahr 2001. Bild: J. Bell, Cornell University und NASA

In aller Regel entstehen gelbe Wolken während des Südfrühlings und -sommers. Dann jedoch werden sie ausschließlich auf der Südhalbkugel bemerkt. Hellas, Hellespontus, Libya in erster Linie, aber auch Thaumasia, Aurorae Sinus, Phaetontis und Aeolis sind Regionen, die immer wieder einer Studie von Wells zufolge zum Ausgangspunkt gelber Wolken wurden [23]. In weit geringerem Maße tauchen gelbe Wolken auf der Nordhalbkugel auf. Lokal begrenzte Wolken sind dann vor allem während des Nordsommers über Chryse, Xanthe und Casius zu erwarten. 1984 wurden zu Beginn des Nordsommers sogar große Teile der Oberfläche des Planeten durch gelbe Wolken bedeckt [24].
Charakteristisch für sogenannte globale Staubstürme, die den ganzen Planeten einhüllen, ist ein ganz bestimmtes Entwicklungsmuster: Über Nacht bilden sich diese großen Staubstürme des Südfrühlings. Innerhalb einer Rotation gibt sich die noch kleine Wolke als brillanter, weißer Fleck oder Streifen, vielleicht an Inten-

sität nur von der Südpolkappe übertroffen, zu erkennen. Mitunter geht eine hellgelbe Aufhellung des Scheibchenrandes dem Sturm voraus. Interessanterweise war auch die Aktivität weißer Wolken vor den Stürmen 1956 und 1971 sehr gering. Die noch junge Wolke ist in ihrem Anfangsstadium noch eine klassische gelbe Wolke. Ihr Charakter ändert sich jedoch bald, je mehr der Sturm über große Teile des Planeten hinwegfegt.
Der gelbe Schleier nimmt eine weiße/gelbliche Färbung an. Mit einem Blaufilter läßt sich der Sturm mittlerweile gut wahrnehmen. Der typisch helle, weiße Kern des Sturmes wird dabei von seinen diffusen, gelblichen Rändern eingerahmt. Die Helligkeit der jetzt weitreichenden Wolke ist in keinem Maße mehr homogen. An der Peripherie tauchen oftmals weiße Wolken auf.
Gelblicher Dunst, der weite Teile des Planeten überzieht, ist eine Begleiterscheinung größerer Stürme. Dieser Dunst reduziert den Kontrast der Dunkelgebiete erheblich. Wann der Sturm sein Ende findet, ist schwer abzusehen. Es hat allein vier Monate gedauert, bis 1956 und 1971 sich die Atmosphäre wieder aufgeklärt hat. Doch noch lange Zeit nach dem Sturm sind dunkle Gebiete des Planeten noch sehr matt und kontrastarm [22, 25].
Daß ausgerechnet im Südfrühling mit einem Sturm gerechnet werden muß, nimmt nicht wunder: Der rote Planet durchläuft zu dieser Zeit sein Perihel (L_s = 250°) und die Sonneneinstrahlung ist dann aufgrund der Exzentrizität am größten. In den südlichen Subtropen, dort wo die Sonne im Zenit steht, begünstigt durch fehlende Winde und die örtliche Topographie, wird die Aufheizung so intensiv, daß Staub aufgewirbelt werden könnte [26].
Erreichen Staubpartikel große Höhen, so bilden diese Kondensationskeime für Eispartikel. Aus einer zunächst gelben entwickelt sich auf diese Art und Weise eine weiß/gelbliche Wolke. Bis der Staub zu Boden gesunken ist, auch nachdem sich der Sturm schon längst gelegt hat, vergeht noch etliche Zeit. Partikel mit 3 µm Durchmesser benötigen hierfür aus einer Höhe von 6 Kilometern ca. 300 Tage [27]. Die Kontrastarmut der dunklen Gebiete, obwohl der Sturm bereits vorüber ist, wird so verständlich.
Sechs globale Staubstürme wurden bislang beobachtet (s. Tab. 7.13). Während der Periheloppositionen 1986, 1988, 1990 wurden zwar des öfteren lokal begrenzte, gelbe Wolken entdeckt, doch keine der Staubwolken erwuchs zu einem globalen Sturm [28, 29]. Nach Jahrzehnten war 2001 wieder ein großer Staubsturm zu beobachten, der zudem für Furore sorgte, da er sehr früh im Marsjahr den Planeten verhüllte [50].

Jahr	L_s	Entstehungsregion	beobachtet mittels/von
1956	250–294	Hellespontus-Lybia	Teleskop
1971	260– 19	Hellespontus-Noachis	Teleskop/Mariner 9
1973	300–359	Solis Lacus	Teleskop
1977	204–?	Solis Lacus-Thaumasia	Viking
1977	268–?	Solis Lacus	Viking
2001	178–?		

Tab. 7.13 Globale Sandstürme (Stand 2002)

7.4.5 Änderung der Albedostrukturen

Opposition für Opposition erscheinen dem Beobachter die dunklen Markierungen der Marsoberfläche, die mit einem Orange- oder Rotfilter am besten hervortreten, ohne nennenswerte Veränderung. Obwohl im Grunde das Gefüge der Dunkelgebiete bestehen bleibt, erfahren die scheinbar so beständigen dunklen Albedostrukturen mitunter drastische Änderungen. Meteorologische Phänomene allein prägen also nicht nur das Bild dieses dynamischen Planeten. So sehr aber meteorologische Aktivität und Variabilität der dunklen Markierungen zweierlei zu sein scheinen, so eng hängen nach gängiger Ansicht beide Phänomene zusammen. Es wird allerdings dem besser ausgerüsteten Amateur vorbehalten bleiben, die meist kleinräumigen Albedoänderungen ausreichend wahrzunehmen. 10" Öffnung (Spiegel) sind durchaus angebracht.
Zwei Typen werden unterschieden [30]: Zum einen bezeichnet eine saisonale Albedoänderung eine voraussagbare, im gleichen Abschnitt einer ganz bestimmten Jahreszeit wiederkehrende Modifikation der Umrisse und/oder der Intensität der Albedostrukturen. Zum anderen ist im Gegensatz dazu die säkulare Albedoänderung nicht vorherzusehen, weder Ort noch Zeit: Innerhalb kurzer Zeit bilden sich in ehemals hellen Regionen dunkle Flecken oder großflächige Dunkelgebiete, die durchaus in nachfolgenden Oppositionen erneut gesehen werden können. Seltener hellt sich eine vormals dunkle Region auf.
Ein klassisches Beispiel einer saisonalen Änderung stellt der Schrumpfungsprozeß der Großen Syrte dar. Antoniadi fand heraus, daß ab $L_s = 200°$ bis zum Perihel die Große Syrte beträchtlich an meridionaler Ausdehnung verliert [31]. Genauer besehen, verschob sich im Süd-Frühjahr nur die östliche Grenze der großen Syrte in westlicher Richtung. Die westliche Grenze der großen Syrte blieb von dieser saisonalen Veränderung vollkommen ausgenommen. Im Südherbst stellen sich dann wieder die alten Verhältnisse ein.
Ein zweites Beispiel: Sabaeus Sinus südlich vorgelagert, verläuft parallel zur vorgenannten Struktur das dunkle Band „Pandorae Fretum“. Im Südfrühjahr ist von Pandorae Fretum kaum etwas zu erkennen. Erst im Sommer verdunkelt sich die zuvor noch helle Region südlich Sabaeus Sinus in Gestalt dieses dunklen Bandes. Zieht der Winter ein, verliert Pandorae Fretum wieder seine dunkle Tönung [8].
Saisonale Albedoänderungen, wie von Antoniadi beschrieben, sind vermutlich Resultat einer Staubablagerung auf dem Boden der betroffenen Gebiete. Aufgewirbelte Staubpartikel, die meist 100 µm im Durchmesser und damit verhältnismäßig klein sind, werden am ehesten in Suspension gehalten, haben aber, sind sie nach einem Sturm erst einmal am Boden abgelagert worden, eine höhere Albedo [26]. Polari- und photometrische Studien von Pollack und Sagan belegen diesen Zusammenhang zwischen Partikeldurchmesser des Bodenmaterials und der Albedo der betroffenen Region [32]. Auf den saisonalen Schrumpfungsprozeß der großen Syrte angewandt, heißt das, daß der Staub auf dem östlichen Teil der Syrte zu liegen kommt. Diese Region wird heller und die dunkle Syrte zieht sich gleichzeitig aus dem Osten zurück.

Pandorae Fretum wird dem Modell zufolge vermutlich aufgrund einer gelben Wolke, die saisonal wiederkehrt und ihren Ursprung meist in unmittelbarer Nachbarschaft hat, massiv beeinflußt [33]. Staub wird aufgewirbelt, fortgetragen und nur mehr Partikel größeren Durchmessers bleiben liegen. Die Region wird dunkler. Es kann aber auch sein, daß ein dunkler, womöglich felsiger Untergrund von den leichten Staubpartikeln freigelegt wird [19]. Direkt konnte bereits beobachtet werden, wie Staubwolken sich derart auswirken können: Nach Passage einer vorbeiziehenden gelben Wolke verdunkelte sich am 3. September 1969 Trivium Charontis [34] (siehe auch [8]).
Doch abgesehen von solch besonderen saisonalen Änderungen erscheinen i. a. die Marsmeere zur Sommerzeit dunkler als im Winter [8]. Das gilt jeweils für beide Hemisphären. Dieses Phänomen ist nicht so sehr eine Frage einer variablen Dunkelintensität der Meere als eine Frage der Kontraständerung zwischen dunklen und hellen Regionen. Thompson wies 1973 nach, daß der Kontrast der Mare Sirenum, Cimmerium und der Großen Syrte zu ihren umliegenden Gebieten im Sommer hoch, im Herbst dagegen niedrig ist [35]. Verursacht wird diese Kontraständerung, so Thompson, dadurch, daß helle Regionen aufhellen (siehe blue-clearing). 1976 zeigte Capen, daß tatsächlich hellere Albedostrukturen sich variabler als dunkle verhielten [36].
Säkulare Albedoänderungen sind zwar nicht vorherzusehen, dennoch sind bestimmte Dunkelgebiete bekannt dafür, daß sie öfters säkularen Änderungen unterliegen. Trivium Charontis ist solch eine Region. Seit 1830 bereits ist dort säkulare Variabilität immer wieder registriert worden [38]. Solis Lacus, Sinus Gomer, Nepenthes-Thoth gelten als verdächtige Regionen [8]. 1956 entstand ein großflächiges Dunkelgebiet in Nodus Lacoontis, 1973 in Daedalia. 1977 wurde eine Verdunklung in Aetheria zwischen Nubis Lacus und Elysium entdeckt. Noch 1984 wurde diese Albedoänderung, die auf Viking-Orbiter-Photos ebenso festgehalten wurde, beobachtet [14]. Eine kanalartige Struktur, die „Walhalla" getauft wurde, wurde 1988 entdeckt. Walhalla verlief nördlich der Küsten von Mare Sirenum und Cimmerium [38, 39].

7.4.6 Blue- oder Violet-Clearing

Bis in unsere Tage bleibt die violette Schicht und das Blue- oder Violet-Clearing ein wahrlich rätselhaftes Phänomen. Inzwischen gab es zahlreiche Versuche, diese Erscheinung einleuchtend zu erklären. Gelungen ist das bislang nicht. Dem steht eine Unmenge Beobachtungsmaterial gegenüber, das viele gesicherte Aussagen über diese Erscheinungen erlaubt.
Beobachtet der Amateur Mars mit einem Blau- oder Violettfilter, so fällt ihm, ganz im Gegensatz zum roten Spektralbereich etwa, das vollständige Fehlen irgendeines Oberflächendetails auf, das er von den Marskarten her kennt (s. Abb. 7.42). Es hat den Anschein, als verschleiere „Nebel" oder „Dunst" die gesamte Marsoberfläche. Vor einem halben Jahrhundert nahm Slipher daher an, daß dieser Dunst in einer hochreichenden Schicht der Marsatmosphäre das

Licht in solchem Maße streuen könne, daß die Sicht auf die Oberfläche durch ein Blaufilter versperrt würde [40]. Diese Schicht wurde fortan als „violette Schicht“ *(violet layer)* bezeichnet. Da die Schicht aber in keinster Weise durch die Sondenmissionen bestätigt werden konnte, hat diese Bezeichnung nur mehr historische Bedeutung [19].

Pickering bemerkte 1905 zum erstenmal eine Art Aufklaren in dieser violetten Schicht. Dunkle Oberflächengebiete kamen aufeinmal mehr oder weniger gut zum Vorschein. Der Kontrast der Details stieg sprunghaft an. Dieses Phänomen wird seither in der englischsprachigen Literatur als „blue-“ oder „violet-clearing“ (wörtlich: blaues oder violettes Aufklaren) bezeichnet (siehe auch [41]).

Die Dauer eines Clearing ist sehr variabel: Nur kurze Zeit, im Zeitraum von einigen Tagen, kann die Marsatmosphäre aufklaren. Es ist jedoch nicht ausgeschlossen, daß der Zustand für einige Monate unverändert bleibt. So dauerte die Periode intensiven Clearings 1980 immerhin von Februar bis einschließlich März an [12]. Auch wird nicht immer die ganze Marsscheibe vom Clearing erfaßt. Ebenso kann nur über Teilen der Oberfläche ein sogenanntes lokales Clearing beobachtet werden. Während einer einzigen Marsrotation stellten 1956 drei Observatorien, die rund um den Globus verteilt waren, fest, daß das Clearing über sämtliche Längengrade in seinem Ausmaß völlig unterschiedlich war [8].

Die Atmosphäre klarte vor allem in der Zeit um die Opposition für meist 10 Tage auf. Doch läßt sich hier eher von einer Tendenz als von einer Regel sprechen, denn während der Periheloppositionen 1954, 1956 und 1958 blieb das Clearing zur Oppositionszeit aus [8].

Thompson, der eine Unmenge Datenmaterial der Opposition 1969 analysierte, konnte diesen Oppositionseffekt zwar untermauern, jedoch wies er regionale Unterschiede nach. Nur bestimmte Marsregionen waren von diesem Effekt betroffen. Daß das Clearing beständig zum Marsabend hin zunimmt, war ein weiteres Resultat seiner Arbeit. Der Kontrast einer dunklen zu einer helleren Region – das Ausmaß des Clearings also – war im roten Spektralbereich sogar größer als im blauen, sobald das Clearing stärker wurde. Das Clearing ist also keineswegs auf den kurzwelligen Bereich beschränkt. Daß aber dem Beobachter das Clearing im blauen Bereich auffallen muß (und im roten nicht), liegt daran, daß dort der übliche Kontrast der Marsoberfläche zu vernachlässigen ist und sich rasche Änderungen eben besonders bemerkbar machen. Nicht die dunklen Marsdetails, sondern ausschließlich die helleren Regionen bewirkten im übrigen diese Kontraständerung [42].

Was haben wir seit den 70er Jahren hinzugelernt? Thompson schrieb 1987: „I know of no major scientific study of the Martian ‚violet hace‘ problem since our own effort ended some fifteen years ago. The subject seems to arouse no interest among astronomers these days“ (persönliche Mitteilung an W. Steffen vom 1.12.1987). Neuerdings scheint das *violet clearing* wieder das Interesse professioneller Astronomen zu finden. So wurde in jüngster Zeit die Rolle von Wassereiswolken bei der oben beschriebenen Kontraständerung beleuchtet [51].

7.4.7 Ziele der Amateurbeobachtung

Das Marswetter aufzuzeichnen und klimatische Änderungen aufzuspüren, sind zentrale Anliegen der Amateurbeobachtungen geworden, nicht mehr nur die Erfassung und möglichst detailierte Wiedergabe von Albedostrukturen.
Zunächst die Jahreszeiten mit ihrem jeweils eigenen meteorologischen Formenschatz zu verfolgen, ist ein erstes Ziel. Des weiteren stellt der Vergleich der beobachteten Jahreszeiten mit Beobachtungen aus früheren Oppositionen die besondere Herausforderung der Marsbeobachtung dar. Klimawechsel werden auf diese Weise offenbar. Daß das Marsklima sich sogar binnen eines Dezenniums ändern kann, wurde gerade in den letzten Jahren deutlich. So gelang es Capen anhand der Mikrometermessungen der NPC festzustellen, daß in den frühen achtziger Jahren die NPC weitaus rascher abgeschmolzen ist als in den sechziger Jahren. Orographische weiße Wolken erschienen jahreszeitlich früher als gewöhnlich. Auch in den frühen neunziger Jahren war es so. Dies deutete auf eine Erwärmung des Klimas zumindest der Nordhemisphäre hin. 1986 und 1988 war aber der Sublimationsprozeß der SPC eher verlangsamt. Wurden in den siebziger Jahren noch vier globale Staubstürme entdeckt, so war die Marsatmosphäre in den späten achtziger Jahren besonders klar [38]. Ein globaler Sturm trat nicht auf. Diese Befunde, wie auch Messungen zu Anfang der 90er Jahre mit Hilfe des Hubble-Weltraumteleskops, weisen auf eine Abnahme der Temperatur auf Mars hin. Nun könnte der Staubsturm 2001 einen weiteren Klimawechsel anzeigen.
Der Amateur kann mit seinen Mitteln durch kontinuierliche Überwachung der Marsatmosphäre und -oberfläche einen wichtigen Beitrag leisten. Sinnvolle Auswertungen sind aber nur zu gewinnen, wenn aufgrund der besonderen Rotationsdauer des Planeten Daten aus aller Welt herangezogen werden. Stehen Zeichnungen, Photos oder CCD-Bilder von zahlreichen ausländischen Beobachtern nicht zur Verfügung, so müssen eigene Beobachtungen zumindest im Kontext mit Berichten nationaler und internationaler Beobachternetze interpretiert werden. Besonders sollten sich die Beobachter bemühen, nicht nur die eigenen Beobachtungen zu beschreiben, sondern möglichst quantitative Daten zu erheben. In der Vergangenheit sind bereits im nationalen Rahmen Versuche unternommen worden, visuelle Beobachtungen standardisiert wiederzugeben. Dies gewährleistet die Vergleichbarkeit der an sich subjektiven visuellen Sichtungen [43, 44, 45]. Erst standardisiert erhobene Daten ermöglichen es, zuverlässig Klimawechsel zu erfassen.
Was unseren Nachbarplaneten so faszinierend macht, sind die Jahreszeiten, die den Jahreszeiten unserer eigenen Erde so verblüffend ähneln. Doch hat die Erde ein unvergleichlich komplexeres Wettergeschehen zu bieten als Mars. Klimawechsel auf dem roten Planeten scheinen dagegen weitaus rascher vonstatten zu gehen.

7.4.8 Methoden der Beobachtung

7.4.8.1 Zeichnungen

Klassische Form der Marsbeobachtung ist die Erfassung der Details mittels eines Zeichenstiftes. Unbestritten ist, daß das Auge sehr viel mehr an Detail wahrnehmen kann als die Filmschicht. In Augenblicken besten Seeings kann sich dem Beobachter eine ganze Welt feiner und feinster Strukturen und schwächster Aufhellungen erschließen. Zudem ist die zeichnerische Darstellung die dem Amateur zugänglichste Methode.
An dieser Stelle soll vor allen Dingen von marsspezifischen Aspekten der zeichnerischen Darstellung die Rede sein. Ausgangspunkt einer Zeichnung ist eine Schablone mit einem einheitlichen Durchmesser. Dies kommt der Auswertung entgegen. Der „Arbeitskreis Planetenbeobachter" hat 40-mm-Schablonen im Gebrauch (s. Abb. 7.45).
In der Zeichnung soll die Rotationsachse vertikal verlaufen. Sind dem Beobachter die Albedostrukturen vertraut, ist es für ihn ein Leichtes, diese Achse zu bestimmen. Die leuchtende Polkappe (nicht die Rest-SPC) ist zudem eine gute Orientierungshilfe. Der Anfänger sollte achtgeben, nicht eine helle Wolkenerscheinung fälschlicherweise als Polkappe zu identifizieren. So wurde wiederholt das aufgehellte Hellas-Becken mit der NPC verwechselt.
Die möglichen Stellungen des Mars in bezug auf Erde und Sonne bringen es mit sich, daß wir Phasen beobachten. Selbstverständlich ist die Phase, der unbeleuchtete Teil des Planeten, in der Zeichnung in Form der bekannten Sichel festzuhalten. Vier Wochen vor bzw. vier Wochen nach der Opposition kann da-

Abb. 7.45 Marsschablone. Der Durchmesser des kreisförmigen Ausschnitts beträgt im Original 40 mm.

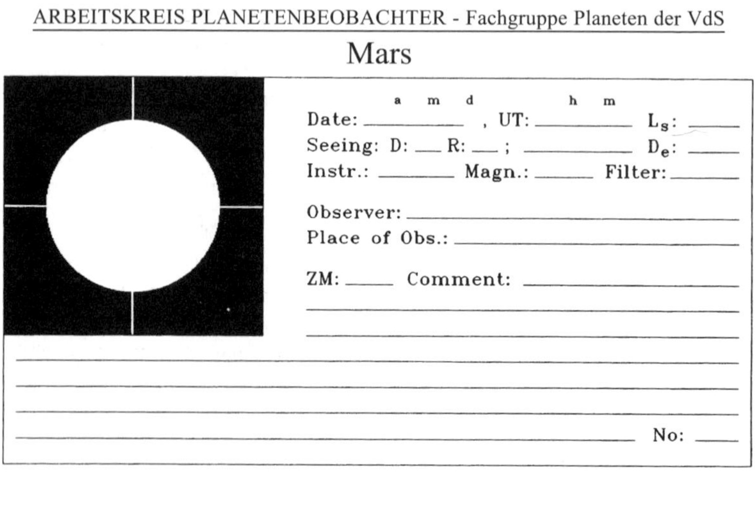
ARBEITSKREIS PLANETENBEOBACHTER - Fachgruppe Planeten der VdS

Mars

Date: ____ a m d , UT: ____ h m L_S: ____
Seeing: D: __ R: __ ; ____ D_e: ____
Instr.: ____ Magn.: ____ Filter: ____
Observer: ____
Place of Obs.: ____
ZM: ____ Comment: ____
No: ____

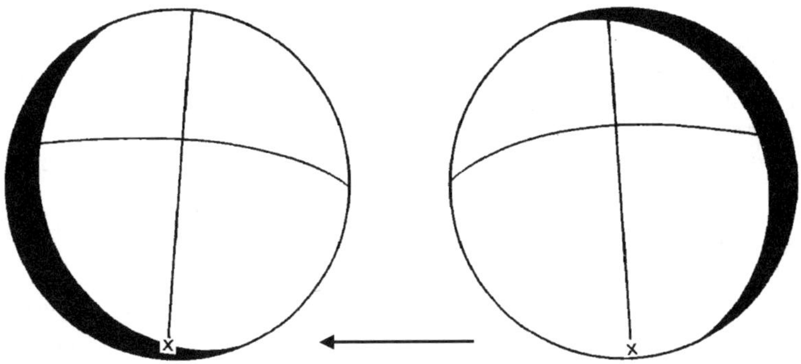

Abb. 7.46 Größe der Phase ungefähr drei Monate vor der Opposition (links) und drei Monate danach. Der Beobachter muß auch auf die verschiedenen Stellungen des Äquators und der Polachse bei der zeichnerischen Darstellung achten. Das Beispiel gilt für eine Aphel-Opposition. x = Nordpol, ← scheinbare Bewegung im Gesichtsfeld des astronomischen Fernrohrs.

von abgesehen werden, da um die Opposition die Phase vernachlässigbar klein ist (s. Abb. 7.46).

Innerhalb von 20 Minuten sollte die Zeichnung angefertigt werden. Natürlich wird der Beobachter zuerst die markantesten Details, Polkappen und dunkle Maria in die Schablone eintragen. Mit verschiedenen weicheren Bleistiften und einem Wischer werden feine Details und vor allem die unterschiedlichen Schattierungen und Abstufungen zeichnerisch festgehalten. Die mitunter weichen Kontraste und fließenden Übergänge sollten Beachtung finden!

Immer wieder ist zu prüfen, ob die Details auch positionsgetreu abgebildet werden. Hilfreich ist es hierzu, sich die Marsscheibe in vier Quadranten unterteilt zu denken, bzw. sogar diese Quadranten mittels Hilfslinien in die Zeichnung einzutragen.

Zu allerletzt sind es die hellen Wolkenerscheinungen, die in die Schablone gehören. Sie sind besonders zu kennzeichnen, indem der Umriß dieser Gebilde mit einer gestrichelten Linie wiedergegeben werden sollte.

Von großer Wichtigkeit ist es, seine Zeichnungen zu kommentieren. Jeder Beobachter hat einen ihm eigenen Zeichenstil. Meist werden die Kontraste zur Verdeutlichung und besseren Wiedergabe übertrieben dargestellt. Es ist aber wichtig zu wissen, ob die dunklen Albedostrukturen kaum, diffus oder sehr kontrastreich erschienen. Man denke nur daran, welchen Einfluß Staubstürme auf Dunkelgebiete haben. Hier ist eine Beurteilung des Kontrastes der Albedostrukturen von hohen Wert.

Es ist auch wichtig zu wissen, ob helle Wolkenerscheinungen nur blickweise wahrgenommen wurden oder deutlich oder überaus hell hervorstachen. Ist eine Wolkenerscheinung nur blickweise gesehen worden, wird der auswertende Amateur nach weiteren bestätigenden oder widerlegenden Beobachtungen suchen, während eine klar und sehr hell leuchtende Wolke nicht unbedingt der

Bestätigung bedarf. Alles das setzt viel kritische Beurteilung des Gesehenen voraus. Ideal ist die Einschätzung anhand standardisierter Skalen.
Ganz selbstverständlich ist die Angabe all der anderen, in der Planetenbeobachtung allgemeinverbindlichen Daten wie Datum, Uhrzeit (in Weltzeit), Seeing, Durchsicht, Instrument etc. Die Ost-West-Richtung sollte in der Schablone vermerkt werden.

7.4.8.2 Mikrometermessungen

Da der Rückzug der Polkappen die augenscheinlichste Veränderung des Planeten ist, wurde in der Vergangenheit stets das Abschmelzen auch einigermaßen quantitativ erfaßt. Der Kappenrand wurde während einer Oppositionsperiode möglichst oft vermessen. Eine landläufige Methode war das Vermessen der Zeichnung anhand eines Gradnetzes. Eine Reihe von Fehlerquellen geht dabei aber in das Ergebnis ein: Da ist zum einen die Subjektivität der Zeichnung, denn die Überstrahlung (Irradiation) der leuchtenden Kappe wird verschiedentlich wahrgenommen. Zum anderen läßt das Ablesen am Gradnetz keine großen Genauigkeiten zu. Alles in allem sind die Fehler zu groß, um genauere Werte zu bekommen.
Als geeignete Methode gilt die Messung mittels eines Mikrometers. Capen empfiehlt, ein wenig vergrößerndes Okular in Kombinaton mit einer Barlowlinse anzuwenden. Eine sehr hohe Vergrößerung ist in jedem Falle wünschenswert, nicht nur wegen des scheinbar größeren Planetenscheibchens, sondern auch um die Irradiation zu minimieren. Bei gutem Seeing kann der Amateur schon Genauigkeiten von ±2° erreichen. Wie wird nun gemessen?
Zuerst bestimmt der Amateur den Poldurchmesser d, als nächstes wird die Polkappenweite $\overline{AB}$ festgelegt. Dieser Vorgang ist mehrmals zu wiederholen, um einen Mittelwert mit möglichst geringer Streuung zu erhalten. Es gilt dann die Beziehung: $\cos\phi = \overline{AB} / d$ (s. Abb. 7.47). ϕ ist die areographische Breite des Kappenrandes.

Es gilt dann die Beziehung:

$$\cos\phi = \frac{\overline{AB}}{d}$$

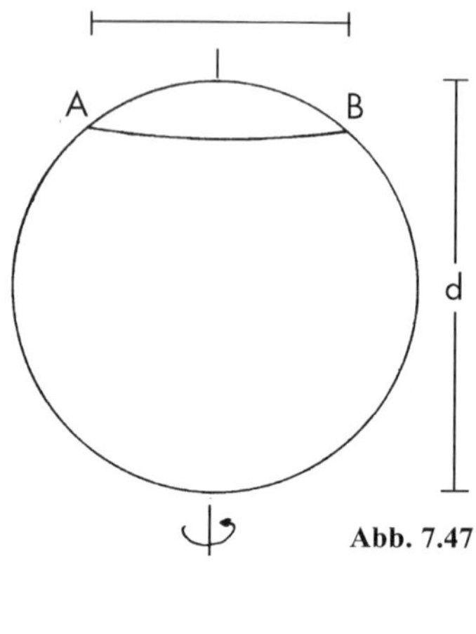

Abb. 7.47

Die Position von Wolken kann mit Hilfe eines Mikrometers ebenso zuverlässig ermittelt werden. Gemessen werden Wolkenmittelpunkt und die Ausdehnung der Wolke in Nord-Süd- bzw. Ost-West-Richtung. Bei sehr ausgedehnten Wolken sind mehrere Wolkenzentren zu bestimmen.
Entscheidend ist, daß vor einer Messung das Mikrometer entsprechend der genauen Ost-West-Richtung am Himmel ausgerichtet wird. Der Mikrometerfaden sollte beim Durchlaufen eines Sterns durch das Gesichtsfeld bei abgeschalteter Fernrohrnachführung justiert werden.

7.4.8.3 Photographien und CCD-Bilder

Gegenüber visuellen Beobachtungen haben Photographien und CCD-Bilder den unschätzbaren Vorteil, ein objektives Abbild des Planeten zu liefern. Insbesondere die CCD-Technik dürfte sich in den nächsten Jahren einen bedeutenden Rang innerhalb der Planetenbeobachtung sichern. Es sei hier auf die entsprechenden Kapitel in diesem Buch verwiesen.

7.4.8.4 Einsatz von Farbfiltern

Nicht wegzudenken von einer sinnvollen Marsbeobachtung ist der systematische und konsequente Einsatz von Farbfiltern. Denn erst die verschiedenen Filter ermöglichen es, die speziellen Wolkentypen auf Mars sicher zu identifizieren. Auch wäre die Bestimmung des Blue- oder Violet-Clearing ohne Filter undenkbar.
Capen empfiehlt, mindestens drei Filter anzuwenden: W 38 oder W80A als Blau-, W 58 als Grün-, W 21, W23A oder W 25 als Orange (bzw. Rot-)Filter. „W“ steht für Wrattenfilter von Eastman Kodak Co. Welches von den Orange- (bzw. Rot-)Filtern eingesetzt wird, entscheidet die Größe des Instrumentes. Das Rotfilter W 25 kann bei kleineren Geräten feines Detail schlucken. Die Orangefilter W 21 und W 23A sind für kleinere und mittlere Instrumente geeignet. Der Gebrauch eines W 47, eines Violettfilters, ist Benutzern großer Geräte anzuraten. Bei kleineren Geräten würde das W 47 zu wenig Licht passieren lassen. Um das Blue- oder Violet-Clearing sehr genau abzuschätzen, ist das W 47 mit seinem scharf definierten Durchlaßbereich im Violett und Blau besonders anzuraten. Auch der B-390 wurde empfohlen [46].
Die qualitativ hochwertigen Farbfilter von Schott kommen für die Marsbeobachtung ebenso in Betracht. Entgegen den ersten Erwartungen eignete sich das BG28, obwohl es ein gerade für kleinere Instrumente vorteilhaftes Filter darstellte, nicht zur Clearing-Einschätzung. Wie Beobachtungsreihen aus der Opposition 1988 zeigten, wurde in 71% bzw. 81% der Fälle das Clearing im Vergleich zu BG 12 und BG 25 mindestens eine Stufe der Skala höher eingestuft. Bislang kann also für Instrumente mit Öffnungen < 20 cm kein passendes Filter zur Clearing-Abschätzung angegeben werden (s. Abb. 7.48).

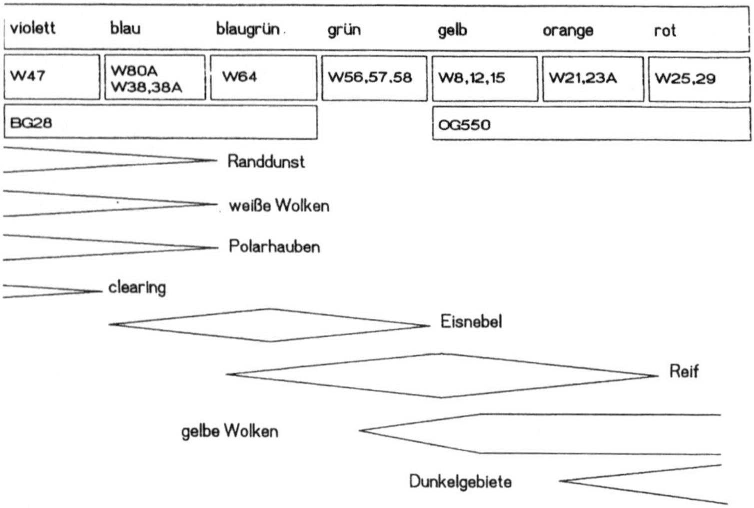

Abb. 7.48 Spektrale Dominanz der verschiedenen Objekte der Marsatmosphäre und -oberfläche. Angegeben wurden ferner entsprechende Wratten- und SCHOTT-Filter. Entnommen [44].

Da Filterbeobachtungen eine so eminent wichtige Rolle spielen, muß der Beobachter die Objekte, die er sieht, im Hinblick auf die verschiedenen Farbfilter differenziert beschreiben. Der Amateur sollte sich immer die Frage stellen, durch welchen Filter die helle Wolkenerscheinung auffälliger und leuchtkräftiger erschien. Man sollte sich keineswegs scheuen, anzugeben, wenn kein Intensitätsunterschied zu registrieren ist. Auch ein solches Resultat muß notiert werden (s. Abb. 7.49).
Der Anfänger tut zudem gut daran, zuerst das Blaufilter zu benutzen, da in der Regel dann weniger Details zu erkennen sind (siehe Blue- oder Violet-Clearing). Er ist dann davor gewappnet, daß er Details des Marsscheibchens – die er zuvor mit einem Organgefilter beobachtet hat – mit einem Blaufilter zu erkennen glaubt, obwohl sie damit nicht zu sehen sind. Eine selbstkritische Beobachtungsweise ist immer das A und O der Amateurarbeit.

7.4.8.5 Intensitäts- und Kontrastschätzungen

Es existieren verschiedene Skalen zur Intensitätsschätzung. BAA und ALPO benutzen eine zehnstufige Skala. 0 bedeutet, bezogen auf die von der ALPO empfohlene Skala, das tiefe Nachtschwarz, 10 ein brillantes Weiß. Die Skala umfaßt also einen sehr großen Intensitätsunterschied. Flecken auf der Marsoberfläche mit verschiedenen geeichten Helligkeiten existieren ja nicht. Eine

Violett (Blau)filter — Rotfilter

A, B, C

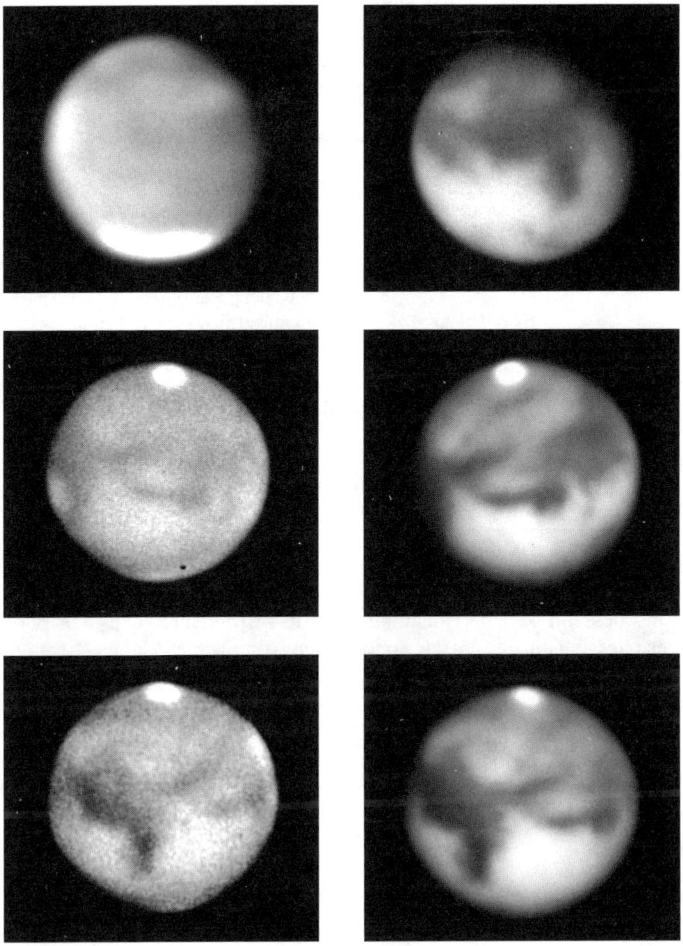

Abb. 7.49 Das *violet clearing* in seinen unterschiedlichen Ausprägungen: A: kein *clearing* (ZM 277° bzw. 280°); B: schwaches *clearing* (ZM 347° bzw. 348°); C: starkes *clearing* (ZM 303° bzw. 313°). Die Bilderfolge offenbart noch einige andere Phänomene: A: im Violetten sind schön Randwolke und -dunst am Ostterminator zu erkennen. Die Nordpolarhaube ist prominent. Über Hellas schwebt eine Wolke. B: Eine mäßig helle Wolke über Libya ist nur im Violetten zu identifizieren. C: Wieder nur im Violetten ist die Randwolke am westlichen Rand zu beobachten.
Fotos von D. C. Parker aus den Oppositionen 1988 und 1990. Süden oben, Osten links.

visuelle Einschätzung der Helligkeit mit solchen zehnstufigen Skalen ist deshalb nicht unproblematisch. Ein anderer Weg ist es, den Kontrast eines Objektes einzustufen. Dies wird der Physiologie des Sehens eher gerecht [45].
Vier Stufen umfaßt die ALPO-Skala, nach der der Amateur das Clearing am Teleskop abschätzen sollte. Zwischenstufen sind nicht sinnvoll. Die ALPO-Skala eignet sich sehr gut, den unterschiedlichen Grad des Clearing festzuhalten (s. Tab 7.14).

Stufe der ALPO- Skala	Art des Clearings	Beschreibung
0	gar kein Clearing	Keinerlei Dunkelgebiete sind mit einem Blaufilter zu sehen.
1	schwaches Clearing	Im Hinblick auf den roten Spektralbereich sind mittels eines Blaufilters dunkle Albedostrukturen nur diffus, verwaschen und kaum zu erkennen.
2	mäßiges Clearing	Wenn auch kontrastärmer als im Rotbereich sind die dunklen Regionen deutlich auch mit einem Blaufilter zu beobachten.
3	strenges Clearing	Zwischen beiden Farbbereichen gibt es kaum Unterschiede in Klarheit und Kontrast der dunklen Albedostrukturen.

Tab. 7.14 Schätzung des Blue-Clearing

Entscheidend ist dabei, nicht nur allein mit Hilfe eines Blau- oder Violettfilters das Clearing einzuschätzen, sondern den Kontrast der Marsdetails mittels eines Blau- oder Violettfilters immer in Beziehung zu dem Kontrast mittels eines Orange- oder Rotfilters zu setzen. Der Kontrastunterschied der Dunkelgebiete zwischen den beiden Farbbereichen ist ausschlaggebend.
Mehrmals sollte Blau- und Rotfilter gewechselt werden. Ferner sollte der Beobachter bedenken, daß auch lokales Clearing auftreten kann. Gesondert ist zu vermerken, welche Regionen in welchem Maße von lokalem Clearing erfaßt werden.

7.4.9 Auswertung der Beobachtungen

7.4.9.1 Sublimationskurven der Polkappen

Aufgrund der zahlreichen Fehlerquellen muß heutzutage die Bestimmung des Polkappendurchmessers mittels Zeichnungen als obsolet bezeichnet werden. Mikrometermessungen, Photographien oder CCD-Bilder sind Methoden, die zuverlässige und ziemlich genaue Polkappendurchmesser garantieren. Wie der Polkappendurchmesser aus sogenannter Polkappenweite und Poldurchmesser zu errechnen ist, wurde zuvor aufgezeigt. Einige wesentliche Punkte sind zu beachten, um aussagefähige Sublimationskurven zu bekommen: So ist u. U. der Phaseneffekt zu berücksichtigen. Es darf nicht vergessen werden, daß die Exzentrizität der SPC relativ zur Rotationsachse nicht unerheblich sein und i. a. die Polkappengrenze eine Abhängigkeit von der areographischen Länge zeigen kann. Um eine mittlere Polkappengrenze zu ermitteln, sind Meßwerte von Beobachtern rund um den Globus vonnöten. Auch die bereits erwähnten Eisinseln beeinflussen das Ergebnis [47, 6] (s. Abb. 7.41).

7.4.9.2 Wolkenhäufigkeit

Von neuem die Häufigkeit der weißen Wolken pro Saison zu bestimmen, ist sicherlich eine reizvolle Arbeit (dasselbe gilt für Nebel und Reif). Statistiken zur Wolkenaktivität eines ganzen Marsjahres veröffentlichte Beish et al. 1986 [21]. Es lassen sich sowohl die Häufigkeiten der Wolken beider Hemisphären relativ und absolut in Beziehung setzen als auch in Morgen- und Abendwolken aufteilen. Interessant ist festzustellen, über welchen Gebieten bevorzugt Wolken vorkommen.
Wichtig ist es, solche Statistiken nie auf der Basis der Daten einer ganzen Oppositionsperiode aufzubauen, sondern aufgrund der saisonalen Variation die Aktivität jeweils für die einzelnen Jahreszeiten zu ermitteln.
Eine transparente Folie mit den 26 Gradnetzen entsprechend den möglichen Achsneigungen ist ein passendes Hilfsmittel, die Positionen zu vermessen. Die Lage des Wolkenmittelpunktes bzw. der Zentren einer sich weit ausdehnenden Wolke werden aus der Zeichnung bestimmt, und an der Folie werden die Koordinaten abgelesen. Man sollte die Genauigkeit der Daten nicht übermäßig interpretieren, zumal die Subjektivität der Zeichnung das nicht zuläßt. Besonders mit einem Fehler sind die abgelesenen Positionen der gar nicht so seltenen terminatorständigen Wolken behaftet.
Die Wolkenpositionen sollten dann bestimmten großflächigen Arealen zugeordnet werden, deren Grenzen sich an den Albedostrukturen orientieren. Somit kann die Wolkenhäufigkeit auch bezogen auf unterschiedliche Marsregionen angegeben werden. Eine solche Aufteilung der Marsoberfläche in Regionen schlug Birke et al. vor [44].
Photographien oder CCD-Bilder als Grundlage für Positionsbestimmungen sind das Optimum, dennoch sind Positionen aufgrund visueller Beobachtungen erstaunlich zuverlässig. Beobachter orientieren sich am Gefüge der bekannten und nahezu unveränderlichen Dunkelgebiete und ermitteln auf diese Art und Weise die Position einer Aufhellung mit einer guten Treffsicherheit.

7.4.9.3 Entwicklungsdiagramme

Eine interessante Aufgabe für den Amateur bleibt es weiterhin, die Atmosphäre im Südfrühling und -sommer immer wieder daraufhin zu überprüfen, wann gel-

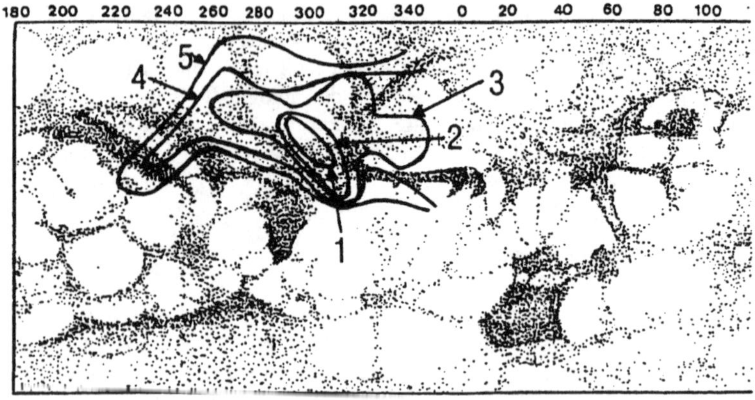

Abb. 7.50 Entwicklung eines Staubsturmes im Juni 1988. Die Zahlen an den Isolinien bezeichnen die Flächenausdehnung des Sturmes an fünf aufeinanderfolgenden Tagen, beginnend mit dem 13. Juni 1988. Nach Beobachtungen von K. Rhea, D. C. Parker, C. Hernandez und J. Beish.

Abb. 7.51 Das Violet-Clearing von Juli 1990 bis Januar 1991 in Abhängigkeit vom beobachteten Zentralmeridian. Das Clearing wurde geschätzt nach der vierstufigen ALPO-Skala. Beachte den (im Text erläuterten) Oppositionseffekt (Opposition am 27. November 1990). Entnommen [46].

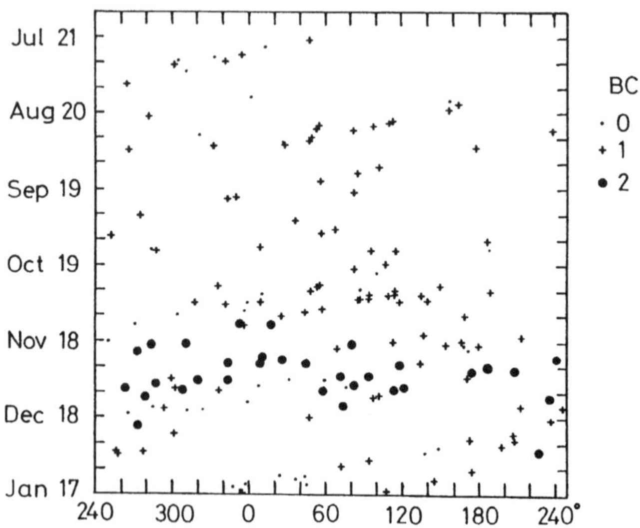

be Wolken sich bilden und ob sie sich zu einem großen Sturm ausweiten. Werden gelbe Wolken entdeckt, ist es reizvoll, Zeichnungen, Photos und CCD-Bilder der verschiedenen Beobachter zu vereinen, um die Expansion des Staubsturmes zu dokumentieren. Die täglichen Grenzen der gelben Wolke werden hierzu in eine Marskarte übertragen. Ein Beispiel gibt Abb. 7.50.

7.4.9.4 Clearing-Diagramme

Eine graphische Darstellung des Clearing-Ausmaßes in Abhängigkeit von der Zeit führt die schwankende Durchlässigkeit der Marsatmosphäre im blauen Licht anschaulich vor Augen. Steht Beobachtungsmaterial aus anderen Ländern zur Verfügung, kann der Beobachter nicht nur die Variabilität des Clearing über die Zeit dokumentieren, sondern auch Unterschiede in Abhängigkeit vom Zentralmeridian. Ein Beispiel ist Abb. 7.51.

7.4.9.5 Gesamtkarte

Detailreiche Zeichnungen, Photographien oder CCD-Bilder einer Oppositionsperiode können ein Grundstock sein, eine Gesamtkarte der Albedostrukturen zu erstellen. Von Opposition zu Opposition ließen sich auf diese Art und Weise Albedoänderungen der bekannten Strukturen dokumentieren. Eine Sammlung solcher Karten der Oppositionen 1907 bis einschließlich 1971 veröffentlichte de Mottoni Mitte der siebziger Jahre [48]. Wegen der perspektivischen Verzerrung ist allerdings zu beachten, daß nur die Regionen 30° beiderseits des Zentralmeridians aus den einzelnen Zeichnungen berücksichtigt werden, um eine solche Karte zu zeichnen. Für den einzelnen Beobachter ist es sicher ebenso von großem Reiz, eine ganz persönliche Oppositionskarte zu fabrizieren (s. Abb. 7.52).

Abb. 7.52 Marskarte auf der Basis von Zeichnungen R. Néels aus der Oppositionsperiode 1986. R. Néel, Vénissieux (Frankreich) beobachtete mit einem 31-cm-Reflektor bei 310 x. Norden unten, Osten links.

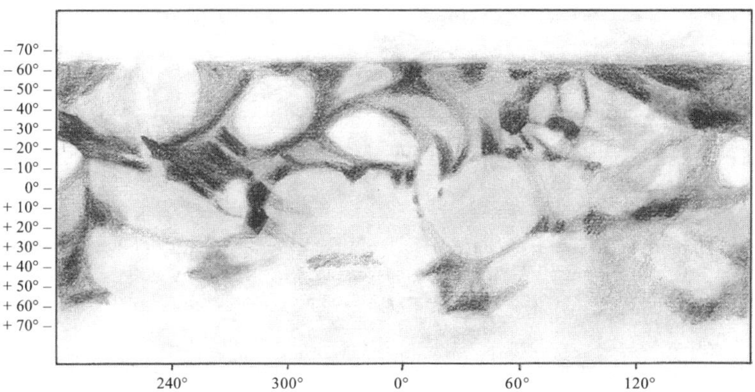

Mittlere Entfernung von der Sonne	227,932 Mio. km = 1,5236 AE
Kleinste Entfernung von der Sonne	1,38 AE
Größte Entfernung von der Sonne	1,67 AE
Exzentrizität	0,0934
Kleinste Entfernung von der Erde	0,38 AE
Größte Entfernung von der Erde	2,67 AE
Bahnumfang	1400 Mio. km
Mittlere Bahngeschwindigkeit	24,14 km/s
Siderische Umlaufzeit	686,98 Tage
Synodische Umlaufzeit	779,94 Tage
Bahnneigung gegen die Ekliptik	1,8499°
Äquatorduchmesser	6794 km
Abplattung	1 : 192,8
Oberfläche in Erdoberflächen	0,28
Rauminhalt in Erdvolumen	0,15
Masse	$6{,}4191 \cdot 10^{26}$ g
in Erdmassen	0,1074
Dichte	3,94 g/cm³
Rotationszeit	24 h 37 m 22,6 s
Neigung des Äquator gegen die Bahnebene	25,19°
Fluchtgeschwindigkeit	5,0 km/s
Oberflächentemperatur max.	+ 20° C
Oberflächentemperatur min.	– 140° C
Geometrische Albedo	0,150
Farbindex	+ 1,2 mag
Scheinbare Helligkeit max.	–2,52 mag
Scheinbarer Durchmesser max.	25"
Scheinbarer Durchmesser min.	4"
Atmosphäre	96,13 % CO_2, 1,74 % N_2, 1,45 % Ar, 0,11 % O_2
Luftdruck	7,3 mbar
Oberflächenstruktur	Formen vulkanischer und tektonischer Aktivitäten. Spuren der Winderosion. Einschlagkrater.
H_2O	Durchschnittl. Partialdruck des Wasserdampfes in der Atmosphäre $9 \cdot 10^{-4}$ mbar (Erde: 5 mbar)
Magnetfeld	$3 \cdot 10^{-4}$ Gauß
Monde	2 (Phobos und Deimos)

Tab. 7.15 Dimensionen und Bahnverhältnisse des Planeten Mars

Literatur

[1] Köhler, H. W.: Der Mars – Bericht über einen Nachbarplaneten. Vieweg, Braunschweig 1978

[2] MacDonald, T. L.: The origins of martian nomenclature, Icarus **15** (233/ 1971)

[3] Blunck, J.: Mars and its satellites. Exposition press Smithtown, New York 1982

[4] Sagan, C., Fox, P.: The canals of Mars: an assessment after Mariner 9, Icarus **25** (602/1975)

[5] Jahowsky, B. M.: The seasonal cycle of water on Mars, Space Science Reviews **41** (131/1985)

[6] Parker, D. C., Capen, C. F., Beish, J. D.: Exploring the martian arctic, Sky and Telescope **65** (218/1983)

[7] Capen, C. F., Cave, T. R.: Mars 1969 – The north polar region – ALPO report II, JALPO **23** (67/1971)

[8] Slipher, E. C.: Mars – the photographic story. Sky Publishing Corporation, Cambridge 1962

[9] Cralle, H. T., Beish, J. D., Parker, D. C.: Recessions of the south polar cap of Mars in 1986 and 1988, JALPO **34** (116/1990)

[10] Capen, C. F., Cave, T. R.: Mars 1969 – The north polar region – ALPO report II, JALPO **23** (79/1971)

[11] Cutts, J. A.: The location of the mountains of Mitchell and evidence for their nature in Mariner 7 pictures, Icarus **16** (528/1972)

[12] Capen, C. F., Parker, D. C.: What's new on Mars – martian 1979–80 apparation report II, JALPO **29** (51/1981)

[13] Troiani, D. M., Beish, J. D., Parker, D. C., Hernandez, C. E.: The 1992-1993 aphelic apparition of Mars, JALPO **38** (97/1995)

[14] Capen, C. F., Parker, D. C., Beish, J. D.: A martian observer's menu for 1986, JALPO **31** (183/1986)

[15] Schambeck, C. M.: Die NPH während der Oppositionsmonate Juni bis September 1986, MfP **11** (20/1987)

[16] Martin, L. J., McKinney, W. M.: North polar hood of Mars in 1969 (May 18 – July 25) I. Blue Light, Icarus **23** (380/1974)

[17] Capen, C. F., Parker, D. C.: What's new on Mars – martian 1979–80 apparation report II, JALPO **29** (38/1981)

[18] Capen, C. F., Cave, T. R.: Mars 1969 apparation – ALPO report I, JALPO **22** (132/1970)

[19] Mutch, T. A., Arvidson, R. E., Head, J. W., Jones, K. L., Saunders, R. S.: The geology of Mars. Princeton University Press, Princeton 1976

[20] Capen, C. F., Parker, D. C.: Observing Mars VIII – the 1979-80 aphelic apparation, JALPO **28** (78/1980)

[21] Beish, J. D., Parker, D. C., Capen, C. F.: The meteorology of Mars – part I, JALPO **31** (228/1986)

[22] Capen, C. F., Martin, L. J.: Mars' great storm of 1971, Sky and Telescope **43** (276/1972)

[23] Dollfus, A.: Moon and planets. North Holland, Amsterdam 1967

[24] Beish, J. D., Parker, D. C., Capen, C. F.: A major martian dust storm in 1984, JALPO **30** (211/1984)

[25] Martin, L. J.: The major martian yellow storm of 1971, Icarus **22** (175/1974)

[26] Sagan, C., Veverka, J., Gierasch, P.: Observational consequences of martian wind regimes, Icarus **15** (253/1971)

[27] Heuseler, H.: Ein gewaltiger Staubsturm tobt auf dem Mars. Beilage zur Berliner Wetterkarte vom 25.11.71

[28] Schambeck, C. M.: Mars '88: Staubige Ouvertüre, MfP **12** (72/1988)
[29] Hägerich, S., Meyer, J., Schambeck, C. M.: Mars '88: Wie ein Sturm im Wasserglas, MfP **13** (21/1989)
[30] Baum, W. A.: Earth-based observations of martian albedo changes, Icarus **22** (363/1974)
[31] Antoniadi, E. M.: La planete Mars. Hermann, Paris 1930
[32] Pollack, J. B., Sagan, C.: An analysis of martian photometry and polarimetry, SAO special report Nr. 258 (1967)
[33] Capen, C. F.: A martian yellow cloud – July 1971, Icarus **22** (345/1974)
[34] Osawa, T.: Motion of cloud observed on Mars over Casius and Amazonis Regio, JALPO **22** (162/1970)
[35] Thompson, D. T.: Time variation of martian regional contrasts, Icarus **20** (42/1973)
[36] Capen, C. F.: Martian albedo feature variations with season: data of 1971 and 1973, Icarus **28** (213/1976)
[37] Pollack, J. B., Sagan, C.: Secular changes and dark-area regeneration on Mars, Icarus **6** (434/1967)
[38] Schambeck, C. M.: Mars '88: Erschreckend reich an Detail, MfP **13** (15/1989)
[39] Parker, D. C., Beish, J. D., Hernandez, C. E.: Mars' great finale, Sky and Telescope **77** (369/1989)
[40] Thompson, D. T.: Brief history of the martian violet haze' problem, Reviews of Geophysics and Space Physics **10** (919/1972)
[41] Schambeck, C. M.: Die Beobachtung des violet-clearing, Sterne und Weltraum **23** (32/1984)
[42] Thompson, D. T.: A new look at the martian „violet haze" problem II, blue-clearing in 1969, Icarus **18** (164/1973)
[43] Kimberger, F.: Veränderte Aspekte, Sterne und Weltraum **11** (170/1972)
[44] Birke, M., Schambeck, C., Berger, H.:, Mars-Manual. Arbeitskreis Planetenbeobachter 1992
[45] Schambeck, C. M., Birke, M., Berger, H.: Ideas of standardizing Mars observations. In: Fischer D, ed. Proceedings of the first meeting of european planetary and cometary observers. Bonn 1992
[46] McKim, R.: The opposition of Mars 1990, JBAA **102** (248/1992)
[47] Beish, J. D., Parker, D. C., Capen, C. F.: Calculating martian polar cap latitudes, JALPO **31** (137/1986)
[48] Mottoni y Palacios, G. de: The appearance of Mars from 1907 to 1971: graphic synthesis of photographs from I.A.U. center at Meudon, Icarus **25** (296/1975)
[49] Troiani, D. M., Parker, D. C., Hernandez, C. E.: The 1994–1995 aphelic apparition of Mars, JALPO **39**=1 (1996)
[50] Parker, D. C.: The great Martian dust storm of 2001, Sky and Telescope **102** (2001)
[51] Nakakushi, T., Akabane, T., Iwasaki, K., Larson, S. U.: Mars: The cloud effect on the blue clearing in the Syrtis maior region, I. Geophys. Res. **106** (5043/2001)

7.5 Kleine Planeten (Planetoiden)

von Martin Hoffmann und Günter D. Roth

Die Kleinen Planeten bewegen sich zwischen der Mars- und der Jupiterbahn. Ihre Zahl ist groß. Im Mai 2002 waren mehr als 42463 Asteroiden numeriert. Die Hypothese, daß die Planetoiden (auch Asteroiden genannt) Bruchstücke eines ehemaligen Planeten sind, hat heute nur noch wenige Anhänger: „J. Schubart und andere Autoren schätzen die Gesamtmasse der Planetoiden auf 10^{-9} Sonnenmassen ab. Das ist 1% der Merkurmasse. Die Gesamtmasse der Planetoiden ergibt demnach einen zu geringen Wert für einen großen Planeten. Die heute weitgehend akzeptierte Theorie besagt, daß die Planetoiden, die sich im Planetoidengürtel befinden, auch dort entstanden sind."[1] Gestalt und Größe der Kleinplaneten spielen heute eine Rolle bei allen Überlegungen Ursprung und Entwicklung des Sonnensystems betreffend. Vieles spricht dafür, daß wir mit den Planetoiden Materie aus der Ursprungszeit des Sonnensystems beobachten (vor 4,5 Milliarden Jahren).
Bereits Johannes Kepler (1571–1630) vermutete, daß zwischen Mars und Jupiter ein noch nicht gesehener Planet seine Bahn zieht. Mit den theoretischen Überlegungen von J. D. Titius (1729–1796) und J. E. Bode (1747–1826) bezüglich einer möglichen Gesetzmäßigkeit im Verhältnis der Planetenabstände von der Sonne wurde das Problem hochaktuell für die Forschung. Nach ihnen benannt und in die Literatur eingegangen ist die sogenannte „Bode-Titius-Regel". Sie lautet:

$$\text{Planetenabstand } A = 0{,}4 + 2^n \cdot 0{,}075.$$

Verwendet man den konstanten Faktor 0,075 (nach S. W. Orlow), dann entspricht n den Ordnungsnummern der einzelnen Planeten: Merkur = 1, bis Uranus = 8. Die Lücke zwischen Mars und Jupiter bekommt $n = 5$. Die Durchrechnung ergibt den Abstand eines Planeten von der Sonne in Astronomischen Einheiten (AE). Nachfolgend eine Übersicht der nach der „Bode-Titius-Regel" ermittelten Abstände (A_{th}) und die wirklichen mittleren Abstände (A_{pr}) der Planeten Merkur bis Uranus von der Sonne:

Planet	A_{th} in AE	A_{pr} in AE
Merkur	$0{,}4 + 2^1 \cdot 0{,}075 = 0{,}55$	0,4
Venus	$0{,}4 + 2^2 \cdot 0{,}075 = 0{,}70$	0,7
Erde	$0{,}4 + 2^3 \cdot 0{,}075 = 1{,}00$	1,0
Mars	$0{,}4 + 2^4 \cdot 0{,}075 = 1{,}60$	1,5
Ceres	$0{,}4 + 2^5 \cdot 0{,}075 = 2{,}80$	2,8
Jupiter	$0{,}4 + 2^6 \cdot 0{,}075 = 5{,}20$	5,2
Saturn	$0{,}4 + 2^7 \cdot 0{,}075 = 10{,}00$	9,5
Uranus	$0{,}4 + 2^8 \cdot 0{,}075 = 19{,}60$	19,2

Tab. 7.16

Die Übereinstimmung der berechneten Werte mit den tatsächlichen ist in der Tat erstaunlich, wenn man bedenkt, daß die Regel eine einfache multiplikative Reihe darstellt. Es scheint ein exponentielles Gesetz zu gelten, dem die mittleren Abstände der Planeten von der Sonne gehorchen. Die vier größten und massereichsten Planetoiden passen sich dem Schema gut an, während insgesamt die mittleren Abstände aller Kleinen Planeten sehr streuen. Sie liegen zwischen 1,85 AE bis 5,0 AE. Als 1801 der Kleine Planet (1) Ceres entdeckt wurde, dachten die Astronomen sofort an den fehlenden Planeten zwischen Mars und Jupiter. Groß war die Überraschung, als weitere Entdeckungen hinzukamen. Nicht ein Planet befindet sich zwischen Mars und Jupiter, sondern viele kleine Planeten, die Planetoiden. Ein Planetoid mit sicher bekannten Bahnelementen bekommt in der Reihenfolge der Entdeckung eine Nummer und einen Namen, den der Entdecker vorschlägt. Vor der endgültigen Benennung erhält der neuentdeckte Planetoid eine vorläufige Bezeichnung aus der Jahreszahl der Entdekkung und einem Buchstabenpaar, z.B. ‚1992 AD'. Die Namen der ersten acht Volltausender: (1000) Piazzia, (2000) Herschel, (3000) Leonardo, (4000) Hipparchus, (5000) IAU, (6000) United Nations, (7000) Curie, (8000) Isaac Newton.

Planetoiden liefern viele wichtige Informationen über die Entstehung und Entwicklung des Sonnensystems. Die Annäherungen einzelner kleiner Planeten an die Erde bieten gute Beobachtungsmöglichkeiten. Mehr über „Erdnahe Asteroiden" siehe bei [2]. Die Daten der bis heute (Stand 2000) 900 bekannten NEAs (aus dem Englischen: „Near Earth Asteroids") sind im Minor Planet Center am Smithsonian Astrophysical Observatory in Cambridge, USA [3], gesammelt und allgemein zugänglich.

Spuren von einem 10 km großen Asteroiden, der vor 65 Millionen Jahren auf der Erde einschlug, lassen sich an verschiedeen Stellen der Erdoberfläche ausmachen. Über eine Spurensuche in Dänemark berichtete Herbert Csadek in SuW [4].

Am 12. Februar 2001 landete die Sonde NEAR weich auf der Oberfläche von Eros. Der Planetoid ist keine Ansammlung von kleinen „Subasteroiden", sondern hat einen festen Körper, allerdings mit nur wenigen Kratern und zu vielen Gesteinsbrocken.

Himmelsmechanisch und astrophysikalisch sind folgende Tatsachen von besonderem Interesse:

1. Häufung der Planetoiden dort, wo nach der „Bode-Titius-Regel" der mittlere Abstand eines großen Planeten von der Sonne sein sollte.

2. Bemerkenswerter Einfluß der Gravitationskraft des massereichen Planeten Jupiter; es gibt eine Anzahl von Planetoiden, deren Abstand von der Sonne identisch ist mit dem des Jupiter von der Sonne. Die Gruppe dieser Planetoiden trägt den Namen Trojaner. Die Entdeckung zahlreicher neuer „Trojaner" ergab, daß die Gesamtzahl der in der Jupiterbahn umlaufenden Asteroiden von gleicher Größenordnung wie aller im Hauptbereich zwischen Mars und Jupiter vermuteten Objekte ist.

3. Die mittlere Bahnneigung aller bekannten Planetoiden beträgt 9,6°. Von dem Mittelwert der Bahnneigung gegen die Ebene der Ekliptik weicht eine Reihe von Planetoiden deutlich ab. Mit einer Bahnneigung von 68° bewegt sich 5496 1973 NA schon fast senkrecht zur Hauptebene des Sonnensystems. Inzwischen sind auch im inneren Sonnensystem asteroidal erscheinende Objekte entdeckt worden, deren Bahn retrograd verläuft (z.B. i = 160°). Hierbei handelt es sich sicher um völlig inaktive oder erloschene Kometen.
4. Alle Planetoiden wandern wie die großen Planeten rechtsläufig um die Sonne.
5. Der Hauptteil der Planetoiden zeichnet sich dadurch aus, daß er sich in sehr kreisnahen Ellipsen um die Sonne bewegt. Es sind aber mehrere Dutzend von Bahnen bekannt, die recht bemerkenswert exzentrisch geformt sind. Siehe als Beispiel Abb. 7.53. Planetoiden mit Bahnen starker Exzentrizität nennt man auch Planetoiden mit kometarischen Bahnen.
6. Die geringe Größe der Planetoiden bringt es mit sich, daß keinerlei direkte Messungen und Beobachtungen der Oberfläche durchgeführt werden können. Häufig werden mit diesem Begriff die vier ersten Asteroiden bezeichnet. (3) Juno ist aber nur der elftgrößte Asteroid des Bereichs bis zur Jupiterbahn; der viertgrößte ist (10) Hygiea. Da für den Winkeldurchmesser aber auch Abstand und Albedo eine Rolle spielen, kann als Faustregel gelten, daß alle Asteroiden mit einer scheinbaren Helligkeit der achten bis zehnten Größe oder heller in großen Teleskopen bei guter Luftruhe nicht mehr punktförmig erscheinen. Das gilt dann auch für extrem nahe an der Erde vorbeiziehende kleine Asteroiden.
7. Nur 73 Planetoiden erreichen oder überschreiten bei einer Periheleopposition die scheinbare Helligkeit 9,5 mag (s. S. 243). Die größte scheinbare Helligkeit kann (4) Vesta erlangen. Vesta erreicht im günstigsten Fall V = 5,5 mag. Die Helligkeit überschreitet etwa alle vier Jahre die nominale Grenze für das freie Auge (V = 6,0 mag), für mitteleuropäische Beobachter leider bei südlichen Deklinationen. Dabei sind einige kleine Planeten nicht berücksichtigt, die sich der Erde selten und kurzzeitig extrem nähern können und dabei vielleicht für Stunden sogar dem bloßen Auge sichtbar werden.
8. Die Gesamtmasse aller Planetoiden – man schätzt, daß es 10 Millionen Planetoiden mit Durchmessern von mehr als 2 km gibt – erreicht höchstens 0,001 Erdmassen (10 % der Mondmasse).
9. Außerhalb der Jupiterbahn sind in den letzten Jahren asteroidengroße Objekte gefunden worden, die ihrer Natur und Zusammensetzung nach eher als weitgehend inaktive Kometen bezeichnet werden müssen. Man unterscheidet zwischen „Zentauren“, die auf planetenkreuzenden Bahnen den Bereich innerhalb der Neptunbahn erreichen bzw. dauernd bevölkern, und Objekten des „Kuiper-Edgeworth-Gürtels“ außerhalb der Neptunbahn. Bei den letzteren befindet sich eine Untergruppe auf zu Neptun resonanten, Pluto-ähnlichen Bahnen. Man hat bis September 2000 50 Zentauren (7 numeriert) und 311 Transneptunier (10 numeriert) entdeckt. Das bis jetzt hellste bekannte Objekt des Kuiper-Edgeworth-Gürtels erreicht die 19. Größe. Bahnneigun-

gen in diesem Bereich erreichen 40 Grad, die größte bekannte Apheldistanz beträgt 1310 AE. Die größten Zentauren erreichen in Sonnennähe (d.h. Saturnbahnabstand) die 16. Größe und sind dann mit Amateurmitteln beobachtbar. (2060) Chiron entwickelt zeitweise eine Staubkoma und Schweif. Die Objekte des Kuiper-Gürtels sind von 22. Größe oder schwächer und damit nur mit Großteleskopen erreichbar.

7.5.1 Photometrie

Die Beobachtung der Planetoiden ermöglicht einmal die Ermittlung der Bahnverhältnisse und die Auswertung der zum Beobachter kommenden Lichtintensitäten. Die bis heute gewonnenen astrophysikalischen Ergebnisse sind im wesentlichen eine statistische Kombination dieser beiden Beobachtungsmöglichkeiten.

Der Sinn der photometrischen Beobachtung, die auch dem Amateur möglich ist, richtet sich auf die Erfassung der scheinbaren Helligkeit der Planetoiden und ihrer Lichtkurven. Die Analyse der Lichtkurve kann zu Aussagen über Rotationseffekte und damit über die Gestalt Kleiner Planeten führen. Die Diskussion von Lichtkurven kann weiter Antwort auf die Frage geben, was mit dem Sonnenlicht bei seiner Reflexion an der Planetoidenoberfläche geschieht.

„Asteroiden oder Kleine Planeten sind die periodisch veränderlichen ‚Sterne' des Sonnensystems" (Richard P. Binzel [5] in seinem Beitrag „Photometry of Asteroids" in dem Buch „Solar System Photometry Handbook"). Die Veränderlichkeit Kleiner Planeten ist erstmals 1901 festgestellt worden. E. Oppolzer wies eine periodische Helligkeitsveränderung des Kleinplaneten (433) Eros nach.

Die Veränderlichkeit der meisten Planetoiden ist auf ihre unregelmäßige Gestalt zurückzuführen. Die Rotationszeiten liegen in der Regel zwischen 4 und 12

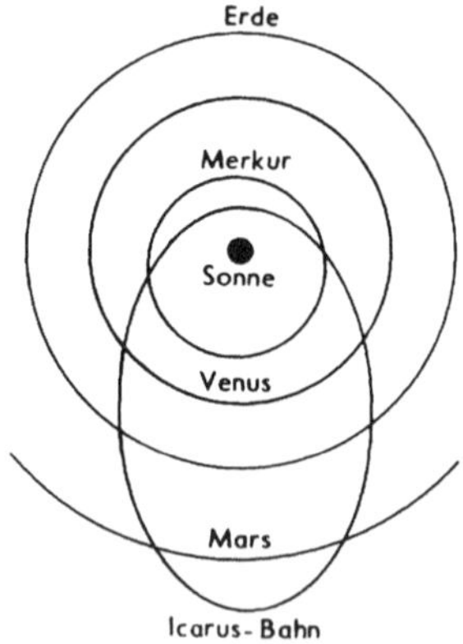

Abb. 7.53 Bahn des Planetoiden (1566) Icarus im Vergleich zu den Bahnen von Merkur, Venus, Erde und Mars.

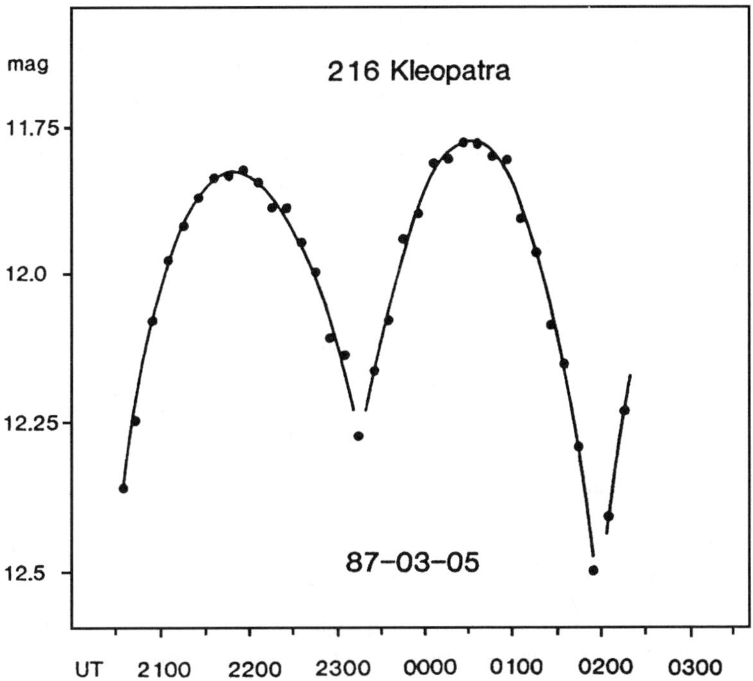

Abb. 7.54 Lichtkurve von (216) Kleopatra, aufgenommen am 5./6. März 1987 von P. Frank, Velden, mit einer Flatfield-Kamera 288/576. Einzelbelichtung 10 Minuten, Gesamtdauer der 35 Aufnahmen 6 Stunden. Amplitude 0,72 mag. (Aus: SuW **27**, 48, 1/1988).

Stunden. Die Amplituden der Lichtkurven betragen einige Zehntel Größenklassen. Bei einigen besonders länglich geformten Planetoiden treten auch Amplituden größer als 1 mag auf.

Die kurzen Perioden machen es möglich, bereits in einer Nacht die Beobachtungsgrundlagen für eine Lichtkurve oder wenigstens Teile davon zu gewinnen. Solche Beobachtungen sind vor allem eine gute Übung für den Sternfreund. Wissenschaftlich verwertbare Helligkeitsmessungen oder -schätzungen verlangen mehrere Nächte. Die aus Lichtkurven gewonnenen Rotationszeiten und Amplituden liefern Ergebnisse, die bei der Überprüfung von Modellen zur Entstehung des Kleinplanetengürtels Verwendung finden.

Die Beobachtbarkeit eines Asteroiden muß von seiner photometrischen Meßbarkeit unterschieden werden. Einer marginalen Erkennbarkeit entspricht eine Fehlergröße von 100% (Ja oder Nein). Um in der gleichen Zeit eine Genauigkeit von 1% zu erreichen, muß das Objekt 5 Größenklassen heller sein. Dabei seien mögliche zusätzliche systematische Fehler vernachlässigt. Durch Verlän-

gerung der Integrationszeit bzw. Zusammenfassung mehrerer Einzelmessungen oder Entschärfung der geforderten Genauigkeit bei Objekten mit großer Amplitude läßt sich die Grenzgröße üblicherweise erheblich steigern.
Die Reichweite apparativer photometrischer Beobachtungen hängt stark von den Randbedingungen wie Hintergrundhelligkeit, Teleskopgröße und Öffnungsverhältnis sowie Empfängerempfindlichkeit ab. Man sollte die Bestimmung dieses Werts dem einzelnen Beobachter überlassen. Dazu Martin Hoffmann: „Mit Celestron 14 und zweistufiger Shapley-Linse erzeuge ich ein System mit ca. f_{eff} : 3. Mit ST6-Kamera und 5 Minuten Integrationszeit erreiche ich damit photometrisch brauchbare Ergebnisse bis V = 16,0. Positionen von Objekten bis 19,0 ließen sich wohl noch erreichen, ich habe das aber noch nicht systematisch überprüft. Die schwächsten erkennbaren Objekte lagen bei 20,0, bestimmt anhand von Skalen in untersuchten nahen Galaxien. Bei längeren Brennweiten und Belichtungszeiten wird die Grenzgröße durch die scheinbare Bewegung der Objekte herabgesetzt. Wenn man über Möglichkeiten zu kontrollierter Relativbewegung des Teleskops zum Sternfeld verfügt, ist bei Mitführung mit dem Planetoiden das Signal- zu Rauschverhältnis verbesserbar. Das kann zum Beispiel mit einem ST4 Star Tracker der Santa Barbara Instrument Group erreicht werden.“
Visuelle, photovisuelle und klassisch photographische Photometrie wird wissenschaftlich bei Asteroiden nicht mehr akzeptiert. Als Übungs- und Privataufgabe sind sie natürlich weiterhin reizvoll. Für wissenschaftliche Fragestellungen und Veröffentlichung sind jedoch lichtelektrische Photometrie mit teleskopischen Photometern und Aufnahmen mit CCD-Kameras erforderlich.
Für die visuelle Helligkeitsschätzung genügen gute Feldstecher oder kleine Refraktoren (z.B. Telementor 2-Refraktor 63/840 mm). Wird für visuelle Messungen ein Photometer (s. S. 44) verwendet, sollte das Beobachtungsinstrument wenigstens 4 Zoll haben (Refraktor oder Schmidt-Cassegrain).
Für die klassische photographische Photometrie eignen sich gut lichtstarke Newton-Teleskope (1 : 6), aber auch schon Kleinbildoptik mit Brennweiten ab 100 mm (1 : 2,8 oder 1 : 4) und Mittelformatkameras (z.B. im 6 x 7 Format Plaubel Makina 67 mit Objektiv 2,8 und f = 80 mm). Hochempfindliches Filmmaterial ermöglicht sehr kurze Belichtungszeiten. Mit der angegebenen Mittelformatkamera werden in 5 Minuten Größenklassen um 10 mag erreicht.
Photometrische Beobachtungen der Lichtkurven von Asteroiden sind empfindlicher gegen veränderliche systematische Fehler. Im Gegensatz zu veränderlichen Sternen bewegen sich die Asteroiden relativ zu Nachbarsternen, mit denen es zeitweise zu engen Begegnungen innerhalb des zur Helligkeitsmessung erforderlichen Winkelbereichs bzw. der Meßblende kommt. Mit normalen lichtelektrischen Photometern sind häufig die in der Meßblende visuell feststellbaren Grenzhelligkeiten ähnlich denen der zu messenden Asteroiden, so daß nur wenig schwächere Hintergrundsterne nicht mehr erkannt werden können. Folglich kann während der Zeit des Vorübergangs ein sich änderndes Hintergrundsignal gemessen werden, das die Lichtkurve verfälscht. Hier bieten CCD-Aufnahmen große Vorteile, da hier bei richtig angelegtem Signal- zu Rauschverhält-

nis alle signifikanten Hintergrundobjekte erkannt werden und ihr Einfluß exakt bestimmt und bei der Reduktion eliminiert werden kann.
Ein paar Anmerkungen zu einfachen Farbmessungen an Kleinen Planeten. Mit den Helligkeitsänderungen treten in der Regel Farbveränderungen in Erscheinung. Das Sonnenlicht wird bei der Reflexion an der Oberfläche der Planetoiden leicht verfärbt. Bei dem einen Kleinen Planeten mehr zum Blauen hin (beispielsweise bei Ceres und Vesta), bei anderen mehr zum Roten hin. Der Phasenwinkel spielt dabei offenbar keine große Rolle. Da die Kleinen Planeten atmosphärelos sind, deutet die Verfärbung unmittelbar auf Eigenschaften der festen Oberfläche hin.
Farbmessungen werden als Helligkeitsmessungen durchgeführt. Filter bekannter Durchlässigkeit sollen verwendet werden (s. S. 39). Bei der Helligkeitsmessung mit Hilfe des Farbfilters wird die scheinbare Helligkeit der Planetoiden mit der von Sternen verglichen. Wichtig ist es, nur solche Vergleichssterne zu nehmen, deren Helligkeiten und Farben genau festliegen (Sternkataloge!). Mißt man in zwei verschiedenen Farben, z.B. mit Blauglas und Gelbglas, so bekommt man zwei unterschiedliche Helligkeiten. Der Unterschied heißt Farbindex und ist das Maß für die Farbe des Planetoiden. Er wird in Größenklassen m ausgedrückt: $m_{\text{blau}} - m_{\text{gelb}}$.
Eine genaue Untersuchung der Farben von inzwischen über 600 Asteroiden gibt es neben den UBV-Helligkeiten in einem für die Typklassifikation wichtigen Achtfarben-System [6]. Die Ergebnisse zeigen, daß die Albedo der Asteroiden entweder zum Roten zunimmt oder praktisch farbneutral ist. Ausgesprochen blaue Asteroiden sind nicht bekannt, die blauesten Objekte gehören den Typen B und F an (s. S. 242).

7.5.1.1 Beobachtungsaufgaben

Vier Programmpunkte kommen für den Beobachter in Frage:

1. Beobachtung einer vollständigen Lichtkurve über mehrere Nächte hinweg. Dabei wird auch die Amplitude der Lichtkurve bestimmt, die von Opposition zu Opposition unterschiedlich sein kann. Das hängt von der Gestalt und Oberflächenbeschaffenheit des Kleinplaneten ab. Beobachtungen der Amplitude während mehrerer aufeinander folgender Oppositionen sind zur Lagebestimmung des Planetoidenpols geeignet.
2. Messung von Phaseneffekten („Oppositionseffekt"). Hierzu ist es nötig, eine genügend große Anzahl von Lichtkurven in Nächten vor, während und nach der Opposition zu gewinnen (s. auch S. 228 in diesem Buch). Beobachtungsprogramme, die Lichtkurven über einen weiten Bereich der Phasenwinkel mit dem Ziel bestimmen, eine Phasenkurve zu gewinnen, die den Oppositionseffekt darstellt, sind sehr wünschenswert.
3. Messungen von rotationsabhängigen Farbenänderungen. Hierzu sind genaue Messungen in einem Helligkeitssystem (U-B-V-System, U = ultraviolett, B

= photographische Helligkeit, blau, V = visuell) nötig. Diese Messungen sollten nur an Kleinplaneten mit bekannten Rotationszeiten gemacht werden.

4. Bestimmung von Polpositionen. Dieses Programm setzt Helligkeitsmessungen eines Objekts über einen längeren Zeitraum voraus. Die Beobachtungen sollten zwei Monate vor der Opposition beginnen, wenn der Kleinplanet am Morgenhimmel erscheint. Lichtkurven sollten in so vielen Nächten wie möglich angefertigt werden, solange, bis der Planetoid am Abendhimmel unbeobachtbar wird. Eine Beschreibung des Verfahrens geben R. C. Taylor und E. F. Tedesco in [7].

Für jeden Beobachter, der sich intensiv mit der Beobachtung von Kleinplaneten beschäftigen will, insbesondere mit der photometrischen, ist das Buch „Asteroids“ [8], herausgegeben von T. Gehrels, unentbehrlich. Eine gute Hilfestellung bietet auch das Buch „Solar System Photometry Handbook“, herausgegeben von R. M. Genet [9].
Eine Aktualisierung ist „Asteroids II“, herausgegeben von R. Binzel, T. Gehrels und M. S. Matthews [10]. Eine etwas einfachere Einführung gibt es mit „Introduction to Asteroids“ von C. J. Cunningham [11]. Infolge des gewachsenen Interesses an der Physik und Kosmogonie der Asteroiden gab es in den letzten Jahren ein rapides Anwachsen der Fachliteratur.
In der überwiegenden Zahl der Fälle sind die Anlaufstellen für Fachleute nicht mehr bei Sternwarten und astronomischen Instituten, sondern bei geologischen, mineralogischen und speziellen planetologischen Instituten angesiedelt. Astronomische Institute können aber Hinweise auf Fachleute geben.

7.5.1.2 Phasenwinkel und Phasenkoeffizient

Miteinander vergleichbare Planetoidenhelligkeiten bekommt man nach der Reduktion der Beobachtungen auf mittlere Oppositionshelligkeit:

$$m_{red} = 2{,}5 \cdot \log \frac{\Delta^2_0 a^2}{\Delta^2 r^2} .$$

Die reduzierte mittlere Helligkeit ist nicht konstant. Sie ist unterschiedlich für die einzelnen Kleinen Planeten vor und nach der Opposition. Zur Diskussion der Beobachtungen ist der Phasenwinkel eine wichtige Größe. Es ist der Winkel q, den am beobachteten Planetoiden die Verbindungslinien zur Erde und zur Sonne bilden (Abb. 7.55). Der Phasenwinkel q wird mit nachstehender Formel gefunden:

$$\tan \frac{q}{2} = \sqrt{\frac{(s-r)\,(s-\Delta)}{s\,(s-R)}}\,, \qquad s = \frac{r + \Delta + R}{2} .$$

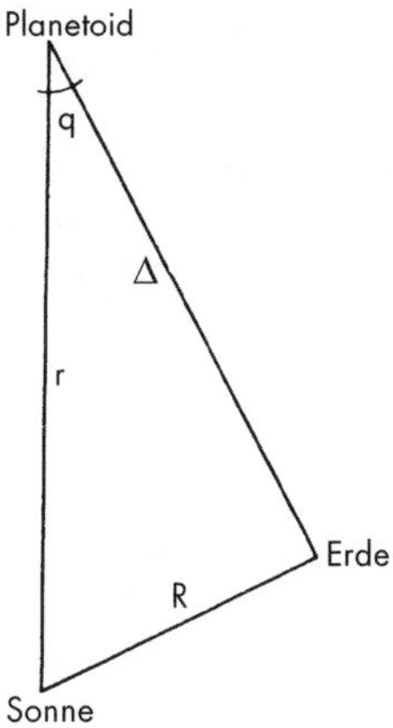

Abb. 7.55
Das Dreieck Sonne – Planetoid – Erde

Die für diese Rechnungen benötigten Größen sind: R (Entfernung Sonne – Erde in AE), Δ (Entfernung Erde – Planetoid in AE zum Zeitpunkt der Beobachtung), Δ_0 (Entfernung des Planetoiden in mittlerer Opposition, wenn der Abstand von der Sonne gleich der großen Halbachse a der Planetoidenbahn und der Abstand von der Erde $\Delta = a - 1$ ist, in AE), *r* (Entfernung Sonne – Planetoid in AE). AE = Astronomische Einheit.
Zur Beschreibung des Phaseneffekts ist die IAU zu einem System mit zwei Phasenfunktionen Φ_1 und Φ_2 übergegangen. Die scheinbare Helligkeit wird beschrieben durch

$$V = 5 \log(r\Delta) + H - 2{,}5 \log((1-G)\Phi_1 + G\Phi_2).$$

Dabei sind r und Δ die heliozentrischen und geozentrischen Abstände, H die absolute Helligkeit (in V, wenn nicht anders angegeben) bei Phase = 0. G wird als Neigungsparameter bezeichnet und Φ_1 und Φ_2 sind zwei Phasenfunktionen mit

$$\Phi_i = \exp(-A_i(\tan(q/2))^{B_i}),\ i = 1,2,$$

$$A_1 = 3{,}33,\ A_2 = 1{,}87,\ B_1 = 0{,}63,\ B_2 = 1{,}22.$$

Die Ableitung einer Phasenkurve ist ein besonders wertvolles Betätigungsfeld, erfordert aber einige Übung, insbesondere bei Objekten mit Lichtkurven, deren Gestalt und Amplitude vom Phasenwinkel abhängen. Gesucht sind namentlich Beobachtungen bei extrem großen und kleinen Phasenwinkeln.
Der Phasenkoeffizient gibt in Größenklassen an, in welchem Maß die reduzierte scheinbare Helligkeit eines Kleinen Planeten abnimmt, wenn der Phasenwinkel um 1 Grad wächst. Gewöhnlich wird die Beziehung zwischen Phasenwinkel und Helligkeit als linear angenommen. Die Phasenkoeffizienten der einzelnen Planetoiden sind recht verschieden, sie liegen zwischen 0,016 mag und 0,053 mag. Neue Untersuchungen haben ergeben, daß der Verlauf der Phasenkurve nicht immer linear ist, daß vielmehr die Helligkeit bei kleinen Phasenwinkeln viel stärker ansteigt. Die Astronomen sprechen von einem Oppositionseffekt. Unter der Voraussetzung, daß der Phasenkoeffizient eines atmosphärelosen Himmelskörpers – als solche sind die Kleinen Planeten zu bezeichnen – mit der Albedo in Beziehung steht, eröffnen sich weitere Aspekte für eine sorgfältige Photometrie (s. S. 123).

Die Zahl der Planetoiden mit einem Lichtwechsel, der aller Wahrscheinlichkeit nach nicht auf die Bahnlage zurückzuführen ist, hat sich auf über 700 erhöht. Da es sich in der Mehrzahl um Objekte geringer Helligkeit handelt, wird es für den Amateur schwierig, photometrische Untersuchungen anzustellen, die wissenschaftlich sinnvoll sind. Genügend sensible photometrische Einrichtungen finden sich nur an größeren Sternwarten. Hier empfiehlt sich die Gründung von Arbeitsgemeinschaften.

7.5.2 Zur Periodenbestimmung

Die Bestimmung der Rotationsperiode erscheint einfach, da man im Prinzip nur das Zeitintervall bestimmen muß, bis sich die Lichtkurve wiederholt. Eine genauere Bestimmung erweist sich jedoch als schwieriger, weil die beobachtete Periode nicht die der Eigenrotation des Asteroiden ist, sondern auch noch die veränderte Position der Erde und der Sonne relativ zum Asteroiden wiederspiegelt. Bei einer Erstbestimmung der Rotationsperiode ist die Lage des Asteroidenpols unbekannt; von ihr ist der Zusammenhang mit der echten (siderischen) Rotationsdauer jedoch abhängig. Nehmen wir zum Beispiel an, daß der Asteroid in seiner zur Ekliptik geneigten Bahn der Erde zeitweise die Pole zuwendet. Dazwischen muß es dann Zeiten geben, in denen die Erde über dem Äquator senkrecht steht (letzteres ist stets bei mindestens irgendeinem Bahnpunkt der Fall, während ein polarer Aspekt exakt nur im Idealfall erreicht wird.). Bei äquatorialem Aspekt bewegt sich die Erde in diesem Spezialfall entlang einer meridionalen Linie über den Asteroiden, so daß der irdische Beobachter eine Rotationsperiode tatsächlich nach einer Umdrehung des Asteroiden sieht. Bei einem Durchgang der Erde über einen Pol gelangt die Erde aber schlagartig auf die andere Seite des Asteroiden, so daß hier ein Versatz von einer Halbperiode auftritt. Im anderen Extremfall gilt für Asteroiden mit dauerndem äquatorialem Aspekt, daß jedes Vorrücken der Erde über dem Asteroiden im Winkelmaß sich unmittelbar in einer entsprechenden Verlängerung oder Verkürzung der synodischen Periode relativ zur siderischen niederschlägt. Für alle realen Zwischensituationen der Pol-Lage gilt also, daß bei einem gegebenen Asteroiden die beobachtete Periode bei äquatornahen Aspekten näher an der echten liegt als bei polnahen Aspekten.

Die exakte Bestimmung einer Rotationsperiode verkompliziert sich weiterhin durch den zusätzlichen Einfluß der Beleuchtung durch die Sonne, der sich ebenso wie die Beobachtungsrichtung der Sonne ändert. Zur Erzeugung der Lichtkurve tragen nur die beleuchteten und gleichzeitig von der Erde sichtbaren Teile der Asteroidenoberfläche bei. Die im allgemeinen vorhandene Unregelmäßigkeit der Topographie läßt sich mit photometrischen Mittel grundsätzlich nicht eindeutig erfassen, so daß man mit Näherungen, zum Beispiel der Annahme einer ellipsoidischen Gestalt, arbeiten muß. Jedoch gilt es dann immer noch, den Einfluß der abnehmenden Flächenhelligkeit zum Terminator hin bei der Reduktion der Phaseneffekte zu berücksichtigen.

Zwei weitere Probleme können sich zudem ergeben: Die Änderung der Phasenlage und der Entfernungen von Sonne und Erde rufen bei Lichtkurven mit kleiner Amplitude bereits Änderungen der mittleren Helligkeit in ähnlicher Größe hervor, so daß sich einzelne Messungen aus mehreren Nächten dann üblicherweise nicht ohne Vorkenntnisse mindestens der Periode zu einer Kompositlichtkurve kombinieren lassen. Zweitens ist es in vielen Fällen nicht offensichtlich, ob ein Asteroid ein, zwei oder mehrere Maxima der Lichtkurve pro Periode aufweist. Der Normalfall eines länglich-ellipsoidähnlichen Körpers mit geringen Materialinhomogenitäten (Albedovariation) bewirkt zwei Maxima pro Periode, die bei der Aufsicht auf die Breitseiten des Asteroiden entstehen. Die Lichtkurve von Vesta wird durch zwei Hemisphären unterschiedlicher Albedo dominiert, so daß hier nur ein Maximum pro Rotationsperiode beobachtet wird – Ursache einer langjährigen wissenschaftlichen Diskussion! Zahlreiche insbesondere kleinere Asteroiden weisen aber auch drei oder gar vier Lichtkurvenmaxima auf. In diesen Fällen muß die Amplitude relativ klein sein. (D.h. eine große Amplitude ist ein Zeichen für ein sehr längliches Objekt, nicht für komplizierte Oberflächenstrukturen).

Zum Reduktionsprozeß gehört auch die Lichtzeitkorrektur. Die beobachtete Lichtkurve entspricht den geometrischen Bedingungen im Augenblick der Lichtreflexion am Asteroiden, also in der Praxis bei normalen Asteroiden bis etwa eine Stunde vor der Beobachtung. Bei transjovianischen Objekten kann der Wert schnell auf mehrere Stunden anwachsen. Um Rotationsperioden exakt abzuleiten, ist dieser Laufzeiteffekt zu korrigieren.

All diese Effekte und ihre Korrektur erfordern im allgemeinen Beobachtungen bei mehreren geometrisch unterschiedlichen Situationen, die meist erst nach Jahren zusammengetragen sind. Man lasse sich davon jedoch nicht entmutigen, denn jeder andere Bearbeiter steht vor den gleichen Problemen, und meist kann eine verläßliche Bestimmung der Rotationseigenschaften von Asteroiden nur in einer Zusammenarbeit mehrerer Beobachter erreicht werden. Bei Asteroiden des Hauptbereichs zwischen Mars und Jupiter ändern sich glücklicherweise die geometrischen Bedingungen während einer einzelnen Rotation nur wenig, so daß daraus abgeleitete Perioden gute Näherungen darstellen, die für statistische Untersuchungen vollauf hinreichende Genauigkeit besitzen und als Stützwert und zur Planung genauerer Analysen unabdingbar sind.

Anspruchsvoll sind Versuche, aus der Lichtkurve die topographische Gestalt eines Asteroiden zu rekonstruieren (Lichtkurveninversion). Es sei hierbei auf die Methode der Konvex-Profil-Inversion hingewiesen [12].

Bedeckungen von Sternen durch Asteroiden werden systematisch vor allem von Amateuren beobachtet. Sie dienen anhand der Dauer der Bedeckung der Durchmesserbestimmung von Asteroiden. Die meist geringe Breite der Bedeckungszone erfordert eine möglichst große Zahl von Beobachtern, so daß hier ein besonders lohnendes Betätigungsfeld gegeben ist. Noch gilt für den überwiegenden Teil aller vorausberechneten Bedeckungen, daß nicht einmal eine Station eine positive Beobachtung melden kann. Ganz selten, meist im Fall eines großen Asteroiden, werden bei einem Ereignis so viele „Bedeckungsseh-

nen" gemessen, daß sich daraus ein in Details aufgelöstes Randprofil gewinnen läßt. Interessenten mögen sich melden bei IOTA/ES, Hans-Joachim Bode, Barthold-Knaust-Str. 8, D-30459 Hannover 91, Deutschland.
Gegenseitige Bedeckungen von Asteroiden sind sehr selten. Einige derartige Ereignisse wurden vorausberechnet, doch sind keine Beobachtungen bekannt geworden. Der wissenschaftliche Wert einer solchen Beobachtung wäre auch geringer als der bei einer normalen Sternbedeckung, da man im Falle des Sterns eine punktförmige Lichtquelle zur Grundlage einer Durchmesserbestimmung eines Asteroiden zur Verfügung hat.
Lange wurde vergeblich nach Asteroidensatelliten gesucht. Zwar wurden mit Radarmethoden zusammengesetzte Objekte ((1627) Ivar, (4769) Castalia, (4179) Toutatis) erkannt, doch Bedeckungsbeobachtungen von freien Satelliten ließen sich nicht bestätigen. Umso unerwarteter zeigten Bilder durch die Raumsonde Galileo beim Asteroiden (243) Ida einen kleinen Begleiter, der den Namen Daktyl erhielt. In den letzten Jahren ließen sich auch bei anderen Asteroiden Satelliten nachweisen:

1. Direkt.
2. Durch der normalen Rotationslichtkurve des Hauptkörpers überlagerte Helligkeitsminima (typischerweise nur wenige Minuten lang!). Sie verschieben sich mit einer von dem Hauptlichtwechsel unterschiedlichen Periode auf der ungestörten Lichtkurve und pflegen nur im Zeitintervall weniger Wochen aufzutreten (wenn sich Sonne oder Erde in der Bahnebene des Satelliten befinden).

7.5.3 Astrometrie und Entdeckung

Neben photometrischen Messungen sind nach wie vor Positionsbestimmungen eine für Amateurbeobachter sowie für die wissenschaftliche Forschung wichtige Datenquelle. Am reizvollsten sind hier Neuentdeckungen, die über längere Zeit durchgeführt das Recht einer Namensgebung ermöglichen. Hierfür sind zusammenhängende Beobachtungsreihen hoher Qualität und großer Datendichte (IAU Com. 20 empfiehlt: zwei Nächte pro Monat!) aus mindestens vier unterschiedlichen Oppositionen erforderlich. Die Konkurrenz großer in gutem Klima arbeitender Teleskope mit systematischen Durchmusterungsprogrammen ist dabei sehr groß. Nur in der Ekliptik hat der Amateur praktisch eine Chance, Kleinplaneten zu finden.
Ermöglicht wird eine höhere Genauigkeit durch aktuelle Positionskataloge für die Anhaltsterne z.B. den PPM-Katalog. Suchkarten lassen sich heutzutage mit Hilfe von maschinenlesbaren Katalogen, zum Beispiel dem Hubble Guide Star Catalogue (GSC) erstellen.
Suchen nach Asteroiden geschehen heutzutage immer mehr mit automatischen Teleskop-/Empfänger-/Software-Kombinationen, wie zum Beispiel das „Spacewatch"-Programm bei der University of Arizona. Hierbei wird eine Technik angewandt, die technisch versierten Beobachtern Anregung für die Nachahmung

geben soll: Im Gegensatz zum raschen Auslesen einzelner Bilder wird hierbei mit einer CCD-Kamera die Rate des Auslesens und des zeilenweisen Weiterschiebens der aufgebauten Ladung mit der Bewegung der Himmelsobjekte relativ zum nicht nachgeführten (!) Teleskop synchronisiert. So wird ein kontinuierlicher Streifen in Rektaszension mit der Länge der Gesamtbeobachtung erzeugt. Die Daten werden ebenso kontinuierlich abgespeichert. Zur Integration des Signals steht für jedes Objekt die Zeit des Durchlaufs von einem zum anderen Rand des Empfängers zur Verfügung. Diese Technik läßt sich jedoch nicht in der Nähe des Himmelspols durchführen, da die Bahn der Objekte auf dem Empfänger gekrümmt wird und sich ein Gradient der Durchlaufzeit einstellt.
Nach einiger Zeit wird der Durchlauf wiederholt und kann nun auf Bewegungen von Asteroiden untersucht werden. Auch hier empfiehlt sich zur Eliminierung zufälliger „hüpfender Bildfehler" wie bei jedem Entdeckungsprogramm ein Satz von drei Beobachtungen.
Eine für Amateure lohnende Aufgabe ist das weitere Verfolgen neu entdeckter Asteroiden. Viele Objekte gehen unmittelbar nach ihrer Entdeckung wieder verloren, ohne daß ihre Bahnen wenigstens vorläufig bestimmt werden können. Leider sind neuentdeckte Objekte heutzutage meist lichtschwach, so daß hier vor allem Beobachter mit größeren optischen Hilfsmitteln gefragt sind. Typisch sind Helligkeiten 18. Größe und schwächer. Moderne Kataloge (PPM, ACRS, GSC usw.) bieten genügend Referenzsterne. Die Daten sollten anfangs besser über Fachleute an die IAU-Zentralstelle weitergegeben werden, ehe man diesen Weg direkt geht. Von Fachleuten ist auch die kurzfristige Information abzurufen, welche Objekte neu beobachtet wurden und wohin ihre kurzfristige Positionsverlagerung vermutet wird. Es geht dabei häufig um eine Nachsuche in der folgenden Nacht; und ein unbeobachtetes Intervall von einer Vollmondperiode, d.h. ca. zwei Wochen, bedeutet bereits eine fast hoffnungslose Zeitspanne für das Wiederauffinden unbekannter Objekte. Erwartet wird heutzutage eine Positionsgenauigkeit eines Einzelwerts, die möglichst besser als eine Bogensekunde sein sollte. Daraus ergeben sich bereits Randbedingungen an die zu verwendende Winkelauflösung pro Bildelement. Voraussetzung für eine Verwertbarkeit sind pro Objekt mindestens drei Positionsbestimmungen, die aus unterschiedlichen Nächten stammen sollten. Ein solches Programm stellt daher auch für mitteleuropäische Verhältnisse nicht unerhebliche Ansprüche an die klimatischen Bedingungen.
Eine weitere Aufgabe ist das gezielte Auffinden bekannter aber seltener beobachteter Asteroiden und die Bestimmung ihrer Position. Monatlich erscheint in den MPEC eine „kritische Liste" derartiger Objekte, die als Anhaltspunkt dienen kann.
Die Identifizierung von Kleinplaneten erleichtert eine Suchanfrage im Internet an das Minor Planet Center. Der Minor-Planet-Checker stellt eine Suchfunktion bereit, mit deren Hilfe jede Stelle des Himmels durch Angabe von Rektaszension und Deklination abgesucht werden kann [3].
Mitarbeiter der Starkenburg-Sternwarte gehören zum DANEOPS-Team, das sich auf die nachträgliche Identifizierung von Planetoidenspuren auf älteren

Aufnahmen von Himmelsdurchmusterungen spezialisiert hat (Internetadresse: http://earn.dlr.de/daneops).
Hinweise betreffend die Planetoidenentdeckung und -beobachtung mit 5- bis 8zölliger Amateuroptik geben zwei Berichte in SuW [13, 14].
Auch hierbei ist eine enge Zusammenarbeit mit einem Spezialisten der Asteroiden-Astrometrie, der mit dem aktuellen Stand der Kenntnisse vertraut ist, zumindest am Anfang systematischer Beobachtungen zwingend notwendig. Der Wert solcher Beobachtungen steigt dabei mit der Länge des Beobachtungsintervalls jedes Objekts.

7.5.3.1 Klassische photographische Astrometrie

Ein klassisches Verfahren zur Astrometrie von Kleinplaneten beschreibt Reinhold Bendel: „Der ausgewählte Kleinplanet wird während der Zeit seiner Rückläufigkeit mehrmals photographiert. Dann sucht man auf jeder Aufnahme mindestens drei (praktikabel: 7–10) zusammen mit ihm abgebildete Sterne, deren genaue Koordinaten in einem Katalog verzeichnet sind. Mittels eines geeigneten Meßgerätes wird nun der Kleinplanet an diese Sterne angeschlossen. Damit können seine eigenen Koordinaten über ein längeres Bahnstück hinweg bestimmt und daraus seine Bahnelemente berechnet werden.“ [15] R. Bendel arbeitet mit einem Newton von 210 mm Öffnung und 1680 mm Brennweite. Zusammen mit Kleinbildfilm Kodak TP 2415 erreicht Bendel während 10 Minu-

Abb. 7.56 Digitale Ablesung von Mikrometerschrauben nach einer Konstruktion von R. Bendel, Traunstein.

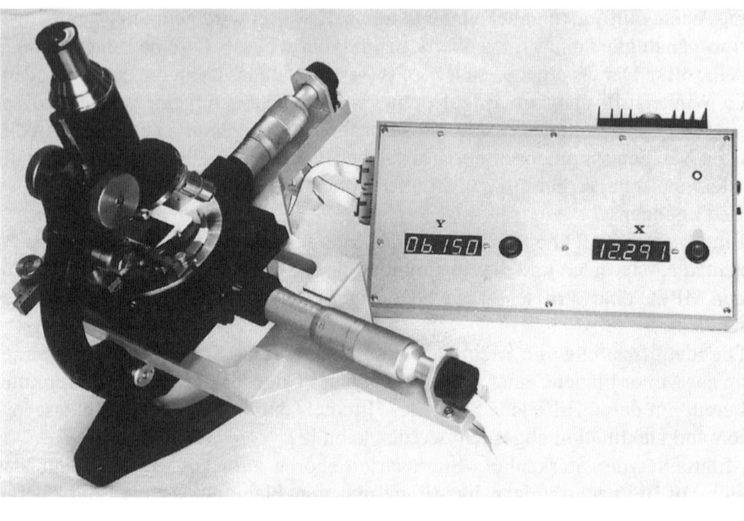

ten Belichtung Sterne der Größe 15^m. Entwickelt wird der Film in Kodak D-19 oder in Dokumol.
Die Negative werden auf einem Koordinatenmeßtisch (Spindler & Hoyer, Göttingen) vermessen, der auf dem Tisch eines Mikroskops festgemacht ist. Das Ablesen der Mikrometerschrauben erfolgt inkrementel und das Ergebnis erscheint auf einer digitalen Anzeige (s. Abb. 7.56). Die Anhaltsterne entnimmt R. Bendel, wie die meisten anderen Beobachter auch, den Positionskatalogen PPM oder GSC.
Auf photographischen Platten finden sich die Planetoiden nur dann auf den ersten Blick, wenn lange belichtet worden ist (über eine Stunde und mehr). Die Nachführung der Kamera geschieht ja normalerweise nach der täglichen Bewegung der Fixsterne, die durch die Erdrotation bedingt ist. Bei langen Belichtungszeiten verrät sich der Planetoid durch seine Eigenbewegung, die auf der Platte als Strichspur in Erscheinung tritt. Bei kürzer belichteten Aufnahmen leistet ein Blinkkomperator gute Dienste.
Wichtig ist bei photometrischen Arbeiten die Wahl der Vergleichssterne. Am besten ist es, den Stern aus dem SAO-Katalog zu wählen, möglichst ein sonnenähnlicher Stern (Spektraltyp G2). Die Wahl eines Vergleichssterns, auf den sich der Kleinplanet scheinbar hinbewegt, ist deshalb günstig, weil man diesen Stern als Vergleichsstern einige Nächte verwenden kann.

7.5.3.2 Astrometrie mit CCD-Kameras

von Erich Meyer und Herbert Raab

Gerade die Kleinplaneten bieten für den engagierten Sternfreund ein ergiebiges Betätigungsfeld [20]. In „Reports on Astronomy“ [16] wird beispielsweise berichtet, daß in den vergangenen drei Jahren 260616 Kleinplanetenpositionen von 183 verschiedenen Stationen aus 29 unterschiedlichen Ländern gemeldet wurden. Immerhin liefern 20% der Positionen die Amateure. Die Mehrzahl der Positionen stammen von einigen den Himmel automatisch absuchenden Großteleskopen (LINEAR, NEAT, ODAS, Spacewatch) und von wenigen Großteleskopen (z.B. von der ESO). Etwa 70% aller weltweit aktiven Stationen werden von Amateuren betrieben! An dieser Stelle sei auf die Kleinplanetengruppe der VdS verwiesen [24]. Grundsätzliches zur Astrometrie siehe auch [23].
Anfang der 90er Jahre brachten die CCD-Kameras *(charge coupled device)* einen gewaltigen Umbruch in der Astrometrie. Diese nun auch für den Sternfreund erschwinglichen Hochleistungskameras erleichtern die Astrometrie erheblich [17, 18].

- *Vorteile einer CCD-Kamera für die Astrometrie*
  - *Hoher Dynamikbereich*
    Eine Überbelichtung von hellen Objekten (z.B. Referenzsterne, Kometenkerne) ist dank des hohen Dynamikbereichs fast nicht möglich. Für den CCD-Chip TC241 (Texas Instruments) wird z.B. ein Dynamikbereich von

60 dB angegeben. Fehlbelichtungen sind nicht mehr möglich, da das Bild nach der Aufnahme am Bildschirm betrachtet werden kann.

– *Hohe Quanteneffizienz*
  Filme können nur etwa 1% des einfallenden Lichts zur Filmschwärzung nutzen! Abhängig vom Typ des CCD-Chips erreicht man hingegen bei Amateur-CCD-Kameras einen Wirkungsgrad von etwa 70%. Dies ergibt, auch wegen des Fehlens des Schwarzschildeffekts, einen Belichtungsunterschied von etwa 1 zu 50! Außerdem ist mit CCD-Kameras eine Verschiebung der Grenzgröße um einige Größenklassen bei gleichem Instrumentarium gegeben.
– *Lineare Kennlinie*
  Kennlinien herkömmlicher Filme weisen zwischen dem „Fuß-“ und dem „Schulterbereich“ nur eine relativ kleine Zone der Linearität auf. CCD-Chips hingegen zeigen über den ganzen Dynamikbereich eine lineare Kennlinie, was bedeutet, daß doppelter Lichteinfall auch zu einem doppelt so hohen Signal führt. Für viele Meßvorgänge ist dies natürlich von großer Bedeutung.
– *Keine manuelle Nachführkontrolle nötig*
  In der klassischen Photographie ist die Nachführkontrolle eine langweilige Angelegenheit. Bei einer modernen CCD-Kamera kann die manuelle Nachführkontrolle meistens entfallen. Kurze Belichtungszeiten von bis zu 30s bedürfen im allgemeinen keiner Nachführkontrolle. Bei längeren Belichtungszeiten besteht die Möglichkeit, kurz belichtete Einzelaufnahmen automatisch überlagern zu lassen. Moderne CCD-Kameras haben sogar einen eigenen Nachführchip. Bei lichtschwachen Objekten mit hoher Eigenbewegung kommt man natürlich ohne spezielle Nachführkontrolle nicht aus.
– *Fast automatische Vermessung am Bildschirm*
  Da CCD-Bilder bereits in digitaler Form im PC vorliegen, ist die Weiterverarbeitung mit entsprechender Software ebenso einfach wie kurzweilig. Gegenüber der klassischen und anstrengenden Arbeit am Koordinatenmeßtisch entfällt hier jegliche Schreibarbeit.
  Mehrere Softwarepakete sind weltweit in Verwendung: „Astrometrica“ (Herbert Raab): www.astrometrica.at, „Charon“ (Bill Gray): www.projectpluto.com/charon.htm, „Easy Sky Pro“ (Metthias Busch): www.easysky.de, „PinPoint“ (Bob Denny): pinpoint.dc3.com.
– *Höhere Meßgenauigkeit*
  In der Praxis hat sich eine Pixelgröße von 2" / Pixel als günstiger Wert herausgestellt (optimales Signal-Rausch-Verhältnis). Mit dieser Pixelgröße erreicht man Positions-Genauigkeiten von $< 1''$.

• *Nachteile einer CCD-Kamera für die Astrometrie*

– *Hoher Anschaffungswert einer CCD-Kamera*
  Für die Anschaffung einer CCD-Kamera mit einem halbwegs brauchbaren großen Gesichtsfeld muß man einige tausend EUR ausgeben.

- *Kleines Bildfeld*
  Natürlich gibt es große CCD-Chips am Markt, die z.B. das 60 x 60 mm Mittelformat abdecken. Aber deren Peise sind astronomisch hoch und daher für Amateure fern jeder Realität. Abgesehen davon ergeben diese großen CCD-Chips eine gigantische Datenflut. Die mittlerweile weit verbreiteten CCD-Kameras (z.B. Typ ST-6 oder ST-8) erfordern wegen des kleinen Bildfeldes eine exakte Fernrohrausrichtung. Weiter kann wegen des kleinen Bildfeldes auf die klassischen Sternkataloge (SAO, AGK3, PPM oder ACRS) wegen der fehlenden Referenzsterndichte nicht zurückgegriffen werden.
  Hier bietet etwa der „Guide Star Catalog" (GSC) Abhilfe [19]. Dieser Katalog (Reichweite bis ca. + 16 mag) wurde eigens für das Hubble Space Telescope als Nachführstern-Katalog erstellt. Der seit 1997 erhältliche Referenzsternkatalog USNO-SA 2.0 (U.S. Naval Observatory) mit 54 787,624 Referenzsternen leistet ebenso gute Dienste (Reichweite bis etwa + 19 mag). Ein Vergleich der Kataloge:

Katalog	Referenzsternsumme	Sterndichte pro Bildfeld (f = 1500 mm):	
		ST-4	ST-6
SAO	258,997	0,06	0,52
PPM	378,910	0,09	0,77
GSC	15 169,873	3,7	30,6
USNO-SA2.0	54 787,624	13,3	110,5
USNO-A2.0	526 280,881	128	1 061

Tab. 7.17

Der Vergleich der Referenzsterndichte macht deutlich, daß die CCD-Astrometrie kaum ohne den GSC oder den USNO-SA 2.0 auskommt. Die Daten des GSC sind auf zwei CD-ROMs und die des USNO-SA auf nur einer CD-ROM (!) gespeichert.

- *PC ist in der Sternwarte erforderlich*
  Die Bedienung der CCD-Kamera und die Datenmanipulation ist nur mit einem Computer möglich. Daher ist ein PC unmittelbar am Fernrohr unumgänglich.
  Wichtig ist die exakte Synchronisation der PC-Systemzeit. Genaue Planetoiden-Positionsangaben ohne exakte Zeitangabe sind wertlos [21].

7.5.3.2.1 Der praktische Ablauf

Im folgenden soll der tausendfach bewährte Arbeitsablauf für die Beobachtung lichtschwacher Objekte wiedergegeben werden:

- Rektaszension, Deklination, Helligkeit, Eigenbewegung (in "/min) und Bewegungsrichtung des ausgewählten Objektes für den Beobachtungsabend ermitteln;

- Umgebungskarte (z.B. mit Software „Guide“) vom ausgewählten Objekt ausdrucken (z.B. 1 x 1° Gesichtsfeld, Darstellung der Umgebungssterne bis + 15 mag);
- Fernrohr fokussieren;
- Fernrohr mittels Teilkreise einstellen;
- Feinpositionierung des Fernrohrs; dabei kurze Belichtungszeit einstellen, z.B. 2 s oder 5 s mit wiederholendem automatischen Bildaufbau; dabei das Fernrohr anhand des aktuell am Bildschirm angezeigten Bildfeldes feinjustieren; diese Routine ist bei einiger Übung in wenigen Minuten erledigt;
- Belichtungszeit entsprechend der Objekthelligkeit wählen; dabei die Objekteigenbewegung berücksichtigen;
- Beginn der Belichtungszeit sekundengenau ermitteln (bei Objekten mit hoher Eigenbewegung muß die Zeitnahme unter Umständen auf Bruchteile einer Sekunde erfolgen);
- Bild speichern;
- Vom Objekt sollen 2 bis maximal 3 Bilder hintereinander aufgenommen werden. Tip: zeitlicher Abstand zwischen erster und letzter Aufnahme so, daß bei der späteren Prozedur am PC mittels „elektronischem Blinken“ das aufgenommene Objekt auf Grund der Eigenbewegung am Bildschirm „hüpft“;
- Bildbearbeitung
  - Dunkelbild-Bearbeitung,
  - Hellbild-Bearbeitung *(flatfielding)*;
- beliebige Wiederholung mit anderen Objekten;
- Meßablauf (mittels geeigneter Software, z.B. Astrometrica):
  - Bild laden,
  - Referenzsterne auswählen (Bildfeld wird automatisch mit der richtigen Größe angezeigt, weil im PC Bahnelemente, Aufnahmezeitpunkt, Fernrohrbrennweite und Bildfeldgröße abgespeichert sind); etwa 10 Referenzsterne sind praktikabel,
  - Bildhintergrund nahe beim zu vermessenden Objekt vermessen,
  - Objekt und Referenzsterne vermessen,
  - Meßergebnis liegt nach Sekundenbruchteilen vor: Rektaszension, Deklination und Helligkeit des Objekts, Residuum der jeweiligen Referenzsterne, gemittelte Residuen der Referenzsterne, Residuum des Objekts (Beobachtung – Rechnung) siehe Beispiel Abb. 7.57; Bereitstellung der erforderlichen Daten in einem *file* mit international festgelegtem Format,
- Kritische Prüfung der Daten auf eventuelle Fehler,
- Bei Vorliegen mehrerer Positionen von Objekten Versand der Daten am besten via Internet zur Zentrale in Cambridge/U.S.A. Datenformat: Zeit (Mitte der Belichtungszeit) in Einheiten zu 0,00001 d, RA in 0,01 s und DE in 0,1" und Helligkeit in 0,1 mag.

Für die ganze angegebene Prozedur braucht kein Bleistift zur Hand genommen werden, mögliche Fehler werden somit minimiert.

Der Vollständigkeit halber sei erwähnt, daß natürlich nur dann Positionen in Cambridge/U.S.A. angenommen werden, wenn der stationäre Beobachtungsort hinsichtlich der Koordinaten genau bekannt ist (geographische Länge, -Breite und Höhe).

Abb. 7.57 Moderne Softwarepakete ermöglichen eine automatisierte Vermessung. Sie erkennen automatisch die Referenzsterne, bewegte Objekte und identifizieren ebenso selbständig bekannte Asteroiden wie Kometen. Des weiteren können mehrere Teilaufnahmen selbständig entsprechend der Objekteigenbewegung subpixelgenau zu einer Gesamtaufnahme addiert werden.

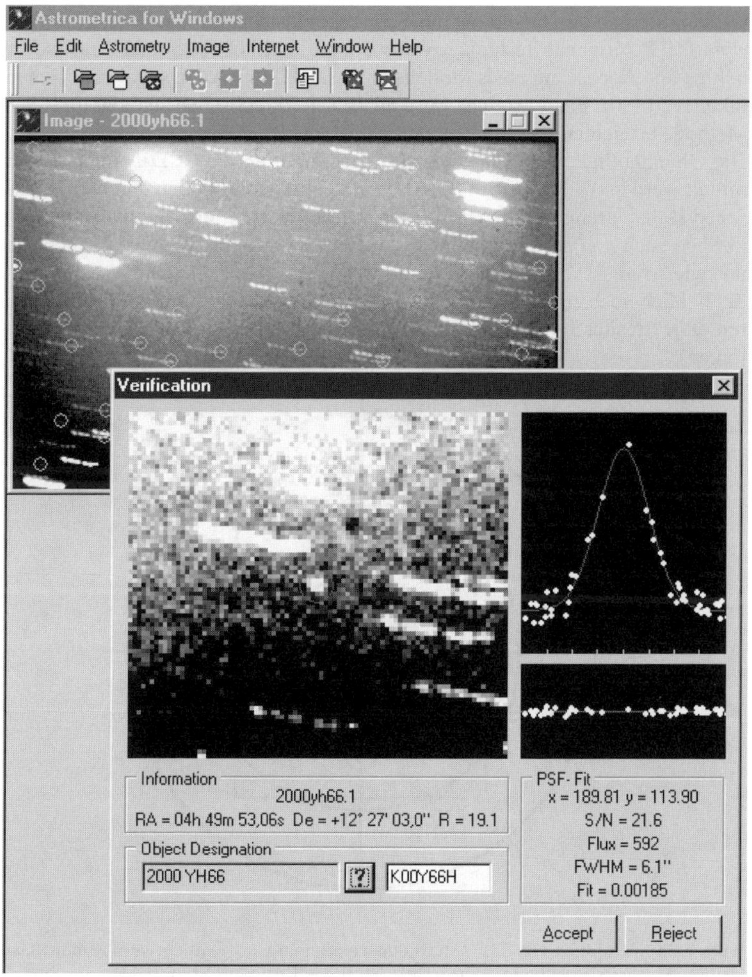

7.5.3.2.2 Praktische Ergebnisse mit Amateurgeräten

Auf der Privatsternwarte Meyer/Obermair in Davidschlag/Österreich haben wir folgende Erfahrungen gemacht:
Obwohl jedes Pixel unseres CCD-Chips (Typ ST-6) bei der verwendeten Brennweite von 1500 mm 3,2" x 3,7" groß ist, wird durch einfache Schwerpunktberechnung des Sternbildchens der mittlere Meßfehler der Referenzsterne auf nur ca. 0,17" in jeder Koordinate gehalten (Mittelwert von rund 2500 Positionsrechnungen). Dieses überraschend erfreuliche Ergebnis wurde uns von J. V. Scotti vom Spacewatch-Projekt am Kitt Peak bestätigt, nach dessen Aussage der Ort von Sternen durch Bildung des Schwerpunkts der Helligkeitsverteilung auf etwa 0,1 Pixel genau festgelegt werden kann, bei hohem Signal/Rausch-Verhältnis und Anpassung eines Modells an die Abbildung kann sogar eine Genauigkeit von 0,01 Pixel erreicht werden! Bei der klassischen photographischen Methode erreichten wir zum Vergleich nur rund 0,47" pro Koordinate.
Die Objekthelligkeiten können einfach aus ungefilterten CCD-Aufnahmen ermittelt werden. Diese können natürlich *nicht* mit den visuellen und photometrischen Daten streng verglichen werden. Diese Zusatzinformationen werden im übrigen auch von professionellen Astronomen auf diese Weise gewonnen, wie uns wiederum J. V. Scotti bestätigt hat.
Schließlich noch eine Übersicht über die mit einem Amateurteleskop erreichbaren Objektresiduen (im Diagramm ist die verwendete CCD-Pixelgröße eingetragen):

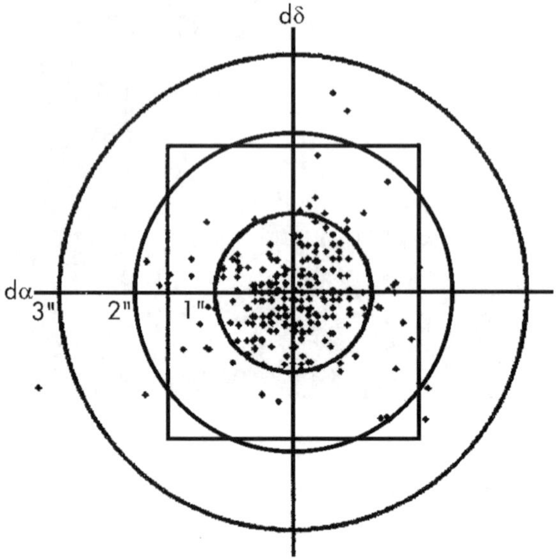

Abb. 7.58 Residuen von 262 Asteroiden-Positionen veröffentlicht vom Minor Planet Center: Mittleres Residuum in α: 0,46"; Mittleres Residuum in δ: 0,43".

7.5.3.3 Systematische Entdeckungen von Kleinplaneten

Die Entdeckung von Kleinplaneten ist natürlich für jeden „Astrometriker" ein Wunschtraum [22].
Solche Entdeckungen müssen nicht dem Zufall überlassen werden. Die Jagd nach neuen Kleinplaneten kann der Sternfreund systematisch betreiben. Einige Tips dazu:

Welche Entdeckungshelligkeiten hat man zu erwarten?
Die meisten der helleren Planetoiden sind natürlich schon gefunden worden. Von einer Amateurstation (Privatsternwarte Meyer/Obermair-Österreich, Ausrüstung: Schmidt-Cassegrain/300 mm ∅, f/5,2, ST-6 CCD-Kamera) liegt folgende Statistik ihrer Entdeckungshelligkeiten vor (Zeitraum: ein Jahr, 1996):

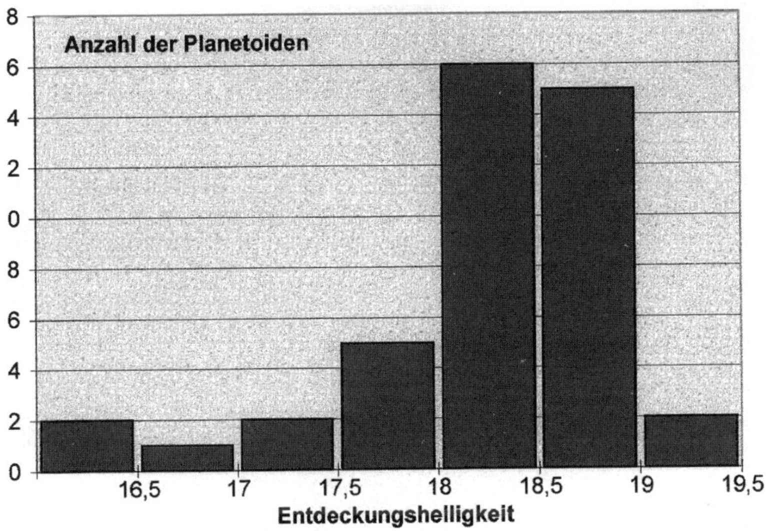

Abb. 7.59 Die mittlere Entdeckungshelligkeit der in diesem Zeitraum gefundenen Plantoiden betrug 18,2 mag.

Heute können praktisch nur mehr Asteroiden mit einer Helligkeit schwächer als 19 mag entdeckt werden.

Tips für die Suche nach neuen Asteroiden:
- Erfahrung mit Astrometrie,
- Erfahrung mit Bahnbestimmung,
- Erfahrung mit Bahnverbesserungen,
- längere Schönwetterperiode auswählen,
- Mondlose Periode auswählen,
- Suchfeld(er) nahe dem Oppositionspunkt wählen,
- Grenzgröße soll möglichst tief sein (z.B. + 20 mag bei 10 min Belichtung),

– Anschluß an den Zentralcomputer des Minor Planet Center in Cambridge/ U.S.A. via Internet (rasche Datenweitergabe unbedingt erforderlich).

Eigene provisorische Entdeckungsbezeichnung
Soll der Name des Kleinplanetenentdeckers berücksichtigt werden, muß gemäß IAU-Konvention die private provisorische Kleinplaneten-Bezeichnung den Namen abgekürzt enthalten.
Beispiele:
Ein Entdecker namens Byer: By0001 (1 steht für die laufende Entdeckungsnummer). Zwei Entdecker namens Byer und Langly: BL0001 oder ByLa01. Bei mehr als zwei Entdeckern geht die Namensnennung verloren. Es wird in diesem Falle nur der Beobachtungsort für die spätere Numerierung gespeichert [23].

Wie oft soll das neue Objekt beobachtet werden?
2- oder 3mal pro Nacht. Wiederholung in einer weiteren Nacht. Weitere Beobachtungen nach etwa einer Woche (wiederum in zwei Nächten). Hernach genügt gemäß IAU eine Verfolgung im Monatsrhythmus bis zum Sichtbarkeitsende.

Chance zur eigenen Namensgebung?
Abschließend muß festgehalten werden, daß eine Planetoidenentdeckung nur dann erfolgreich ist, wenn der entdeckte Kleinplanet möglichst lange beobachtet wird (zumindest 4 Oppositionen). Der Lohn der Arbeit: eine endgültige Nummer und das Recht der Namensgebung ...

7.5.4 Daten der helleren Planetoiden

von Jean Meeus

Die Liste enthält alle Planetoiden (Kleine Planeten), die die scheinbare photographische Helligkeit 10,5 mag erreichen oder heller werden.

1. Spalte: Nummer und Name des Planetoiden.

2. Spalte: m(max) und m(min) phot. Während einer Opposition möglich. Berechnet von dem amerikanischen Planetoidenbeobachter Frederick Pilcher.

3. Spalte: Farbindex B–V. Zieht man diese Größe von der photographischen Helligkeit ab, erhält man die scheinbare visuelle Helligkeit in mag.

4. Spalte: Physikalische Klassifizierung. Referenz siehe Spalte 5.
C = kohlenstoffhaltig
S = silikathaltig
M = metallhaltig
E = ähnlich Steinmeteoriten (Enstatit-Achondriten)
R = rötlich (Fe^2 ± Silikate)
U = nicht klassifizierbar

Die erweiterte taxonomische Klassifikation erfaßt in dieser Tabelle folgende neue Typen:

G = Ähnlich C, aber mit stärkerer Absorption im Ultravioletten
B = Ähnlich C, aber mit etwas höherer Albedo und leichter Rötung im nahen Infrarot
V = Ähnlich R, aber Absorptionsbandenzentrum bei 950 nm (50 nm blauer als bei R)
F = Ähnlich C, aber nur schwache UV-Absorptionsbande
P = Stärker gerötet als C

Mehrfachbuchstaben charakterisieren Übergangsobjekte dieser Typen bzw. Unsicherheit bei der Klassifikation. Bei Lücken gibt die verwendete Quelle keine Angaben.

5. Spalte: Durchmesser in km. Entnommen in der Mehrzahl E. Bowell, T. Gehrels, B. Zellner: Magnitudes, Colors, Types and Adopted Diameters of the Asteroids. In: Asteroids II, Herausgeber T. Gehrels, University of Arizona Press 1989.

6. Spalte: Albedo (visuell). Referenz siehe Spalte 5.

7. Spalte: Rotationsperiode.

8. Spalte: Größte beobachtete Amplitude des Lichtwechsels (mag).

9. Spalte: Große Halbachse der Bahn in AE.

10. Spalte: Exzentrizität.

11. Spalte: Neigung der Bahn gegen die Ekliptik.

Die Daten der Spalten 7–11 stammen aus den „Ephemerides of Minor Planets for 2000", Institut für Theoretische Astronomie, Russische Akademie der Wissenschaften, Sankt Petersburg 1999.

Planet	Oppositionshelligkeit (photogr.)	B–V	Typ	∅ (km)	Albedo	Rotationsperiode h m	Max. Amplitude	a (AE)	e	i (°)
1 Ceres	7,6 8,4	0,72	G	913	0,10	9 05	0,04	2,77	0,08	10,6
2 Pallas	7,4 10,1	0,66	B	523	0,14	7 49	0,16	2,77	0,23	34,8
3 Juno	8,4 11,2	0,81	S	244	0,22	7 13	0,22	2,67	0,26	13,0
4 Vesta	6,2 7,4	0,80	V	501	0,38	5 21	0,12	2,36	0,09	7,1
5 Astraea	10,1 12,3	0,83	S	125	0,14	16 48	0,30	2,58	0,19	5,4
6 Hebe	8,5 10,9	0,83	S	192	0,25	7 16	0,20	2,42	0,20	14,8
7 Iris	7,7 10,4	0,85	S	203	0,21	7 08	0,29	2,38	0,23	5,5
8 Flora	8,9 10,7	0,89	S	141	0,22	12 52	0,10	2,20	0,16	5,9
9 Metis	9,3 10,8	0,86	S	168	0,12	5 05	0,36	2,39	0,12	5,6
10 Hygiea	9,8 11,1	0,69	C	429	0,075	27 37	0,33	3,14	0,12	3,8
11 Parthenope	9,9 11,1	0,85	S	162	0,15	7 50	0,12	2,45	0,10	4,6
12 Victoria	9,6 12,2	0,88	S	117	0,16	8 40	0,33	2,33	0,22	8,4
13 Egeria	10,5 11,4	0,75	G	215	0,099	7 03	0,12	2,57	0,09	16,5
14 Irene	9,9 11,6	0,84	S	155	0,16	15 04	0,12	2,59	0,17	9,1
15 Eunomia	8,7 10,7	0,84	S	272	0,19	6 05	0,56	2,64	0,19	11,8

Planet	Oppositions-helligkeit (photogr.)	B–V	Typ	∅ (km)	Albedo	Rotationsperiode h m	Max. Amplitude	a (AE)	e	i (°)
16 Psyche	9,9 11,6	0,70	M	264	0,10	4 12	0,42	2,92	0,14	3,1
18 Melpomene	8,5 11,1	0,85	S	148	0,22	11 34	0,35	2,30	0,22	10,1
19 Fortuna	9,8 11,7	0,75	G	226	0,04	7 27	0,35	2,44	0,16	1,6
20 Massalia	9,3 11,0	0,81	S	151	0,19	8 06	0,27	2,41	0,14	0,7
21 Lutetia	10,3 12,2	0,70	M	99,5	0,20	8 10	0,25	2,44	0,16	3,1
23 Thalia	9,8 12,3	0,85	S	111	0,21	12 18	0,18	2,63	0,23	10,1
27 Euterpe	9,5 11,5	0,87	S	118	0,16	8 30	0,15	2,35	0,17	1,6
29 Amphitrite	9,7 10,5	0,83	S	219	0,16	5 23	0,15	2,55	0,07	6,1
30 Urania	10,4 11,9	0,87	S	104	0,13	13 41	0,45	2,37	0,13	2,1
37 Fides	10,4 12,4	0,84	S	112	0,17	7 20	0,25	2,64	0,18	3,1
39 Laetitia	10,3 11,6	0,89	S	159	0,29	5 08	0,53	2,77	0,11	10,4
40 Harmonia	10,3 10,9	0,85	S	111	0,20	8 55	0,36	2,27	0,05	4,3
41 Daphne	10,1 13,1	0,73	C	182	0,073	5 59	0,38	2,76	0,27	15,8
42 Isis	10,0 12,6	0,88	S	107	0,12	13 35	0,32	2,44	0,22	8,5
43 Ariadne	9,9 12,1	0,87	S	65,3	0,28	5 46	0,66	2,20	0,17	3,5
44 Nysa	9,7 11,4	0,70	E	73,3	0,49	6 25	0,55	2,42	0,15	3,7
68 Leto	10,5 12,5	0,84	S	127	0,20	14 51	0,19	2,78	0,19	8,0
79 Eurynome	10,5 12,8	0,88	S	68,8	0,27	5 59	0,24	2,44	0,19	4,6
80 Sappho	10,3 12,7	0,90	S	81,7	0,15	14 02	0,40	2,30	0,20	8,7
88 Thisbe	10,5 12,3	0,66	CF	214	0,05	6 02	0,21	2,77	0,16	5,2
89 Julia	9,7 11,9	0,88	S	159	0,16	11 23	0,25	2,55	0,18	16,1
97 Klotho	10,4 13,1	0,70	M	87,1	0,19	35 00	0,25	2,67	0,26	11,8
115 Thyra	10,3 12,4	0,86	S	83,5	0,25	7 14	0,20	2,38	0,19	11,6
135 Hertha	10,4 12,9	0,70	M	82,0	0,13	8 24	0,30	2,43	0,20	2,3
192 Nausikaa	9,3 12,3	0,94	S	107	0,21	13 37	0,40	2,40	0,25	6,8
194 Prokne	10,1 13,0	0,73	C	174	0,050	15 40	0,27	2,62	0,24	18,5
216 Kleopatra	9,9 12,8	0,70	M	140	0,088	5 23	1,18	2,79	0,25	13,1
324 Bamberga	8,7 12,7	0,70	CP	242	0,057	29 26	0,07	2,69	0,34	11,1
344 Desiderata	10,3 13,9	0,71	C	138	0,053	10 46	0,17	2,59	0,32	18,4
349 Dembowska	10,5 11,6	0,93	R	143	0,34	4 42	0,47	2,92	0,09	8,2
354 Eleonora	10,4 11,8	0,95	S	162	0,19	4 17	0,30	2,80	0,12	18,4
387 Aquitania	10,4 13,1	0,88	S	106	0,16	24 09	0,25	2,74	0,24	18.1
433 Eros	8,2 12,6	0,90	S	20	0,18	5 16	1,49	1,46	0,22	10.8
471 Papagena	10,0 12,6	0,83	S	139	0,20	7 07	0,13	2,89	0,23	15.0
511 Davida	10,4 12,3	0,72	C	337	0,053	5 08	0,25	3,17	0,18	15.9
532 Herculina	9,6 11,4	0,85	S	231	0,16	9 24	0,18	2,78	0,17	16.3
654 Zelinda	10,4 13,3	0,68	C	132	0,043	31 54	0,3	2,30	0,23	18.1
1036 Ganymed	9,2 16,2	0,84	S	41,0	0,17	10 19	0,45	2,66	0,54	26.6
1620 Geographos	10,5 17,9	0,89	S	2	?	5 13	2,03	1,25	0,34	13.3
1627 Ivar	9,9 17,4	0,87	S	7	?	4 48	1,0	1,86	0,40	8.4
1866 Sisyphus	10,3 19,3	?	?	5	?	2 24	0,11	1,89	0,54	41.2
2135 Aristaeus	10,4 22,5	?	?	1	?	?	?	1,60	0,50	23.0

Tab. 7.18 Alle Planetoiden, die die scheinbare photographische Helligkeit 10,5 mag erreichen oder heller werden.

Literatur

[1] Scholl, H.: Die dynamische Entwicklung des Planetoidensystems, Sterne und Weltraum **13** (1974), S. 256

[2] Werner, St., Harris, A.: Erdnahe Asteroiden. Ihre Bedeutung für die Planetenforschung und für die Zukunft der Erde, Sterne und Weltraum **39** (6/2000), S. 436

[3] Minor Planet Center (MPC), Smithsonian Astrophysical Observatory, Cambridge, MA (USA) (http://cfa-www.harvard.edu/iau/mpc.html)

[4] Csadec, H.: Stevns Klint: Auf der Spur des Chicxulub-Asteroiden, Sterne und Weltraum **39** (9/2000), S. 780

[5] Richard P. Binzel in seinem Beitrag „Photometry of Asteroids" aus: „Solar System Photometry Handbook"

[6] Zellner, B.: Tholen, D. J., Tedesco, E. F., Icarus **61**, 355 (1985)

[7] Taylor, R. C., Tedesco, E. F.: „Pole Orientation of Asteroid 44 Nysa via Photometric Astrometry", Icarus **54**, (13/1983)

[8] Gehrels, T. (Hrsg.): „Asteroids", University of Arizona Press, Tucson, Arizona (1979)

[9] Genet, R. M. (Hrsg.): „Solar System Photometry Handbook", Verlag Willmann-Bell, Inc., Richmond, USA (1983)

[10] Binzel, R., Gehrels, T., Matthews, M. S. (Hrsg.): „Asteroids II", University of Arizona Press, Tucson, Arizona, 1989

[11] Cunningham, C. J.: „Introduction to Asteroids", Willmann-Bell, Inc., Richmond, USA (1988)

[12] Ostro, J., Connelly, R., Dorogi, M.: Icarus **75**, (30/1988)

[13] Witt, V.: Identifizierung von Kleinplaneten, Sterne und Weltraum **40** (2/2001), S. 165

[14] Paech, W., Unbehaun, D.: 2000MU$_6$. Eine merkwürdige Planetoidenentdeckung, Sterne und Weltraum **40** (2/2001), S. 172

[15] Bendel, R.: Verfahren zur Astrometrie von Kleinplaneten, Sterne und Weltraum **18** (1979), S. 142

[16] „Reports on Astronomy", IAU Transactions XXIIIA, Ausgabe Anfang 1997

[17] Janesick, Blouke: Sky on a Chip: The Fabulous CCD, Sky & Telescope **74**, S. 238ff [1987-09]

[18] Di Cicco: S&T Test Report „Sky & Telescope" **84**, p.395ff [1992-10]

[19] Villard: The Worlds Biggest Star Catalogue, Sky & Telescope **78**, S. 583ff [1989-12]

[20] Marsden B. G.: What Amateurs Should be Doing, Sky & Telescope **76**, S. 462 [1988-11]

[21] Meyer, E., Raab, H.: Astrometrie von Kleinplaneten und Kometen, Kometen Planetoiden Meteore **9**, S. 8ff [1994-04]

[22] Meyer, E.: Acht neue Kleinplaneten entdeckt, Sterne und Weltraum **35**, S. 571 [1996-07]

[23] Guide to Minor-Body Astrometry (http://cfa-www.harvard.edu/cfa/ps/info/Astrometry.html)

[24] Fachgruppe Kleine Planeten der VdS: Gerhard Lehmann, Persterstraße 6 h, D-09430 Drebach; Jens Kandler, Straße der Jugend 26, D-09430 Drebach.

7.6 Jupiter

von Hans-Jörg Mettig, Ronald C. Stoyan, André Nikolai, Christian Kowalec und Grischa Hahn

Oppositionsdaten					Größte Erdnähe			
Datum	UT h	Heliozentrische Länge ° '	Dekl. ° '	Mag	Datum	UT h	Abstand AE	Äqu. Diam. "
1996 Jul 4	11	282 46	−22 53	−2,2	1996 Jul 5	18	4,186	47,05
1997 Aug 9	13	317 00	−16 40	−2,4	1997 Aug 10	1	4,049	48,64
1998 Sep 16	3	353 03	− 4 11	−2,5	1998 Sep 15	17	3,963	49,70
1999 Okt 23	19	29 56	+10 00	−2,5	1999 Okt 22	14	3,963	49,70
2000 Nov 28	2	66 09	+20 26	−2,4	2000 Nov 26	15	4,049	48,63
2002 Jan 1	6	100 38	+23 01	−2,3	2001 Dez 31	1	4,187	47,03
2003 Feb 2	9	133 06	+17 43	−2,1	2003 Feb 1	19	4,327	45,51
2004 Mär 4	5	163 58	+ 7 38	−2,0	2004 Mär 4	9	4,426	44,50
2005 Apr 3	15	193 58	− 4 03	−2,0	2005 Apr 4	14	4,457	44,19
2006 Mai 4	14	224 00	−14 46	−2,0	2006 Mai 5	24	4,413	44,63
2007 Jun 5	23	254 55	−21 54	−2,1	2007 Jun 7	12	4,304	45,75
2008 Jul 9	7	287 28	−22 29	−2,3	2008 Jul 10	11	4,161	47,33
2009 Aug 14	18	322 04	−15 10	−2,4	2009 Aug 15	3	4,028	48,89
2010 Sep 21	11	358 23	− 2 06	−2,5	2010 Sep 20	21	3,954	49,81
2011 Okt 29	2	35 17	+11 53	−2,5	2011 Okt 27	19	3,970	49,61
2012 Dez 3	2	71 18	+21 21	−2,4	2012 Dez 1	15	4,069	48,41

Tab. 7.19 Oppositionen von Jupiter 1996–2012 nach J. Meeus

Jupiter zieht in einer Entfernung von 5 Astronomischen Einheiten seine Bahn um die Sonne. Mit etwa elffachem Erddurchmesser ist er der größte Planet des Sonnensystems. Wegen des höheren Abstands variiert Jupiters scheinbarer Äquatordurchmesser deutlich weniger als im Falle von Mars, nämlich zwischen 30" (bei besonders ungünstigen Konjunktionen) und 50" (bei besonders günstigen Oppositionen). In Aphelоppositionen werden immerhin noch 44" erreicht. Die geringe mittlere Dichte des Gasplaneten, kombiniert mit einer schnellen Rotation, bewirkt, daß er merklich abgeplattet ist: Jupiters Poldurchmesser mißt nur 93% des Wertes am Äquator. Schon in einem Feldstecher, z.B. einem 8x30, kann Jupiter als winziges Scheibchen aufgelöst werden. Um allerdings die elliptische Form sicher erkennen zu können, sind höhere Vergrößerungen erforderlich.

Die Sichtbarkeitsbedingungen Jupiters für den mitteleuropäischen Beobachter hängen – wie bei den anderen Planeten auch – stark von seiner jeweiligen Stellung auf der Ekliptik ab. Ein synodischer Umlauf dauert etwa 400 Tage, d.h. zwei aufeinanderfolgende Oppositionen liegen 13 Monate auseinander. Bei Winteroppositionen, die eine hohe Deklination und Horizonthöhe bedeuten,

steht Jupiter in unseren Breiten 16 Stunden über dem Horizont. Während den ungünstigen Sommeroppositionen mit niedriger Deklination beträgt diese Spanne 8 Stunden. Auch „schleicht“ dann der Planet ziemlich flach am Horizont entlang. Für einen Beobachter, der oft mit störender Luftunruhe zu kämpfen hat, bedeutet eine Kulminationshöhe von 20° oder weniger, daß die Fernrohrbilder selten akzeptabel sein werden.
Die allgemeinen Sichtbarkeitsbedingungen Jupiters wiederholen sich nach 12 Jahren, der Zeitspanne seines siderischen Umlaufs um die Sonne. 1995/1996 erreichte der Planet einen Tiefpunkt seiner Bahn auf der Ekliptik. In den folgenden Jahren verbessern sich die Sichtbarkeitsbedingungen wieder und 2001 sind sie optimal. Danach wird Jupiter bis 2007 erneut auf kleine Kulminationshöhen zurückfallen.
Schon mit einem Feldstecher werden Sie feine Lichtpunkte bemerken, die sich nahe Jupiter fast auf einer Linie befinden. Meist sind es vier, oft drei und gelegentlich zwei Objekte, die auf beiden oder nur einer Seite des Planeten stehen: Das sind die größten Monde Jupiters. Nach ihrem Entdecker werden sie auch die „Galileischen“ Jupitermonde genannt. Beobachtungsmöglichkeiten der Jupitermonde werden am Ende dieses Kapitels beschrieben.

7.6.1 Der Anblick Jupiters im Fernrohr

Sämtliche Einzelheiten, die visuell – d.h. mit dem Auge am Fernrohr –, photographisch oder mittels CCD-Technik auf der Jupiterscheibe beobachtet werden, gehören den oberen Atmosphärenschichten des Planeten an.
Die größten und dauerhaftesten Gebilde sind dunkle Bänder und dazwischenliegende helle Zonen. Die Bänder und Zonen umspannen den gesamten Planeten und bilden die Grobstruktur der Jupiteratmosphäre (zumindest im sichtbaren Spektralbereich, auf den wir uns aber ausschließlich beziehen wollen). Daneben gibt es lokale Strukturen mit mannigfaltigen Formen, Größen, Intensitäten und Farben. Je größer das Instrument ist, desto mehr Einzelheiten werden sichtbar. Lokale Strukturen bezeichnet man auch als „Einzelobjekte“ oder kurz „Objekte“. Das wohl bekannteste Einzelobjekt ist der Große Rote Fleck, ein riesiger Wirbelsturm auf der Südhemisphäre Jupiters.
Der Beobachter kann sich für zwei Umstände bedanken, die ihm die Orientierung auf der Jupiterscheibe erleichtern. Erstens: Die Achsenneigung des Planeten beträgt maximal 3.5° *). Der Jupiteräquator erscheint so als gerade oder nur schwach gekrümmte Linie, die die Planetenscheibe (fast) mittig schneidet. Zweitens: Die Bänder umspannen Jupiter nicht irgendwie quer, sondern parallel zum Äquator. Ihre Ausrichtung markiert die Ost-West-Richtung auf dem Planeten. Nur zu Zeiten größerer Achsenneigung erscheinen sie leicht durchgebogen

*) Unter „Achsenneigung“ wird hier der Winkel zwischen der Äquatorebene Jupiters und der Sichtlinie des Beobachters verstanden. Es gibt auch andere Definitionen des Begriffs.

Abb. 7.60 Jupiter und seine vier großen Monde in einem kleinen Fernrohr am 21. Oktober 1998, 20:15 UT.

oder in der Mitte der Jupiterscheibe versetzt. (Einige Beobachter nehmen diese Krümmung deutlicher wahr, wenn die Bänder im Okulargesichtsfeld senkrecht stehen.)

Sie müssen also kein astronomisches Jahrbuch konsultieren, um die Nord-Süd-Richtung auf Jupiter herauszufinden. Verbindet man nämlich die Mittelpunkte aller sichtbaren Bänder in Gedanken durch eine Gerade, so fällt diese Gerade am Planetenrand mit den Rotationspolen zusammen. Ein Lot, von der Mitte eines einzigen Bandes gefällt, tut es mit ausreichender Genauigkeit meist auch. Natürlich bleibt dann noch die Frage, wo eigentlich der Nord- und wo der Südpol ist. Hier helfen ein paar Handgriffe weiter: Schwenken Sie das Fernrohr in Deklination nach Norden – in unseren Gegenden also nach oben –, so wird der südliche Planetenrand zuerst das Gesichtsfeld verlassen, bzw. umgekehrt. (Dies funktioniert nur, weil die Nordrichtungen von Erde und Jupiter um höchstens 28° voneinander abweichen können.)

Auch die Stellung der Jupitermonde deutet die planetare Ost-West-Richtung an. Die vier großen Monde bewegen sich nämlich in der Äquatorebene des Planeten und pendeln so für den irdischen Beobachter auf einer – mehr oder minder deutlich ausgeprägten – Linie. Wenn die Achsenneigung Jupiters stärker ist und die Monde zu dicht am Planeten stehen, kann dieser „Ost-West-Zeiger" allerdings unbrauchbar werden.

Ganz allgemein läßt sich sagen: Die Bänder-Zonen-Struktur ist symmetrisch zum Äquator, und die Bänder (und Zonen) werden immer schmaler und unauffälliger, je näher man zum Pol kommt. Diese Aussage darf jedoch nicht allzu wörtlich genommen werden. Blättern Sie einmal weiter und betrachten Sie die Zeichnungen, Photos und Karten Jupiters auf den kommenden Seiten; sie werden sehen, daß es eine Menge Ausnahmen gibt. Die genannte Regel beschreibt aber das langfristige Verhalten der Jupiteratmosphäre, sie ist sozusagen ein Extrakt, der aus vielen Beobachtungsjahren gewonnen wurde.

Die unmittelbaren Polgegenden bleiben dem irdischen Beobachter ständig verborgen. Dieses Manko fällt jedoch kaum ins Gewicht, denn die für den Amateurbeobachter interessanten Geschehnisse (d.h. große Einzelobjekte) spielen sich fast ausschließlich in äquatorialen und gemäßigten Breitengraden ab.
Im Kapitel „Jupiter" sind alle Bilder so orientiert, daß der Südpol des Planeten oben liegt. Das ist die traditionelle, weil historisch gewachsene Darstellungsart in der Amateur-Planetenbeobachtung. Planetenbilder mit Norden oben sind vor allem unter Fachastronomen üblich. Es gibt, was die Himmelsrichtungen anbelangt, noch ein weiteres „Achtung", das wir hier unbedingt aussprechen müssen.
Denken Sie bitte an eine Sternkarte, die ein Sternfeld in der Nähe des Himmelsäquators zeigt. Wenn Norden auf der Karte oben ist, befindet sich Osten links und Westen rechts. Das ist die sog. **astronomische** Orientierung. Nun nehmen Sie einen Erdglobus und halten ihn so vor sich, daß der Nordpol wieder oben und Mitteleuropa zentral liegt. Wo ist jetzt Westen, z.B. die britischen Inseln? Links! Diese Orientierung nennt man **astronautisch** oder **planetar**. Je nach Standpunkt kann ein Objekt auf Jupiter also östlich, aber auch westlich von einem anderen liegend genannt werden. In der Literatur finden sich tatsächlich beide Varianten, und das oft in heillosem Durcheinander. Um jeder Doppeldeutigkeit zu entgehen, haben sich die Amateur-Planetenbeobachter von den Worten Ost und West getrennt und nutzen stattdessen „p." (von engl. *preceding,* vorangehend) und „f." (*following,* nachfolgend). Die p.-Richtung ist mit der Rotationsrichtung der sichtbaren Planetenscheibe identisch, die f.-Richtung liegt entgegengesetzt. Auf Jupiter fällt p. also mit Osten und f. mit Westen im planetaren Sinne zusammen.

Abb. 7.61 Zwei Zeichnungen vom 10.4.1992 an einem 150/2250-mm-Coudé-Refraktor von Hans-Jörg Mettig, links 20:53 UT, rechts 21:40 UT. In einer dreiviertel Stunde haben sich die Objekte auf Jupiter infolge der Planetenrotation deutlich verschoben.

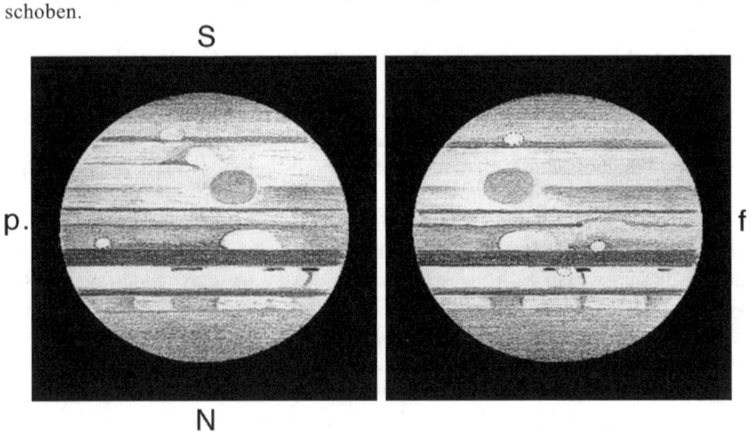

Infolge der Rotation erscheinen alle Einzelobjekte am f.-Rand des Planeten, bewegen sich pro Stunde 36° in p.-Richtung und verschwinden wieder am p.-Rand. Effektiv sind sie allerdings kaum mehr als 3, maximal 3,5 Stunden sichtbar, da die randnahen Gegenden Jupiters infolge ihrer perspektivischen Verkürzung schlecht einzusehen sind. Merke: Liegt der Südpol im Okulargesichtsfeld oben und wird ohne spiegelverkehrende Zusatzinstrumente (z.B. einem Zenitspiegel) gearbeitet, so rotiert die sichtbare Jupiterscheibe von rechts nach links (Abb. 7.61).
Um die Bänder und Zonen, vielleicht auch sehr auffällige Einzelobjekte wahrnehmen zu können, sind zumindest ein guter Refraktor von 50 oder 60 mm Öffnung und eine Vergrößerung um 80fach nötig. „Zumindest", weil das Auge jedes Beobachters anders auf solche feinen Einzelheiten reagiert. Außerdem ist die Auffälligkeit der Bänder und Zonen (genauer gesagt: ihr optischer Kontrast) merklichen Schwankungen unterworfen.
Ein weitverbreiteter Irrtum ist, Jupiter zeige keine Phase. Sicher weicht sein Umriß nie merklich von der Ellipsenform ab. Wenige Monate vor und nach der Opposition, wenn wir Jupiter am weitesten „auf die Seite schauen", sieht ein Rand des Planeten aber merklich dunkler als der gegenüberliegende aus. Das ist ein Stück des unbeleuchteten Teils, der sich in unser Gesichtsfeld geschoben hat, erweitert durch die dunkle Dämmerungszone *). Vor der Opposition befindet sich die Phase am p.-, danach am f.-Rand Jupiters.
Der größtmögliche Phasenwinkel Jupiters beträgt 12°. Dieser Wert produziert einen um 1% kleineren Äquatordurchmesser, verglichen mit der voll beleuchteten Planetenellipse. Das erscheint zunächst vernachlässigbar, und tatsächlich ist der Betrag zu klein, um die Planetenscheibe sichtlich zu verformen. Trotzdem spielt die Phase in Ephemeridenrechnungen und bei der Auswertung von Beobachtungsdaten eine wichtige Rolle.
Die Ebene des Jupiteräquators fällt nicht nur mit der Sichtlinie des irdischen Beobachters fast zusammen, sondern auch mit der Bahnebene des Planeten (der entsprechende Neigungswinkel beträgt reichlich 3°). Aus diesem Grund, und weil der Planet sehr viel weiter weg von der Sonne steht, gibt es keine besonderen jahreszeitlichen Effekte in der Jupiteratmosphäre, ganz im Unterschied zu Mars und – nicht zu vergessen – der Erde.

7.6.2 Nomenklatur der Bänder, Zonen und Einzelobjekte

Die ältere Literatur enthält eine Reihe von Versuchen, einen Standard für die Namensgebung der Bänder und Zonen zu etablieren. Diejenige Nomenklatur, die sich letzten Endes durchgesetzt hat, stammt von britischen Beobachtern und ist praktisch 100 Jahre alt (Abb. 7.62).

---

*) Ein Beobachter in der Dämmerungszone Jupiters würde die Sonne knapp über dem Jupiterhorizont sehen.

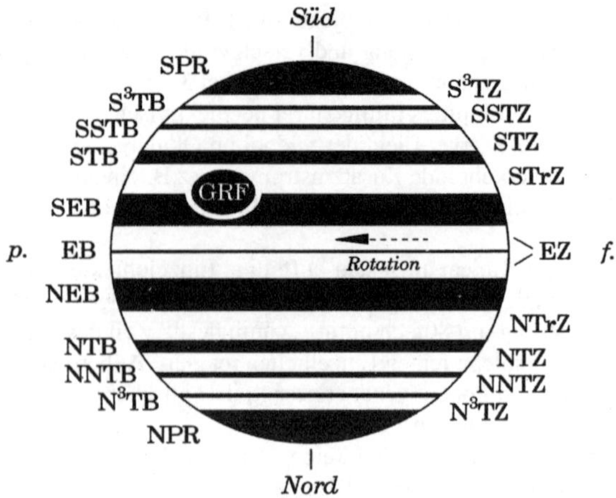

Abb. 7.62 Die Nomenklatur der dunklen Bänder (links) und hellen Zonen (rechts).

Von der unmittelbaren Äquatorregion abgesehen, gibt der erste Buchstabe an, ob das Band oder die Zone auf der Nord- oder Südhemisphäre Jupiters liegt. Es folgen ein oder zwei Buchstaben, die die Breitenlage kennzeichnen: äquatorial (E), tropisch (Tr), gemäßigt (T, von engl. *temperate*) und polar (P). Der letzte Buchstabe unterscheidet zwischen Band und Zone; nur die dunklen polaren Regionen erhalten ein „R". Gibt es polwärts von NNTZ oder SSTZ weitere Bänder und Zonen, so spricht man von NNNTB, NNNTZ, NNNNTB usw. Drei oder mehr einleitende „N" oder „S" werden auch mit einer Art Potenzschreibweise abgekürzt. Lesen Sie z.B. von einem N^3TB, ist nichts anderes als das NNNTB gemeint. Außerdem existieren folgende Erweiterungen:

1. In Zonen jenseits der EZ werden manchmal zusätzliche Bänder beobachtet, oder bandartige Segmente füllen ganze Zonen aus. Man spricht dann zum Beispiel von einem STrB (Südtropischen Band) oder NTZB (Band in der NTZ).
2. Um die Breitenlage eines Objekts innerhalb eines Bands oder einer Zone näher zu bezeichnen, wird ein „(N)" für den Nord-, „(C)" den Zentral- oder „(S)" für den Südteil nachgestellt. EZ(N) ist also der Nordteil der Äquatorzone und NEB(C) die Mitte des NEB. Ein nachgestelltes „s" oder „n" dagegen kennzeichnet den **Rand** eines Bandes. NEBn ist also der Nordrand des NEB.
3. Einzelne Bänder, insbesondere SEB und NEB, spalten sich zeitweise in zwei oder mehr Komponenten. Die Abkürzung von Bandteilen wird auch auf Komponenten angewendet; NEB(N) kann also auch die Nordkomponente des NEB bezeichnen.

Die Namensgebung der Einzelobjekte ist unübersichtlicher. Im Laufe der Zeit haben Beobachter eine Vielfalt von Klassifikationen kreiert. Ende der siebziger

Jahre, im Vorfeld der Voyager-Flüge, entwickelte das New Mexico State University Observatory eine datenverarbeitungsgerechte Objektnomenklatur. Bekannt wurde sie mit dem *International Jupiter Voyager Telescope Observations Programme* (IJVTOP). Diese Nomenklatur deckt sich auch weitgehend mit den Bezeichnungen, die im Deutschen gebräuchlich sind. In der folgenden Zusammenstellung und in Abb. 7.63 ist sie näher erläutert. Gegenüber der ursprünglichen Version sind kleinere Änderungen eingearbeitet.

Helle Objekte:

Code	Deutsch	Beschreibung
SPTR		Ein kleiner heller Fleck, der von einem dunklen Ring umgeben ist.
SPOT	Fleck	Ein beliebiger heller Fleck, der nicht zu groß und zu langgezogen ist.
OVAL	Oval	Ein größeres ovales Gebiet, das heller als die Umgebung und gut begrenzt ist.
BAY	Bucht	Ein großer, gewöhnlich halbovaler Ausschnitt am Rande eines Bandes.
NICK	Kerbe	Ein kleiner, halbkreisförmiger Ausschnitt am Rande eines Bandes, oft heller als die angrenzende Zone.
SECT	Abschnitt	Ein hellerer Abschnitt eines Bandes oder einer Zone.
GAP	Lücke	Ein ziemlich weiter, abgeschwächter oder fehlender Teil eines Bandes.
RIFT	Rift	Eine helle Linie, die ein breites Band von einer Zone zur anderen durchschneidet, meist unter einem Winkel von 45° ... 60°.
AREA	Aufhellung	Eine ausgedehnte helle und unregelmäßig begrenzte Gegend.
STRK	Streifen	Ein sehr langgezogenes, streifenförmiges helles Objekt.

Tab. 7.20

Dunkle Objekte:

Code	Deutsch	Beschreibung
SDER		Ein kleiner dunkler Fleck, der von einem hellen Ring umgeben ist.
SPOT	Fleck	Ein beliebiger dunkler Fleck, der nicht zu groß und zu langgezogen ist.
BAR	Barren	Ein dunkler, langgezogener Fleck.
FEST	Girlande	Eine dunkle Faser oder geschlossene Girlande, die eine Zone durchquert. Ein Ende der Faser oder Girlande bzw. beide Enden der Girlande können von dunklen Bandkondensationen ausgehen.
PROJ	Projektion	Eine Protuberanz am Rande eines Bandes. Es gibt unterschiedliche Formen von abgerundeten Bandausbuchtungen bis hin zu spitzen Objekten.
SECT	Abschnitt	Ein dunkler Abschnitt eines Bandes oder einer Zone.
VEIL	Schleier	Eine ausgedehnte, gleichmäßig dunkle Gegend in einer Zone oder in polaren Gegenden.
DIST	Störung	Eine dunkle integral- oder brückenförmige Struktur, die in der Regel während einer Störung im SEB entsteht.
COL	Brücke	Ein dunkles säulenförmiges Objekt in einer Zone, das senkrecht zu ihr steht oder etwas geneigt ist.
STRK	Streifen	Ein sehr langgezogenes, streifenförmiges dunkles Objekt.

Tab. 7.21

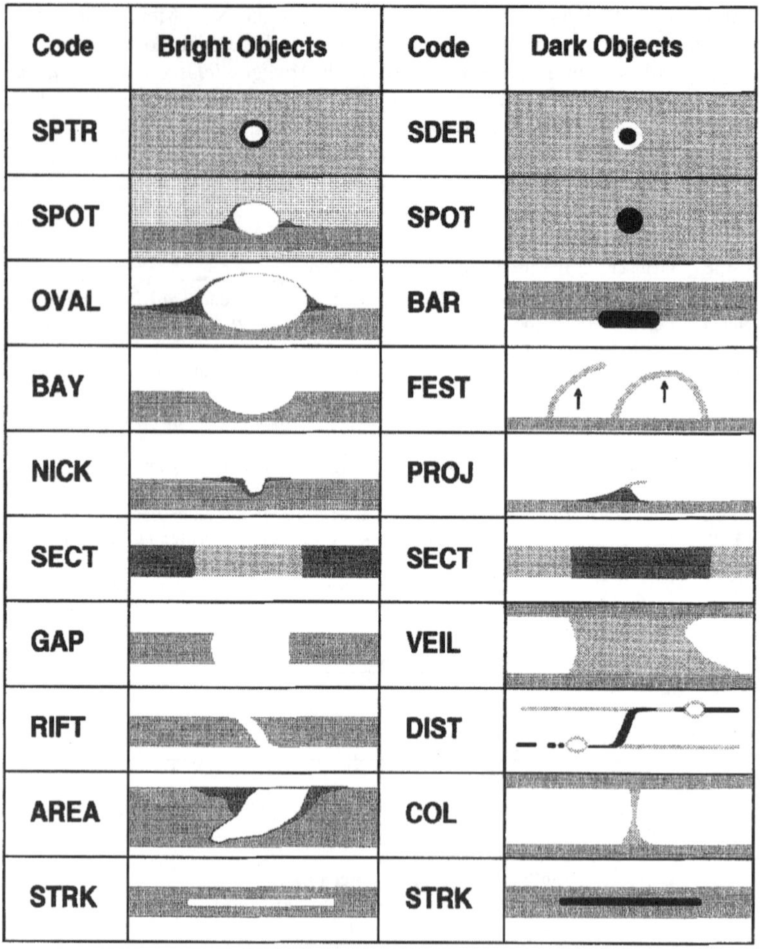

Abb. 7.63 Die Nomenklatur der Objekte Jupiters.

Ein beobachtetes Objekt einer dieser „Schubladen" zuzuordnen, ist sicher nicht immer eindeutig möglich. Doch deckt die Nomenklatur vielleicht 95% aller Formen ab, die in kleinen und mittleren Instrumenten zu sehen sind. Im Deutschen sind einige zusätzliche Bezeichnungen im Gebrauch, die E. Mädlow 1948 zusammengetragen hatte [1]. Namen, deren Bedeutung sich vielleicht nicht auf den ersten Blick erschließt, sind:

Stäbchen: Ein längliches, sehr schmales Dunkelobjekt von meist grauer oder roter Farbe, das zumeist innerhalb eines Bandes liegt (d.h. ein BAR oder dunkler STRK).

Granatfleck: Ein kleiner, runder, leuchtend roter Fleck, nicht größer als ein Trabantenschatten.

Dunkelballung: Eine größere Dunkelkonzentration in einem Band mit mehr oder weniger klaren Umrissen.

Knoten: Eine Verdickung eines schmalen Bandes.

Ganz spezielle, langlebige Objekte haben Eigennamen erhalten. Da ist zunächst der Große Rote Fleck (GRF) zu nennen, der wahrscheinlich seit über 300 Jahren existiert. Drei weiße Flecke im STB, die sich Anfang der 40er Jahre herausbildeten, heißen WOS-FA, -BC und -DE. Im ersten Drittel unseres Jahrhunderts existierte in der STrZ eine ausgedehnte Dunkelmasse, die als „Südtropischer Schleier" bekannt ist.

Langjährige Beobachtungen Jupiters zeigen, daß gewisse Objektarten in speziellen Breitenlagen gehäuft auftreten. So sind Barren und Granatflecken für den NEBn typisch, Projektionen sowie ausgedehnte weiße Ovale für den NEBs und die EZ(N). Weiße Flecke, ähnlich der drei langlebigen WOS, treten oft im Bereich STB bis SSTZ auf.

Die Begrenzungen ausgedehnter Einzelobjekte werden durch ein nachgestelltes „p.", „f.", „n." oder „s." gekennzeichnet. „GRF p." ist also das p.-Ende des Großen Roten Flecks, „GRF n." sein Nordrand.

7.6.3 Rotationssysteme und Zentralmeridiane

Schon Ende des 17. Jahrhunderts war bekannt, daß Jupiter in knapp zehn Stunden einmal um seine Achse rotiert. Mitte des 19. Jahrhunderts, als die Beobachtungen zahlreicher und genauer wurden, entstand das Bedürfnis, auf dem Planeten ein mitrotierendes Koordinatensystem zu schaffen, mit dessen Hilfe die Position eines Objekts exakt beschrieben werden kann. Auf der Erde existiert ein solches System mit dem Gradnetz der geographischen Längen- und Breitenkreise. Den Beobachtern war bekannt, daß verschiedene Objekte auf Jupiter unterschiedliche Rotationszeiten haben können. Der Ausweg bestand nun darin, ein Gradnetz festzulegen, das gleichförmig mit einer **typischen**, sozusagen mittleren Geschwindigkeit rotiert. Dabei stellte sich heraus, daß prinzipiell zwei verschiedene Strömungen existieren: Objekte in Äquatornähe haben im Durchschnitt eine um fünf Minuten kürzere Rotationszeit als Objekte in polnäheren Gegenden. Festgelegt wurden so ein Rotationssystem „I" für die äquatornahen Breiten, das sich in 9 Stunden 50,5 Minuten einmal um seine Achse dreht, und ein langsameres Rotationssystem „II" für den Rest der Jupiterkugel mit reichlich fünf Minuten längerer Rotationszeit. Pro Tag eilt das Gradnetz von System I exakt 7,63° dem von System II voraus. Die Nullmeridiane beider Gradnetze, die „Jupiter-Greenwichs", wurden willkürlich festgelegt.

Statt von geographischer spricht man bei Jupiter von jovigraphischer (auch zenographischer) Länge und Breite. Im Gegensatz zur Erde, auf der wir die Längenkoordinaten von 0° bis 180° in östlicher **und** westlicher Richtung angeben, werden auf Jupiter die Längen von 0° bis 360° durchgezählt. Und zwar in

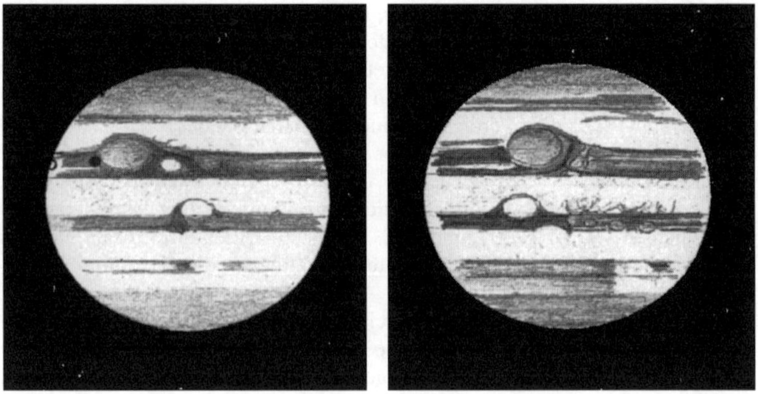

Abb. 7.64 Zwei Zeichnungen vom 28.9.1987, 0:09 UT (links) sowie 2.10.1987, 3:06 UT, angefertigt von Grischa Hahn mit einem 80/1200-mm-Refraktor. Während der vier Tage hat sich ein helles Oval am NEBs (System I) beträchtlich gegen den Großen Roten Fleck (System II) verschoben.

f.-Richtung, so daß im Laufe einer Beobachtungsnacht Gegenden mit immer größeren jovigraphischen Längen in der Mitte der Jupiterscheibe auftauchen. Da die Gradnetze der beiden Systeme an keine realen Strukturen der Jupiteratmosphäre gebunden und alle beobachtbaren Einzelheiten atmosphärischer Natur sind, besitzt jedes Objekt eine Eigenbewegung auch gegen „sein" Rotationssystem. (Ob diese Bewegung groß genug ist, um überhaupt wahrgenommen zu werden, ist eine andere Frage.) Die jovigraphische Längenposition eines Objekts kann natürlich auch im „falschen" System angegeben werden, ohne daß dem irgendein prinzipieller Einwand entgegenstehen würde. Nur ist das nicht üblich, da sich dann seine Positions-Gradzahlen sehr schnell ändern.
Außer den zwei traditionellen Rotationssystemen existiert noch das Rotationssystem III. Es spiegelt Beobachtungen im Radiowellenbereich wider, die sich auf tiefere Schichten des Planeten beziehen. System III wird von Amateurbeobachtern selten verwendet.

System	Rotationszeit	Tägl. Drehung
I	9 h 50 m 30,00 s	877,900°
II	9 h 55 m 40,63 s	870,270°
III	9 h 55 m 29,71 s	870,536°

Tab. 7.22 Die Rotationssysteme Jupiters. Alle Werte sind siderisch gezählt.

Südliche Breiten-Gradzahlen erhalten ein Minus als Vorzeichen. Eine Breitenposition kann auf zweierlei Weise angegeben werden: jovigraphisch oder jovizentrisch (Abb. 7.65). Bezeichnet β die jovizentrische, β'' die jovigraphische Breite eines Objektes, und ist Q der Quotient von Pol- zu Äquatorradius des Planeten (Jupiter: Q = 0,935), so gilt:

Abb. 7.65 Jovigraphische (β'') und jovizentrische (β) Breite, nach [17].

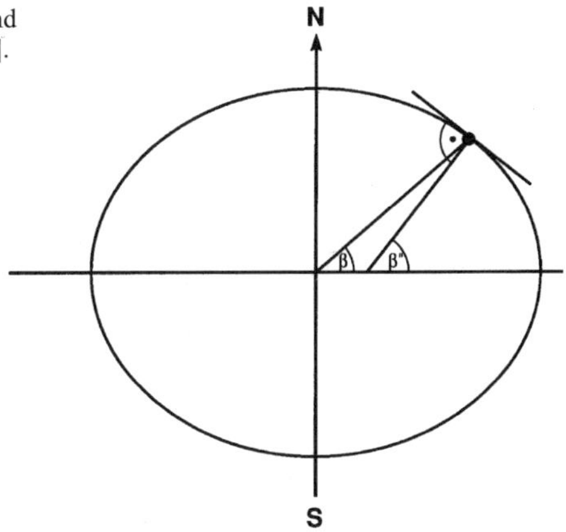

$\tan \beta = Q^2 \cdot \tan \beta''$.

Im folgenden werden wir ausschließlich jovi**graphische** Breiten verwenden. Der Einfachheit halber steht oft die Abkürzung „jov." für jovigraphisch.

Weiterhin bedeutsam ist die fiktive, gerade Verbindungslinie zwischen Nord- und Südpol des Planeten: Das ist der sog. Zentralmeridian, auch kurz als ZM bezeichnet. Zu jedem Zeitpunkt fällt der ZM mit einem ganz bestimmten Meridian (Längenkreis) von System I, II und III zusammen. Anders ausgedrückt, hat der Zentralmeridian immer eine eindeutige jov. Länge (die in den einzelnen Rotationssystemen natürlich verschieden ist und sich wegen der Planetenrotation auch ständig ändert). Die jov. Längen des ZM bilden eine ganz wichtige Information, denn sie sagen dem Beobachter, welche Gegend Jupiters er gerade im Fernrohr sieht. Wir werden diese Längen mit ZM1, ZM2 bzw. ZM3 bezeichnen.

Tatsächlich kann der ZM auf zweierlei Weise definiert werden. Einmal, wie eben geschehen, durch eine Strecke, die beide Pole verbindet. Das ist der ZM der vollen Jupiterellipse. Dieser ZM läßt aber die Jupiter-Phase unberücksichtigt, mit dem Effekt, daß außer zur Oppositionszeit die Jupiterscheibe von ihm in zwei unterschiedlich große Teile „halbiert" wird. Der phasenseitige Teil ist etwas kleiner, auch wenn der Unterschied gering ist.

Die zweite Möglichkeit ist ein ZM, der jeden jov. Breitenkreis in seiner phasenkorrigierten Mitte schneidet. Er wird – außer zur Oppositionszeit - keine gerade Linie sein wie im ersten Fall, sondern eine Kurve (genauer gesagt: ein Ellipsensegment), die leicht von der Phase weg gebogen ist (Abb. 7.66). Dem Beobachter kommt dieser phasenkorrigierte ZM wesentlich besser entgegen: Er sieht ja nur den beleuchteten Teil des Planeten.

Der Unterschied zwischen beiden ZM-Varianten beträgt bei Jupiter maximal 0,6°. Das erscheint zunächst wenig, fällt bei halbwegs genauen Positionsbeobachtungen aber schon ins Gewicht.

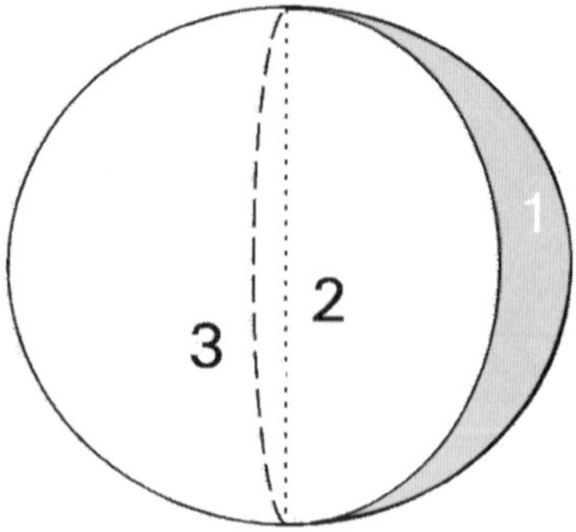

Abb. 7.66 Phase (1), ZM der vollen Jupiterellipse (2) und phasenkorrigierter ZM (3). Phase und ZM-Verschiebung sind stark überhöht dargestellt.

Die Länge des phasenkorrigierten ZM in den Systemen I und II ist in vielen astronomischen Jahrbüchern und in den „Aktuellen Hinweisen für den Beobachter" der Zeitschrift „Sterne und Weltraum" tabelliert. Neben den täglichen Längen um 0h UT enthalten sie die Änderungen der ZM-Längen in kleineren Zeitintervallen, etwa 10 Minuten oder 1 Stunde. Genannt seien hier „Ahnerts Kalender für Sternfreunde", der „Sonneberger Kalender für Sternfreunde" und das „Himmelsjahr", ohne Anspruch auf Vollständigkeit zu erheben.
Die Berechnung der jov. Länge des ZM sei an einem Beispiel demonstriert. Gesucht seien ZM1 und ZM2 für den 1. Juni 1995, 00.14 MESZ (Sommerzeit). Dieser Zeitpunkt ist mit dem 31. Mai 1995, 22.14 UT identisch.

1. Juni 1995, 00.00 UT:	ZM1 =	11,9°	ZM2 =	172,4°
		+ 360,0°		
		371,9°		
minus 2 Stunden:		− 73,2°		− 72,5°
		298,7°		99,9°
plus 10 Minuten:		+ 6,1°		+ 6,0°
plus 4 Minuten:		+ 2,4°		+ 2,4°
		307,2°		108,3°

Die Rotationszeiten, die die einzelnen Systeme definieren (Tab. 7.22), sind siderische, d.h. auf die Fixsternsphäre bezogene Werte. Da die ZM-Längen aber für den irdischen Beobachter gerechnet werden, ändern sich die Differenzen zwischen den Werten zweier aufeinanderfolgender Tage im Laufe der Zeit. Ausgangspunkt einer per-Hand-Rechnung sollte daher der nächstliegende Tabellenwert sein, das ist die jov. Länge des ZM um 0h UT **derselben Beobachtungsnacht.**
Beachten Sie, daß in einigen Publikationen (wie dem „Astronomical Almanac") der ZM der **vollen Jupiterellipse** aufgelistet ist. – Ein Algorithmus zur Berechnung des ZM, der sich leicht auf einem PC umsetzen läßt, ist in [2] beschrieben. Er funktioniert über Jahrhunderte hinweg ausreichend genau.

7.6.4 Driften, metrische Geschwindigkeiten und Rotationszeiten

Die Eigenbewegungen der Objekte auf Jupiter erfolgen vorwiegend parallel zum Äquator, das heißt in jov. Länge. Der visuelle Beobachter wird nur selten eine Objektverschiebung quer zu den Bändern und Zonen nachweisen können, höchstens bei längerlebigen Strukturen. Wenn im folgenden nichts anderes angemerkt ist, bezeichnet „Eigenbewegung" stets die äquatorparallele Komponente.

Die gebräuchlichste und anschaulichste Methode, die Eigenbewegung eines Objekts zu bezeichnen, ist die Angabe seiner Drift in Grad pro Tag (°/d). Dieser Wert bezieht sich immer auf ein konkretes Rotationssystem. Aus der Drift d und der jov. Breite β'' des Objektes läßt sich seine metrische Geschwindigkeit v ermitteln:

$$v = -\frac{0{,}000202\ d \cdot a}{\sqrt{1 + Q^2 \tan^2\beta''}},$$

wobei Q das Verhältnis von Pol- zu Äquatordurchmesser des Planeten und a sein Äquatorradius in km ist (Jupiter: Q = 0,935, a = 71492). v liegt in m/s vor und bezieht sich auf dasselbe Rotationssystem wie d.

Im zentralen NEB oder SEB gibt es manchmal Objekte, die sich nicht eindeutig Rotationssystem I oder II zuordnen lassen. Man wird daher versuchen, den Begriff des Rotationssystems ganz zu umgehen. Die Lösung ist die Angabe der siderischen Rotationszeit R eines Objekts. Sie berechnet sich mit:

$$R = \frac{8640}{D - d},$$

wobei d die tägliche Objektdrift in Grad und D die tägliche Drehung des zugrunde liegenden Rotationssystems ist (siehe Tab. 7.22). Das Ergebnis ist in Stunden ausgedrückt.

Alle drei Varianten setzen stillschweigend eine lineare Bewegung des vermessenen Objekts voraus. In Wirklichkeit bewegen sich Objekte der Jupiteratmosphäre – mehr oder minder – ungleichförmig. Der Beobachtungszeitraum wird daher oft in kleinere Zeitintervalle gesplittet, in denen die Bewegung des Objekts ziemlich konstant geblieben ist, und dann für jedes Intervall Drift, metrische Geschwindigkeit oder Rotationszeit gesondert berechnet.

7.6.5 Das Strömungsprofil der Jupiteratmosphäre

Mit den Rotationssystemen I und II existiert eine Grobgliederung der Objektdriften auf Jupiter. Die Strömungen in der Atmosphäre sind allerdings komplexer.

Wenn in einem größeren Breitenbereich die Objektdriften relativ ähnlich, aber deutlich von denen der Umgebung verschieden sind, spricht man von einer Strömungszone (engl. *current*). Die Strömungszonen werden ähnlich wie die Bänder und Zonen bezeichnet, enden aber mit einem „C“. Daneben gibt es schnelle Strömungen, die auf schmale Breitenbereiche beschränkt sind, sogenannte Jetstreams. Diese treten an Bandrändern auf und werden analog abgekürzt (z.B. SEBn). Tab. 7.23 zeigt eine Zusammenstellung der bekannten Strömungszonen und Jetstreams.

	Strömung	Jov. Breite	Drift	gegen System
	SPC	– 90 ... – 54		
*	S^4TBn	– 53	– 4,3	II
	S^3TC	– 52 ... – 45	– 0,5 ... 0,0	II
*	S^3TBn	– 44 ... – 43	– 4,2	II
	SSTC	– 42 ... – 38	– 1,1 ... – 0,8	II
	SSTBn	– 37 ... – 36	– 3,0 ... – 2,6	II
	STC	– 33 ... – 29	– 0,7 ... – 0,3	II
*	STBs	– 33 ... – 32	+ 1,4	II
	STBn	– 29 ... – 27	– 5,0 ... – 2,0	II
	STrC	– 26 ... – 13	– 0,2 ... + 0,2	II
	SEBs	– 20	+ 2,0 ... + 5,0	II
	SIC	– 16 ... – 11	– 5,0 ... – 1,0	II
	SEC	– 10 ... – 5	– 3,7 ... + 2,5	I
	CEC	– 5 ... + 5	+ 0,1 ... + 1,0	I
	NEC	+ 5 ... + 10	– 0,2 ... + 0,2	I
	NIC	+ 10 ... + 16	– 5,3 ... – 2,0	II
*	NEBn	+ 17 ... + 18	+ 1,5	II
	NTrC	+ 14 ... + 23	– 0,5 ... – 0,2	II
	NTBs	+ 24	– 5,7 ... – 2,0	I
	NTBn	+ 31 ... + 32	+ 2,3	II
	NTC	+ 25 ... + 34	+ 0,4 ... + 0,7	II
	NNTBs	+ 35 ... + 36	– 3,2 ... – 1,5	II
*	NNTBn	+ 39 ... + 40	+ 1,0	II
	NNTC	+ 37 ... + 42	– 0,1 ... + 0,1	II
*	N^3TBs	+ 43	– 2,3	II
	N^3TC	+ 44 ... + 47	– 0,7 ... – 0,3	II
*	N^4TBs	+ 48	– 3,1	II
	N^4TC	+ 49 ... + 55	– 0,1 ... + 0,1	II
	N^5TBs	+ 56 ... + 57	– 2,0	II
	NPC	+ 58 ... + 90		

Tab. 7.23 Die Strömungen der Jupiteratmosphäre, ihre jovigraphischen Breitenlagen in Grad und typischen Driften in Grad pro Tag. Mit einem Stern gekennzeichnete Strömungen wurden bisher nur von den Voyager-Sonden beobachtet. Nach [3], ergänzt um Angaben aus [4].

Mit einem guten Refraktor von 150 mm Öffnung sind etwa ein Dutzend der Strömungen aus Tab. 7.23 visuell nachweisbar. Allerdings wird der Beobachter dafür einige Zeit benötigen. Während einer einzigen Jupitersichtbarkeit gibt es

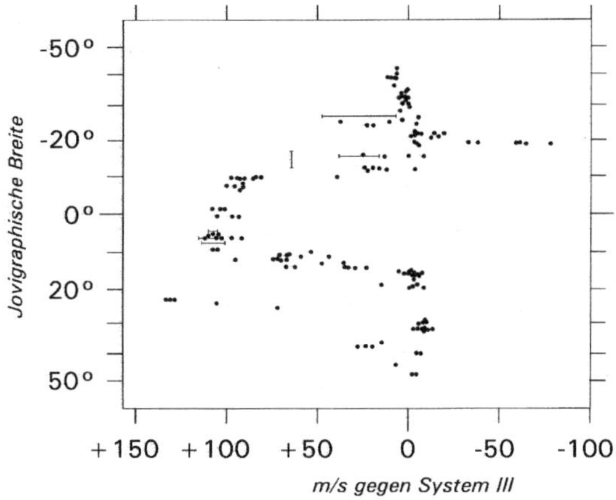

Abb. 7.67 Strömungsprofil der Jupiteratmosphäre aus Beobachtungen des AK Planeten, 1970–1973.

kaum genügend deutliche Objekte in allen Breiten, außerdem produzieren einige Strömungszonen selten auffällige Strukturen. Ein rares Exemplar ist z.B. die schnelle Strömung am NTBs. Obwohl sie im Einzugsgebiet von System II liegt, entspricht ihre Bewegung eher System I.

Das Strömungsprofil der Jupiteratmosphäre ist nichts Starres. In einer Strömungszone können Objekte auftauchen, deren Drift für eine benachbarte typisch ist, und eine Strömungszone kann eine andere zeitweise verdrängen (zumindest scheinbar). Selbst die Driften zweier Objekte, die dieselbe jov. Breite haben, weichen mitunter merklich voneinander ab.

7.6.6 Spezielle Strukturen in der Jupiteratmosphäre

7.6.6.1 Der Große Rote Fleck

Der Große Rote Fleck – kurz GRF – ist sicher das bekannteste Objekt der Jupiteratmosphäre. Es handelt sich um einen riesigen Wirbelsturm in der Breitenlage SEB/STrZ, etwa einen Erddurchmesser breit und anderthalbmal so lang. Der Triumphzug des GRF begann 1879. Mit seinen gewaltigen Dimensionen, dem plötzlichen Erscheinen und der ausgeprägten Färbung war der Fleck außergewöhnlich – die Wort-Superlative in den damaligen Veröffentlichungen erinnern an den Freudentaumel zum Kometenimpakt 1994. Etwas scherzhaft wurde er als „pink fish" tituliert: Die äquatorparallelen Enden waren deutlich abgespitzt und gaben dem Fleck ein stromlinienförmiges Aussehen – oder erinnerten eben an einen pinkfarbenen Fisch. Der Begriff „Großer Roter Fleck" kam erst später in den achtziger und neunziger Jahren in Gebrauch.

Bald wurde klar, daß der Fleck nicht erst 1879 entstanden war. Zunächst fand er sich auf einzelnen Zeichnungen von 1878, später in Beobachtungen, die bis

1831 zurückreichen. Mittlerweile scheint gesichert, daß sich die Geschichte des GRF tatsächlich bis zu jener Zeit zurückverfolgen läßt. Allerdings gibt es Hinweise auf seine Existenz auch aus Jahren, die noch weiter zurückliegen. Zu nennen sind Zeichnungen von Cassini und Hooke um 1665. Sie zeigen einen GRF-ähnlichen Fleck, der sich u.U. bis 1713 weiterverfolgen läßt. Leider sind die zeitlichen Lücken zwischen den Beobachtungen derart groß, daß kaum mehr entschieden werden kann, ob die ganz frühen Sichtungen tatsächlich den GRF oder nicht vielleicht doch ein anderes Objekt betreffen. Beiträge zur GRF-Geschichte findet der interessierte Leser z.B. in [5, 6, 7].

Entgegen dem heutigen Anblick war der GRF vor reichlich hundert Jahren merklich ausgedehnter (etwa 30° in jov. Länge) und hatte, wie erwähnt, eine abgeflachtere Form. Schon wenige Jahre nach der (Wieder-)Entdeckung des Flecks begann das Interesse zu verebben, als seine Deutlichkeit nachließ und einige Beobachter an ein baldiges Verschwinden glaubten. Tatsächlich ist aber die Sichtbarkeit des GRF – wie der anderen langlebigen Jupiter-Strukturen auch – deutlichen Schwankungen unterworfen, ohne daß ein völliges Unsichtbarwerden das endgültige Verschwinden bedeuten muß. Die letzte Periode, in der der GRF ein prägnantes Objekt genannt werden darf, endete 1975. Seitdem sind die Beobachtungsbedingungen – besonders in kleinen Fernrohren – relativ schlecht, nur 1989/1990 gab es mit dem damaligen SEB-Fading einen kurzen Aufschwung.

Interessanterweise hängt die Sichtbarkeit des GRF eng mit der Aktivität des SEB zusammen. Ist das SEB durch ein Fading (s. S. 270) blaß geworden oder gar verschwunden, so erscheint der GRF im kräftigen Rosarot und steht einsam und prominent in der STrZ, oft umgeben von einem hellen Hof. Nimmt die Intensität des SEB hingegen wieder zu, verblaßt der GRF wieder. Seine Farbe

Abb. 7.68 Links zwei Detailskizzen der GRF-Umgebung (oben 26.8.1986, unten 30.10.1986), angefertigt von Karl-Heinz Mau an einem 150/2030-mm-Refraktor, rechts eine Zeichnung von André Nikolai am 19.4.1993, 20:58 UT, ZM2 = 37°, mit einem 100/1000-mm-Refraktor. 1986 war das SEB dunkel und der GRF relativ hell, 1993 hatte sich die Lage umgekehrt. Man beachte das „Auge" im Zentrum des dunklen GRF.

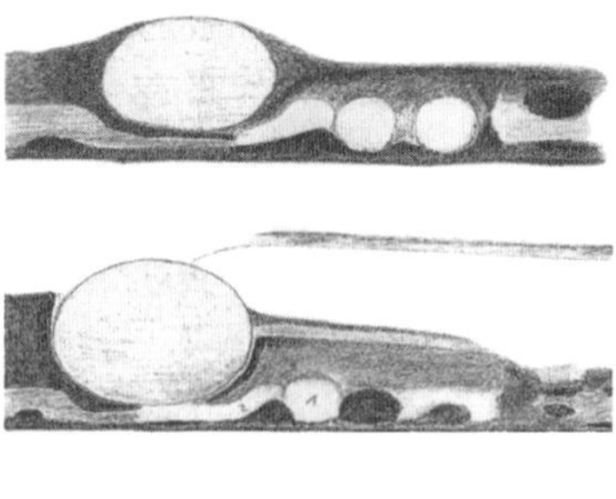

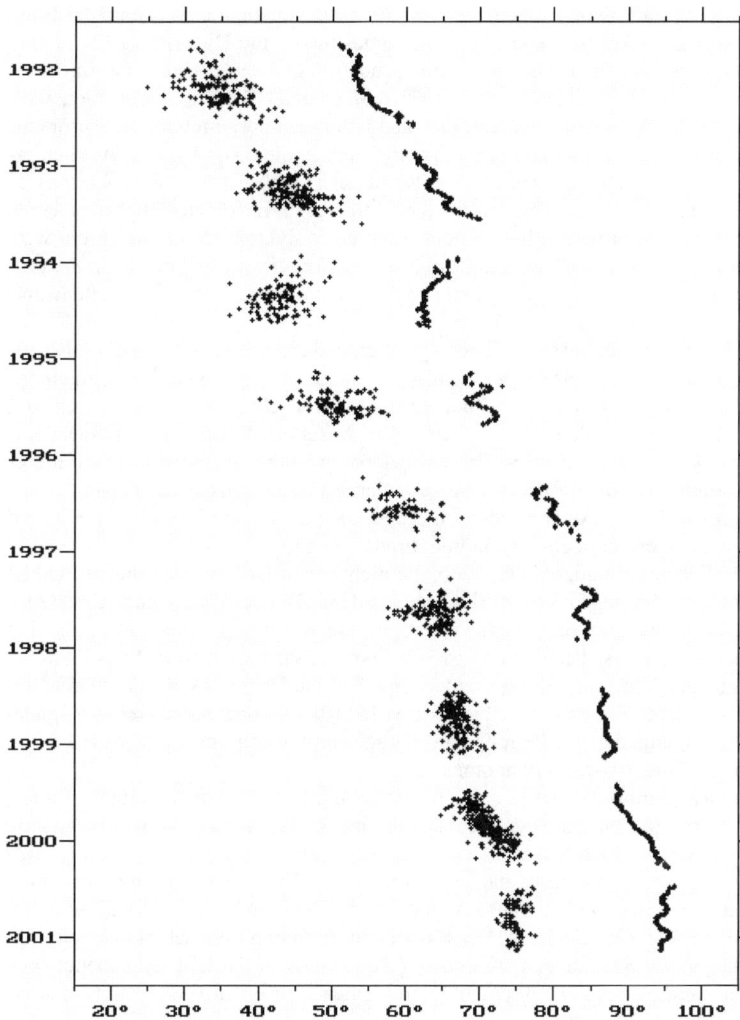

Abb. 7.69 Die Drift des GRF 1991–2001 (JUPOS-Daten). Die Punktwolke links zeigt Originalbeobachtungen, rechts (um 20 Grad verschoben) sind gleitende 40-Tage-Mittel eingezeichnet. Da 1997 erstmals CCD-Bilder vermessen wurden, hat die Streuung der Beobachtungen seitdem merklich abgenommen.

kann sich dabei in Lachsrosa, ein zartes Orange-Rosa bis hin zu Weißlich-Hellgelb entwickeln. An diesem Punkt ist das SEB wieder recht kräftig ausgeprägt und der helle GRF zuweilen von einem dunklen Rand umgeben.

Der GRF darf nicht mit der Bucht verwechselt werden, die er – wenn das Band breit und dunkel ist – von Süden her in das SEB reißt. Die GRF-Bucht konnte zum Beispiel in den achtziger Jahren schon mit kleinem Instrumentarium gesehen werden. Die beiden Stellen, wo sich SEBs und GRF-Bucht schneiden, werden auch „Schultern“ genannt. Gelegentlich ragen dort ein oder zwei projektionsartige Ausbuchtungen des SEB ein Stück in die STrZ – dieser Anblick erklärt die etwas ungewöhnliche Wortwahl (siehe Abb. 7.68, 1986er Skizzen).
Auch innerhalb des GRF lassen sich Strukturen verfolgen. Oft hat er einen dunklen Zentralfleck, ähnlich dem Auge eines Zyklons. Nach außen hin wird der Fleck dann etwas heller und am Rand wieder etwa so dunkel wie im Zentralbereich. Besonders in dem helleren, mittleren Bereich kann er stellenweise dunkler werden oder verblassen.
Die Raumsondenmissionen haben gezeigt, daß das Wolkensystem des GRF antizyklonal rotiert (für die Südhemisphäre heißt das: entgegen dem Uhrzeiger). Gelegentlich kann auch mit Amateurmitteln beobachtet werden, wie Flecke des SEBs-Jetstreams den GRF erreichen und an seinem Rande wie auf einem Karussell mitgerissen werden. Der antizyklonale Drehsinn des GRF ist mit dieser „Methode“ übrigens schon lange vor den Raumfahrtmissionen nachgewiesen worden [9, 15]. Auch Objekte, die den GRF an seinem Nord- oder Südrand passieren, erfahren eine Änderung ihrer Bewegung.
Verglichen mit anderen Objekten, die nicht selten Driften von einigen Zehntel Grad pro Tag gegen System II zeigen, ist der GRF relativ stationär (Abb. 7.69). Ob sich während einer Sichtbarkeitsperiode Änderungen der Längenposition nachweisen lassen oder nicht, ist von Jahr zu Jahr verschieden. Vom Ende der sechziger Jahre stammt die Entdeckung, daß die Drift des GRF durch eine höherfrequente Komponente überlagert wird [10]. Offenbar handelt es sich bei der Schwingung, die eine Periode von 90 Tagen und Amplitude von etwa 1° besitzt, um ein längerfristiges Phänomen [22].
Die jovigraphische Breite des GRF ist ebenfalls zeitlichen Änderungen unterworfen. Für den visuellen Beobachter sind solche Verschiebungen schwierig nachweisbar, doch lassen sie sich z.B. auf hochauflösenden CCD-Aufnahmen verfolgen. Hinzu kommt, daß der Südrand des SEB auch nicht immer in derselben Breite liegt und die Dunkelintensität des GRF im Nord- und Südteil merklich verschieden sein kann. Der Fleck kann so für den Beobachter in einem Jahr mehr in der STrZ liegen, zu anderen Zeiten eher in das SEB eingebettet sein. Der Anblick des GRF in einem allzu kleinen Instrument verschleiert oft seine tatsächliche Breitenlage.

7.6.6.2 Die drei langlebigen WOS

Die langlebigsten Objekte der Jupiteratmosphäre nach dem GRF sind drei weiße ovale Flecke im STB (engl. WOS). Dabei handelt es sich ebenfalls um wirbelsturmartige Strukturen mit einer antizyklonalen Strömungsrichtung. Die Geschichte der WOS läßt sich bis Ende der 30er, Anfang der 40er Jahre zurückver-

folgen, als am Südrand des STB und in der STZ (N) drei breite, dunkle Segmente entstanden. Ihre Enden benannte der amerikanische Beobachter E. J. Reese willkürlich mit A bis F (A war das p.- und B das f.-Ende eines Segments).
Im Laufe der Zeit wurden die Segmente immer länger – und damit die hellen Zwischenräume kürzer. In den fünfziger Jahren waren die hellen Gebiete so weit kontrahiert, daß sie in den Vordergrund der Aufmerksamkeit traten. Inzwischen haten sie auch eine deutlich ovale Form angenommen. In Anlehnung an die Nomenklatur der Segmentenden bekamen die Ovale die Namen BC, DE und FA und alle drei zusammen das „Etikett" WOS *(White Oval Spot)*.

Abb. 7.70 Von links oben nach rechts unten: Jupiter am (a) 13.04.1980, 20:41 UT, ZM2 = 278°, ost-west-seitenverkehrtes Bild, gezeichnet von Hans-Jörg Mettig an einem Coudé-Refraktor 150/2250; (b) 25.05.1993, 20:02 UT, ZM2 = 13°, gezeichnet von André Nikolai, 100/1000-mm-Refraktor; (c) 1.09.1997, 22:30 UT, ZM2 = 38°, Hans-Jörg Mettig, Refraktor 150/2250; (d) 10.02.2001, 20:15 UT, ZM2 = 245°, CCD-Aufnahme von Gerhard Rausch, Schulsternwarte Gudensberg, an einem C14 mit Blaufilter. – (a) zeigt das sehr auffällige WOS-DE im Zentralmeridian, in (b) liegen BC und DE auf der p.-Seite. (c) zeigt alle drei WOS und (d) BA nahe des Zentralmeridians (im Schnittpunkt der Markierungen), gefolgt von einem dunkleren Abschnitt des STB.

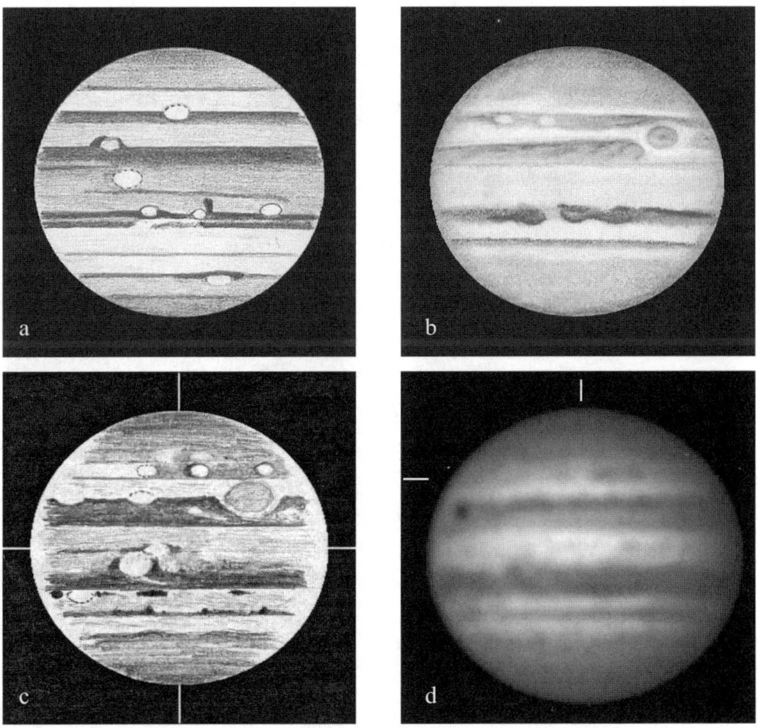

Die Sichtbarkeit der WOS blieb recht veränderlich. Noch Ende der 70er Jahre waren sie dankbare Objekte für kleine Instrumente (z.B. einen Refraktor 63/840), doch später nahm ihre Deutlichkeit allgemein ab. In den 80er Jahren war FA mit Abstand das schwierigste der drei Objekte. Mitte der 90er zeigte sich die Sichtbarkeit wieder ausgeglichener, allerdings auf niedrigem Niveau.
Die dunklen Segmente bewegten sich anfangs mit etwa –0,9°/d gegen System II. In der Folgezeit wurde die Rotationszeit der WOS immer länger. Mitte der 70er Jahre hatte sich die Drift schon auf –0,60°/d verringert, und das Minimum war Ende der 80er Jahre mit –0,38°/d erreicht. Um den Jahrtausendwechsel betrug die durchschnittliche Bewegung wieder –0,44°/d. Ein WOS zieht also alle zweieinhalb Jahre am GRF vorbei; vor 50 Jahren benötigte es dafür bloß ein reichliches Jahr. Die Ursache für diesen Trend liegt in einer leichten Nordverlagerung, die alle drei Objekte während ihrer Lebenszeit erfahren haben.
Abb. 7.71 zeigt, daß der Abstand zwischen BC und DE in den 80er Jahren immer mehr abnahm und sich in den 90ern auch FA zu dem Duo gesellte. Als Jupiter nach der Sonnenkonjunktion im Februar 1998 wieder in der Morgendämmerung auftauchte, war nur noch ein Oval anstelle BC und DE sichtbar! Offenbar waren beide Objekte während der Konjunktion miteinander verschmolzen, oder eines hatte das andere „verschluckt“. Egal, was genau passier-

Abb. 7.71 Die Bewegung der drei langlebigen WOS 1979–2001 (JUPOS-Daten). Auf der waagerechten Achse ist ein modifiziertes Rotationssystem aufgetragen, das sich konstant mit – 0,44°/d gegen System II bewegt und am 15.02.1991 mit ihm zusammenfällt. Die stark geneigten, dünnen Linien repräsentieren den GRF.

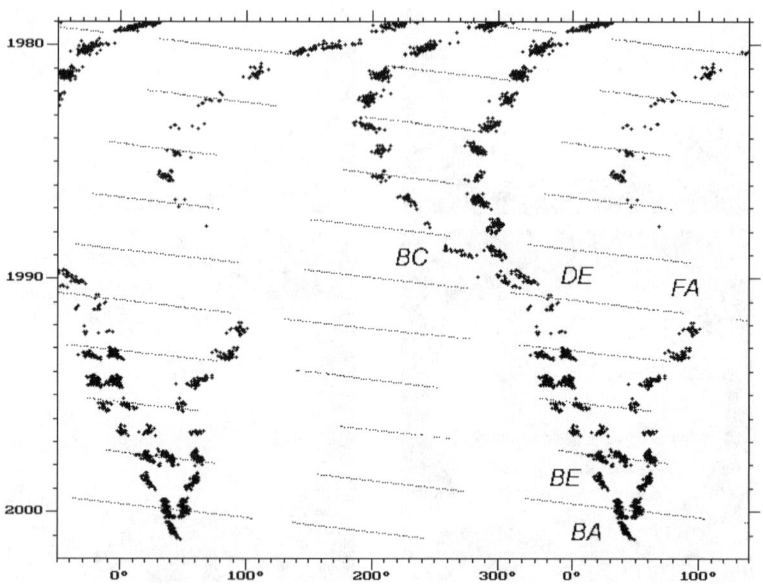

te: Das neue Oval bekam, unter Berücksichtigung der Namensgebung von Reese, die Bezeichnung „BE".
Dasselbe wiederholte sich im März 2000 mit BE und FA. Obwohl Jupiter schon ziemlich tief am Abendhimmel stand, hatten Profi- und Amateurastronomen diesmal mehr Glück und konnten das Geschehen zumindest grob verfolgen [25]. Jetzt existiert also bloß noch ein Oval des ursprünglichen Trios mit der Bezeichnung „BA".
In den 60er Jahren entdeckte E. J. Reese, daß die Drift der WOS von ihrer Distanz zum GRF abhängt: In der Nähe des Großen Roten Flecks zeigten die WOS eine kürzere, auf der abgewandten Planetenseite eine längere Rotationszeit [11]. Offenbar hat dieser Effekt – zumindest prinzipiell – bis in die jüngste Zeit angehalten [23].

7.6.6.3 Strukturen im und am NEB

Das Nördliche Äquatorband ist sowohl das beständigste als auch das aktivste Band Jupiters. In den letzten Jahrzehnten war es im Mittel das kompakteste und dunkelste. Dank seiner Konstanz von Intensität und Farbe kann es in den meisten Jahren als Vergleichswert zur Intensitätsentwicklung rasch veränderlicher Bänder herangezogen werden.
Neben dem GRF und dem SEB zeigt das NEB die stärksten Farbtönungen auf Jupiter. Seit 1990 ist ein satter dunkelbrauner Farbton vorherrschend – ohne den roten Farbstich, den das SEB besitzt. Das NEB hat nicht so stark wie das SEB die Tendenz, sich in zwei diskrete Komponenten aufzuspalten. Allerdings sind die Ränder des Bandes oft erheblich dunkler als seine Mitte und erwecken diesen Eindruck. Sowohl Nord- als auch Südrand des NEB sind normalerweise hart definiert und klar gegenüber EZ und NTrZ abgegrenzt.
Das NEB zeigt eine Reihe von typischen Erscheinungen und Fleckensystemen, die immer nur in ganz bestimmten Breitenlagen vorkommen und in fast jeder Oppositionsperiode zu beobachten sind. Schon mit einem 63-mm-Refraktor erkennt der geübte Beobachter am NEBs dunkle Flecken, die in die EZ hineinragen. In größeren Teleskopen erscheinen diese Flecken als tiefdunkelblaue Projektionen und Filamente (Objektcode PROJ) am Südsaum des NEB. Dieses Fleckensystem war in den letzten Jahren das am einfachsten zu beobachtende auf Jupiter; manche Erscheinungen können in Größe und Auffälligkeit mit einem sehr dunklen GRF konkurrieren. Die meisten Projektionen sind in der EZ in f.-Richtung gekrümmt, manchmal reichen sie wieder zum NEB zurück und nehmen dann die Form einer „Girlande" (FEST) an. Prinzipiell handelt es sich aber um dieselben Gebilde. In den letzten Jahren besetzten durchschnittlich zwölf solcher Objekte den NEB-Südrand, die Abstände von 30° wurden aber nicht streng eingehalten.
Dieses Fleckensystem rotiert mit System I und bildet üblicherweise seine auffälligste Markierung. Vereinzelt werden Strukturen beobachtet, die einige Jahre überleben. Wenn die intensiv blaue Farbe nicht direkt gesehen werden kann, enthüllt ein Rot- oder Orangefilter diese Charakteristik deutlich.

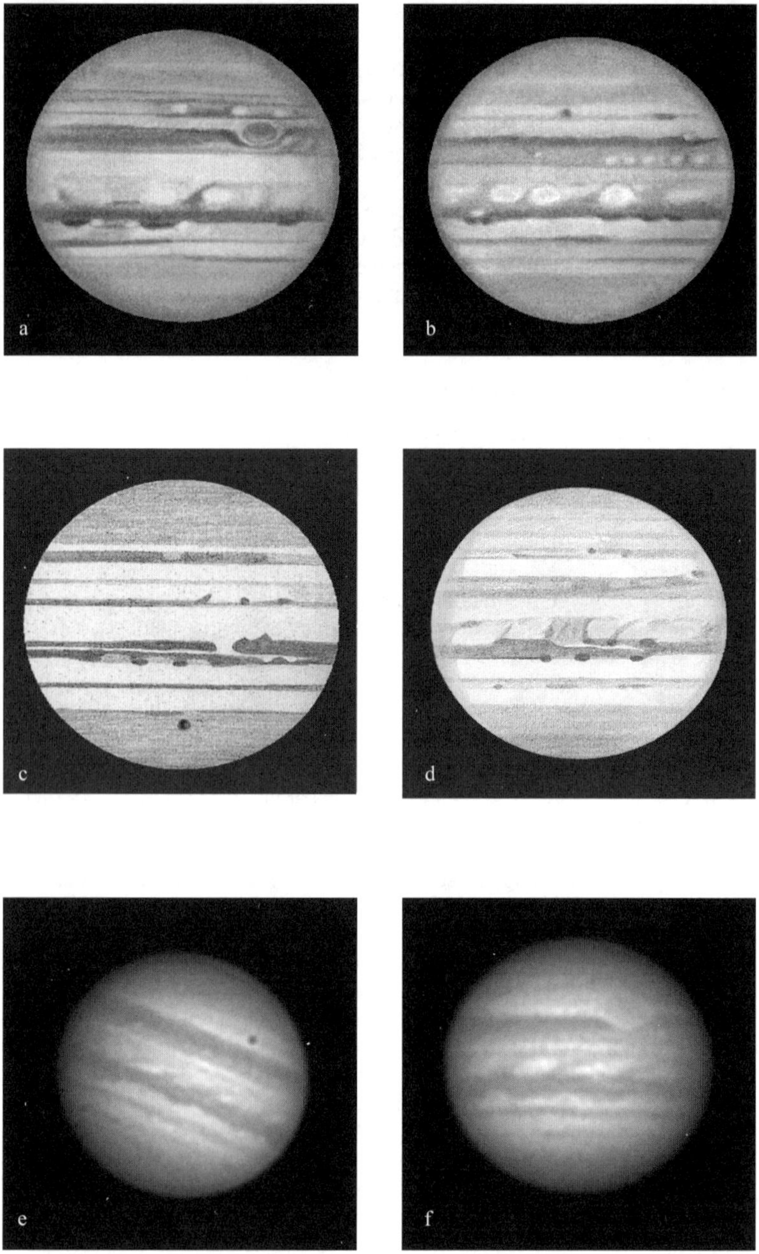
a
b
c
d
e
f

← **Abb. 7.72** Von links oben nach rechts unten: Jupiter am (a) 28.9.1997, 19:53 UT, ZM2 = 41°, 150/2250-mm-Refraktor, 180 x, Nikolai; (b) 25.9.1998, 23:13 UT, ZM2 = 162°, 100/1000-mm-Refraktor, 200 x, Nikolai; (c) 12.6.1993, 19:45 UT, ZM2 = 186°, 350/6000-mm-Cassegrain, 300 x,Stoyan; (d) 17.6.1996, 0:25 UT, ZM2 = 29°, 360/1780-mm-Newton, 200 x, Stoyan; (e) 23.8.1999, 0:57 UT, ZM2 = 240°, 150/ 2250-mm-Refraktor, f ca. 9m, LCCD14SC, 0,5s, Grünfilter, Nikolai; (f) 11.11.1999, 21:19 UT, ZM2 = 49°, 150/2250-mm-Refraktor, f ca. 9m, LCCD14SC, 0,5s, Grünfilter, Nikolai; (a) Dunkle Barren am NEBn. P-seitig wird ein weißes Oval von zwei kleinen Barren begleitet. Ausgedehnte Girlanden in der Äquatorzone, wobei die Region beim mittleren der drei f-seitigen Barren recht diffus ist. Im STB ist ein dunkler Fleck, der wie ein Mondschatten erscheint. Das SEB ist durch eine Kette weißer Flekken gestört (f-seitig). (b) Längere dunkle Barren am NEBn. Zwischen den beiden p-seitigen Barren befinden sich zwei kleinere weiße Ovale, die durch eine zarte Brücke verbunden sind. Diese Brücke ist ein Fragment des schon öfters beobachteten NTrB. Barren werden oft von weißen Ovalen begleitet. Neben einer auffälligen Projektion am NEBs sind auch die drei WOS nahe des GRF gut erkennbar. (c) Ein großes Rift durchschneidet das NEB auf seiner ganzen sichtbaren Länge. Kleine Barren sind am NEBn auszumachen. In der NPR der Schatten von Ganymed. (d) Das NEB zeigt ein feines weißes Rift, drei kleine dunkle Barren am Nordrand sowie feine Details in den Projektionen der Äquatorzone. Beachtenswert sind außerdem die dunklen Flecke im Nordteil des NTB. (e) Welliger Verlauf des NEBn. F-seitig vom ZM verblaßt das NEB durch ein langgezogenes Rift. Lange, feingezogene Projektionen am NEBs. Mond Io mit Schatten. (f) Langgezogenes Rift im NEB. Langgezogene Projektionen bis in die EZ(S), wo sie ein südlich verlagertes EB bilden.

Begleitet werden die dunklen Objekte von großen, oft gut definierten, manchmal aber auch nur als verschwommene Gebiete erscheinenden weißen Ovalen (OVAL). Diese sind meist kurzlebig und können von einer auf die nächste Nacht verschwinden oder auftauchen, gelegentlich aber auch über mehrere Jahre stabil sein. Oft sind sie mit den filamentartigen Projektionen eng verbunden oder werden von „Girlanden" umschlossen.

Im Zentralgebiet des NEB sieht man des öfteren helle Einschlüsse und unregelmäßig geformte feine Risse. Diese sogenannten Rifts sind eine typische Erscheinung dieses Bandes und von erfahrenen Beobachtern in praktisch jedem Jahr zu sehen. NEB-Rifts beginnen meist in der Nähe einer der blauen NEBs-Projektionen und schneiden dann unter einem spitzen Winkel das Band in f.-Richtung. Es sind meist sehr helle und feine unregelmäßige Linien, die sich aufweiten, wieder verengen und nach einigen Dutzend Grad Längendifferenz den Nordrand des NEB erreichen. Diese Rifts sind schnell veränderlich und zumeist kurzlebig (einige Tage). 1991 wurde aber ein Objekt beobachtet, das über sechs Monate hinweg sichtbar war. Die Driftraten sind recht unterschiedlich. Oft haben die NEB-Rifts Rotationszeiten zwischen System I und II, rotieren zuweilen aber auch mit einem der beiden Systeme. Untersuchungen, die das Auftreten von Rifts und die Gesamt-Intensität des NEB von periodischen Zyklen abhängig machen wollen, führen zu keinem signifikanten Ergebnis.

Der Nordrand des NEB trägt ebenfalls ein auffallendes Fleckensystem, das in manchen Jahren noch deutlicher als die NEBs-Projektionen werden kann: die NEBn-Barren. 1990 säumten sieben sehr dunkle und große längliche Flecken

den Nordrand des NEB. Sie zeigten kleine Driftraten gegen System II und eine auffallende dunkelbraune bis rötliche Farbe. Ähnliche Barren (BAR) wurden von den Voyager-Sonden photographiert; W. Löbering nannte diese Flecken nach ihrem tiefdunklen roten Aussehen „Granatflecken". Nach der Konjunktion 1990 waren die Flecken plötzlich verschwunden. Seither sind nur kleinere Verwandte der großen Erscheinungen sichtbar. Diese kleinen NEB-Barren sind erst Teleskopen ab etwa vier Zoll zugänglich, aber ebenfalls recht langlebig. Mitunter zeigen sie ein eigenwilliges Driftverhalten.
Derzeit seltener sind weiße Ovale am Nordrand des NEB. Solche Ovale scheinen mit den Barren räumlich in Verbindung zu stehen. In diesem Zusammenhang überhaupt zu erwähnen ist die Korrelation von NEBn und NTrZ. Oft beobachtet man Auswüchse der NEB-Barren in die NTrZ, oder verschwommene dunkle Gebiete in der NTrZ sind mit dem NEB-Barrensystem verbunden. – Interessant ist die wechselnde Tönung der NTrZ. 1994 war eine deutliche ockerorange Farbe zu erkennen.

7.6.6.4 Störungen, Fadings und Revivals

Störungen sind Strukturen in der Jupiteratmosphäre, die die normale Bänder-Zonen-Gliederung des Planeten durcheinanderbringen. Der Begriff ist nicht scharf eingegrenzt. Störungen können Einzelobjekte sein, die in eine Breitenregion „eigentlich nicht hingehören" oder lokale Breitenverschiebungen von Bändern bzw. Zonen bezeichnen. Aktivitätsherde in Bändern, die großräumig Material emittieren, werden ebenso genannt.
Das Wort Störung tauchte schon im Abschnitt „Nomenklatur ..." als Objekt DIST auf. Sie werden bemerken, daß es dort etwas anders beschrieben ist. Tatsächlich ist DIST zu Nomenklaturzwecken enger gefaßt.
Wenn ein Band ganz oder teilweise unsichtbar wird, sprechen wir von einem Fading (von engl. *to fade,* abschwächen). Revivals (Wiederbelebungen) leiten das Ende eines Fadings ein. Die Revival-Palette reicht von langsamen und unauffälligen („friedlichen") Neustrukturierungen bis hin zu schnellen und strukturreichen Eruptionen in der Jupiteratmosphäre.
Störungen und Fadings können einige Verwirrung auslösen, wenn beim Auswerten stur nach dem Schema „Dem Äquator am nächsten liegen NEB und SEB, polwärts folgen STrZ, STB usw." verfahren wird. Oft sind genaue jovigraphische Breitenpositionen nötig, um beobachtete Bandstrukturen richtig einordnen zu können.
Stellvertretend für Störungen, Fadings und Revivals beschreiben wir drei spezielle Erscheinungen in der Region STB bis SEB. Tatsächlich ist das Spektrum wesentlich breiter und erstreckt sich auch auf die Nordhemisphäre Jupiters.

7.6.6.5 STB-Fadings

Ein STB-Fading (kurz STBF) bezeichnet ein deutlich abgeschwächtes oder unsichtbares Segment des STB. Oft bleibt im Bereich des Fadings eine schwache

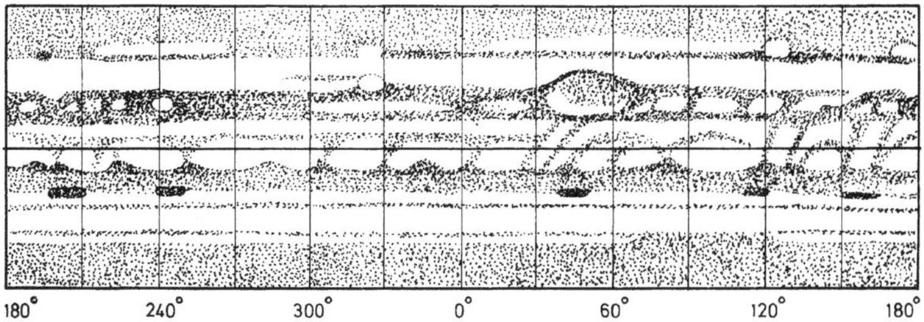

Abb. 7.73 Oben eine Jupiter-Gesamtkarte vom 24./25.3.1979, angefertigt von Christian Kowalec nach Beobachtungen an einem 12"- und 6"-Refraktor; unten vom 6./7.1.1990, angefertigt von Grischa Hahn mit einem 80/1200-mm-Refraktor. – 1990 hatte das STB-Fading seinen Höhepunkt erreicht; nur in der Gegend um WOS-BC und -DE (sie stehen bei etwa 130°) ist ein nennenswerter Bandabschnitt übriggeblieben. Das auffällige, durchgehende Band südlich des GRF auf der unteren Karte ist das SSTB.

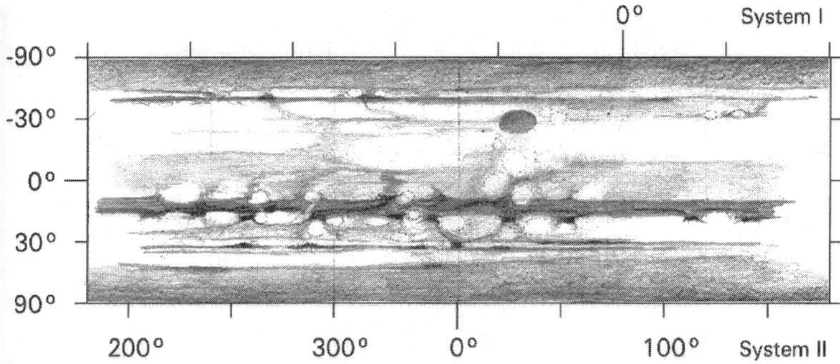

Band-Nordkomponente – d.h. ein STB(N) – bestehen, und es wird in Länge durch weiße Flecken flankiert.

Das letzte STBF begann 1974/1975 mit einer Bandlücke von 60° Längenausdehnung zwischen FA und BC. Die beiden WOS drifteten in den Folgejahren voneinander weg; mit ihnen dehnte sich das Fading immer weiter aus. Ende der 80er Jahre erschien f. FA ein dunkles STB-Segment, doch dafür erfaßte das Fading alle anderen, zuvor dunklen Bandteile. Der Höhepunkt des Fadings war Anfang der 90er Jahre erreicht. Von da an entwickelten sich dunkle Segmente in der Umgebung aller drei langlebigen WOS. Seit 1993 bildet sich das STB langsam wieder zurück, doch ziemlich „konzeptionslos“ und auch nur stellenweise.

7.6.6.6 Südtropische Störungen

Der Begriff Störung entstand mit einer ungewöhnlichen, dunklen Struktur, die zwischen 1901 und Ende der 30er Jahre in der STrZ beobachtet wurde. Im Deutschen war sie als „Schleier“, im Englischen als „South Tropical Disturbance“ bekannt. Es gab noch andere Südtropische Störungen (kurz STrD), die ihr sehr ähnlich waren. Allerdings hatten sie merklich kürzere Lebensdauern: 1857–1859, 1889–1890, 1941–1942, 1946–1947, 1955–1957 und 1970–1971. Diese sogenannten klassischen STrD haben u.a. folgende Merkmale [12]:

a) Eine STrD zeigt sich (zumindest im Anfangsstadium) vollständig als eine in der STrZ liegende Dunkelmasse.
b) STrD entstehen nahe dem p.-Ende des GRF oder lassen sich bis dorthin zurückverfolgen.
c) STrD haben anfangs eine kleine Längenausdehnung (maximal etwa 20°), expandieren aber mit der Zeit.
d) p.- und f.-Ende einer STrD sind konkav.
e) STB und SEB(S) werden im Bereich der STrD in ihre Richtung „gezogen"; eines oder beide der Bänder können so weit verschoben sein, daß sie offenbar ein neues Band in der STrZ bilden.

Andere STrD folgen diesem Schema nicht. Eine Folge von nichtklassischen Störungen, die ab Mitte der siebziger Jahre auftrat, ist von besonderem Interesse, da sie eine eigenständige Linie bildet. Es handelt sich um sogenannte „Südtropische Verwerfungen" (South Tropical Dislocations, kurz STrDisloc). Die Entwicklung einer STrDisloc geschieht prinzipiell wie folgt (Abb. 7.74):

1. WOS-FA nähert sich dem GRF.
2. Nach dem Vorübergang artet das STB(N) im Bereich des STBF zu einem Band aus, das sich von FA aus weit nördlich durch die STrZ bis zum GRF zieht. Die dazwischenliegende, schmal gewordene STrZ verdunkelt sich.
3. Nachdem WOS-BC den GRF passiert hat, erscheint in Höhe des WOS eine STrZ-Dunkelmasse, die das f.-Ende der STrDisloc bildet.
4. Allmähliches Auflösen und Verschwinden der Störung.

Abb. 7.74 Die Phasen einer STrDisloc.

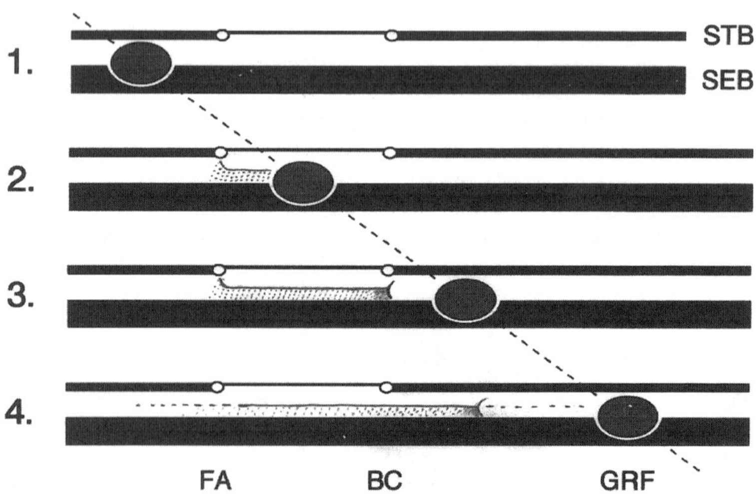

Physikalisch einleuchtender ist, nicht die beiden WOS an sich, sondern das STBF zwischen ihnen als auslösendes Moment zu interpretieren; Phase (2) entspricht der Konjunktion des p.-Endes, Phase (3) des f.-Endes des STBF mit dem GRF. Eine STrDisloc ist ein Lehrbuch-Beispiel, wie die Bänder-Zonen-Gliederung Jupiters umstrukturiert werden kann (Abb. 7.75).

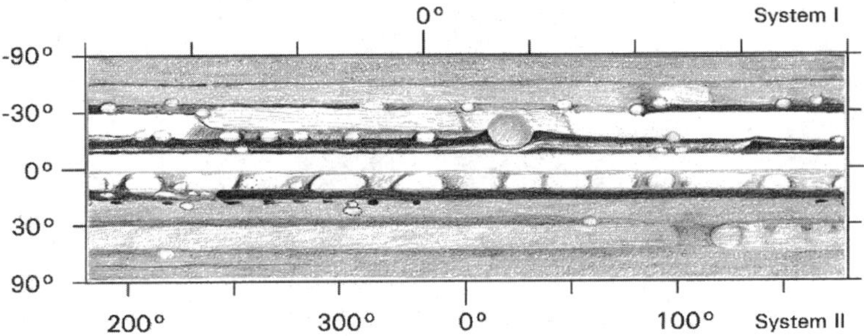

Abb. 7.75 Gesamtkarte vom 28. bis 30.8.1985, aus 13 Einzelzeichnungen von Hans-Jörg Mettig am 150/2250-mm-Coudé-Refraktor der Volkssternwarte Radebeul. Zwischen 230° (System II) und dem GRF hat sich eine STrDisloc ausgebildet. In der STrZ ist bei 0° eine schwache Brücke zu sehen: Es handelt sich um die abschließende STrZ-Dunkelmasse, die gerade entsteht.

Von einer Ausnahme abgesehen (1977), entstand nach jeder GRF-FA-Konjunktion zwischen 1975 und 1987 eine STrDisloc. Die 1987er entwickelte allerdings keine STrZ-Dunkelmasse am f.-Ende mehr, und sie war eher eine Auffrischung der vorhergehenden als eine echte Neubildung. Danach wurde keine STrDisloc dieser Art mehr bemerkt. Eine denkbare Ursache ist das SEB, das zwischen 1989 und 1993 in einem recht unruhigen Zustand beobachtet wurde. Wahrscheinlicher ist jedoch, daß die Serie abgeschlossen ist, denn das charakteristische STBF der siebziger und achtziger Jahre hat aufgehört zu existieren.

7.6.6.7 Fadings und Revivals des SEB

Normalerweise ist das SEB eines der dunkelsten und breitesten Bänder auf Jupiter. Es kann aber passieren, daß das Band – insbesondere sein Südteil – innerhalb weniger Monate sehr schwach wird und für den Beobachter gar völlig verschwindet. Die Breitenregion des SEB scheint dann mit den benachbarten Zonen STrZ und EZ zu einer einzigen „Superzone“ zu verschmelzen.
Die Fading-Phase dauert mindestens ein Jahr. Beendet wird sie durch ein dunkles Objekt, das plötzlich in der SEB-Region auftaucht und dunkles Material emittiert. Da das SEB die Systeme 1 und 2 überdeckt, bauen sich zwei Strömungen mit gegenläufiger Richtung auf: Das Material im SEB(N) bewegt sich relativ zum Ausbruchszentrum in p.-Richtung, im SEB(S) aber in f.-Richtung. Nach wenigen Wochen treffen die dunklen Ströme aufeinander, und das SEB erhält in der Folgezeit sein gewohntes Aussehen zurück.

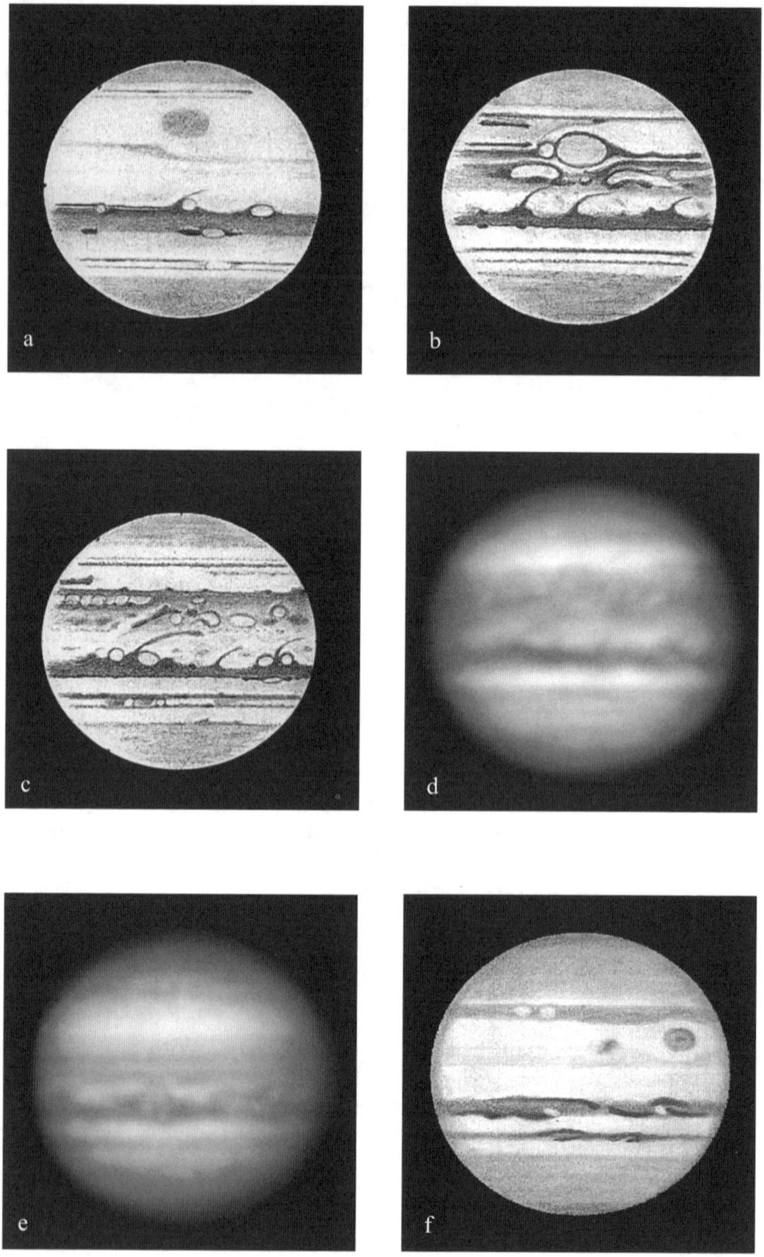
a
b
c
d
e
f

← **Abb. 7.76** Von links oben nach rechts unten: Jupiter am (a) 29.11.1989, 1:45 UT, ZM2 = 25°, 125/1875-mm-Refraktor, Zeichnung von Karl-Heinz Mau; (b) 17.3.1991, 18:10 UT, ZM2 = 31°, dss.; (c) 4.2.1991, 23:00 UT, ZM2 = 163°, dss.; (d) 2.2.1991, 21:15 UT, ZM2 = 159°, 300-mm-Schiefspiegler, Photo von Bernd Flach-Wilken; (e) 21.4.1992, 20:25 UT, ZM2 = 219°, dss.; (f) 9.4.1993, 22:04 UT, ZM2 = 13°, 100/1000-mm-Refraktor, Zeichnung von André Nikolai. – Dem SEB-Fading im Sommer 1989 (a) folgte Mitte 1990 ein Revival, dessen Auswirkungen in (b–d) festgehalten sind. Ein erneutes Fading 1992/1993 (e) war mit dem Revival im Frühjahr 1993 beendet. Dessen Ausbruchszentrum ist in (f) kurz hinter dem ZM zu sehen.

Das ist zugegebenermaßen etwas schematisch, denn jedes Revival hat seine Eigenarten. So wurden auch mehrere Ausbruchszentren beobachtet. Einige Ereignisse endeten nicht mit dem kompletten Wiederaufbau des SEB. 1993 blockierte der GRF die SEB(S)-Strömung, so daß das Revival bis in den Sommer hinein nur im Nordteil des Bandes ablief. Auch finden revival-ähnliche Ausbrüche im SEB statt, denen kein Bandfading vorangeht.
Seit Mitte des 19. Jahrhunderts wurden 17 SEB-Fadings und -Revivals beobachtet [4, 12]. Die letzten passierten 1975, 1990 und 1993.
Nach einer Hypothese von Chapman und Reese gehen die Revivals von drei Quellen in einer tieferliegenden Schicht Jupiters aus [13]. Die SEB-Aktivitäten der letzten Jahre untermauern die Existenz einer der Quellen.

7.6.6.8 Impaktstrukturen des Kometen SL-9

Das größte Ereignis der letzten Jahre für den Jupiterbeobachter war der Einschlag der Fragmente des Kometen Shoemaker-Levy 9 zwischen dem 16. und 22. Juli 1994. Das Ergebnis einer unbeschreiblich spannenden und faszinierenden Woche voller Überraschungen war die Bildung von dunklen Gebieten an den Impaktstellen, auf der Breite von SSSTB und SSSTZ. Es handelte sich dabei um hochliegende Wolken aus dem Material der Einschläge, das teils aus tieferen Atmosphärenschichten, teils den Kometenfragmenten selbst stammte. In neun Impaktgebieten, die von deutschen Beobachtern visuell erkannt und auf Zeichnungen festgehalten wurden, konnten 13 Einzelimpakte von Kometenfragmenten nachgewiesen werden.
Acht der dunklen Flecken, die nach der Nomenklatur der AKP-Sektion Jupiter/Saturn vorläufig mit griechischen Kleinbuchstaben bezeichnet wurden, waren schon mit 60-mm-Refraktoren bei 30facher Vergrößerung zu sehen. Die Beobachter sind sich einig, daß es sich um die auffälligsten je beobachteten Einzelobjekte auf Jupiter handelte. Ihre Auffälligkeit manifestierte sich unter anderem in ihrem schnellen Erscheinen am Planetenrand. Während die meisten Objekte erst geraume Zeit, nachdem sie auf die sichtbare Planetenseite rotiert sind, sichtbar werden, standen die Impaktgebiete derart dunkel am Jupiterrand, daß dieser geradezu deformiert erschien.
Interessant war der Vergleich der Impaktstrukturen mit einem Jupitermondschatten. Wenn auch der Schatten bei hoher Vergrößerung kompakter und dunk-

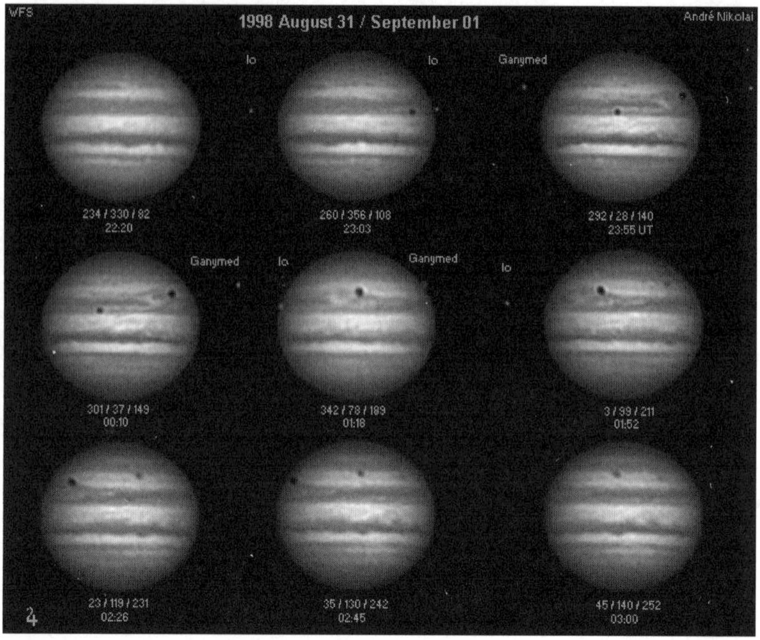

Abb. 7.77 Serienkomposit Jupiters vom 31.8.1998. In dieser Beobachtungsnacht konnte fast eine vollständige Rotation Jupiters erfaßt werden. Auf dem Bild oben links steht WOS-FA im ZM. Südlich von ihm (darüber) ein weiterer weißer Zyklon im SSTB, neben ihm ebenfalls im STB ein kleinerer weißer Zyklon. Kurz hinter diesem Zyklon in f.-Richtung knickt das STB nach Süden ab, wie auf dem Bild oben Mitte zu sehen. Unterteilt wird dieser STB-Abschnitt von drei eher kurzlebigen kleinen Zyklonen. Verdrängt wird das STB von dem nördlich (darunter) gelegenen STrB, welches sich innerhalb weniger Wochen vom GRF aus in p.-Richtung entwickelt hat. Ihm voran gehen drei weiße Flecken, welche einen ganz feinen dunklen Streifen südlich (darüber tangierend) mit sich führen. Dieser Streifen wie auch die Flecken gehören zu dem Komplex, welcher auch als „Dislokation des STB" in der Geschichte Jupiters schon öfters zu beobachten war. Anfang des 20. Jahrhunderts war diese Störung bis in die dreißiger Jahre als „Großer (Süd-)Tropischer Schleier" bekannt. Danach wurde diese Erscheinung seltener und auch weniger ausgeprägt. P.-seitig vom GRF wird das SEB(S) sehr kräftig, da es sich vor dem GRF staut. Durch das STrB wirkt das SEB scheinbar dreiteilig. Bei etwa 340°II zeigt das NTB an seiner Nordseite eine Verdikkung, die auf dunkle Flecken am Nordrand schließen läßt. Diese Erscheinung hielt sich auf längere Zeit stabil. Des weiteren sind auch Monderscheinungen zu sehen: Der beschriftete Mond Io gehört zum linken Bild oben, er wanderte während der Aufnahmen in p.-Richtung vor den Jupiter und warf seinen Schatten voraus, die Sonne wirft ihr Licht von der f.-Seite her, dies zeigt, daß die Oppositionsstellung noch bevorsteht. Während Io vor den Jupiter wandert, kommt als nächster Mond Ganymed ebenfalls von rechts ins Bild. Auf dem Bild rechts oben wirft auch er seinen Schatten voraus. Ab dem Bild Mitte verschlechterte sich die Luftruhe, jedoch war das recht seltene Schauspiel zu sehen, daß Io die Planetenscheibe verläßt, während Ganymed zugleich davor

geht. Ab dem mittleren Bild rechts ist Ganymed vor der STrZ zu sehen, dunkel als wäre er ein Fleck oder gar selbst ein Schatten. Erst auf dem mittleren Bild unten ist ein echter dunkler Fleck im STB f.-seitig zu sehen. Aufnahme mit 150/2250-mm-Refraktor, f ca. 9m, LCCD14SC, 0,66s, Blaugrünfilter, Nikolai.

ler erschien, so war doch die Summe von Kontrast, Größe und Dunkelheit – also das, was man gemeinhin unter Auffälligkeit versteht – bei den Impaktflekken weitaus größer. Ein gutes Maß ist hier die Mindestvergrößerung zur Wahrnehmung des Objektes; bei Ganymeds Schatten liegt dieser Wert bei 45fach (s. Abschnitt 7.6.10 S. 304).
Die einzelnen dunklen Impaktgebiete unterschieden sich deutlich in Aussehen und Intensität voneinander. Während kurz nach dem Impakt die Flecken aus einem dunklen Kern und einem ringförmigen Hof bestanden, änderte jedes der acht dunklen Gebiete sein Aussehen in eigener Weise. Man konnte nach ein paar Wochen zwei Fleckengruppen unterscheiden: Die sehr großen und dunklen Flecken ε, ζ und η zeigten komplizierte Strukturen mit Kondensationen und Filamenten; die restlichen kleineren Gebiete verblaßten bald, behielten aber ihr kompaktes Aussehen bei.
Besonders interessant war es, die Langzeitentwicklung der Impakt-Gebiete zu beobachten – gerade hier liegt ja die Domäne der Amateurbeobachter. Nach einigen Wochen wurde deutlich, daß sich die p.-Enden der großen Gebiete in Richtung kleinerer Längen des Systems II vorzuschieben begannen. Dieser Prozeß setzte sich fort, während die f.-Enden der Flecken nahezu stationär blieben: Das Ergebnis war die Bildung eines Bandsegmentes in hohen südlichen Breiten. Obwohl noch unregelmäßig und knotendurchsetzt, begannen hier bereits die Jupiter-Strömungen die „fremden" Strukturen zu verformen. Unbegreiflich war vor allem die lange Lebensdauer der Impaktstrukturen. Noch nach Monaten waren sie die auffälligsten Gebilde auf dem Jupiterglobus.

Abb. 7.78 Gesamtkarte vom 19. bis 24.7.1994, angefertigt von Horst Groß nach Beobachtungen an einem 25-cm-Schiefspiegler und einem 21-cm-Cassegrain. Auffallend sind die SL-9-Impaktflecke.

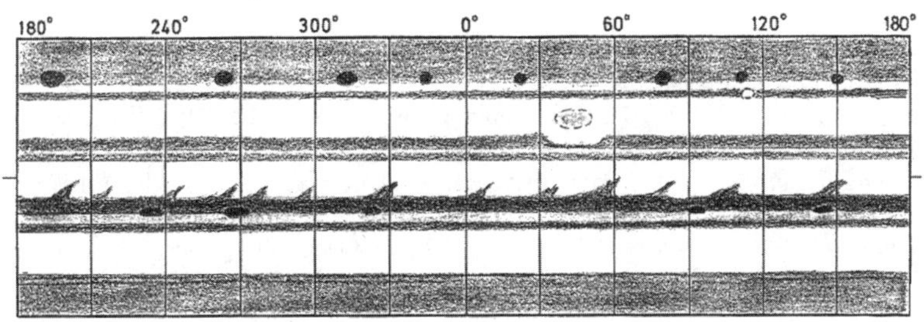

7.6.7 Beobachtungsmethoden

Jupiter bei guter Witterung in einem leistungsfähigen Fernrohr zu beobachten ist ein Genuß. Sicher ist der mündliche Austausch von Beobachtungsergebnissen wichtig. Doch so richtig sinnvoll wird die Beobachtung erst dann, wenn sie ausgiebig dokumentiert ist. Damit sind Entwicklungen, die auf dem Planeten bemerkt wurden, auch zu späterer Zeit nachvollziehbar. Außerdem werden interessante Entwicklungen zunächst oft nicht „für voll" genommen; erst eine spätere Sichtung der Beobachtungsergebnisse zeigt, daß z.B. ein neues Objekt schon in einem wesentlich früheren Stadium beobachtet worden ist. Es gibt verschiedene Beobachtungstechniken. Sie reichen von einfachen visuellen Methoden, die von nahezu jedem Beobachter durchführbar sind, bis hin zu semiprofessionellen für den besonders engagierten Spezialisten.

Das Motiv, die Vorgänge auf dem Planeten einmal selbst zu verfolgen, ohne daß gleich ein Zwang zu wissenschaftlich verwertbaren Ergebnissen besteht, wird auch weiterhin an erster Stelle der Amateurbeobachtung stehen. Sternfreunden, die sich durch hochauflösende Jupiterbilder in diversen Zeitschriften entmutigt fühlen, sei gesagt: Schon die visuelle Technik kann interessante Ergebnisse liefern!

7.6.7.1 Zeichnungen

Die nach wie vor zugänglichste Beobachtungsmethode ist die visuelle, d.h. ohne Photoapparat oder CCD-Kamera, sondern nur mit dem Auge am Okular, mit Bleistift und Radiergummi. Als Zeichenschablone empfehlen wir die des „Arbeitskreises Planetenbeobachter" (Abb. 7.79). Sie hat sich gut bewährt und sollte von allen Beobachtern verwendet werden, zumal ein einheitlicher Schablonentyp die Auswertungsarbeit erheblich erleichtert.

Um den Ansprüchen internationaler Beobachtungskampagnen zu entsprechen, sind die Vordrucke in Englisch gehalten. Das ist natürlich kein Hinderungsgrund, sie deutsch auszufüllen. Das Datum der Zeichnung beginnt mit dem laufenden Jahr, dann folgt der Monat und schließlich der Tag. Die Uhrzeit ist unbedingt in Weltzeit (UT) anzugeben. Dazu sind von der MEZ eine Stunde, von der MESZ (Sommerzeit) zwei Stunden abzuziehen. Beachten Sie bei Beobachtungen, daß kurz nach Mitternacht ME(S)Z noch das UT-Datum des vorigen Tages gilt (Beispiel: $1^h\ 30^m$ MESZ am 29.8. = $23^h\ 20^m$ UT am 28.8.)! Gerade falsch eingetragene Zeiten bereiten später dem Auswerter unnötige und ärgerliche Probleme.

Es folgen Angaben über den Luftzustand (Seeing): Erst ist die Durchsicht, dann die Luftruhe nach einer Skala von 1 bis 5 zu beurteilen (1 = ausgezeichnet, 5 = katastrophal! s. auch S. 61). Weiter geht es mit Informationen über das verwendete Instrument (Typ, Öffnung und Brennweite) sowie die eingesetzte Vergrößerung *(magnification)*. Darunter tragen Sie – sofern verwendet – den Filtertyp

Abb. 7.79 Von A. Nikolai für den „Arbeitskreis Planetenbeobachter" entwickelte Jupiterschablone. Für den Saturn gibt es der jeweiligen Ringlage angepaßte Schablonen. Bezug über A. Nikolai (Anschrift s. S. 342). ➔

ARBEITSKREIS PLANETENBEOBACHTER

Fachgruppe Planeten der Vereinigung der Sternfreunde e.V.

Jupiter

Visuelle Beobachtung

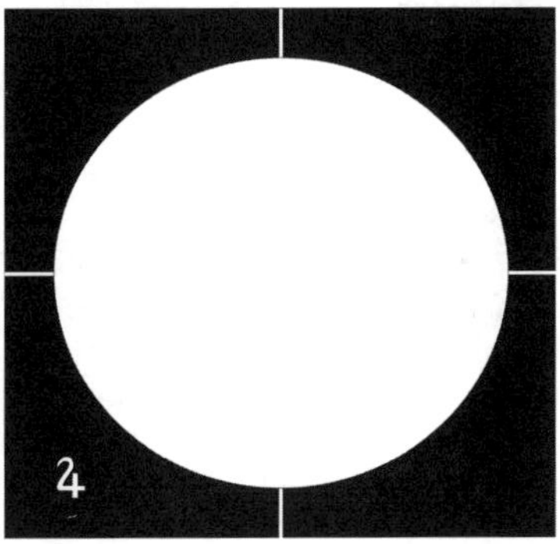

Objektnummern

jjjj mm tt

Datum ______ Nr. ______

hh:mm

UT ______

ZM1 ______ ZM2 ______ ZM3 ______

Beobachter ______

Beobachtungsort ______

Luftruhe ______ Durchsicht ______

Filter ______

Instrument ______

Vergrößerung ______ x

Orientierung ○ SR ○ NR ○ SV ○ NV

Bemerkungen

JUPOS - Zentralmeridianpassagen

Nr.	Objekt	R	Datum	UT	±	Länge	S	Instr	Vgr	O

mit seiner spezifischen Bezeichnung und seiner Farbe ein. Es folgen der möglichst vollständige Name des Beobachters und der Beobachtungsort.

Wer ein Jahrbuch mit Jupiterephemeriden zur Hand hat, berechnet gleich die Zentralmeridiane in den einzelnen Systemen und trägt sie in die entsprechenden Spalten ein. Im Kommentarteil sollten Besonderheiten der beobachteten Objekte beschreiben werden, ggf. auch besondere Beobachtungsumstände (Müdigkeit, Witterung, ...). Unter „No:" tragen Sie die Zeichnungsnummer ein. Zur besseren Übersicht empfehlen wir, nicht in jeder Oppositionsperiode neu von 1 ab zu zählen, sondern alle Zeichnungen fortlaufend durchzunumerieren.

Zeichnungen sind genauso Beobachtungsdokumente wie Positionslisten, Photos und CCD-Bilder. Ein sorgsamer und gewissenhafter Umgang sollte selbstverständlich sein. Besonders bedeutsam wird dies, wenn sie einmal aus der Hand gegeben werden. Da auch der Auswerter kaum die Gedanken anderer lesen kann, ist er auf die Informationen angewiesen, die auf den Schablonen eingetragen sind. Ein präzises und vollständiges Ausfüllen ist daher wichtig.

Alle Zeichnungen sollten „traditionell astronomisch" orientiert sein, d.h. der Südpol liegt oben und der p.-Rand (planetare Osten) links. Versuchen Sie nach Möglichkeit, auf ein seitenverkehrendes Zenitprisma oder einen Zenitspiegel zu verzichten. Die spätere Bearbeitung spiegelverkehrter Zeichnungen kann nämlich recht verwirrend werden. Ist eine okularseitige Umlenkung des Strahlenganges unumgänglich, vermeiden Amici-, Dachkant- oder Pentaprismen eine Bildspiegelung. Bildorientierungen, die von der traditionellen abweichen, weisen Sie bitte auf **jeder** betroffenen Zeichnung **deutlich** aus! Das kann z.B. geschehen, indem Sie am Rand die Süd- sowie die p.-Richtung eintragen und den Jupiter-Rotationssinn mit einem kleinen Pfeil veranschaulichen.

Nachdem Sie sich mit dem Planetenbild im Fernrohr vertraut gemacht haben, beginnen Sie mit dem Einzeichnen der Breitenpositionen der Bänder bzw. Bandbegrenzungen. Sind diese Breiten bereits bekannt, so können die Linien schon am Schreibtisch dünn vorgezeichnet werden. Achten Sie auf Parallelität; bei größerer Achsenneigung kann die leichte Krümmung der Bänder berücksichtigt werden.

Sind die genauen Breitenpositionen nicht bekannt, empfiehlt es sich, sie in einer gesonderten Beobachtungsreihe zu schätzen. Tragen Sie dazu so exakt wie möglich in mehrere Schablonen – jedoch völlig unabhängig voneinander – nur die Lagen der Bänder bzw. ihrer Begrenzungen ein. Nach der Vermessung der gezeichneten Breitenlagen mittels Deckgradnetz oder Lineal bilden Sie die Mittelwerte und übertragen diese als kräftige Linien in eine neue Schablone. Um spätere Verwechslungen auszuschließen, sind das Meßdatum und der Zweck der Schablone zu vermerken. Sie dient dann als Referenzschablone, von der die Bandbegrenzungen abgepaust werden können. Die gesamte Prozedur sollte zum Anfang einer Sichtbarkeitsperiode geschehen und nach jeweils zwei bis drei Monaten überprüft oder wiederholt werden.

Nachdem die Bandpositionen vorgezeichnet sind, beginnen Sie am Teleskop mit dem Einzeichnen der **markanten** Objekte. Tun Sie das vom p.-Rand ausge-

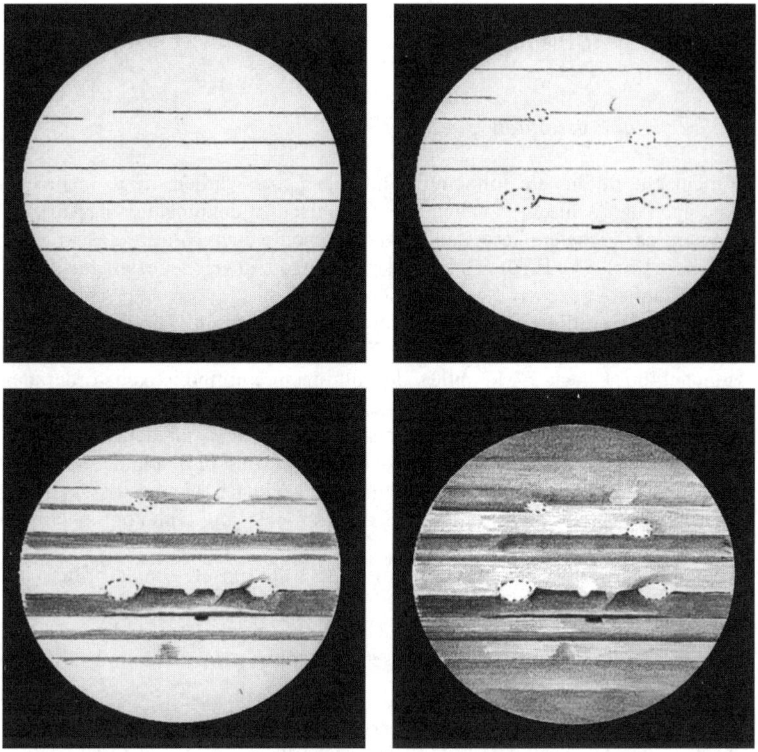

Abb. 7.80 Das Entstehen einer Zeichnung: Vom Eintragen der Bandpositionen bis zur abschließenden Wiedergabe der Graustufen, nach [14].

hend in f.-Richtung: Objekte, die sehr nahe am p.-Rand stehen, werden schnell verschwinden, am f.-Rand dagegen später vielleicht neue Objekte auftauchen. Ist der Bereich des Zentralmeridians erreicht, wird die aktuelle Uhrzeit (in UT) auf der Schablone als Uhrzeit der Zeichnung notiert. Der ZM-Bereich sollte bevorzugt bearbeitet werden, da hier die größte Detailgenauigkeit erreicht werden kann. Sind alle markanten Objekte erfaßt, folgt nun das feinere Detail. Anschließend werden die dunklen Flächen ausgefüllt. Beachten Sie, daß es auf Jupiter nicht nur Schwarz und Weiß, sondern auch Grauabstufungen gibt (von Farben einmal abgesehen). Auch diese Zeichenphase geschieht wieder vom p.-Rand aus.

Da Jupiter in zehn Minuten um 6° weiterrotiert, sollte man sich nicht zu lange beim Einzeichnen des markanten Details aufhalten. Nach fünf bis zehn Minuten sollte dieser Vorgang und nach spätestens 20 Minuten der allerletzte Bleistiftstrich beendet sein. Nun empfiehlt sich eine Pause von einer halben bis einer Stunde, um dann die nächste Zeichnung zu beginnen. Bei etwas Geduld und

Ausdauer kann so in einer durchschnittlichen Beobachtungsnacht ein Großteil der Wolkenoberfläche Jupiters erfaßt werden.

7.6.7.2 Photographien

Je mehr empfindlichere Filmemulsionen verfügbar wurden, desto mehr entstand auch der Wunsch, Planeten photographisch zu dokumentieren. Auf Einzelheiten der Planetenphotographie wurde schon weiter vorn in diesem Buch verwiesen (s. S. 71). Ergänzend dazu seien einige Hinweise speziell zur Photographie Jupiters gegeben.

Als Schwarzweißfilme kommen viele Typen in Betracht. Für den Anfänger empfiehlt sich ein hochempfindlicher Film mit ISO 400/27° (z.B.: Ilford HP 5, Agfapan 400, Kodak T-Max 400), der mit einem empfindlichkeitsfördernden Feinkornentwickler leicht zu verarbeiten ist. Bei diesen konventionellen SW-Filmen ist allerdings kein hoher Kontrast erreichbar, dennoch kann man in Momenten guten Seeings einige Details sichtbar machen. Für den in der Verarbeitungstechnik geübten Photographen empfiehlt sich nach wie vor der Technical Pan von Kodak. Mit diesem Film haben schon viele Jupiterphotographen hervorragende Ergebnisse erzielt.

In der Schwarzweißphotographie empfiehlt sich der Einsatz von Farbfiltern mit einem definierten Spektralverhalten. Mit ihnen können bestimmte Objekte optisch hervorgehoben werden. Mit blauen Filtern werden das z.B. der GRF und die meisten Bänder sein. Rotfilter lassen Projektionen am NEBs intensiver er-

Abb. 7.81 Jupiterphotos vom (links) 5.11.1987 mit einem 300-mm-Schiefspiegler, f = 35 m, belichtet 6s auf TP 2415 von Bernd Flach-Wilken sowie (rechts) vom 9.1.1990 mit einem 300-mm-Cassegrain, f = 35 m, bel. 2s auf TP 2415 von Franz Kufer. – Die beiden Photos illustrieren die unterschiedliche Ansicht der Südhemisphäre und des GRF einerseits bei normaler SEB-Aktivität, zum anderen während eines SEB-Fadings. Auf der 1987er Aufnahme nähert sich dem ZM gerade WOS-BC; der helle STB-Fleck, der weiter am f.-Rand liegt, ist ein kürzerlebiges Objekt. Der Mond Io wirft einen sehr dunklen Schatten ins SEB.

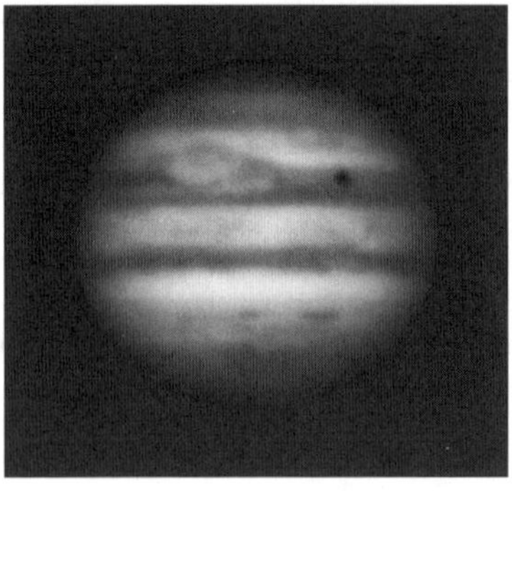

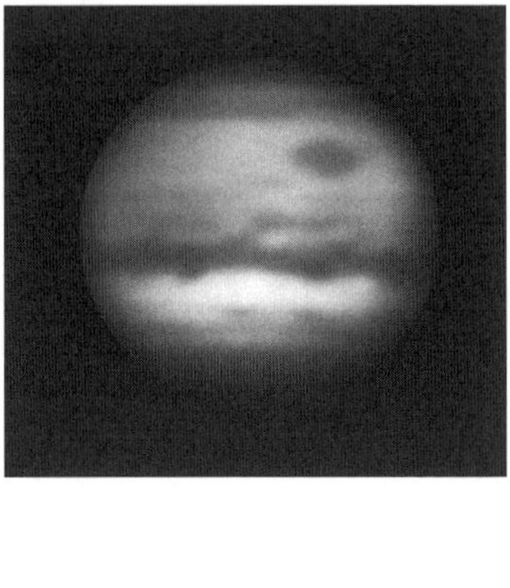

scheinen, gelbe oder grüne Filter kommen dem visuellen Eindruck nahe. Die jeweiligen Belichtungszeiten müssen experimentell ermittelt werden, da jeder Filmtyp eine andere spektrale Empfindlichkeitsverteilung hat. Vorteilhaft ist ein motorischer Deklinationsantrieb. Mittels Pappdeckelmethode lassen sich so im Hochformat Bildreihen mit unterschiedlichen Belichtungszeiten auf einem Negativ plazieren. Datum und Uhrzeit der Aufnahme, Film, Belichtungszeit, Filtertyp, Äquivalentbrennweite sowie die Schritte der Filmverarbeitung sind genauestens zu protokollieren. Nur so kann später die optimale Belichtungszeit für eine bestimmte Kombination sicher rekonstruiert werden (s. auch S. 117).
Auch Farbdiafilme sind für die Jupiterphotographie gut geeignet. Zum einen hat der Anfänger einen einfach zu handhabenden Film, der sofort beurteilbare Resultate bringt; zum anderen kann mit solchen Filmen recht einfach der visuelle Farbeindruck Jupiters wiedergegeben werden. Der Kontrast ist befriedigend gut und kann gegebenenfalls durch Kopiertechnik verstärkt werden. Durch moderne Emulsionstechnik stehen derzeit zwei empfehlenswerte Filmtypen im Angebot: Fujichrome Sensia und Kodak Ektachrome Elite. Die Versionen mit ISO 100/21° sind sehr feinkörnig, die hochempfindlichen mit ISO 400/27° noch genügend feinkörnig. Beide haben einen günstigen Schwarzschildexponenten, der Farbstabilität auch bei mehrsekündlichen Belichtungszeiten garantiert. Früher war das alles keine Selbstverständlichkeit! Noch höherempfindliche Emulsionen sind sowohl aufgrund ihres gröberen Korns als auch wegen ihres geringeren Kontrastes weniger empfehlenswert.

7.6.7.3 CCD-Aufnahmen

Neben der visuellen und photographischen Beobachtungsmethode hat sich in den letzten Jahren erfolgreich eine dritte etabliert: die elektronische. Die CCD-Beobachtung ermöglicht es erstmals, den Detailreichtum der visuellen Beobachtung mit der Positionsgenauigkeit der Photographie zu vereinen. Durch die Möglichkeit, Bilder im Computer zu speichern und weiterzuverarbeiten, stehen dem Amateur neue Wege und Möglichkeiten der Planetenbeobachtung offen.
Gerade Jupiter mit seiner sich ständig verändernden Wolkenoberfläche ist für die CCD-Beobachtung ein lohnendes Ziel. Das Verfolgen der Entwicklung von Objekten und ihren Driften kann nun wesentlich effektiver gestaltet werden. Wir möchten hier auf S. 77 und S. 97 verweisen.

Abb. 7.82 Eine CCD-Aufnahme Jupiters von Rudolf A. Hillebrecht, aufgenommen am 8.4.1992, 20:59 UT (ZM2 = 86°) mit einem 180/1600-mm-Refraktor und einer Kamera ST-4, Grünfilter VG 6 und 1.5 s Belichtungszeit.

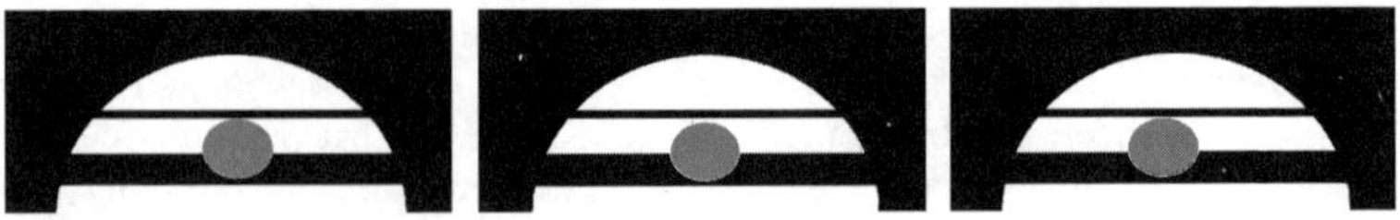

Abb. 7.83 Schematische Darstellung einer ZMP des Großen Roten Flecks im Abstand von jeweils drei Minuten. Die Passage geschieht auf dem mittleren Bild.

7.6.7.4 Positionen aus Zentralmeridianpassagen

Der visuelle Beobachter kann zunächst seine Zeichnungen ausmessen, um jovigraphische Positionen von Objekten zu erhalten. Dies liefert jedoch recht ungenaue Ergebnisse. Fehler von 5°...10° sind keine Seltenheit. Eine genauere und zudem effektive Möglichkeit, um zu jovigraphischen Längenpositionen zu kommen, sind Zeitnahmen von Zentralmeridianpassagen (ZMP). Sie lassen sich auch während der Anfertigung einer Zeichnung durchführen.
Wie schon erläutert, ist der ZM die Linie, welche die beiden Planetenpole bzw. die Mittelpunkte der Jupiterbänder gedanklich verbindet. Infolge der Jupiterrotation nähert sich ihr jedes Objekt vom f.-Rand her. Irgendwann scheint das Objekt beinahe die Mitte seiner Bahn über die Jupiterscheibe erreicht zu haben. Jetzt ist vom Beobachter erhöhte Aufmerksamkeit gefordert. Es kommt darauf an, so genau wie möglich den Zeitpunkt zu schätzen, zu dem das Objekt exakt auf dem Zentralmeridian steht. Das ist bei Jupiter relativ einfach, denn die Objektbahn verläuft ja parallel zur Streifungsrichtung der Bänder. Die jovigraphische Länge des ZM zum Passagenzeitpunkt stimmt dann mit der gesuchten jov. Länge des Objekts überein. Die ZM-Länge berechnen Sie so wie im Abschnitt „Rotationssysteme und Zentralmeridiane" beschrieben (s. S. 255).
Während einer ZMP das Objekt fünf oder gar zehn Minuten lang permanent „anzustarren", ist ungünstig. Besser ist es, im Einminutentakt kurz ins Okular zu schauen und jedesmal zu notieren, wie die Lage des Objekts relativ zum ZM gerade eingeschätzt wird. Nachdem die ZMP mit Sicherheit vorbei ist, können Sie aus diesen Notizen den Zeitpunkt gut rekonstruieren.
Oft ist man sich über den exakten ZMP-Zeitpunkt trotzdem nicht ganz sicher. Hier hilft folgendes Vorgehen: Den frühesten, den wahrscheinlichsten und den spätesten Zeitpunkt, zu dem das Objekt im ZM steht, notieren Sie als t_1, t_2 und t_3. Der wahrscheinlichste Zeitpunkt t_m der ZMP ist dann:

$$t_m = \frac{t_1 + 2\,t_2 + t_3}{4} .$$

Meist sind die Einzelheiten auf Jupiter so klein, daß nur die Durchgangszeit des Objekts als Ganzes – d.h. die Position seiner Mitte – geschätzt werden kann. Bei ausgedehnten Einzelheiten wie dem GRF können Sie aber sinnvoll auch die Durchgangszeiten des p.- und f.-Endes schätzen.
Für ZMP-Zeitnahmen ist eine Uhr notwendig, die mindestens auf zehn Sekunden genau geht. Selbst der Gang einer Quarzuhr sollte vor jeder Beobachtungs-

nacht sicherheitshalber geprüft werden. Besonders empfehlenswert als Gebrauchs- oder Referenzuhr ist ein Funkwecker, der z.B. vom Atom-Zeitzeichensender DCF-77 gesteuert wird.
Geübte Beobachter erreichen mit der ZMP-Methode einen mittleren Fehler von 1°...2° in jov. Länge. Die Genauigkeit wird von den Beobachtern jedoch oft höher eingeschätzt als sie tatsächlich ist. Das liegt vor allem daran, daß großräumige Objekte und Strukturen auf der Jupiterscheibe, die ja neben dem zu vermessenden Objekt auch noch zu sehen sind, unser Symmetrieempfinden merklich beeinflussen.
Neben diesen mehr zufälligen Einflüssen finden sich bei ZMP auch starke systematische Fehlerquellen. Soviel an dieser Stelle: Jeder Wechsel der Orientierung des Jupiterbildes im Okulargesichtsfeld ist zu vermeiden, und die Bänder sollten nach Möglichkeit immer waagerecht liegen.
Die Beobachtung von Zentralmeridianpassagen erfordert neben einem geeigneten Instrument etwas Übung – und natürlich Objekte, die halbwegs gut zu sehen sind. Oft zeigt ein guter Refraktor von 7 cm Öffnung schon Einzelheiten, die mit dieser Methode vermeßbar sind, z.B. Projektionen oder helle Ovale am NEBs. Jovigraphische Breiten sind mit ZMP selbstverständlich nicht bestimmbar.

7.6.7.5 Mikrometermessungen

Eine andere Möglichkeit, genauere jovigraphische Positionen zu erhalten, ist das Messen von Objektpositionen direkt am Fernrohr mit einem Positionsfadenmikrometer (s. S. 47). Hierbei ist man nicht auf den Durchgang des Objekts durch den Zentralmeridian angewiesen, sondern kann auch abseits von ihm liegende Einzelheiten vermessen. Das ist z.B. vorteilhaft, wenn ein Objekt den ZM schon überschritten hat. Um die Meßfehler klein zu halten, sollten allerdings keine Messungen in allzu großer Randnähe gemacht werden. Empfohlen wird ein Längenbereich von +/–30° um den ZM. Ein zweiter Vorteil gegenüber ZM-Passagenschätzungen ist die Möglichkeit, auch die Breitenposition ermitteln zu können.
Vor der Messung werden der bewegliche und der feste Mikrometerfaden zur Deckung gebracht. Stimmt dieser Punkt nicht mit dem Nullpunkt der Mikrometerskala überein, müssen später sämtliche Meßwerte um den entsprechenden Differenzbetrag korrigiert werden.
Benötigt werden die Meßwerte x, y und d aus Abb. 7.84. Zunächst wird das Mikrometer parallel zum ZM ausgerichtet. Der feste Faden ist am p.-Rand zu fixieren, und es werden x und d gemessen. Dann wird das Mikrometer sofort um 90° gedreht, so daß die Fäden parallel zum Planetenäquator liegen. Der feste Faden wird am Nordpol fixiert und die Größe y ermittelt. Notieren Sie neben x, y und d auch die exakte Uhrzeit, denn besonders x ist zeitabhängig! Die gesamte Prozedur wird mehrmals wiederholt.

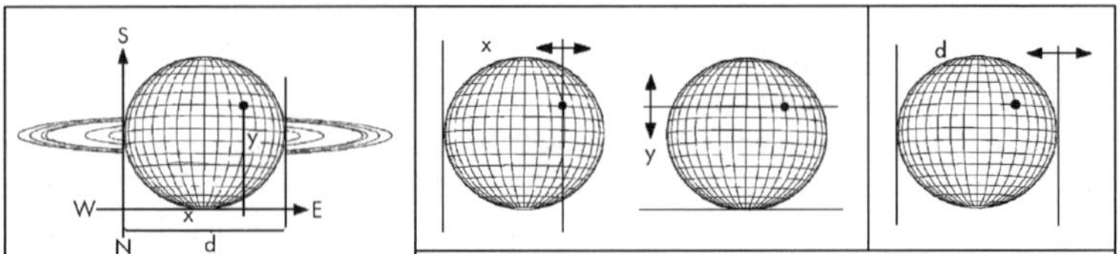

Fadenmikrometer-Messung
x - Koordinate; y - Koordinate; d - Äquatordurchmesser

Abb. 7.84 Die Meßgrößen einer Mikrometermessung.

Für die Auswertung ist die Kenntnis der physischen Abplattung des Planeten (Jupiter: Q= 0,935) sowie der Deklination der Erde am Jupiterhimmel (D_E) nötig. D_E kann den meisten Jahrbüchern entnommen werden. Berechnen Sie zunächst die Hilfsvariablen a bis i wie folgt:

$$a = 1 - \frac{2x}{d},$$

$$b = \sqrt{1 - (\cos^2 D_E)(1 - Q^2)} - 2\frac{y}{d},$$

$$c = 1 - \frac{1}{Q^2},$$

$$e = c \cdot \sin^2 D_E - 1,$$

$$f = 2 \cdot b\, c \cdot \cos D_E \cdot \sin D_E,$$

$$g = 1 - a^2 + b^2 (c \cdot \cos^2 D_E - 1),$$

$$h = -\frac{f}{2e} + \sqrt{\frac{f^2}{4e^2} - \frac{g}{e}},$$

$$i = h \cdot \sin D_E + b \cdot \cos D_E.$$

Jetzt können Sie die jovigraphische Breite β'' des Objekts berechnen. Ist i gleich Null, wird β'' auch Null, ansonsten:

$$\beta'' = \arctan\left(\frac{1}{Q\sqrt{\frac{Q^2}{i^2} - 1}}\right).$$

Ist i **kleiner** als Null, erhält β'' ein negatives Vorzeichen. Die Längendifferenz zum ZM ermitteln Sie folgendermaßen:

$$\Delta\lambda = \arcsin(a\sqrt{1 + Q^2 \cdot \tan^2\beta''}).$$

Schließlich ist die jovigraphische Länge λ des Objekts:

$$\lambda = \lambda_{ZM} - \Delta\lambda,$$

wobei λ_{ZM} der phasenkorrigierte Zentralmeridian zur Beobachtungszeit im gewünschten Rotationssystem ist. Abweichungen der Jupiterscheibe von der Ellipsenform, die durch die Phase entstehen, werden mit diesem Rechenweg nicht exakt berücksichtigt; die daraus resultierenden Fehler sind aber vernachlässigbar. Nach der so geschehenen, getrennten Auswertung der Einzelmessungen können Sie die Resultate mitteln und u.U. Streuungen berechnen. Vor der Mittelung sind „Ausreißer", d.h. offensichtlich fehlerhafte Werte, auszuschließen.
Mikrometermessungen erfordern wesentlich mehr Zeit und Sorgfalt als ZM-Passagen, nicht zuletzt auch Übung und Vertrautheit mit dem Meßinstrument. Außerdem ist eine recht hohe Vergrößerung notwendig, und der Bildkontrast muß groß genug sein. Also ist ein Instrument höherer Öffnung vonnöten, das zudem eine gute Bilddefinition hat. Ganz besonders macht die Luftunruhe zu schaffen. Hinzu kommen Probleme mit der Fernrohrnachführung; oft treten merkliche Geschwindigkeitsvariationen auf, die z.B. auf das Schneckenspiel zurückgehen.
In früheren Jahren wurden Mikrometermessungen recht oft angewandt. Heutzutage erscheinen sie aber überholt und stoßen auch auf wenig Interesse der Beobachter. Von der Industrie werden Positionsfadenmikrometer nicht mehr angeboten. Das letzte seiner Art von Zeiss-Jena ist nicht mehr in Produktion; andererseits würde dieses feinmechanische Präzisionsgerät dem Amateur wohl auch eine Menge Geld kosten. Hin und wieder werden Mikrometer aber auf dem Gebrauchtmarkt angeboten.

7.6.7.6 Farb- und Filterbeobachtungen

Visuelle Farbbeobachtungen der Planeten sind ein schwieriges Gebiet. Jeder Beobachter hat hier eigene Erfahrungen: Die Farbtüchtigkeit des Systems Auge-Gehirn ist von Person zu Person sehr verschieden. Für den farbtüchtigen Beobachter jedenfalls ist die Vielfalt an Tönungen und Farbstichen auf Jupiter überwältigend. Entscheidend für die Farbwahrnehmung eines Details sind die Farbintensität, die Größe des Details sowie das Farbkontrast-Verhalten der Umgebung. Größere Beobachtungsinstrumente haben hier Vorteile, weil sie bei gleicher Flächenhelligkeit höher vergrößern und damit die Farbempfindung des Auges erleichtern. Falsch ist es aber zu behaupten, generell sei Farbensehen nur ab einer bestimmten Öffnung möglich, denn die Flächenhelligkeit eines Objek-

tes hängt primär nicht von der Öffnung, sondern der Austrittspupille des Instruments ab. Selbst ein 63-mm-Refraktor zeigt deutlich die Tönungen von NEB, SEB und GRF. Bei Öffnungen größer als vier Zoll ist ein Reflektor oder apochromatischer Refraktor anzuraten, damit die chromatische Aberration nicht zu sehr stört.
Die letzten Jahre ermöglichten auf Jupiter eine Reihe interessanter Farbbeobachtungen. Die folgenden Beispiele geben Beobachtungen mit einem apochromatischen 120-mm-Refraktor wieder.
Schon vom Namen her ist der GRF ein farbiges Objekt. Am intensivsten zeigte sich der Fleck vor seinem Verblassen zum SEB-Revival 1993. Dem Beobachter stach ein sattes Orange ins Auge. Einen wundervollen Kontrast dazu bildeten die frisch erschienenen Flecken des Revivals mit ihrem starken Dunkelblau. Die EZ zeigte zum gleichen Zeitpunkt einen sanften Ockerüberzug. Das NEB ist seit einigen Jahren in einem dunkelbraunen Ton zu sehen, wohingegen die Projektionen an dessen Südrand taubenblaue bis schwarzblaue Farben aufweisen. Die NTrZ zeigte sich 1994 deutlich ocker-orange und wurde im Norden von einem rotbraunen NTB abgegrenzt. Tönungen in den Polarregionen zu beobachten ist ein sehr schwieriges Unterfangen; manchmal ist ein leichter Braun- oder (Stahl-)Graustich zu sehen.
Gerade beginnende Beobachter sollten sich nicht abschrecken lassen, wenn sie nichts von alledem nachvollziehen können ... beim Autor erschien die Fähigkeit zur Farbwahrnehmung erst nach zweieinhalb Jahren konzentrierten Beobachtens.

Abb. 7.85 Links eine Zeichnung von R. C. Stoyan mit einem 120/1020-mm-Refraktor bei 170facher Vergrößerung am 22.4.1993, 20:00 UT, ZM2 = 92°. Benutzt wurde ein Orangefilter OG5 (Dicke 2 mm), ohne den die schwachen weißen Flecken und Strukturen in der STrZ nicht sichtbar waren. Ebenfalls hervorgehoben werden die blaugrauen EZ-Projektionen. – Rechts eine Zeichnung desselben Autors mit einem 200/3000-mm-Refraktor bei 240 x am 6.6.1993, 19:30 UT, ZM2 = 356°. Der wiederum benutzte Orangefilter verstärkt deutlich die Kontraste am hellen Dämmerungshimmel und verdunkelt die blauen Flecke des SEB-Revivals.

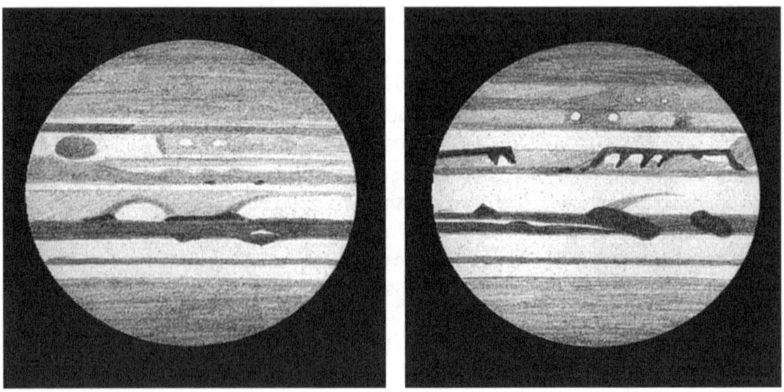

Schwierig ist die zeichnerische Wiedergabe von Farbwahrnehmungen. Wer gut mit Buntstiften umgehen kann, sollte sich hier versuchen. Eingehende Kenntnisse und Erfahrungen im Umgang mit Farbstiften sind allerdings Voraussetzung. Zum Erreichen bestimmter Färbungen sind oft verschiedene dünne Einzelfarbschichten notwendig. Radieren ist nur sehr eingeschränkt möglich. Wer mit Farbzeichnungen beginnen möchte, absolviert zuvor am besten „Trokkenübungen" am Schreibtisch. Oft wird man aber enttäuscht sein, dann am Fernrohr feine Farbtöne nicht aufs Papier bringen zu können.
Künstlerisch begabte Beobachter können sich an weiteren Farbtechniken versuchen. Zu erwähnen ist hier Walther Löbering (gest. 1969), von Beruf Kunstmaler, der aus eigenen Einzelzeichnungen gewonnene Jupitergesamtkarten sehr ansprechend und präzis in Aquarelltechnik darzustellen vermochte [15]. Auch Ölfarben sind möglich!
Erfahrene Astrophotographen werden viel weiter vordringen. Gerade von den letzten Jahren liegen auch aus Deutschland erstaunliche Resultate vor. Eine weitere probate Methode ist die Videobeobachtung, die ebenfalls zur farbgetreuen Darstellung auch kleinster Einzelheiten dienen kann.
Die Beobachtung mit Farbfiltern ist gerade bei Jupiter recht wenig verbreitet, kann aber bei der Interpretation einzelner Erscheinungen sehr von Nutzen sein. Ein Beispiel ist ein intensiver dunkelblauer Fleck f. GRF, der im Mai 1993 während des SEB-Revivals auftrat. Spezielle Filter zeigen bestimmte Objekte und Fleckensysteme intensiver oder in einer anderen Farbe. So erscheinen die NEBs-Projektionen gemäß ihrer blauen Farbe in einem Rot- oder Orangefilter sehr dunkel und der GRF im Grün- oder Hellblaufilter am kontrastreichsten. Ein Grünfilter kann generell zur Unterstützung des Farbensehens eingesetzt werden, da es Rot-, Orange- und Brauntöne besonders kontrastreich und intensiv erscheinen läßt (s. S. 39).
Elementar ist es, solche Beobachtungen ausführlich zu dokumentieren. Der Eintrag „Gelbfilter" reicht nicht, sondern die genaue Bezeichnung muß angegeben werden (z.B. „GG 7")! Außerdem ist auf der Schablone ein ausführlicher Kommentar zu dem Gesehenen beizufügen.

7.6.7.7 Intensitätsschätzungen

Eine einfache Möglichkeit, Hell-Dunkel-Intensitäten auf Jupiter über einen längeren Zeitraum vergleichbar beurteilen zu können, ist ihre Einordnung in eine Intensitätsskala. Wir empfehlen die Skala von 0 bis 10, wobei 0 „völlig weiß" und 10 „völlig schwarz" bedeutet. Die Intensitäten der einzelnen Bänder, Zonen und markanten Einzelobjekte werden direkt am Fernrohr geschätzt und notiert. Die Schwierigkeit ist nun, daß unser Auge keine absoluten Helligkeiten messen kann, sondern sie relativ zu anderen Intensitätswerten im Gesichtsfeld einordnet. Solche Schätzungen sind also subjektiv und leicht durch die Beobachtungsbedingungen beeinflußbar. Die Methode mit der zehnstufigen Skala ist dennoch gut geeignet, um die Helligkeitsentwicklung bestimmter Details zu dokumen-

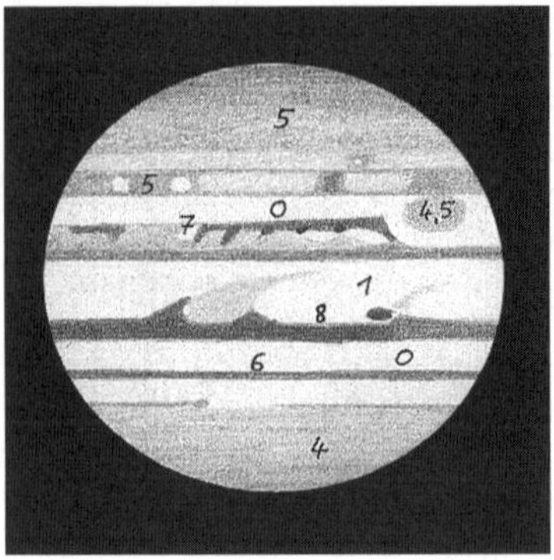

Abb. 7.86 Zeichnung vom 8.6.1993, 21:15 UT, ZM2 = 359°, von Ronald C. Stoyan mit einem 120/1020-mm-Refraktor bei 170x. Sie zeigt den Höhepunkt des SEB-Revivals von 1993 mit dem GRF sowie den WOS-BC und -DE. Eingetragen sind die zum selben Zeitpunkt von den Hauptwolkenstrukturen geschätzten Intensitäten am selben Instrument bei derselben Vergrößerung.

tieren, so zum Beispiel die Intensitätsentwicklung des GRF oder die Dunkelheit des SEB während eines Revivals.
Wichtig ist es, Anhaltspunkte für die Begriffe „schwarz“ und „weiß“ zu haben. So kann der Schatten des Jupitermondes Io als schwarz (10) angesehen werden. Mit reinem Weiß ist es etwas schwieriger, da es auf Jupiter selten auftritt. Oft liegt die Intensität der hellen Zonen bei 1 oder 2, die der Polregionen bei 3 bis 5 und die der dunklen Bänder bei 5 bis 8.
Üblicherweise werden nur ausgedehnte und auf den ersten Blick erkennbare Einzelheiten geschätzt. Es macht kaum Sinn, kleinere und kurzlebige Details zu bewerten. Der Wert von Intensitätsschätzungen liegt in der Langzeitüberwachung, nicht dem Eintragen von möglichst vielen Zifferchen in die Schablone. Der Intensitätseindruck eines Details ist abhängig von seiner Flächenhelligkeit, und damit von Fernrohröffnung und Vergrößerung. Das ist solange nicht von Bedeutung, als immer dasselbe Instrument mit derselben Vergrößerung benutzt wird; andernfalls wird die Kontinuität der Beobachtungsreihe unterbrochen. In

Abb. 7.87 Die Intensitäten von SEB und GRF 1987–1995, nach Beobachtungen von Grischa Hahn. Die gestrichelte Linie repräsentiert den GRF, die durchgezogene das SEB.

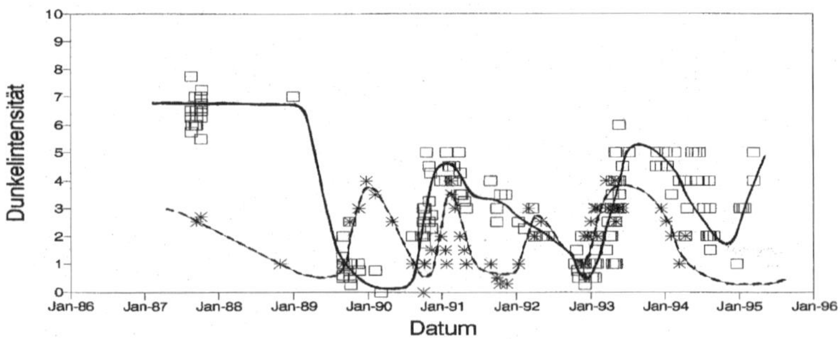

einem großen Teleskop bei höherer Vergrößerung sind die Relationen der Intensitäten verschieden von denen in einem kleinen Gerät bei geringer Vergrößerung. Aus diesen Gründen sollte der Beobachter versuchen, möglichst immer dasselbe Fernrohr mit derselben Vergrößerung zu verwenden.
Sinnvoll sind parallele Schätzreihen in verschiedenen Spektralbereichen. Wenn diese Praxis über längere Zeit beibehalten wird, ergeben sich wertvolle Datenreihen, die die Interpretation von farblichen Änderungen in der Jupiteratmosphäre erleichtern. Erst durch Erfahrung wird eine eigene Beobachtungsreihe mit denen anderer Amateure vergleichbar.
Die Ergebnisse von Intensitätsschätzungen sollten im Bemerkungsfeld der Zeichenschablonen vermerkt werden, aber auch ein eigener Vordruck ist praktisch. Wichtig auch hier: die genaue Dokumentation.

7.6.8. Die Auswertung der Beobachtungen

Wer mehr oder weniger regelmäßig beobachtet, möchte sicher einen Überblick über die großräumigen Strömungsvorgänge in der Jupiteratmosphäre gewinnen. Das kann in unregelmäßigen Zeitabschnitten während der laufenden Sichtbarkeitsperiode geschehen, um herauszufinden, auf welche Objekte man bei der weiteren Beobachtung besonders achten sollte. Spätestens aber am Ende einer Sichtbarkeitsperiode werden die meisten Amateure versuchen, aus ihren Beobachtungsunterlagen Aussagen über globale Veränderungen auf Jupiter abzuleiten. Art und Umfang einer solchen Auswertung richten sich nach der Menge und Güte der gewonnenen Beobachtungen. Im folgenden werden einige Vorschläge zur Auswertung der eigenen Beobachtungen gemacht.

7.6.8.1 Ausmessen von Zeichnungen und Aufnahmen

Ein großer Teil der Auswertungsarbeit befaßt sich mit Bewegungsstudien beobachteter Objekte. Diese Studien ergeben Driftraten für die einzelnen Strömungszonen, und vielleicht entdeckt man dabei auch, daß sich Objekte gegenseitig in ihrer Bewegung beeinflussen. Um all dies festzustellen, werden genaue Positionen benötigt.
Nicht immer hat man Positionen aus ZM-Passagen oder der Ausmessung hochauflösender Bilder zur Hand. Ungefähre Positionsangaben können aus Zeichnungen abgeleitet werden. Voraussetzung ist allerdings, daß das Einzeichnen der Objekte sehr sorgfältig geschehen ist. Als Faustregel gilt, daß Positionsfehler auf einer „normalen“ Zeichnung in ZM-Nähe 5°, in randnahen Gegenden 10° oder mehr betragen können.
Um die Position interessanter Objekte aus einer Zeichnung zu ermitteln, benutzt man ein transparentes Deckgradnetz, das exakt auf die Zeichenschablone paßt und auch die richtige Achsenneigung besitzt (Abb. 7.88). Die Deckgradnetze enthalten Längenkreise und Breitenkreise im Abstand von 10° zu 10°. Die Brei-

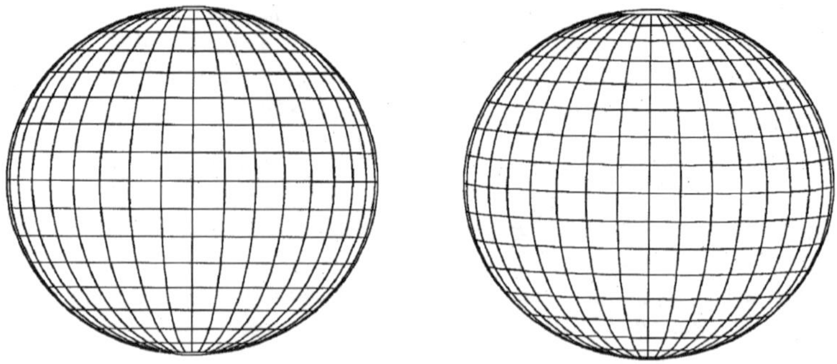

Abb. 7.88 Jupiter-Deckgradnetze mit 0° und 3° Achsenneigung.

tenkreise sind für jovi**graphische** Breiten berechnet, die Längenkreise kennzeichnen Längendifferenzen zum Zentralmeridian.

Die Achsenneigung Jupiters am Beobachtungstag kann einem astronomischen Jahrbuch entnommen werden. Sie wird auch oft als Deklination der Erde am Jupiterhimmel bezeichnet. (Ein hypothetischer Beobachter auf Jupiter, für den die Erde im Zenit steht, befindet sich auf einer jovi**zentrischen** Breite, die gleich dieser Deklination ist.) Ein Minus-Vorzeichen der Achsenneigung bedeutet, daß wir mehr auf die Südhemisphäre des Planeten schauen.

Das passende Deckgradnetz wird (richtig herum) auf die Schablone gelegt. Die Breite kann direkt abgelesen werden; die Längendifferenz zum ZM bekommt ein negatives Vorzeichen, wenn das Objekt bereits durch den ZM gezogen ist, es sich also auf der p.-Seite befindet. Die Länge des Objekts erhält man schließlich, indem Längendifferenz zum ZM und die Länge des ZM zur Beobachtungszeit addiert werden. Dabei ist das Vorzeichen der Längendifferenz zu beachten!

Wegen der perspektivischen Verzerrung in Randnähe sollte das Objekt nicht allzu weit vom scheinbaren Planetenmittelpunkt entfernt sein. Praktisch sollten ZM-Längendifferenz und die jovigraphische Breite 20° bis 25° betragsmäßig nicht übersteigen. Aufgrund des doch beachtlichen Fehlers der abgeleiteten Koordinaten reicht die Angabe auf ein Grad genau, Zehntelgrad sind völlig überflüssig. Man kann schon froh sein, wenn der Fehler aus einer Positionsbestimmung unter 10° liegt. Übrigens hat die Erfahrung bei der Auswertung von Zeichnungen vieler Beobachter gezeigt, daß große Fehler beim Eintragen der Breitenpositionen gemacht werden. In der Regel sind also Breitenangaben, die aus (normalen) Zeichnungen hergeleitet worden sind, nur bedingt brauchbar.

Um Photographien auszumessen, bieten sich zahlreiche Verfahren an: Man kann ein Originalnegativ oder -positiv direkt mit einem Meßmikroskop vermessen und die Ergebnisse in planetographische Koordinaten umrechnen. Der dazu benötigte Formelsatz findet sich im Abschnitt „Mikrometermessungen" (s. S. 285). Eine Vergrößerung des Originals auf Photopapier ist eine weitere Möglichkeit;

die anschließende Vermessung erfolgt mittels Deckgradnetz. Man beachte nur, daß beim Vergrößern des Originalbildes keine Verzerrungen entstehen.
Im Zeitalter weit verbreiteter Personal Computer (PC) bieten sich rechnergestützte Ausmessungen an. Das Originalbild wird auf ein elektronisches Speichermedium übertragen (z.B. mit einer Videokamera am Rechner oder per Scanner). Die Bilder liegen dann in gängigen Graphikformaten vor oder können bei Bedarf in gewünschte Graphikformate transformiert werden. Benutzt man eine CCD-Kamera direkt am Fernrohr, so liegen die Bilder gleich in „handelsüblichen" Graphikformaten vor.
Zum Ausmessen digitalisierter Jupiterbilder direkt am PC empfiehlt sich ein Modul der Software PC-JUPOS. Der Auswerter muß zunächst die Lage des Planetenrandes mit einer Hilfsellipse markieren; dann fährt er die gewünschten Objekte per Maus oder Cursortasten an (Abb. 7.89). Die jovigraphischen Objektkoordinaten werden angezeigt und können sofort in der JUPOS-Datenbank gespeichert werden. Die Bilder müssen allerdings den tatsächlichen Jupiterrand zeigen, da die exakte Positionierung der Hilfsellipse die Qualität der Ausmessung entscheidend beeinflußt. Gerade bei ansonsten schön und ästhetisch verarbeiteten Bildern besteht die Gefahr, daß der originale Jupiterrand bis zur Unsichtbarkeit abgedunkelt ist!

Abb. 7.89 Vermessen einer Jupiteraufnahme des Hubble-Weltraumteleskops in PC-JUPOS.

7.6.8.2 Graphische Darstellung von Positionen

Es ist schon Tradition, daß bei graphischen Darstellungen von Objektpositionen auf Riesenplaneten die Zeitachse senkrecht (auf der Ordinate) von oben nach unten verläuft und die planetographische Länge auf die waagerechte Achse (Abszisse) aufgetragen wird. Somit ist ein Positionsvergleich mit Zeichnungen, Gesamtkarten oder Entwicklungsdiagrammen leichter möglich.
Die Wahl des Maßstabes für beide Achsen vor dem Eintragen der Meßwerte ist nicht unerheblich: Der Maßstab der Darstellung sollte noch die Streuung der Einzelwerte sichtbar werden lassen, die aufgrund von Schätz- oder Meßfehlern entsteht (siehe z.B. Abb. 7.71).

7.6.8.3 Gesamtkarten

Wenn sich in einem Zeitraum, der nicht länger als drei Tage lang sein sollte, genügend Zeichnungen ansammeln, die einen kompletten Überblick über den ganzen Planeten gewährleisten, so lohnt sich die Zusammenstellung dieser Einzelzeichnungen in einer Gesamtkarte.
Für die Gesamtkarte hat sich eine flächentreue Zylinderprojektion nach Behrmann bewährt [24]. Ein Beispiel für eine solche Projektion zeigt Abb. 7.90. Charakteristisch ist die Breiteneinteilung, die proportional zum Sinus der jovi-

Abb. 7.90 Zwei Gesamtkarten vom 1./2.5.1990 (oben) sowie 28.6. bis 1.7.1993, angefertigt von Horst Groß nach Beobachtungen an einem 25-cm-Schiefspiegler. Die Längen beziehen sich auf System II.

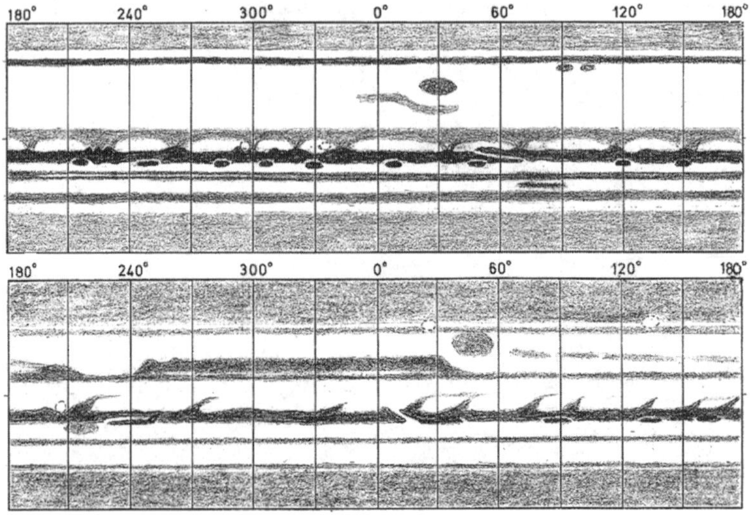

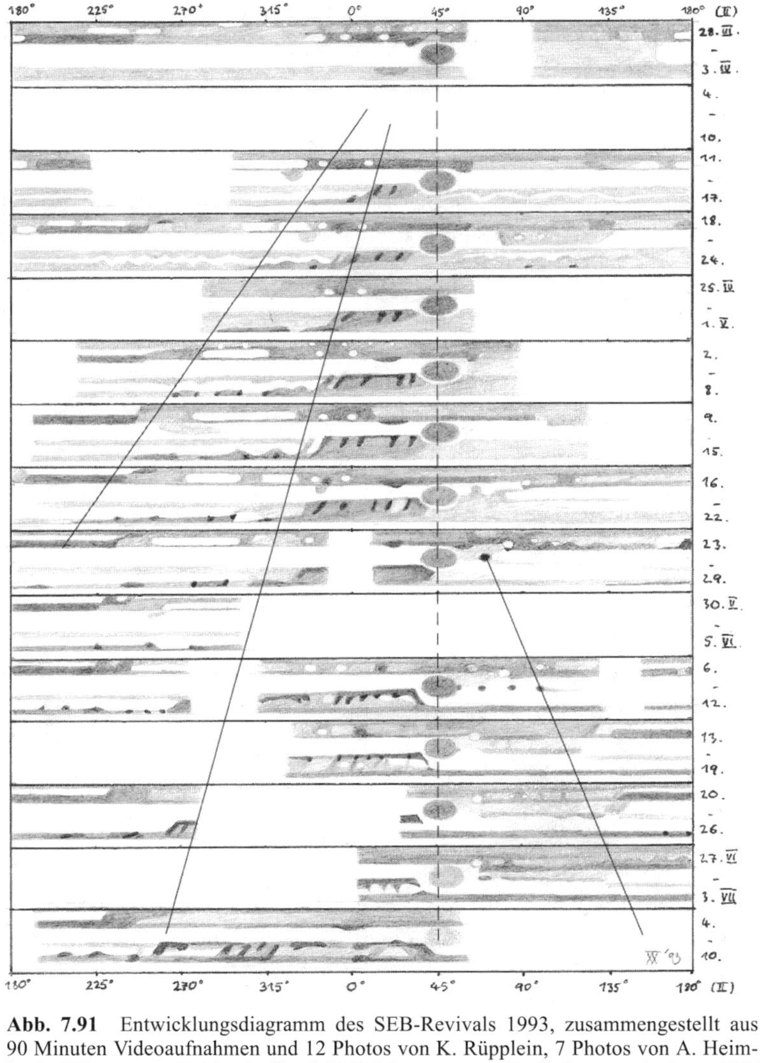

Abb. 7.91 Entwicklungsdiagramm des SEB-Revivals 1993, zusammengestellt aus 90 Minuten Videoaufnahmen und 12 Photos von K. Rüpplein, 7 Photos von A. Heimbach, 2 Photos von B. Veenhoff und 73 Zeichnungen von R. C. Stoyan mit einem 120/1020-mm-Refraktor [20]. – Beginnend mit dem 28.3.1993 wird anhand der Streifenskizzen von SEB und STB die Entwicklung des SEB-Revivals bis zum 10.7.1993 deutlich. Jede Zeile nimmt Beobachtungen eines Zeitraums von 6 Tagen auf, weiße Lücken kennzeichnen nicht beobachtete Längenbereiche. Das Revival begann unbeobachtet in Zeile 2 und breitete sich im SEBn in p.-Richtung aus. Verbindet man die Zunge der Flecken in jeder Zeile, so kommt man zur Darstellung einzelner Fleckenfronten. Man beachte das chaotische Verhalten des Revivals f. GRF ab Zeile 9.

zentrischen Breite verläuft; der 30°-Kreis liegt in der Mitte von Äquator und Pollinie. Die Höhe H der Gesamtkarte (von Pol zu Pol) und ihre Länge L (von 180° zu 180°) stehen wie folgt in Zusammenhang:

$$H = \frac{Q \cdot L}{\pi}\ .$$

Für Jupiter ist dabei als Abplattung Q = 0,935 zu setzen.
Erfahrungsgemäß hat man bei dieser Projektion die wenigsten Schwierigkeiten, den Anblick einer Einzelzeichnung in die Gesamtkarte zu übertragen. Hilfsmittel ist wieder das Deckgradnetz. Sind genauere Objektpositionen verfügbar, z.B. aus ZM-Passagen, helfen diese sehr.
Als Längenangaben trägt man zunächst System II am oberen oder unteren Kartenrand auf und zeichnet danach alle Einzelheiten ein, die nach diesem System rotieren. Für einen Zeitpunkt nahe der Mitte des Zeitraums, für den die Gesamtkarte gilt, werden nun die Zentralmeridiane beider Systeme (I und II) errechnet. Nun sucht man die entsprechende Länge des Systems II auf der Längenskala auf und notiert auf dem gegenüberliegenden Kartenrand die eben errechnete Länge des Systems I. Mit diesem Startwert kann jetzt auch eine Längenskala für System I gezeichnet werden, und auf ihrer Grundlage werden die Objekte des Systems I eingezeichnet. In drei Tagen verschieben sich System I und II um rund 23° gegeneinander!
Liegen mit einigem zeitlichen Abstand mehrere Gesamtkarten vor, können Entwicklungen auf Jupiter sehr anschaulich demonstriert werden (Abb. 7.91).

7.6.8.4 Entwicklungsdiagramme

Entwicklungsdiagramme sind übereinander gestellte graphische Darstellungen einer ausgesuchten Strömungszone. Ein Diagramm kann den gesamten Umfang des Planeten oder aber bloß einen ausgesuchten Längenabschnitt überdecken. Wenn die Driften einzelner Objekte in jovigraphische Länge unverzerrt wiedergegeben werden sollen, müssen die vertikalen Abstände der streifenförmigen Skizzen den Zeitdifferenzen zwischen den einzelnen Beobachtungsterminen entsprechen.

7.6.8.5 Rechnergestützte Erstellung von Gesamtkarten und Entwicklungsdiagrammen

Das Zeichnen von Gesamtkarten und Entwicklungsdiagrammen per Hand ist ein mühevolles und zeitaufwendiges Unterfangen. Sorgfältiges Arbeiten verlangt, daß man in den Ausgangszeichnungen viele Einzelpositionen per Deckgradnetz bestimmt und ins Koordinatennetz der Gesamtkarte bzw. des Entwicklungsdiagramms übertragen muß, bevor die Objekte dort endgültig einzeichnet werden können.

In der letzten Auflage des „Taschenbuchs für Planetenbeobachter“ hatte der Verfasser dieser Zeilen noch ein graphisches Tablett benutzt, um in ausgewählten Einzelzeichnungen Bänder und Zonen sowie Objekte Jupiters auszumessen und diese nachträglich per Rechner in eine Gesamtkarte einzupassen. Diese Gesamtkarte sah zwar recht schematisch aus, hat aber dennoch zu einer brauchbaren Gesamtansicht der Planeten geführt.
In der Zwischenzeit sind für den PC-Benutzer Scanner erschwinglich geworden, mit denen Bilder in den Rechner „eingelesen“, auf dem Bildschirm angezeigt und nachbehandelt werden können. Diese digitalisierten Bilder, auch Pixelbilder genannt, werden mehr oder weniger platzsparend (je nach Graphikformat, der „Schreibweise“ für Pixelbilder) auf PC-Speichermedien geschrieben. Es war nun möglich, mit weiteren Rechenprogrammen die Ansichten der Einzelzeichnungen in Zylinderprojektionen umzurechnen und in Gesamtkarten per Computer einsetzen zu lassen. Vorteil dieses Verfahrens: Beim Übertragen der Details in Gesamtkarten fließen keine Interpretationen des Auswerters mit ein, auch alle Positionen werden exakt übernommen. Nachteil: Zeichenungenauigkeiten treten deutlicher zutage als bei manueller Gesamtkartenerstellung.
Als Auswertungsgrundlage eignen sich solche computergenerierten Gesamtkarten (oder auch Teilkarten) besonders gut. In zeitlicher Reihenfolge während einer Sichtbarkeitsperiode übereinandergelegt, vermitteln sie einen kompletten Überblick der globalen Veränderungen. Die verwendete Projektion erinnert an eine abstandstreue Zylinderprojektion; tatsächlich werden aber in Länge und Breite gleiche lineare Maßstäbe verwendet (quadratische Plattkarte). Diese Projektion versagt in Polnähe; dort findet sich aber kaum beobachtbares Detail. Der lineare Maßstab eignet sich für die Auswertung deshalb, weil man mit einem Lineal Positionen in Länge schnell ausmessen kann und zu Abschätzungen für Driftraten kommen kann. – Übrigens lassen sich jederzeit andere Kartenprojektionen für Gesamtkarten generieren.

Abb. 7.92 Gesamtkarte, generiert mit dem Gesamtkartenmodul aus PC-JUPOS (ab Version 5.x) und zusammengesetzt aus Einzelbildern mit einem PC-Bildbearbeitungsprogramm. Alle Aufnahmen entstanden mit dem 6"-Doppelrefraktor (150/2250) der WFS und einer CCD-Kamera LCCD14SC in Okularprojektion. Aufnahmen und Ergebnis von André Nikolai.

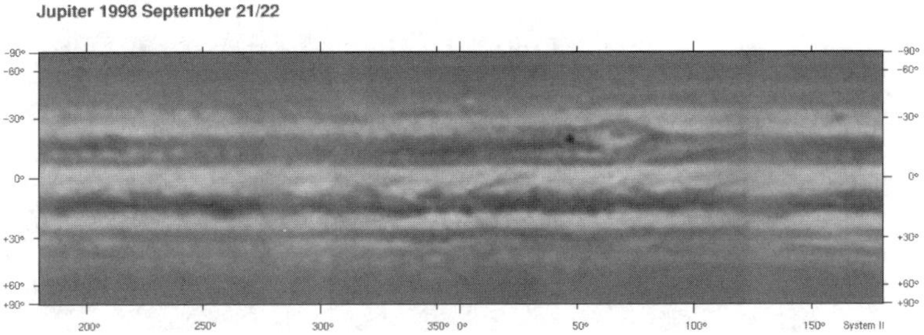

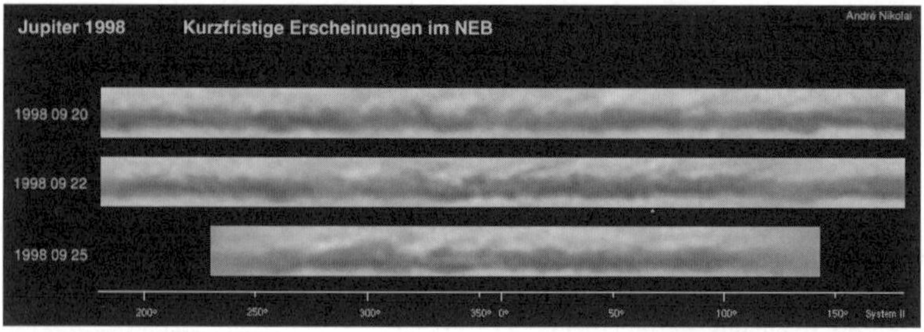
Jupiter 1998
Kurzfristige Erscheinungen im NEB
André Nikolai
1998 09 20
1998 09 22
1998 09 25
200°
250°
300°
350° 0°
50°
100°
150° System II

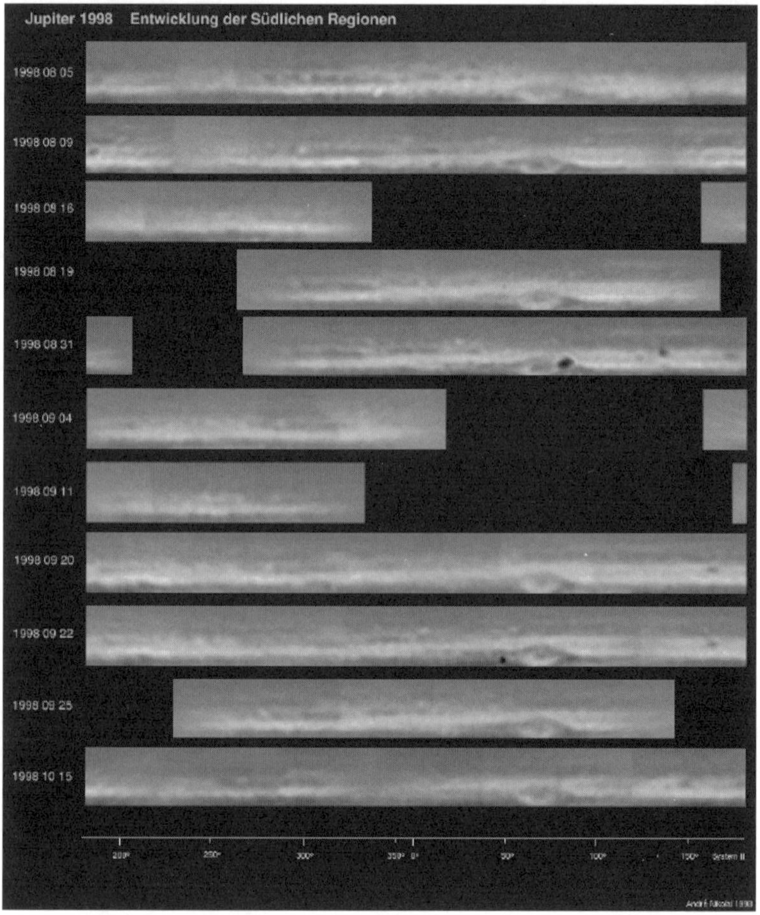
Jupiter 1998
Entwicklung der Südlichen Regionen
1998 08 05
1998 08 09
1998 08 16
1998 08 19
1998 08 31
1998 09 04
1998 09 11
1998 09 20
1998 09 22
1998 09 25
1998 10 15
200°
250°
300°
350° 0°
50°
100°
150° System II
André Nikolai 1998

← **Abb. 7.93** Rechnergenerierte Entwicklungskarte des NEB. Quellen, Verarbeitung und Autor wie in Abb. 7.92. Die Bildorientierung ist astronomisch. Der untere Rand des Bandes bildet das NEBn im System II, der obere Rand liegt in der EZ, System I. Deutlich zu erkennen sind neben der Verschiebung der beiden Rotationssysteme gegeneinander auch Veränderungen im Detail, besonders das waagerechte Rift in der Bildmitte.

Von den zurückliegenden drei Sichtbarkeitsperioden Jupiters haben sich derzeit rund 350 Zeichnungen als digitalisierte Bilder angesammelt. Aus diesen Bildern können nun interessierende Strömungszonen extrahiert und in Entwicklungsdiagramme eingetragen werden – sicher eine Möglichkeit, um zu aussagekräftigen Graphiken der atmosphärischen Veränderungen zu kommen (Abb. 7.93, 7.94).

7.6.8.6 Eliminieren systematischer Beobachtungsfehler

In diesem Abschnitt beschreiben wir die wichtigsten Fehlerquellen, die beim Beobachten eintreten und die Ergebnisse deutlich verzerren können.

1. Objekte werden i.a. zu weit zum Rand der Zeichenschablone hin eingetragen. Dadurch wird die jovigraphische Länge eines Objektes vor seiner ZMP zu groß, nach der ZMP zu klein dargestellt. Um den persönlichen Verlauf der Verschiebung in Abhängigkeit vom ZM-Abstand herauszufinden, ist eine umfangreiche Beobachtungsreihe aus Zeichnungen und ZMP nötig.
2. Im Abschnitt „Rotationssysteme und Zentralmeridiane" (s. S. 255) haben Sie erfahren, daß der Beobachter nicht den ZM der vollen Jupiterellipse, sondern den phasenkorrigierten ZM verwendet. Die tatsächliche, am Fernrohr geschätzte ZM-Linie liegt jedoch noch weiter von der Phase weg (Abb. 7.95).

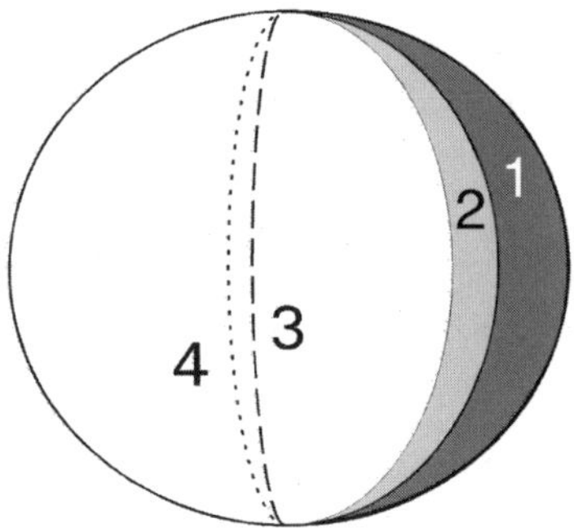

Abb. 7.95 Phase (1), Dämmerungszone (2), phasenkorrigierter (3) und tatsächlicher ZM (4). Phase und ZM-Verschiebungen sind stark überhöht dargestellt.

← **Abb. 7.94** Rechnegenerierte Entwicklungskarte wie in Abb. 7.93, hier jedoch die Darstellung von Veränderungen der südtropischen Regionen.

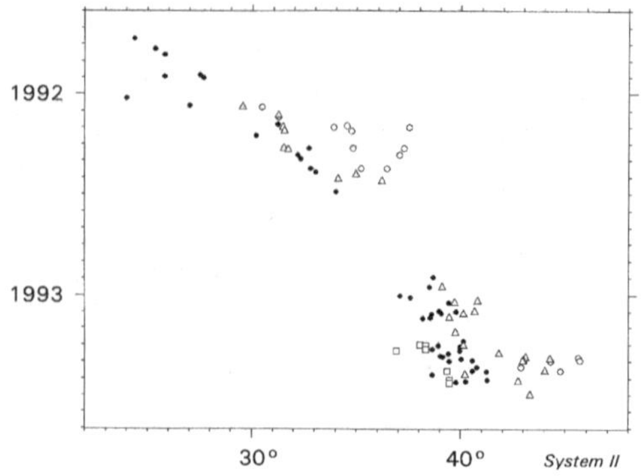

Abb. 7.96 ZMP-Positionen des Großen Roten Flecks 1991–1993. Die verschiedenen Symbole bezeichnen vier ausgewählte Beobachter. Deutlich werden beobachterspezifische Differenzen bei der ZMP-Zeitnahme.

Ursache ist das Verschmelzen der dunklen Dämmerungszone am Jupiterterminator mit dem Himmelshintergrund. Jovigraphische Längen werden somit vor der Opposition zu klein, nachher zu groß geschätzt; Driften innerhalb einer Jupiter-Sichtbarkeit fallen um etwa 0,01°/d zu hoch und zwischen zwei Sichtbarkeiten um denselben Betrag zu niedrig aus. Diesen sog. Phaseneffekt umgeht man, indem die beobachteten jovigraphischen Längen um 12% des jeweiligen Phasenwinkels korrigiert werden [16].

3. Die ZMP-Zeiten verschiedener Beobachter können um mehrere Minuten systematisch voneinander abweichen. Während die Beobachter den maximalen Fehler ihrer Zeitnahmen meist auf 1 bis 3 Minuten veranschlagen, betragen die Differenzen untereinander vereinzelt 10 Minuten, entsprechend 6° in jovigraphischen Länge! Derselbe Effekt tritt bei ZMP zutage, die unter verschiedenen Rotationsrichtungen Jupiters im Okulargesichtsfeld beobachtet werden. Der Grund ist eine unterschiedliche Beurteilung der Lage des ZM: Beobachter A sieht den Mittelpunkt eines Bandes etwas mehr links oder rechts als Beobachter B (Abb. 7.96).
   Diese Verschiebung können Sie mit einem einfachen Versuch nachvollziehen: Zeichnen Sie mit einem Lineal etwa zwanzig – nicht unbedingt gleich lange, aber fast waagerecht liegende – Linien auf ein Blatt Papier. Dann legen Sie das Lineal beiseite, schätzen die Mitte jeder Linie und markieren sie mit einem kleinen Strich. Nun messen Sie aus, wie weit und in welche Richtung Ihre Markierungen von den tatsächlichen Mitten abweichen. Das Ergebnis ist ein grober (!) Anhaltspunkt für Ihren persönlichen ZM-Fehler. Natürlich bleiben die Planetenrotation und andere Effekte, die in natura auftreten, bei diesem Versuch unberücksichtigt.
4. Nicht nur die visuelle Beobachtungstechnik produziert systematische Fehler. Bei Photos und CCD-Bildern ist zunächst die Randabdunklung Jupiters zu beachten. Durch Unterbelichtung oder ungünstige (z.B. zu kontrastreiche) Bildbearbeitung fällt die sichtbare Begrenzung der Planetenscheibe nicht mit dem tatsächlichen Planetenrand zusammen, sondern sie repräsentiert

mehr innen liegende Planetenpartien. Selbst die Vermessung einer hochauflösenden Aufnahme kann dadurch problematisch werden. Außerdem ist der phasenseitige Jupiterrand stärker abgedunkelt als der gegenüberliegende. Zu Zeiten großer Phasenwinkel weicht der Planetenumriß auf einer kontrastreichen Aufnahme viel stärker von der Ellipsenform ab, als es die sonnenbeschienene Scheibe tatsächlich tut.

5. Eine Bildbearbeitungssoftware bietet viele Möglichkeiten. Sie ermöglicht es, den Informationsgehalt eines Rohbildes optimal auszuschöpfen, um schwache Strukturen zusammen mit dem Planetenrand optisch hervorzuheben. Allerdings ist Vorsicht geboten: Eine übermäßige oder unsinnige Bildbearbeitung kann Strukturen produzieren, die es auf der Planetenscheibe überhaupt nicht gibt („Artefakte") und die Lage des Planetenrands völlig verfälschen. Ein Planetenbild, das ausgemessen werden soll, muß nicht schön aussehen, sondern **echte** Informationen zeigen!

7.6.8.7 Numerische Analysen

Die häufigste Fragestellung betrifft die mittlere Drift eines Objekts. Gibt es insgesamt n Positionsbeobachtungen, ist t_i das Julianische Datum oder eine beliebige andere Tageszählung, λ_i die beobachtete jov. Länge des Objekts zur Zeit t_i und p_i das Gewicht der i-ten Beobachtung, so berechnet sich seine mittlere Drift d (in Grad pro Tag) mit:

$$d = \frac{\Sigma p_i \cdot \Sigma (p_i t_i \lambda_i) - \Sigma (p_i t_i) \cdot \Sigma (p_i \lambda_i)}{\Sigma p_i \cdot \Sigma (p_i t_i^2) - (\Sigma p_i t_i)^2}$$

und die Position zum Zeitpunkt t = 0 mit:

$$\lambda(0) = \frac{\Sigma (p_i \lambda_i) - d \cdot \Sigma (p_i t_i)}{\Sigma p_i} \quad .$$

Das Gewicht einer Beobachtung ist ein Maß dafür, wie genau sie ist. m-mal so genaue Beobachtungen haben das m^2-fache Gewicht, dreifache Genauigkeit ergibt also ein neunfaches Gewicht. Besitzen alle Beobachtungen dasselbe Gewicht, sind alle $p_i = 1$ zu setzen.
Achtung: In den λ_i dürfen keine Sprünge beim Überschreiten von 0° oder 360° auftreten. Bei Bedarf müssen Sie vor der Rechnung zu einzelnen jov. Längen 360° (oder Vielfache davon) addieren oder subtrahieren. Die Angabe **einer** Drift ist nur sinnvoll, wenn das Objekt im betrachteten Zeitraum keinen signifikanten Geschwindigkeitsänderungen unterworfen war (Abb. 7.97).
Ein interessantes Thema ist es, anhand von Amateurbeobachtungen quasiperiodische Schwankungen nachzuweisen, die in den Längenpositionen spezieller Objekte auftreten. Solche Variationen sind z.B. beim GRF und den drei langlebigen WOS bekannt. Es gibt mathematische Verfahren, mit denen Periodizitä-

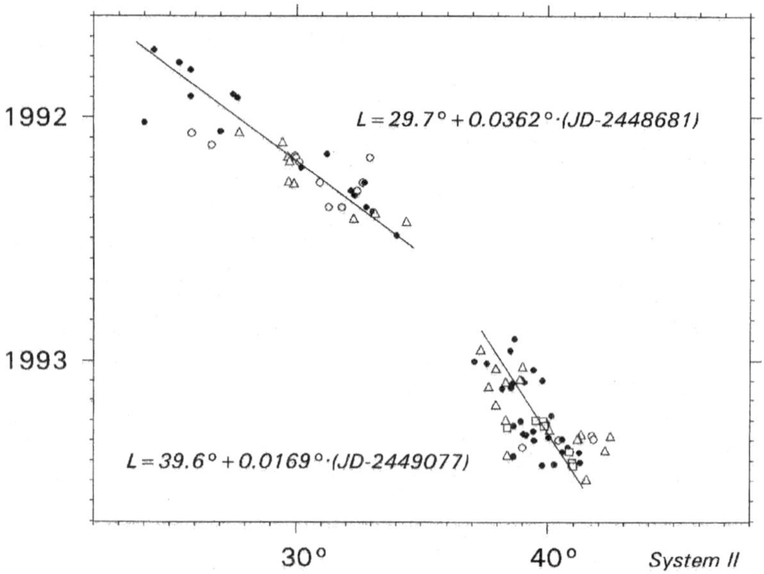

Abb. 7.97 Die Daten aus Abb. 7.96 wurden um beobachterspezifische Fehler korrigiert, danach für jede Jupiter-Sichtbarkeit die GRF-Bewegung linear ausgeglichen und die Koefizienten der Driftgeraden berechnet.

ten festgestellt und quantifiziert werden können. Um zu einem einigermaßen gesicherten Ergebnis zu kommen, setzen sie allerdings große Datenmengen (d.h. Tausende von Beobachtungen) voraus. Es würde den Rahmen dieses Buches sprengen, solche Methoden näher erläutern zu wollen.

7.6.9 Das Projekt JUPOS

Die Zahl der jovigraphischen Längenpositionen aus ZMP und Mikrometermessungen, die jemals beobachtet worden ist, überschreitet die Million-Grenze. Dazu kommt eine Unmenge Positionen auf hochauflösenden Fotos und neuerdings CCD-Aufnahmen.
Historische Positionsbeobachtungen finden sich in der Regel bloß in Publikationen bis Anfang des 20. Jahrhunderts detailliert beschrieben. Spätere Veröffentlichungen beschränken sich auf die Darstellung von Ergebnissen wie z.B. Driftkurven. Die Originaldaten laufen Gefahr, im Laufe der Jahrzehnte immer schlechter recherchierbar oder gar unauffindbar zu werden.
Eine erfolgreiche Initiative, visuelle Positionsbeobachtungen im größeren Rahmen zu sammeln, war das *International Jupiter Voyager Telescope Observations*

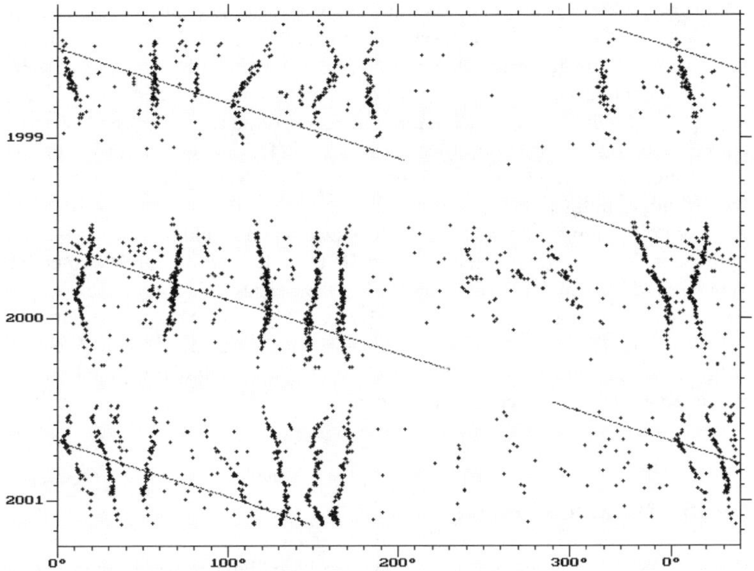

Abb. 7.98 Drift heller Ovale zwischen –38° und –42° jovigraphischer Breite (SSTC). Die Längenskala bezieht sich auf ein modifiziertes System, das 0,9°/d schneller als System II rotiert und am 23.10.1999 mit ihm übereinstimmt.

Programme (IJVTOP). Das Projekt, das H. Haug und Ch. Kowalec in Berlin mitbetreuten, zielte zunächst auf aktuelle Daten: Erdgebundene Beobachtungen Jupiters sollten mit den Ergebnissen der Voyager-Raumsonden verglichen werden. Nach 1979 kam noch eine Reihe weiterer Werte hinzu. Ende der achtziger Jahre umfaßte IJVTOP etwa 11 000 Längenpositionen vorwiegend aus ZMP.
Seit 1992 existiert das Nachfolgeprojekt JUPOS (**Ju**piter-**Pos**itionen). Sein Kern ist eine Datenbank, die auf PC mit einem speziellen Programm (PC-JUPOS) bearbeitet und ausgewertet werden kann. Zu Manuskriptschluß sind in JUPOS 115 000 Objektpositionen aus den Jahren 1785 bis 1910 sowie ab den sechziger Jahren gespeichert; darin enthalten sind auch die Beobachtungen des IJVTOP.
Obwohl sich um 1997 der Schwerpunkt des Projektes von Zentralmeridianpassagen hin zur Ausmessung von CCD-Aufnahmen verlagerte (siehe z.B. Abb. 7.89), sind visuelle Beobachtungen weiterhin von Interesse. Auch ältere, denn die JUPOS-Datenbank zeigt eine riesige Lücke in der ersten Hälfte des 20. Jahrhunderts. Hunderttausende Positionen aus dieser Zeit warten auf ihre Erfassung!
Nähere Informationen zum Projekt (in Englisch) finden Sie unter: http://www.jupos.org/ oder direkt: http://www.t-online.de/home/h.j.mettig/index.htm

ZMP und Mikrometermessungen kann jeder Beobachter individuell erfassen und dem Projektkoordinator zusenden. Wie, ist in einer Dokumentation beschrieben, die auf der Webseite als PDF-Datei zur Verfügung steht. Auch PC-JUPOS kann dort heruntergeladen werden. So hat jeder interessierte Beobachter die Möglichkeit, seine CCD-Aufnahmen selbst auszumessen und in Driftkarten auszuwerten. (Damit solche privaten CCD-Meßergebnisse in die JUPOS-Datenbank übernommen werden können, ist allerdings eine längere Jupiter-Erfahrung nötig.)
Zwei Untersuchungen anhand der JUPOS-Daten behandeln die 90-Tage-Oszillation des Großen Roten Flecks sowie Driftvariationen der drei langlebigen WOS [22, 23]. Seit 1998 dient die JUPOS-Datenbank der Jupitersektion der British Astronomical Association mit als Grundlage für ihre Auswertungen.
An dieser Stelle möchte ich allen Beobachtern, die auf der JUPOS-Webseite aufgelistet sind, ganz herzlich danken: Ohne ihre Mitarbeit würden die Driftkarten im Kapitel Jupiter recht leer aussehen!

7.6.10 Die Jupitermonde

Bis heute sind 39 Monde bekannt, die den größten Planeten des Sonnensystems umkreisen. Aber nur die vier hellsten, nach ihrem (Mit-)Entdecker auch Galileische Monde genannt, sind normalen Amateurinstrumenten zugänglich. Während Galileo Galilei die Monde von innen nach außen mit Ziffern belegte, gab ihnen Simon Marius aus Gunzenhausen, der ebenfalls als einer der Erstbeobachter gilt, Namen aus der griechischen Mythologie. Eine Übersicht der für den Beobachter relevanten Mond-Daten findet sich weiter unten in den „Physischen Parametern des Jupitersystems“ (s. S. 310).
Alle vier Monde sind mit dem Feldstecher zu beobachten und gehören wohl zum Pflichtprogramm eines jeden Astro-Einsteigers. Schon in einem kleinen Fernrohr ist es interessant, das Spiel der vier Monde zu beobachten; ihre schnelle Bewegung läßt kosmische Bewegungsabläufe unmittelbar erfahren. Die Bahnebene der Jupitermonde ist um maximal 3° gegen unsere Sichtlinie geneigt; alle sechs Jahre (so 2003 und 2009) scheinen die Monde genau in einer Linie links und rechts des Planetenäquators zu stehen. Manchmal kommt es zu interessanten Stellungen, bei denen alle Jupitertrabanten in einer Reihe von Norden nach Süden oder wie an den Ecken eines Quadrats angeordnet stehen, und zu engen Begegnungen der Monde.
Mit einem guten Refraktor ab etwa vier Zoll Öffnung sind die Monde auch direkt als Scheibchen zu beobachten. Ganymed hat den größten scheinbaren Durchmesser und eine weißgelbliche Farbe bei der Beobachtung mit einem 120-mm-Refraktor und 500facher Vergrößerung. Io dagegen erscheint deutlich orange gefärbt. Das Zitat von Werner Sandner, Ganymed im Zwölfzöller entspräche dem Anblick von Mars im Zweizöller, ist leider unter mitteleuropäischen Seeingbedingungen kaum nachzuvollziehen [19].

Von professionellen Observatorien wurden vor den Raumsondenunternehmen Karten der Jupitermonde erstellt, die auf visuellen Beobachtungen basieren. Zum Teil zeigen sie erstaunliche Übereinstimmungen mit den Sonden-Aufnahmen. Einige Quellen behaupten, Albedostrukturen auf Ganymed seien schon mit einem guten 6- bis 8-Zoll-Refraktor zu erkennen. Auffälligstes Detail auf Ganymed ist eine helle Polkalotte, die den Mond bei Vorübergängen vor der Jupiterscheibe mitunter länglich erscheinen läßt. Generell ist der Vorübergang eines Mondes vor der Jupiterscheibe die beste Gelegenheit, Oberflächendetails auf den Jupitermonden zu erhaschen.

Schon mit kleinen Fernrohren zu beobachten sind die Erscheinungen der vier Galileischen Monde. Man unterscheidet vier Erscheinungsformen: Bedeckungen durch Jupiter, Verfinsterungen durch den Jupiterschatten, Vorübergänge vor Jupiter sowie Schattenwürfe auf dem Planeten. Üblicherweise sind während einer Sichtbarkeitsperiode viele solcher Ereignisse zu sehen. Nur der äußerste Mond Kallisto macht hier eine Ausnahme: Wenn Jupiters Bahnebene mehr als 2,3° gegen unsere Sichtlinie geneigt ist, verläuft die Bahn ober- oder unterhalb des Jupiterglobus. Das war z.B. von 1998 bis 2001 der Fall und wird wieder von Ende 2004 bis Ende 2007 geschehen.

Vor der Opposition folgen Bedeckungen auf Verfinsterungen und Mond- auf Schattendurchgänge, nach der Opposition ist es umgekehrt. Der Zeitunterschied zwischen Bedeckungen und Verfinsterungen sowie Mond- und Schattenvorübergängen wird zur Quadratur Jupiters maximal.

7.6.10.1 Bedeckungen

Am hellen p.-Rand Jupiters verschwinden die Mondscheibchen hinter dem Planeten. Bei gutem Seeing kann man mit höheren Vergrößerungen beobachten, wie die Scheibchen der Monde hinter den Planeten wandern. Bedeckungen sind ideal, wenn man den Farbteint der einzelnen Monde mit den cremeweißen Jupiterwolken vergleichen will.

7.6.10.2 Verfinsterungen

Wenn eine Jupitermondfinsternis stattfindet, verschwinden die Monde nicht plötzlich, sondern tauchen langsam in den Schatten hinter dem Riesenplaneten ein. Der exakte Zeitpunkt hängt von der Öffnung des verwendeten Instrumentes und von der Erfahrung des Beobachters ab. Die meisten Jahrbücher geben Werte für ein 6-Zoll-Teleskop an.

7.6.10.3 Monddurchgänge

Interessante Rückschlüsse läßt die Beobachtung von Vorübergängen der Monde vor der Jupiterscheibe zu. Der Kontrast eines Mondes vor der Wolkenoberfläche

Jupiters hängt ab von der Albedo des Mondes und der des betroffenen Bandes bzw. der Zone. Die Monde selbst verhalten sich hier höchst gegensätzlich. Während Io und Europa so hell sind, daß sie normalerweise nur vor einem dunklen Band sichtbar werden, erscheint Ganymed dunkelgrau – etwa von der Intensität des NEB in den letzten Jahren – und Kallisto ist noch einmal um ein wesentliches dunkler. Gerade er kann von unerfahrenen Beobachtern mit einem Schatten verwechselt werden.
Ganymed und Kallisto sind schon mit einem 63-mm-Refraktor als dunkle Scheibchen zu beobachten. Die hellen Monde Io und Europa sind noch eine Weile nach Eintritt in die Jupiterscheibe sichtbar, Ganymed und Kallisto verschwinden eher. Selten sind Vorübergänge von Io vor sehr hellen Jupiterformationen, bei denen der Mond dunkel erscheint.

7.6.10.4 Schattendurchgänge

Den ästhetischsten Anblick, und den plastischsten zugleich, gibt das phantastische Schauspiel einer Sonnenfinsternis auf Jupiter. Wie mit dem Locheisen ausgestanzt steht vor dem hellen Creme der Jupiterwolken ein tiefschwarzer Mondschatten. Mit einem guten Fernrohr und bestem Seeing ist das immer wieder ein mitreißendes Erlebnis! Mondschatten sind schon mit Fernrohren von zwei Zoll Öffnung sichtbar. Da die Jupitermonde verschiedene Größen aufweisen, verhält es sich mit ihren Schatten genauso. Ganymed hat den größten Schatten, gefolgt von Kallisto, Io und Europa. Für den Anblick im Fernrohr ausschlaggebend ist die Summe von Größe und Intensität, also die „Auffälligkeit". Ein gutes Maß für die Auffälligkeit ist die Mindestvergrößerung des Teleskops, um solche Einzelheiten wahrnehmen zu können. Die folgende Übersicht zeigt Mindestvergrößerungen nach Beobachtungen des Autors mit einem apochromatischen Refraktor von 120 mm Öffnung. Man sieht, daß z.B. der dunkle Mond Ganymed in etwa dieselben optischen Mittel erfordert wie die Beobachtung von Europas Schatten.

	Mond	Schatten
Io	–	100 x
Europa	–	100 x
Ganymed	100 x	40 x
Kallisto	60 x	60 x

Tab. 7.24 Empfohlene Mindestvergrößerungen für die Beobachtung von Schattenvorübergängen der großen Jupitermonde

Die Mondschatten bewegen sich mit unterschiedlicher Geschwindigkeit über die Jupiterwolken. Io ist der schnellste und Kallisto der langsamste. Ein besonderes Beobachtungserlebnis stellt ein doppelter Mondschattenvorübergang dar. Zwar sind meist mehrere solcher Ereignisse pro Jahr tabuliert, nur verhindert ungünstige Witterung dies allzuhäufig. Sehr selten sind Ereignisse, bei denen ein Mond den anderen überholt. Wenn dabei die Monde selbst schon außerhalb der Jupiterscheibe stehen, wird die Dynamik des Jupitermondsystems besonders deutlich.

Es ist sehr aufschlußreich, die Jupitermondschatten unter visuell-physiologischen Aspekten zu betrachten. So gibt es eine Reihe interessanter Erscheinungen bei der Loslösung der Schatten vom Planetenrand, vergleichbar zum Teil mit dem „Tropfenphänomen" bei Venusdurchgängen vor der Sonnenscheibe. Verwirrend – aber bestätigt – sind Berichte, nach denen Schatten vereinzelt doppelt, länglich oder seltsam verformt erscheinen. Da die Bahntheorie der Jupitermonde mittlerweile recht ausgefeilt ist [2], können ZM-Passagen ihrer Schatten (evtl. auch der Monde) dazu heranzogen werden, den persönlichen Fehler solcher Schätzungen zu bestimmen.

7.6.10.5 Gegenseitige Erscheinungen

Wenn wir genau auf die „Seite" des Jupitersystems blicken und auch die Sonne eine Jupiter-Deklination nahe 0° hat, geschehen eine Reihe sogenannter gegenseitiger Erscheinungen *(mutual events)* der Jupitermode. Hierbei kommt es zu Verfinsterungen und Bedeckungen der Monde untereinander, die je nach den beteiligten Objekten partiell oder total ablaufen können. Der nächste Termin für solche Erscheinungen ist 2003. Unverständlicherweise sind diese Ereignisse in

Abb. 7.99 (a) Jupiter am 21.9.1997, 19:17 UT, ZM2 = 47°, 130/1000-mm-Refraktor, 167 x; (b) 21.9.1997, 20:39 UT, ZM2 = 97°, Instrument wie in (a), beide Zeichnungen von André Nikolai. (a) Jupitermond Europa befindet sich als kleiner hellerer Fleck am p.-seitigen Rand Jupiters kurz vor seinem Austritt, sein Schatten wird unterhalb (nördlich) des GRF geworfen, während Ganymed als kleiner grauer Fleck am f.-seitigen Rand gerade vor die Planetenscheibe eintritt. (b) Europa befindet sich bereits links weit außerhalb des Bildes, sein Schatten ist kurz vor dem Austritt immer noch unterhalb des GRF. Ganymed ist mittlerweile in Nähe des ZM gewandert, während der noch weiter links außerhalb des Bildes wandernde Mond Callisto seinen Schatten knapp am SEBn (Mitte rechts) nachzieht. In gut einer Stunde wird Ganymed als letzter Mond seinen Schatten auf Jupiter werfen, während er selbst dann schon wieder seinen Durchgang vor der Planetenscheibe beendet haben wird.

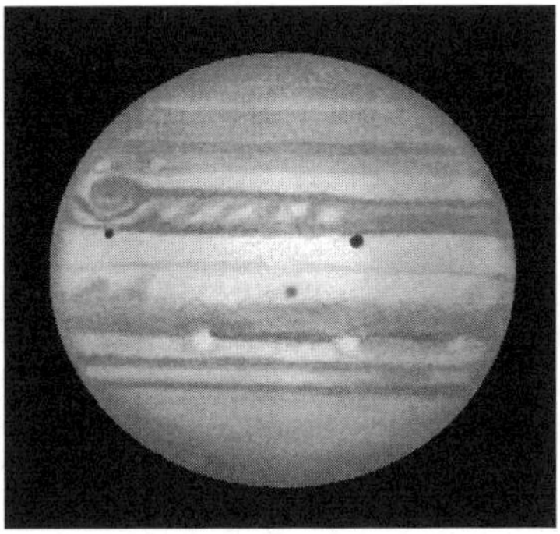

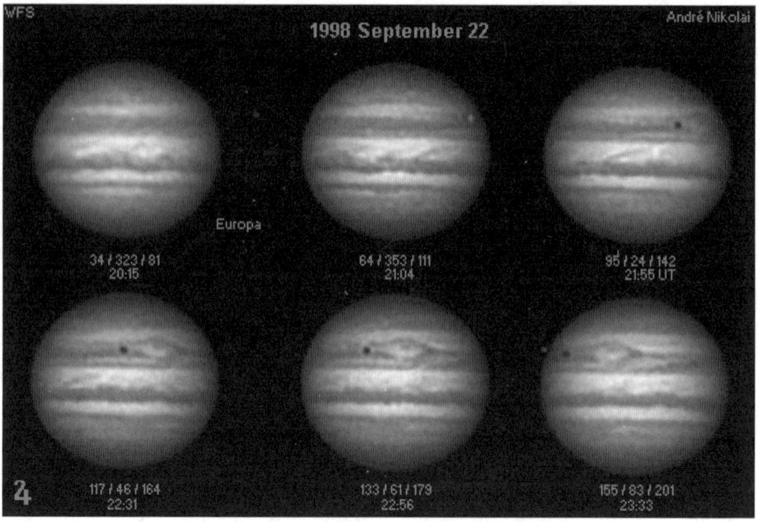

Abb 7.100 Jupiter am 22.9.1998. Von links nach rechts gehende Bildreihen zeigen den von rechts kommenden Jupitermond Europa. Der verdunkelte Randbereich Jupiters läßt den Mond auch vor der Planetenscheibe erkennen, weiter in der Mitte wird er jedoch praktisch unsichtbar, erst zum anderen Randbereich taucht er wieder auf, während sein Schatten durchgängig beobachtbar bleibt. Die Position des Mondes relativ zum Schatten bleibt jedoch nahezu unverändert, so daß man seine Position zurück ermitteln kann. Aufnahme mit 6"-Doppelrefraktor (150/2250) der WFS, CCD-Kamera LCCD14SC, Grünfilter, 0,5s, Okularprojektion, alle Bilder Einzelbelichtungen, André Nikolai.

keinem der gängigen Jahrbücher genau tabuliert. Hier empfiehlt sich ein Blick in die „Aktuellen Hinweise“ der Zeitschrift „Sterne und Weltraum“. Während einige Beobachtungen schon in gröberen Zügen mit sehr kleinem Instrumentarium nachvollzogen werden können (Verfinsterung eines Mondes), so erfordert doch die detaillierte Beobachtung der einzelnen Ereignisse in ihren abfolgenden Phasen größere Instrumente. Eine CCD-Kamera oder ein lichtelektrisches Photometer sind hier gut zu gebrauchende Hilfsmittel. Die entscheidende Rolle spielt natürlich das Seeing, will man doch die einzelnen Mondscheibchen klar definiert nachweisen. Wunderschön, aber leider sehr selten sind Ereignisse, bei denen eine Verfinsterung vor der Jupiterscheibe stattfindet und das verfinsterte Mondscheibchen vor dem Planeten wie ein Schatten schwebt!

Die im Kapitel „Jupiter“ gezeigten Photos stammen von Mitgliedern der VdS-Fachgruppe Astrophotographie. Für die Überlassung der Aufnahmen möchten wir uns recht herzlich bei Peter Riepe (Bochum) bedanken.

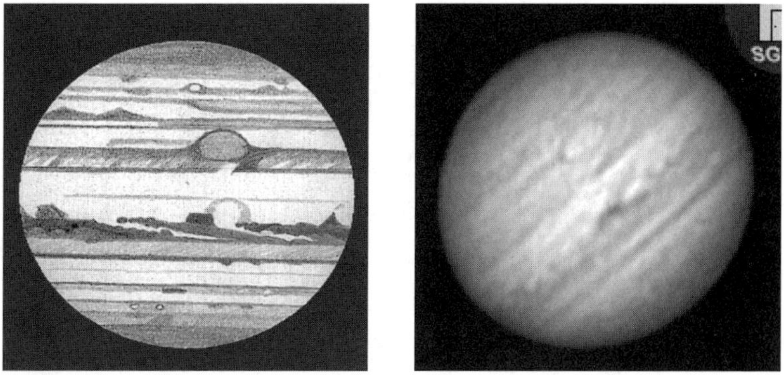

Abb. 7.101 Jupiter am 7.5.1994 gegen 23:00 UT in einem Vergleich von visueller und digitaler Amateurbeobachtung.
Links: Hochauflösende Zeichnung von R. Stoyan mit einem 360/1780-mm-Newton bei 197 x. Bei sehr guten Bedingungen zeigt das NEB eine Fülle von Details wie Rifts und knotenartige Verdickungen; der dunkle Fleck am NEBs ist von dunklem Material umgeben. – Rechts: CCD-Aufnahme von der italienischen San Gersolé Planetary Group zum selben Zeitpunkt. Man vergleiche die aufgenommenen Details mit denen der Zeichnung. Allerdings verschiebt die Empfindlichkeit der CCD-Kamera im Infraroten die Intensitäten, das heißt alle rötlichen Details (GRF) sind auf der CCD-Aufnahme zu hell, alle bläulichen Details (EZ-Projektionen) zu dunkel im Vergleich zum visuellen Anblick.

Tab. 7.25 Daten über den Planeten Jupiter (weitere Daten: Tabelle 7.26 „Physische Parameter des Jupitersystems")

Mittlere Entfernung von der Sonne	778,272 Mio. km = 5,2024 AE
Kleinste Entfernung von der Sonne	5,0 AE
Größte Entfernung von der Sonne	5,4 AE
Bahnumfang	4900 Mio. km
Mittlere Bahngeschwindigkeit	13,07 km/s
Abplattung	1 : 15,43
Fluchtgeschwindigkeit	61 km/s
Temperatur in der Atmosphäre	–130° C
Farbindex	+0,4 mag
Atmosphäre	Wolken beobachtbar. Sehr dichte Atmosphäre (95% der Gesamtmasse des Planeten), 90% H, 10% He, 0,07% CH_4, 0,02% NH_3, Spuren von Wasser, Eis, Ammoniakeis, Ammoniumhydrogensulfide, CO_2.
Oberflächenstruktur	Die dichte Atmosphäre verhindert die Beobachtung auf die feste Oberfläche. Der feste Planetenkern ist wahrscheinlich klein.
Kern	Flüssiger, metallischer Wasserstoff (innen) – erzeugt Magnetfeld; molekularer Wasserstoff (außen).
H_2O	Evtl. 0,1 ppm
Magnetfeld	Am magnetischen Nordpol 14,8 Gauß

Tab. 7.26 Physische Parameter des Jupitersystems

	Jupiter	Io	Europa	Ganymed	Kallisto
Äquatordurchmesser	142984 km (11,2 x Erde)	3630 km	3138 km	5262 km	4800 km
Poldurchmesser	133708 km				
Scheinbarer Äquatordurchmesser	30" bis 50"				
– mittlerer Wert zur Opposition	46,8"	1,2"	1,0"	1,7"	1,6"
Mittlere visuelle Oppositionshelligkeit	–2,7 mag	5,0 mag	5,3 mag	4,6 mag	5,7 mag
Größtmögliche Elongation 1)		2' 18"	3' 40"	5' 51"	10' 18"
Erdvolumen	1321				
Erdoberflächen	118				
Masse 2)	318	$4,68 \times 10^{-5}$	$2,52 \times 10^{-5}$	$7,80 \times 10^{-5}$	$5,66 \times 10^{-5}$
Mittlere Dichte	1,33 g/cm^3	3,6 g/cm^3	3,0 g/cm^3	1,9 g/cm^3	1,9 g/cm^3
Mittlere Entfernung 3)	5,20 AE	5,90	9,39	14,97	26,34
Bahnexzentrizität	0,048	0,004	0,009	0,002	0,007
Kleinstmögliche Entfernung von der Erde	3,95 AE				
Größtmögliche Entfernung von der Erde	6,45 AE				
Neigung der Bahnebene gegen die Ekliptik	1° 18'				
– gegen die Äquatorebene Jupiters	3° 07'	2'	28'	13'	31'
Siderische Umlaufzeit	11,857 a	1,769 d	3,551 d	7,155 d	16,689 d
Synodische Umlaufzeit	398,9 d				
Siderische Rotationszeit 5)	9 h 55,5 m	gebundene Rotation, d.h. wie siderische Umlaufzeit			
Rektaszension des Rotations-Nordpols 4)	268° 03'	268° 03'	268° 05'	268° 12'	268° 43'
Deklination des Rotations-Nordpols 4)	64° 29'	64° 30'	64°31'	64° 34'	64° 50'
Farbindizes B–V; U–B	0,83; 0,48	1,17; 1,30	0,87; 0,52	0,83; 0,50	0,86; 0,55
Geometrische Albedo	0,52	0,61	0,64	0,42	0,20

1) vom Zentrum der Jupiterscheibe zu einer mittleren Opposition
2) für Jupiter gegenüber der Erde, für die Monde gegenüber Jupiter
3) für Jupiter zur Sonne, für die Monde zum Jupiterzentrum in Planeten-Äquatorradien
4) J2000
5) für Jupiter: nahe System III

Literatur

[1] Mädlow, E.: Zur Nomenklatur der Oberflächendetails auf Jupiter, Die Himmelswelt **55**, 1948, S. 197–200
[2] Meeus, J.: Astronomische Algorithmen, Johann Ambrosius Barth, Leipzig, Berlin, Heidelberg, 1994
[3] Rogers, J. H.: The Giant Planet Jupiter, Cambridge University Press, S. 43ff., 1995
[4] Gehrels, T. (Hrsg.): Jupiter, The University of Arizona Press, Tucson (Arizona), 1976, S. 564ff
[5] Denning, W. F.: The Early History of the Great Red Spot on Jupiter, Sup. M.N.R.A.S. **59**, 1899, S. 574–584
[6] Kritzinger, H. H.: Über die Bewegung des Roten Fleckes auf dem Planeten Jupiter, Berlin, 1912
[7] Falorni, M.: The discovery of the Great Red Spot of Jupiter, J. Brit. Astron. Assoc. **97** (4/1987), S. 215–219
[8] Mettig, H.-J.: Systematische Positionierfehler beim Planetenzeichnen, MfP **5** (4/1981), S. 46–48
[9] Reese, E. J., Smith, B. A.: Evidence of Vorticity in the Great Red Spot of Jupiter, Icarus **9**, 1968, S. 474–486
[10] Solberg, H. G.: A 3-month oscillation in the longitude of Jupiter's Red Spot, Planet. Space Sci. **17**, 1969, S. 1573–1580
[11] Reese, E. J.: Jupiter's Great Red Spot and Three White Ovals, Sky and Telescope, Sept. 1967, S. 185–186, mit Korrektur Nov. 1967, S. 343
[12] Rogers, J. H.: Disturbances and Dislocations on Jupiter, J. Brit. Astron. Assoc. **90** (2/1980) S. 132–147
[13] Chapman, C. R., Reese, E. J.: A Test of the Uniformly Rotating Source Hypothesis for the South Equatorial Belt Disturbances on Jupiter, Icarus **9**, 1968, S. 326–335
[14] Paleske, H.: Hinweise zur Planetenbeobachtung; Astr. und Raumf. **27** (5/6/1989), S. 166–171
[15] Löbering, W.: Jupiterbeobachtungen von 1926 bis 1964, Nova Acta Leopoldina, Johann Ambrosius Barth Leipzig, S. 1969
[16] Hahn, G.: Systematische Fehler bei der Schätzung von Zentralmeridianpassagen auf Jupiter, MfP **15** (1/1991), S. 1–12
[17] Kowalec, Ch.: Hilfsmittel zur Positionsbestimmung auf Riesenplaneten, Die Sterne **49** (4/1973), S. 230–241
[18] Seidelmann, P. K. (Hrsg.): Explanatory Supplement to The Astronomical Almanac, University Science Books, Mill Valley (California), 1992.
[19] Roth, G. D.: Taschenbuch für Planetenbeobachter, 3. Auflage, Verlag Sterne und Weltraum, München, 1987
[20] Stoyan, R. C.: Jupiter 1993, Regiomontanusbote **6** (4/1993), S. 3–18
[21] Stoyan, R. C.: Der Tod des Kometen, Sterne und Weltraum **34** (4/1995), S. 312–318

[22] Hahn, G.: The 90-day oscillation of the jovian Great Red Spot, J. Brit. Astron. Assoc. **106** (1/1996), S. 40–43
[23] Mettig, H.-J.: Driftvariationen der drei langlebigen WOS auf Jupiter, Sterne und Weltraum **34** (10/1995), S. 739–741
[24] Haug, H.: Kartographie der Planeten, MfP **2**, 3 und 4, 1978
[25] Rogers, J. et. al.: Jupiter in 1999/2000: Activity old and new, J. Brit. Astron. Assoc. **110** (4/2000), S. 174–177

7.7 Saturn

von Ronald C. Stoyan, Grischa Hahn und Hans-Jörg Mettig

Oppositionsdaten					Größte Erdnähe			
Datum	UT h	Heliozentrische Länge ° '	Dekl. ° '	mag	Datum	UT h	Abstand AE	Äqu. Diam. "
1996 Sep 26	19	3 58	− 0 50	+0,7	1996 Sep 26	19	8,498	19,61
1997 Okt 10	4	16 54	+ 4 05	+0,4	1997 Okt 10	3	8,392	19,86
1998 Okt 23	19	30 10	+ 8 56	+0,2	1998 Okt 23	17	8,293	20,10
1999 Nov 6	14	43 42	+13 27	−0,0	1999 Nov 6	12	8,206	20,31
2000 Nov 19	12	57 30	+17 21	−0,2	2000 Nov 19	11	8,133	20,49
2001 Dez 3	14	71 29	+20 18	−0,3	2001 Dez 3	12	8,081	20,62
2002 Dez 17	17	85 36	+22 03	−0,3	2002 Dez 17	14	8,052	20,70
2003 Dez 31	21	99 46	+22 25	−0,3	2003 Dez 31	17	8,050	20,70
2005 Jan 13	23	113 53	+21 20	−0,2	2005 Jan 13	19	8,076	20,64
2006 Jan 27	23	127 52	+18 58	−0,0	2006 Jan 27	19	8,127	20,51
2007 Feb 10	18	141 38	+15 32	+0,2	2007 Feb 10	15	8,200	20,32
2008 Feb 24	10	155 09	+11 20	+0,4	2008 Feb 24	7	8,291	20,10
2009 Mar 8	20	168 22	+ 6 41	+0,7	2009 Mar 8	17	8,394	19,85
2010 Mar 22	0	181 17	+ 1 51	+0,7	2010 Mar 21	22	8,504	19,60
2011 Apr 3	24	193 52	− 2 57	+0,6	2011 Apr 3	23	8,614	19,35
2012 Apr 15	18	206 10	− 7 31	+0,4	2012 Apr 15	19	8,720	19,11
2013 Apr 28	8	218 12	−11 42	+0,3	2013 Apr 28	9	8,816	18,90

Tab. 7.27 Oppositionen von Saturn 1996–2013 nach J. Meeus

Saturn ist der zweitgrößte Planet des Sonnensystems und kreist in einer Entfernung von ca. 10 AE um die Sonne. Berühmt ist der Planet durch das ihn umgebende konzentrische Ringsystem. Ringe sind zwar eine typische Erscheinung bei allen äußeren Planeten (außer Pluto), aber im Falle Saturns sind sie besonders prominent ausgeprägt. Die Planetenkugel erscheint unter einem Winkel von maximal 21", ist also knapp halb so groß wie die Jupiterscheibe und in etwa vergleichbar mit Mars in einer Perihel-Opposition. Dazu kommt jedoch der Ring, der mit maximal 45" Längenausdehnung an den Wert des Jupiterdurchmessers heranreicht. Die Abplattung von Saturn ist stärker als bei seinem Nachbarn und beträgt 1:9 (Jupiter 1:16).

Zwei aufeinanderfolgende Saturn-Oppositionen sind durch zwölfeinhalb Monate getrennt, und für einen Umlauf um die Sonne braucht der Ringplanet knapp 30 Jahre. Die Rotationsachse ist mit 27° deutlich gegen die Bahnebene geneigt. Im Gegensatz zu Jupiter können also jahreszeitliche Effekte erwartet werden. Eine weitere Folge der Achsenneigung ist die wechselnde Ringöffnung für den irdischen Beobachter. So kommt es pro Saturnumlauf – von der Sonne aus gesehen – zweimal zu einer Kantenstellung des Rings, und je einmal ist seine Nord- und Südseite unter einem maximalem Winkel beobachtbar. Die Saturntrabanten sind nur zu Zeiten der Ringkantenstellung auf einer Linie aufgereiht. Ansonsten beschreiben sie für uns – mehr oder weniger exzentrisch – elliptische Bahnen um den Planeten (s. Abb. 7.109).

7.7.1 Saturn im Amateurfernrohr

Schon in einem 10fach vergrößernden Feldstecher und bei mittlerer Ringöffnung ist Saturn als Oval zu sehen. Ab ungefähr 30facher Fernrohrvergrößerung erkennt man, daß der Ring vom Planeten getrennt ist. Mit höheren Vergrößerungen (etwa ab 80fach) stellt sich ein verblüffender „3D-Effekt" ein, der den Ring recht plastisch im Raum hervortreten läßt und die Beobachtung Saturns zu einem besonderen Erlebnis macht.
Beschäftigen wir uns zunächst mit der Saturnkugel. Alle Einzelheiten, die wir auf ihr visuell wahrnehmen, sind atmosphärischer Natur. Das Erscheinungsbild des Planeten wird wie bei Jupiter durch ein Muster von sich abwechselnden dunklen Bändern und hellen Zonen geprägt. Allerdings sind diese Strukturen wegen der größeren Entfernung, der geringeren Sonneneinstrahlung und der atmosphärischen Beschaffenheit Saturns wesentlich schwächer als auf Jupiter ausgeprägt.
Die Bänder und Zonen werden mit einer Nomenklatur analog zu Jupiter bezeichnet. Das gleiche gilt übrigens auch für die Bezeichnungen und Codes der Einzelobjekte, die Definition von Nord und Süd, p.- und f.-Richtung. Bitte schlagen Sie zu diesen Punkten im Kapitel „Jupiter" nach. Auch die Saturn-Abbildungen sind traditionell astronomisch orientiert: Süden liegt oben, die p.-Richtung links.

Abb. 7.102 Zeichnung von Ronald C. Stoyan mit einem Newton 114/900 am 4.9.1991, 21:00 UT, bei 150facher Vergrößerung.

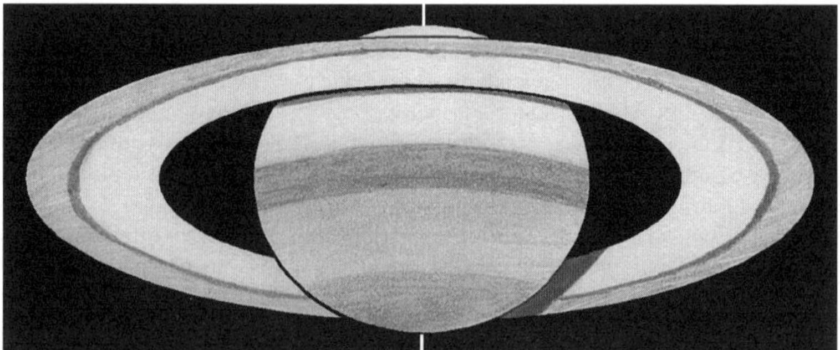

Es gibt weitere Ähnlichkeiten mit Jupiter: Die beiden Äquatorbänder, SEB und NEB, sind die dunkelsten und auffälligsten Strukturen, und Breite und Intensität der Bänder nehmen zu den Polen hin ab. Wegen der Neigung der Rotationsachse sehen wir aber meist nur eine Hemisphäre des Planeten, die andere ist größtenteils durch den Ring verdeckt. Von 1996 bis 2009 blicken wir auf die Südseite Saturns und können Details im SEB, in der STrZ usw. beobachten.
Betrachten wir den Eindruck, den uns die Saturnkugel durch ein Fernrohr mittlerer Größe (etwa 150 mm Öffnung) bietet. Man wird neben einem oder zwei der dunklen Äquatorbänder schemenhaft weitere dunkle Bänder angedeutet sehen, meistens STB und SSTB bzw. NTB und NNTB. Die Polgegend prägt eine uniform dunkle Region (SPR/NPR), die auch zum dunkelsten Oberflächenmerkmal des Planeten werden kann. Von den Zonen sind meist nur die EZ, STrZ und NTrZ deutlich ausgeprägt.
Saturn hat nicht jene Vielfalt an Einzelerscheinungen, die Jupiter so interessant macht. Selbst mit größeren Öffnungen und guter Optikqualität sind nur selten dunkle und helle kleine Flecken wahrzunehmen; ein guter 6"-Refraktor ist das instrumentell einzusetzende Minimum. Kleine dunkle Barren zeigen sich öfters an den äquatorseitigen Rändern von NEB und SEB, schemenhafte helle und dunkle Schattierungen sind in der NTrZ oder STrZ keine Seltenheit.
Im Falle Saturns spricht man von **krono**graphischen bzw. -zentrischen Koordinaten. Der Phasenwinkel des Ringplaneten beträgt höchstens 7°; aufgrund der Kleinheit der Planetenscheibe ist der Unterschied zwischen dem Zentralmeridian der vollen Planetenellipse und dem der sonnenbeschienenen Scheibe für Amateurbeobachtungen meist unwesentlich.

Abb. 7.103 Zonale Windgeschwindigkeiten der oberen Wolkenschicht Saturns in Bezug auf System III aus Messungen der Raumsonde Voyager 2 (Kreise) und aus erdgebundenen Messungen über einen hundertjährigen Zeitraum nach Dollfus und Reese (Quadrate).

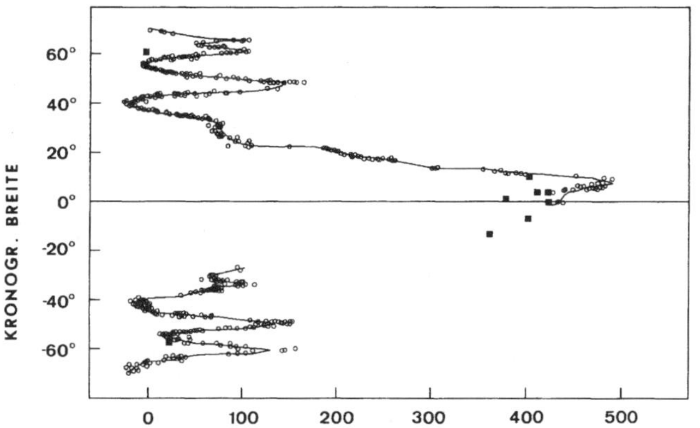

Der Planet dreht sich in zehneinhalb Stunden einmal um seine Achse. Auch für ihn wurden Rotationssysteme definiert, damit Positionen in fest rotierenden Gradnetzen angegeben werden können. Allerdings ist dieses Thema etwas verwirrender als bei Jupiter. Sowohl die IAU (International Astronomical Union) als auch die ALPO (Association of Lunar and Planetary Observers, USA) haben Rotationssysteme I, II und III festgelegt. Sie weichen aber voneinander ab und wurden zwischenzeitlich z.T. auch geändert. Die aktuell verwendeten Systeme sind die folgenden:

System	Rotationszeit	Tägl. Drehung	gilt für
I (IAU)	10 h 13 m 59,99 s	844,300°	EZ, SEB(N) und NEB(S)
II (ALPO)	10 h 38 m 25,42 s	812,000°	polwärts von System I
III (IAU)	10 h 39 m 22,40 s	810,7939024°	global

Tab. 7.28

System III liegt wie bei Jupiter der Radiowellenstrahlung zugrunde. Es wird meist von professionellen Astronomen verwendet. ZM-Tabellen für Saturn findet man z.B. im „Astronomical Almanac“ oder im russischen „Astronomicheskij Ezhegodnik“, leider aber nicht in den gängigen deutschen Jahrbüchern.
Die Bilder der Voyager-Sonden ließen erstmals ein umfassendes Strömungsprofil der Saturnatmosphäre aufstellen (Abb. 7.103). Da von der Erde aus sicht- und verfolgbare Einzelobjekte auf dem Ringplaneten selten sind, waren vorher nur einzelne Segmente des Strömungsprofils – vor allem in den äquatornahen Breiten – bekannt. Gerade deshalb sind Amateurbeobachtungen, die das von Voyager aufgestellte Profil bestätigen oder dagegen sprechen, sehr wertvoll.

7.7.2 Spezielle Strukturen in der Saturnatmosphäre

7.7.2.1 Große weiße Flecke

Gelegentlich ist in der Saturnatmosphäre ein großer weißer Fleck zu sehen. Bisher sind sechs solcher Erscheinungen beobachtet worden, und zwar in den Jahren 1793, 1846, 1876, 1903, 1933, 1960 und 1990. Interessant ist die angedeutete Periodizität der Erscheinungen von etwa 30 Jahren. Dies entspricht einem Umlauf des Saturn um die Sonne, man könnte also jahreszeitliche Effekte für das Auftreten der Flecken in Betracht ziehen. In der Tat werden sie als Ergebnis des Aufwärmprozesses in der Nordhemisphäre angesehen, der sich im späten Saturnsommer durch die Bildung aufsteigender Wolkenmassen am Äquator entlädt. Warum es im Sommer der Südhalbkugel nicht zur Ausbildung dieses Phänomens kommt, ist unklar.
Bis auf den Fleck von 1960, der in hohen nördlichen Breiten beobachtet wurde, lagen alle Erscheinungen in der EZ. Ihr Verhalten erinnert entfernt an Störungen auf Jupiter: Nach einer Periode ruhigen Verhaltens der Saturnatmosphäre erscheint plötzlich ein sehr heller kleiner Fleck in der EZ. Er breitet sich sehr schnell aus, wird von den Strömungen der angrenzenden Bänder mitgerissen

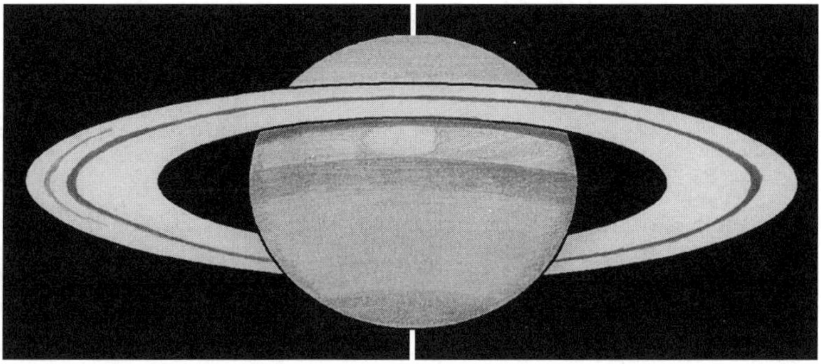

Abb. 7.104 Der Hay-Weber-Fleck von 1933 auf Saturn. Zeichnung nach einer Beobachtung von A. Weber am 6.8.1933.

und auseinandergezogen. Der Fleck verblaßt und vergrößert sich immer mehr, und nach ein paar Wochen ist nur noch eine besonders helle EZ zu sehen. Klassische Erscheinungen dieses Musters waren der Hay-Weber-Fleck 1933 (Abb. 7.104) und der Fleck von 1990. Wer also den Ausbruch des nächsten weißen Fleckes miterleben möchte, sollte den Planeten zu Beginn des Südherbstes (auf Saturn!) besonders eingehend betrachten [1].

7.7.2.2 *Kleine weiße Flecke*

Allerdings zeigt Saturn auch zu anderen Zeiten weiße Flecke, die an Intensität und Lebensdauer mit den gerade besprochenen jedoch nicht konkurrieren können. Diese eher blassen und verschwommenen Erscheinungen zeigen sich ebenfalls häufig in der EZ und können dort oft mehrmals in einer Sichtbarkeitsperiode auftreten. Ein besonders schönes Beispiel war der Fleck vom Herbst 1994 (Abb. 7.105). Die meisten dieser Erscheinungen sind jedoch um ein Vielfaches kleiner und unscheinbarer.

7.7.2.3 *Dunkle Flecke*

Dunkle Unregelmäßigkeiten der Bänder sind auf Saturn viel seltener als auf Jupiter zu beobachten. Schwer zu erfassen, aber in fast jeder Saturnopposition vorhanden sind kleine barrenähnliche Objekte an den äquatorseitigen Rändern von NEB und SEB. Diese Objekte tauchen oft paar- oder gruppenweise auf und stehen in Zusammenhang mit weißen Flecken in der EZ. Eine nähere Untersuchung von Driftverhalten und Phänomenologie dieser Erscheinungen ist sehr wünschenswert, instrumentell aber recht anspruchsvoll. Selten sind auffällige Flecke in den Äquatorbändern. Ein Beispiel ist der Dunkelbarren von 1949/1950, der ein recht ungewöhnliches Driftverhalten zeigte [2]. Verschwommene dunkle Strukturen liegen oft im Bereich STrZ/NTrZ.

Abb. 7.105 Zeichnung von A. Nikolai am 10.10.1994 um 20:05 UT. Deutlich sichtbar ist der weiße Fleck in der EZ. Beobachtet wurde mit einem 6"-Refraktor bei 225facher Vergrößerung.

Abb. 7.106 CCD-Aufnahme von André Nikolai mit 6"-Doppelrefraktor der WFS und LCCF14SC-Kamera am 1.9.1998, 0:22 UT, ZM II 46°. Deutlich zu erkennen sind die unterschiedlichen Helligkeiten der Ringsysteme. Kaum sichtbar teilt ein sehr feines EB die EZ. Ebenso sind STZ und Polregion zu sehen, auch der Planetenschatten auf dem Ring.

Abb. 7.107 CCD-Aufnahme des Saturn vom 13.1.2001, Grauauszug aus einem Farbkomposit, das aus je neun Blau- und Grün- sowie zehn Rotaufnahmen besteht, die zwischen 18:51 und 19:23 UT gewonnen wurden an einem 180-mm-Refraktor bei rund 5,6 Metern Äquivalentbrennweite. Kamera ST 5. Unverkennbar die Veränderungen in der Polregion gegenüber Aufnahmen von 1999; die Polkappe ist ebenso wie das sie umgebende Band deutlich schwächer geworden. Zudem haben sich die Ringe weiter geöffnet und den Nordteil des Planeten ganz verdeckt. Er schimmert nur noch durch die Cassini-Teilung. Aufnahme: Rudolf A. Hillebrecht.

Abb. 7.108 Zeichnung von Ronald C. Stoyan am 6.8.1994 um 0:05 UT mit einem 16"-Newton bei 450facher Vergrößerung. Dunkle Einzelheiten im NEB und diffuse Flecken in der NTrZ bestimmen das Bild.

7.7.3 Die Ringe

Das Ringsystem, das Saturn in seiner Äquatorebene umgibt, macht die Beobachtung erst zu einem richtigen Erlebnis. Es besteht aus einer Unmenge von Partikeln mit Größen von einigen Zentimetern bis zu zehn Metern, die den Planeten auf individuellen Bahnen umkreisen. Die Dicke des Ringes beträgt etwa 400 m.

Mit einem kleinen Refraktor von 60 mm Öffnung sieht man ab 60–80facher Vergrößerung, daß der Ring von der Planetenkugel getrennt ist. Bei 120facher wird man feststellen, daß der äußere Teil des Ringes dunkler erscheint als der innere. Benutzt man größere Öffnungen, erkennt man an der Trennungslinie dieser Bereiche verschiedener Intensität eine dunkle Lücke, die besonders in den Ansen (d.h. den spitzen Ringenden) hervortritt: die Cassini-Teilung. Sie trennt den dunkleren, äußeren Ring A von dem helleren inneren Ring B. Nach innen schließt sich Ring C an, der auch Flor- oder Krepp-Ring genannt wird. Er ist vor dem dunklen Himmelshintergrund nicht einfach zu beobachten, sondern erscheint als matter Schleier. Einfacher zu sehen ist Ring C vor dem Planeten; der dann dunkle halbdurchsichtige Ring darf aber nicht mit dem Ringschatten verwechselt werden.

Ringdetail	Abstand vom Planetenmittelpunkt
Innenring	74000 km
C-Ring	
	91800 km
B-Ring	
	117000 km
Cassini-Teilung	
	121500 km
A-Ring	
Außenrand des visuell sichtbaren Rings	136000 km

Tab. 7.29 Maße des Saturnringsystems, in Kilometern vom Planetenmittelpunkt

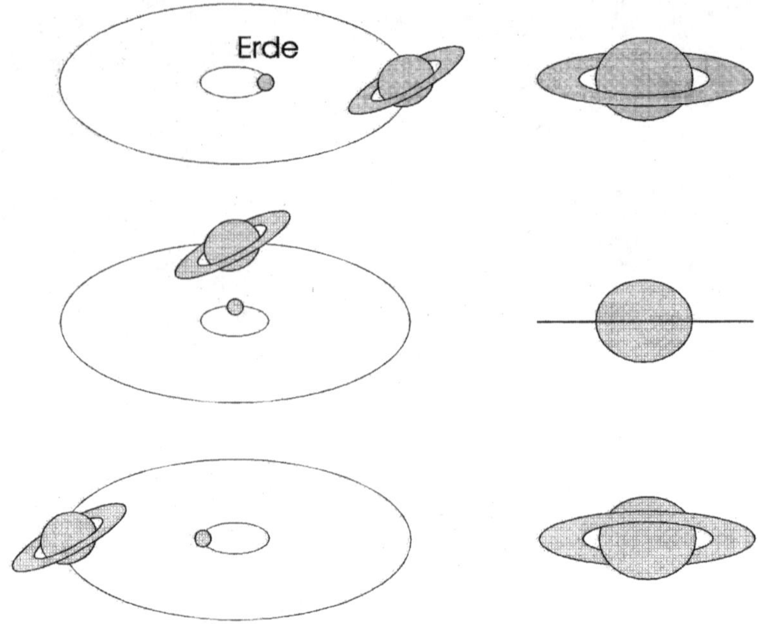

Abb. 7.109 Die wechselnde Öffnung des Saturnrings. Links die Stellung von Saturn und Erde im Sonnensystem, rechts der Anblick des Planeten im (nicht umkehrenden) Fernrohr.

In einem 5"-Refraktor zeigen sich neben der Cassini-Teilung weitere dunkle Trennungslinien. Die bekannteste ist die Encke-Teilung, die innerhalb des Rings A zu finden ist. Ihre Lage ist nicht konstant; oft liegt sie in der Mitte von Ring A, verschiebt ihre Position aber auch in einem Verhältnis von 1:2 zu einem der beiden Ränder. Innerhalb des Rings B werden ebenfalls feine Trennungslinien beobachtet, nur scheinen diese noch weniger konstant zu sein als die Encke-Linie. Genannt werden muß hier vor allem die sog. 3. Teilung an der Innenseite des B-Rings und die 5. Teilung als Trennlinie von Ring B zu C. Diese Teilungen sind aber nur zeitweise von der Erde aus zu sehen.
Beobachter, die das Glück hatten, bei perfektem Seeing an einem großen Gerät zu beobachten, berichten von vielen weiteren feinen Teilungsrillen im Saturn-Ring. Tatsächlich wissen wir ja von den Voyager-Sonden, daß „der" Ring aus vielen einzelnen Ringen besteht. Es ist ein interessantes Beobachtungsprojekt, die veränderliche Sichtbarkeit der feinen Ringteilungen zu untersuchen.
Mit noch größerer Teleskopöffnung zeigen die Ringe dem farbtüchtigen Beobachter eigenartige Schattierungen, die im Kontrast zu denjenigen des Planeten noch stärker hervortreten. So erscheint Ring A in einem bläulichen Ton, Ring B ist eher neutral und Ring C zart bräunlich. Deutlicher werden die Farbunter-

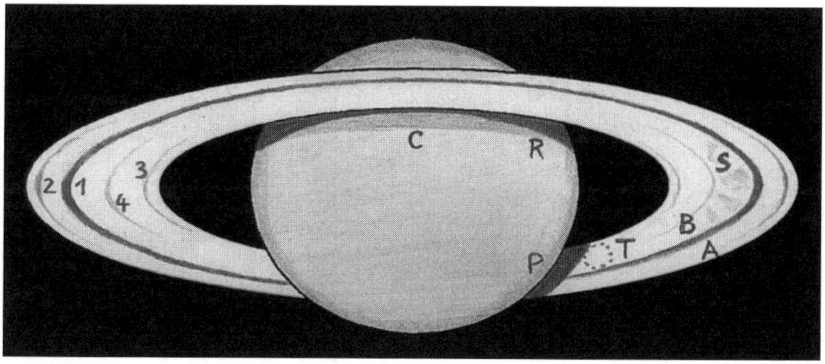

Abb. 7.110 Nomenklatur des Saturnringsystems. Es bedeuten: A – Ring A, B – Ring B, C – Ring C, 1 – Cassini-Teilung, 2 – Encke-Teilung, 3 – 3. Teilung, 4 – 4. Teilung, 5 – 5. Teilung, S – Ringspeichen, T – Therby's White Spot, P – Schatten des Planeten auf dem Ring, R – Schatten des Rings auf dem Planeten.

schiede, wenn man sie mit Farbfiltern herausarbeitet. Dabei tritt ein seltsames Phänomen auf, das bis heute nicht befriedigend erklärt ist: Bei der Beobachtung mit verschiedenen Filtern erscheint oft eine Ring-Anse im Verhältnis zur gegenüberliegenden in bestimmten Wellenlängenbereichen heller [3].

Von den Voyagersonden aufgenommen wurden dunkle, radial verlaufende Strukturen auf den Ringen, die sogenannten Speichen. Sie scheinen mit dem Ring zu rotieren und dabei Struktur und Intensität zu verändern. Die Speichen finden sich allerdings schon auf visuellen Beobachtungen, die hundert Jahre zurückreichen. Für gängige Amateurinstrumente sind sie kaum nachweisbar.

Besonders zur Zeit der Quadraturstellungen Saturns sind die Ringschattenphänomene gut zu beobachten. Man unterscheidet hier den Schatten des Planeten auf dem hinter der Planetenkugel befindlichen Teil des Rings sowie den Schatten, den der vor dem Planeten vorbeilaufende Ring auf Saturn wirft. Vor allem von ersterem werden von manchen Beobachtern interessante Dinge berichtet, wie ein ausgefranster oder „falscher" Verlauf des Schattens [6]. Selten beobachtet wird „Therby's White Spot", ein glänzend weißer Fleck auf dem Ring in unmittelbarer Nachbarschaft zum Schattenterminator [3] (s. Abb. 7.110).

Eine besonders interessante Zeit tritt alle 15 Jahre mit den Ringkantenstellungen ein. Der Planet erscheint dann eine Oppositionsperiode lang in der von Jupiter gewohnten Weise: Die dunklen Bänder sind nahezu gerade ausgerichtet, und die Monde pendeln auf einer Linie. Den Saturnring erblicken wir nur noch von der Seite, im besten Falle ist er ein heller Strich zu beiden Seiten des Planetenscheibchens. Die Erde passiert die Ringebene ein- oder dreimal innerhalb weniger Monate. Dabei kommt es vor, daß wir zeitweise auf die unbeleuchtete Seite des Ringes blicken und dessen Schatten als dunklen Streifen auf dem Planeten wahrnehmen, der Ring neben dem Planeten aber fast oder vollständig unsichtbar ist. Ein eigentümliches Streuverhalten der Ringpartikel läßt zu die-

Abb. 7.111 Zeichnung von Ronald C. Stoyan mit einem 14"-Newton am 10.8.1994 um 0:40 UT. In den eng geschlossenen Ringen erkennt man die Cassini- sowie die Encke-Teilung. Die Innenkante von Ring B ist deutlich dunkler.

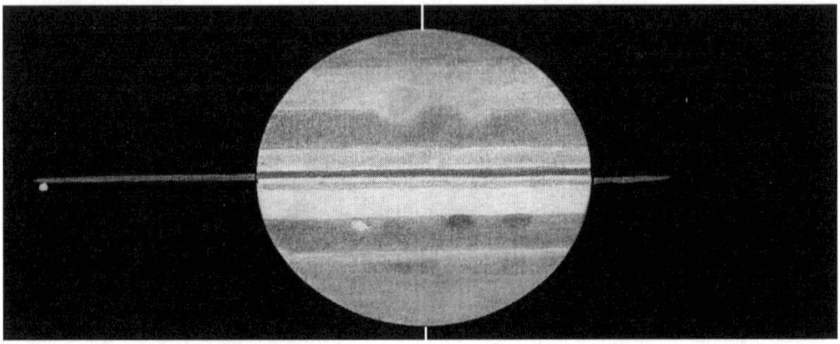

Abb. 7.112 Die Saturnringe von der unbeleuchteten Seite gesehen während der Kantenstellung 1995. Auffällig ist das asymmetrische Erscheinungsbild der Ringe auf beiden Seiten des Planeten; ein Mond steht an der Ringkante. Vor Saturn ist der Ringschatten dunkel und der projizierte Ring hell zu sehen. Zeichnung von R. C. Stoyan am 1.8.1996 um 0:25 UT mit einem 14"-Newton bei 350facher Vergrößerung.

Abb. 7.113 Die Saturnringe sind nur um 1,0° gegen unsere Sichtlinie geneigt, und die beleuchtete Ringseite ist sichtbar. Auch die Cassini-Teilung ist wieder deutlich zu sehen. Zeichnung von A. Nikolai mit einem 4"-Refraktor am 10.9.1995 um 22:19 UT.

sen Zeiten sonst dunkle Teile des Ringes (Cassini-Teilung, Ring C) hell durchscheinen (s. Abb. 7.112).
Blicken wir dagegen auf die beleuchtete Seite der nur ganz leicht geneigten Ringe (s. Abb. 7.113), so beschreiben sie oft keine klar definierte Linie. Stattdessen scheinen sie aus einzelnen Lichtknoten zu bestehen, die bestimmte, besonders helle Bereiche des Rings wiedergeben (z.B. die Außenkante des Rings B). Auch Variationen und Helligkeitsänderungen dieser Knoten und Ungleichheiten in beiden Ansen werden beobachtet. Unbedingt achtgeben sollte man darauf, Unregelmäßigkeiten des auf Kante stehenden *(edge on)* Rings nicht mit vorbeiziehenden Monden zu verwechseln.
Interessant sind Beobachtungen um die Zeitpunkte, zu denen Erde oder Sonne die Ringebene passieren: Wann wird der Ring unsichtbar? Gibt es Zeiten, in denen der Ring auch mit größeren Fernrohren und empfindlichen Methoden (CCD) nicht sichtbar ist? Ab welchem Zeitpunkt ist der Ringschatten auf dem Planeten wieder sichtbar?

7.7.4 Die Saturnmonde

Saturn umgibt ein gewaltiges System von 21 Trabanten, so viele wie bei keinem anderen Planeten. Je nach Teleskopöffnung und -qualität sind unterschiedlich viele durch den Amateur beobachtbar. Der größte Mond des Saturnsystems – und der einzige mit einer dichten Atmosphäre – ist Titan. Schon mit einem besseren Feldstecher ist er als ein „Stern" 8. Größenklasse zu sehen. Mit einem kleinen Refraktor kann außerdem Japetus in westlicher Elongation gesehen werden. Japetus zeigt pro Umlauf einen starken Lichtwechsel (10,3–12,1 mag): In westlichen Elongationen (d.h. auf der p.-Seite des Planeten) wendet er der Erde seine helle Seite mit einer Albedo von 0,5 zu, und in den östlichen Elongationen zeigt er uns seine dunkle Hemisphäre (Albedo 0,05). Mit einem 3"-Refraktor können wir innerhalb der Titanbahn noch die 9,7 mag helle Rhea in den Elongationen beobachten.
Das Problem bei der Sichtung schwacher Saturnmonde liegt nicht primär in ihrer geringen scheinbaren Helligkeit, sondern am störenden Glanz des nahen Ringplaneten. Mit einem Teleskop und Okularen von kompromißloser Qualität kann man diesem Problem mit einem Trick begegnen: Führt man den hellen Planeten knapp jenseits des Gesichtsfeldrandes und beläßt ihn dort mit Hilfe der Nachführung, kann man die Monde am Rand des Gesichtsfeldes mit wesentlich weniger Problemen ausmachen – vorausgesetzt, man weiß in etwa, wo sie sich befinden. Auf diese Weise macht ein 5"-Refraktor die Monde Dione und Tethys sichtbar, und in größeren Optiken kommen noch Enceladus und Mimas dazu. Interessant ist es, die Bewegung der Monde in wenigen Stunden oder aufeinanderfolgenden Nächten zu verfolgen und so die elliptischen Bahnen der Trabanten nachzuvollziehen.
Bei Vergrößerungen von über 400fach und einer Optik, die diese Vergrößerung zuläßt (guter 5"-Refraktor), ist Titan als winziges Scheibchen zu erkennen.

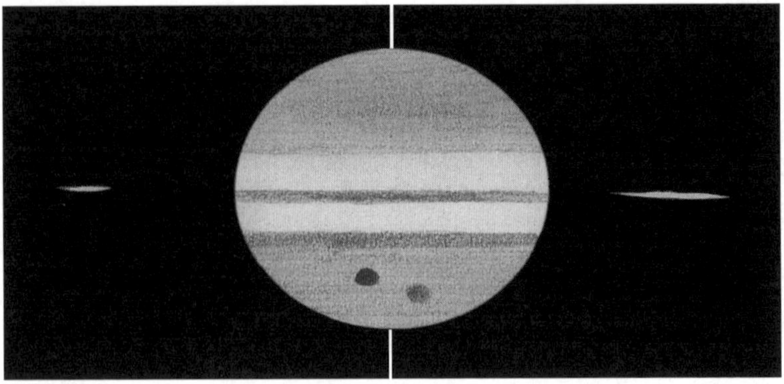

Abb. 7.114 Titan und sein Schatten beim Vorübergang vor der Saturnscheibe. Nach einer Photographie von G. Nemec am 12.9.1966 gegen 1:10 UT. Der Ringschatten auf dem Planeten bildet eine dunkle Linie in der EZ.

Deutlich wird dann auch seine orangefarbene Tönung, die auf seine atmosphärische Methanhülle hinweist.
Ringkantenstellungen bieten die seltene Gelegenheit, Erscheinungen der Saturnmonde zu beobachten. Prinzipiell lassen sich dann dieselben Phänomene beobachten wie bei den Jupitertrabanten. Für kleinere Instrumente interessant ist dabei lediglich Titan. Von ihm sind bereits mit vierzölligen Optiken Schattendurchgänge und Vorübergänge vor dem Planeten zu beobachten. Titan erscheint bei einem Vorübergang dank seiner niedrigen Albedo als deutlicher dunkler Fleck vor den Saturnwolken, vergleichbar in etwa mit der Erscheinung Ganymeds bei Jupiter (s. Abb. 7.114). Schattenvorübergänge weiterer Monde wurden nur in wenigen Einzelfällen gesehen, und es sind keine genauen Beobachtungsbedingungen bekannt. Am ehesten bestehen noch bei Rhea Chancen, aber dabei sollten Teleskope mit mindestens 15 Zoll Öffnung angesetzt werden [4].
Zu den Zeiten, wenn die Sonne die Saturnringebene schneidet, kann es auch zu gegenseitigen Erscheinungen der Saturnmonde kommen. Sie sind bisher aber nur selten beobachtet worden – hier gibt es ein weites Feld für den engagierten Planetenbeobachter, zumal die Bahnelemente der Saturntrabanten einer weiteren Verbesserung bedürfen.

7.7.5 Beobachtungsmethoden

Wegen der Ähnlichkeit der Phänomene gilt für Saturnbeobachtungen und deren Dokumentation und Auswertung praktisch dasselbe wie für Jupiter. An dieser Stelle sollen nur Saturn-spezifische Eigenheiten Erwähnung finden.
Der visuelle Beobachter benutzt vorgefertigte Schablonen, auf denen der jeweilige Ringverlauf vorgezeichnet ist. Vom Arbeitskreis Planetenbeobachter gibt es

ARBEITSKREIS PLANETENBEOBACHTER

Fachgruppe Planeten der Vereinigung der Sternfreunde e.V.

Saturn

Visuelle Beobachtung

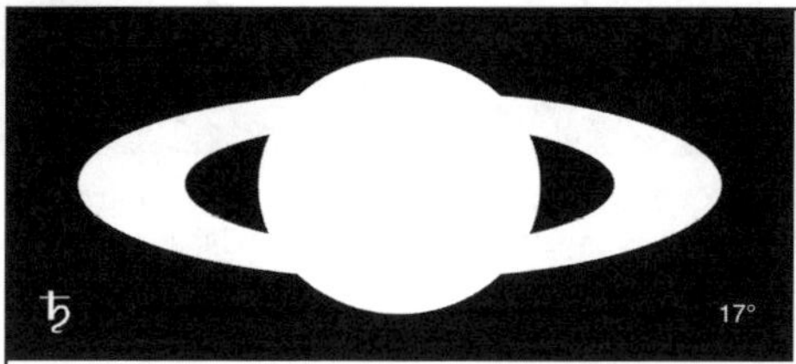

Orientierung ○SR ○NR ○SV ○NV

Kommentar

jjjj mm tt

Datum Nr.

hh:mm

UT

ZM ω1 ω2 ω3

Beobachter

Beobachtungsort

Luftruhe Durchsicht

Filter

Instrument

Vergr. x

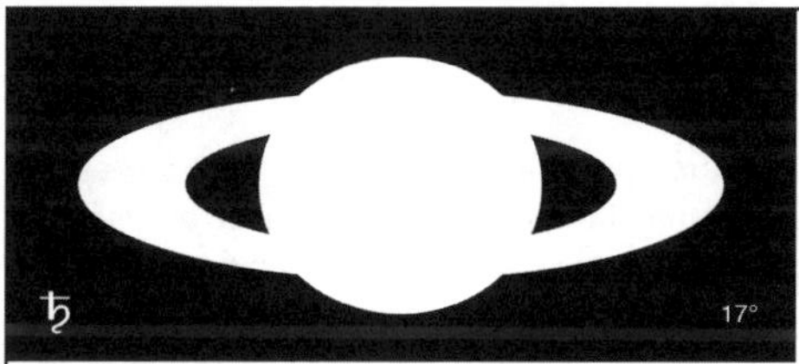

Orientierung ○SR ○NR ○SV ○NV

Kommentar

jjjj mm tt

Datum Nr.

hh:mm

UT

ZM ω1 ω2 ω3

Beobachter

Beobachtungsort

Luftruhe Durchsicht

Filter

Instrument

Vergr. x

Abb. 7.115 Von A. Nikolai für den „Arbeitskreis Planetenbeobachter" entwickelte Saturnschablonen. Es gibt für die jeweilige Ringlage angepaßte Schablonen. Bezug über A. Nikolai (Anschrift s. S. 342).

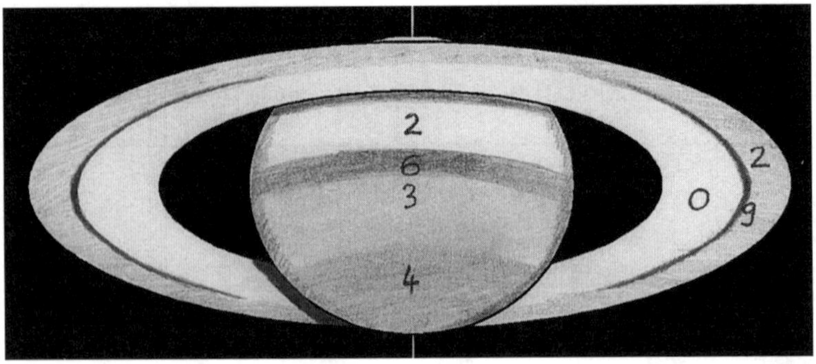

Abb. 7.116 Zeichnung von Ronald C. Stoyan vom 8.7.1990, 23:20 UT mit einem 4,5"-Newton bei 150facher Vergrößerung. Eingetragen sind die geschätzten Intensitätswerte.

ein Schablonen-Set, das den A- und B-Ring zeigt und alle Ringneigungen abdeckt. Pro Oppositionsperiode werden zwei bis vier verschiedene Schablonentypen benötigt; die aktuellen Ringneigungswerte erfährt der Beobachter aus astronomischen Jahrbüchern.

Die Krümmung der Bänder und Zonen erschwert prinzipiell ein positionsgenaues Einzeichnen, doch verlaufen ja die Bänder parallel zur Ringkrümmung, so daß sie relativ sicher an den Ring angeschlossen werden können. Wichtig ist die korrekte Plazierung von Ringschatten und Cassini-Teilung. Nicht zeichenbare Details wie die Sichtbarkeit des C-Rings oder die Beobachtung anderer Ringteile werden im Kommentar vermerkt, genauso natürlich Filter- oder Farbbeobachtungen.

Farbbeobachtungen werden durch die schwache Leuchtdichte der Saturnscheibe ungünstig beeinflußt. Neben einem geübten Auge erfordern sie beste Bedingungen und ein geeignetes Instrument. Saturn hat einen leicht beige-gelblichen Farbton, der vor allem in den Zonen hervortritt; sonst erscheinen lediglich die Äquatorbänder deutlich rotbraun gefärbt und die Polregionen olivgrau. Von manchen Beobachtern werden gar grünliche und bläuliche Töne in höheren Breiten beobachtet. Es gibt Untersuchungen, die Farbänderungen in der Saturnatmosphäre mit jahreszeitlichen Prozessen in Verbindung bringen.

Im Kontrast zur eher ockergelblichen Färbung des Planeten haben die Ringe einen eher weißlichen Ton, der im A-Ring sogar ins Bläuliche gehen kann. Der C-Ring kann mit sehr großen Teleskopöffnungen als diffus braun-violett wahrgenommen werden.

Der Gebrauch von Farbfiltern ist zur Unterstützung und Verifizierung solcher Farbbeobachtungen dringend anzuraten. Wegen der geringeren Helligkeit der Saturndetails können allerdings nur Filter mit einer höheren Lichtdurchlässigkeit benutzt werden als bei Jupiter. Bei Saturn gilt noch viel mehr der Grundsatz: Farbempfindlichkeit ist nicht jedermann gleich gegeben und erfordert jahrelange Übung des Auges.

Intensitätsschätzungen sind für die Langzeitüberwachung der Saturnatmosphäre ebenfalls wertvoll. Aufgrund des matteren Saturndetails liegen die Intensitätswerte (auf der Skala von 0 bis 10) aber näher beieinander als im Falle Jupiters und sind schwerer zu schätzen. Intensitäten von Atmosphärendetail können mit denen des Ringes verglichen werden; doch hat das unter Vorbehalt zu geschehen, da Helligkeitsschwankungen des Ringes nicht ausgeschlossen werden können. Ein Beispiel dafür ist der „Oppositionseffekt“, der in einem Zeitraum von ein paar Tagen um das Oppositionsdatum die Helligkeit der Ringe plötzlich erhöht [3].

Die Photographie von Saturn ist nicht ganz einfach. Lichtschwäche und geringe Kontraste erfordern längere Belichtungszeiten; oft wirken die Photos flau und dunkel. Auf Photographien mit kleineren Instrumenten sind üblicherweise nur die Intensitäten und Farben der Grobstrukturen auswertbar. Wirklich interessant wird die Saturnphotographie erst, wenn tiefer in die Details der Saturnatmosphäre eingestiegen werden kann, denn gerade die Erfassung von veränderlichen Details ist das vornehmliche Ziel der Saturnbeobachtung. Hier wird die CCD-Beobachtung in den nächsten Jahren einiges verbessern helfen.

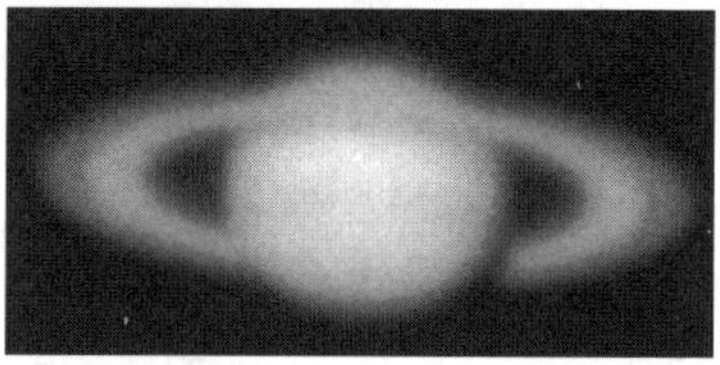

Abb. 7.117 Saturn am 24.9.1992, 20:14 UT, aufgenommen von Markus Pirzer mit einem 300/5000-mm-Refraktor, Äquivalentbrennweite 44 Meter, belichtet 8 Sekunden auf Ektar 1000.

Die Erstellung von Gesamtkarten und Entwicklungsdiagrammen ist für den Saturnauswerter schwieriger als bei Jupiter. Zum einen ist die starke Neigung der Saturnachse störend, und zum anderen verbirgt der Ring einen Teil der Saturnkugel. Für die Saturnkugel gibt es ebenfalls mit verschiedenen Ringneigungen ausgestattete Gradnetze, die die Messung von Positionen auf Zeichnungen ermöglichen (s. Abb. 7.118). Nur ist hier Vorsicht geboten: Saturnzeichnungspositionen weisen wegen des kleineren Planetenscheibchens und der matten Atmosphärendetails größere Fehler auf als im Falle Jupiters.

Abb. 7.118 Saturn-Deckgradnetze für 12° und 26° Achsenneigung.

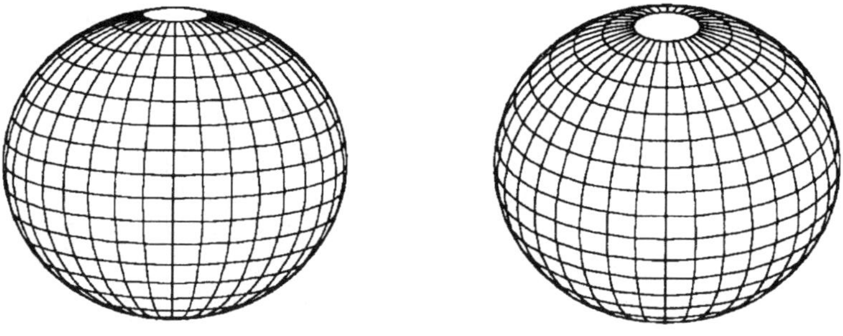

Tab. 7.30 Physische Parameter des Saturnsystems

	Saturn	Tethys	Dione	Rhea	Titan	Japetus
Äquatordurchmesser	120536 km (9,4 x Erde)	1060 km	1120 km	1530 km	5150 km	1460 km
Poldurchmesser	108728 km					
Scheinbarer Äquatordurchmesser	15" bis 21"					
– mittlerer Wert zur Opposition	19,4"	0,17"	0,18"	0,25"	0,83"	0,25"
Mittlere visuelle Oppositionshelligkeit	+0,7 mag 5)	10,2 mag	10,4 mag	9,7 mag	8,3 mag	10,2...11,9 mag
Größtmögliche Elongation 1)		48"	1' 01"	1' 25"	3' 17"	9' 35"
Erdvolumen	764					
Erdoberflächen	81					
Masse 2)	95,16	1,3 x 10^{-6}	1,85 x 10^{-6}	4,4 x 10^{-6}	2,38 x 10^{-4}	3,3 x 10^{-6}
Mittlere Dichte	0,69 g/cm³	1,2 g/cm³	1,4 g/cm³	1,3 g/cm³	1,9 g/cm³	1,2 g/cm³
Mittlere Entfernung 3)	9,57 AE	4,89	6,26	8,74	20,27	59,09
Bahnexzentrizität	0,053	0,000	0,002	0,001	0,029	0,028
Kleinstmögliche Entfernung von der Erde	8,00 AE					
Größtmögliche Entfernung von der Erde	11,04 AE					
Neigung der Bahnebene gegen die Ekliptik	2° 29'					
– gegen die Äquatorebene Saturns	26° 44'	1° 52'	1'	21'	20'	14° 43'
Siderische Umlaufzeit	29,424 a	1,888 d	2,737 d	4,518 d	15,945 d	79,330 d
Synodische Umlaufzeit	378,1 d					
Siderische Rotationszeit 6)	10 h 30 m	gebundene Rotation, d.h. wie siderische Umlaufzeit				
Rektaszension des Rotations-Nordpols 4)	40° 35'	40° 40'	40° 40'	40° 23'	36° 25'	318° 10' ... k.I.
Deklination des Rotations-Nordpols 4)	83° 32'	83° 31'	83° 31'	83° 33'	83° 56'	75° 02' ... k.I.
Farbindizes B–V; U–B	1,04; 0,58	0,73; 0,30	0,71; 0,31	0,78; 0,38	1,28; 0,75	0,72; 0,30
Geometrische Albedo	0,47	0,9	0,7	0,7	0,21	0,05 ... 0,5

1) vom Zentrum der Saturnscheibe zu einer mittleren Opposition
2) für Saturn gegenüber der Erde, für die Monde gegenüber Saturn
3) für Saturn zur Sonne, für die Monde zum Saturnzentrum in Planeten-Äquatorradien
4) J2000
5) ohne Ringe
6) für Saturn: nahe System III

Mittere Entfernung von der Sonne	1431,60 Mio. km = 9,5697 AE
Kleinste Entfernung von der Sonne	9,1 AE
Größte Entfernung von der Sonne	10,0 AE
Bahnumfang	9000 Mio. km
Mittlere Bahngeschwindigkeit	9,67 km/s
Abplattung	1 : 9,29188
Fluchtgeschwindigkeit	37 km/s
Temperatur in der Atmosphäre	– 185° C
Farbindex	+ 0,7 mag
Atmosphäre	Macht 85 % der Gesamtmasse des Planeten aus. Die Verhältnisse ensprechen sonst denjenigen auf Jupiter (siehe S. 286) 97 % H_2; 3% He; 0,05 % CH_4
Oberflächenstruktur	Wie Jupiter (siehe Seite 286).
H_2O	Vorhanden (als Eis-Aerosol)
Magnetfeld	Am magnetischen Nordpol 0,69 Gauß.

Tab. 7.31 Einige Daten des Planeten Saturn (weitere s. Tab. 7.30)

Literatur

[1] Sandner, W.: Planeten – Geschwister der Erde, Weinheim 1971
[2] Roth, G. D.: Taschenbuch für Planetenbeobachter, 3. Auflage, München 1987
[3] Dobbins, T., Parker, D., Capen, C.: Observing and Photographing the Solar System, Richmond 1988
[4] Sandner, W.: Monde und Ringe im Sonnensystem, SuW-Taschenbuch, München 1966
[5] Seidelmann, P. K. (Hrsg.): Explanatory Supplement to The Astronomical Almanac, University Science Books, Mill Valley (California), 1992
[6] Spangenberg, W. W.: Über die Schattenphänomene des Saturnringes, Die Sterne **43** (9–10/1967), S. 196–200
[7] Stoyan, R. C.: Die Kantenstellung der Saturnringe 1995/96, Sterne und Weltraum **35** (10/1996), S. 770–774

7.8 Uranus

von Ronald C. Stoyan

Mit dem Planeten Uranus verlassen wir den Bereich der Planeten, die im Fernrohr einen imposanten Anblick bieten. Uranus, Neptun und Pluto sind alle erst in der Neuzeit entdeckt worden; vom Erscheinungsbild der beiden Gasplaneten Uranus und Neptun konnte uns erst die Raumsonde Voyager 2 1986 und 1989 ein verläßliches Bild liefern.

Oppositionsdaten					Größte Erdnähe			
Datum	UT h	Helio-zentri-sche Länge ° '	Dekl. ° '	mag	Datum	UT h	Ab-stand AE	Äqu. Diam. "
1996 Jul 25	7	302 36	–20 10	6,00	1996 Jul 24	11	18,760	3,65
1997 Jul 29	19	306 42	–19 13	6,01	1997 Jul 28	24	18,809	3,64
1998 Aug 3	7	310 46	–18 11	6,02	1998 Aug 2	10	18,855	3,64
1999 Aug 7	18	314 49	–17 04	6,03	1999 Aug 6	22	18,895	3,63
2000 Aug 11	5	318 51	–15 52	6,04	2000 Aug 10	8	18,931	3,62
2001 Aug 15	15	322 52	–14 37	6,04	2001 Aug 14	18	18,964	3,62
2002 Aug 20	1	326 51	–13 18	6,05	2002 Aug 19	2	18,993	3,61
2003 Aug 24	10	330 50	–11 55	6,05	2003 Aug 23	12	19,019	3,60
2004 Aug 27	18	334 49	–10 30	6,06	2004 Aug 26	20	19,042	3,60
2005 Sep 1	3	338 47	– 9 02	6,06	2005 Aug 31	5	19,060	3,60
2006 Sep 5	11	342 45	– 7 32	6,07	2006 Sep 4	12	19,075	3,59
2007 Sep 9	19	346 42	– 6 00	6,07	2007 Sep 8	21	19,086	3,59
2008 Sep 13	2	350 40	– 4 26	6,07	2008 Sep 12	4	19,092	3,59
2009 Sep 17	9	354 38	– 2 52	6,07	2009 Sep 16	13	19,093	3,59
2010 Sep 21	17	358 36	– 1 17	6,07	2010 Sep 20	20	19,088	3,59
2011 Sep 26	0	2 34	+ 0 19	6,07	2011 Sep 25	5	19,077	3,59
2012 Sep 29	7	6 33	+ 1 55	6,06	2012 Sep 28	13	19,061	3,60
2013 Oct 3	14	10 31	+ 3 30	6,06	2013 Oct 2	21	19,040	3,60

Tab. 7.32 Oppositionen von Uranus 1996–2013 nach J. Meeus

Uranus umkreist in einem mittleren Abstand von 2,9 Milliarden km in 84 Jahren einmal die Sonne. Er hat einen Durchmesser von etwa 51 000 km, das ist weniger als die Hälfte des Saturndurchmessers. Am irdischen Himmel erscheint Uranus mit einer mittleren Oppositionshelligkeit von 5,6 mag und unter einem Durchmesser von nicht mehr als 3,8 Bogensekunden. Aufnahmen von Voyager 2 zeigen nur matte Erscheinungen in der Atmosphäre, aber detailreich mehrere schwache Ringe um den Planeten.

Uranus wurde 1781 von Friedrich Wilhelm Herschel, einem der größten visuellen Beobachter aller Zeiten, mit einem Teleskop von 160 mm Öffnung entdeckt, als er gerade den Himmel nach Doppelsternen durchmusterte. Herschel dachte, das diffuse Objekt wäre ein neuer Komet, erst nach einiger Zeit wurde seine Natur als Planet klar – zur großen Überraschung seiner Zeitgenossen. Uranus ist unter guten Bedingungen in Opposition leicht mit bloßem Auge zu sehen. Zwar durchstreift der Planet derzeit die südlichen Teile der Ekliptik, aber bei einer stellaren Grenzgröße von mindestens 6 mag in der Nähe des Planeten und einem Aufsuchkärtchen aus einem Jahrbuch ist Uranus mit bloßem Auge zu identifizieren – eine sehr interessante Erfahrung.

Im Fernglas oder Fernrohrsucher erscheint Uranus als helles „Sternchen“ im Feld. Kleine Teleskope zeigen ab etwa 80- bis 100facher Vergrößerung ein kleines Scheibchen von blassem blaugrau-grünlichen Teint.

Die visuelle Beobachtung von Atmosphärendetail auf Uranus gehört zu den schwierigsten Übungen des Planetenbeobachters. Zuerst gilt es, die Aspekte der komplizierten Bahnlage des Planeten zu berücksichtigen (Abb. 7.119). Die Rotationsachse von Uranus ist um 98° gegen die Senkrechte der Bahnebene geneigt. Das heißt: Der Planet zeigt uns einmal pro Umlauf den Anblick auf seinen Südpol, 21 Jahre später blicken wir auf die Äquatorgegend, weitere 21 Jahre später auf den Nordpol, dann wieder auf die Äquatorregion. Visuell sichtbares rotierendes Detail sollte also nur entsprechend zu verfolgen sein.

Ein großes Problem ist das generelle diffuse Erscheinungsbild von Uranus′ Atmosphärendetail und die starke Randverdunklung des Planeten. Es ist ratsam, bei der Beobachtung zunächst auf einen Stern scharf zu stellen. Exzellentes Seeing ist die Grundvoraussetzung für einen Versuch, visuell oder mit CCD-Technik Detail zu erfassen; die klassische Photographie versagt hier, weil zu große Brennweiten und damit zu lange Belichtungszeiten benötigt werden. Als Öffnung sind mindestens 10" guter Optik anzusetzen.

Abb. 7.119 Bewegung des Planeten Uranus um die Sonne. Die Rotationsachse ist 98° zur Senkrechten auf der Bahnebene geneigt.

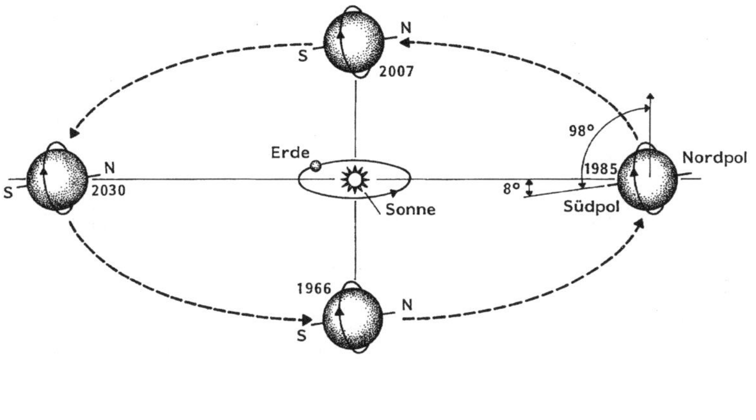

In der Literatur sind zahlreiche Versuche von visuellen Beobachtern der letzten 150 Jahre dokumentiert, Detail auf dem Planeten zuverlässig festzuhalten und die Rotationsperiode auf visuellem Weg zu bestimmen. Die Gebrüder Henry beobachteten 1884 Uranus mit dem 15"-Refraktor in Meudon und sahen schwache dunkelgraue Bänder parallel zum Äquator, ebenso wie Holden, Schaeberle und Keeler 1889–1891 mit dem 36"-Lick-Refraktor. Leo Brenner behauptete 1896, mit seinem 7"-Refraktor die Rotationsperiode zu 8 h 17 min bestimmt zu haben, recht genau die Hälfte des heutigen Wertes [1]. Erfahrene Beobachter, wie Adouin Dollfus mit dem 24"-Refraktor auf dem Pic du Midi, berichteten aber immer wieder, keine Streifenstruktur, sondern ein gescherktes oder geflecktes Aussehen zu erkennen, das bei schlechteren Bedingungen in streifenartige Muster überginge [2]. In Deutschland hat Franz Kimberger 1962 erstmals versucht, durch Auswertung einer Reihe von Uranuszeichnungen, die mit einem 10"-Newton gewonnen wurden, eine Atmosphärenkarte in Mercatorprojektion zu erstellen [3, 4]. 1981 gelang es O'Meara, Rudenko und Collins mit dem 9"-Refraktor des Harvard-Observatoriums mehrere helle Wolken zu verfolgen. Dabei konnte schon fünf Jahre vor der Passage von Voyager 2 eine Rotationszeit von 16 h 20 min festgestellt werden [1, 5]. Zu den Zeiten, in denen von der Erde die äquatornahen Breiten optimal sichtbar sind, kann in großen Teleskopen auch die Abplattung des Uranusscheibchens erkannt werden.
Bei der Beobachtung und Auswertung ist größte Vorsicht geboten. Zu leicht interpretiert man Fluktuationen des Seeings oder Schattierungen, die durch Flecken vom Augenhintergrund projiziert werden, als „reales" Detail. Der Nachweis von Einzelheiten liegt im Grenzbereich der Wahrnehmungsfähigkeit des menschlichen Auges. Trotzdem soll der interessierte Beobachter sich nicht von vornherein abschrecken lassen. Franz Kimberger, ein langjähriger Marsbeobachter, der auch viel Erfahrung mit Uranusbeobachtungen gesammelt hat, schreibt: „Es genügt nicht, wenn man bei einem einmaligen Hinblicken die Beobachtung beendet. Nicht nur der Luftunruhe halber, man muß beim Planetenbeobachten bekanntlich immer wenigstens kurze ruhige Phasen abwarten. Bei Uranus besieht man ein sehr kleines Scheibchen, was doppelt anstrengend ist. Man gewinnt meines Erachtens nichts, wenn man über längere Zeit ins Okular starrt. Vor allem bei Uranus erschien es mir besser, nach etwa einer halben Minute das Auge ausruhen zu lassen, um dann zu kontrollieren, ob dasselbe Beobachtungsergebnis zustande kommt. Die Details auf Uranus sind noch zarter angedeutet als bei Mars und Jupiter, vergleichbar denen von Saturn." Zwei Zeichnungen, die Franz Kimberger 1962 von Uranus anfertigte, mögen hier demonstrieren, was der Beobachter von mittleren Optiken erwarten kann (Abb. 7.120, 7.121).

Uranus zeigt deutliche Helligkeitsschwankungen, die nur zum Teil erklärt sind:

1. Siderischer Umlauf	Periode 84 Jahre	Amplitude 0,2 mag
2. Synodischer Umlauf	Periode 370 Tage	Amplitude 0,43 mag
3. Stellung der Polachse	Periode 42 Jahre	Amplitude 0,31 mag
4. Rotationslichtwechsel	Periode 17 h 12 min	Amplitude 0,1 mag

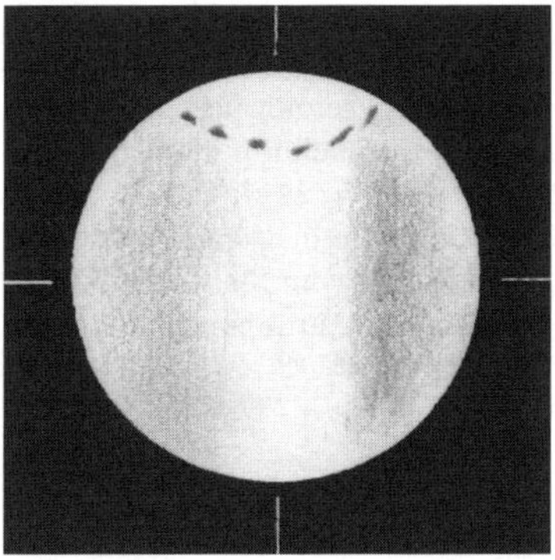

Abb. 7.120 Uranus am 1.4.1962 um 19:45 UT. Zeichnung von Franz Kimberger mit einem 10-Zöller bei 330facher Vergrößerung. Die hellste Partie ist der mit Punkten angedeutete Bereich, beide Dunkelbezirke sind unterschiedlich intensiv.

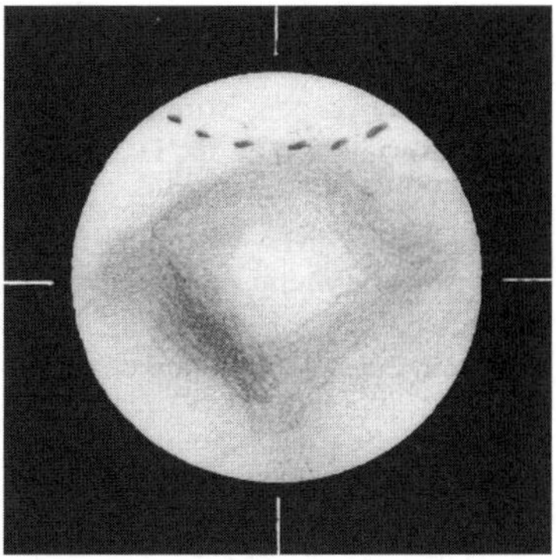

Abb. 7.121 Uranus am 25.3.1962 um 18:45 UT. Zeichnung von Franz Kimberger mit einem 10-Zöller bei 330facher Vergrößerung. Die hellste Partie ist der mit Punkten angedeutete Bereich; die netzartige Struktur wurde zunächst für einen optischen Täuschungseffekt gehalten, nach mehreren Unterbrechungen der Beobachtung entstand jedoch stets derselbe Eindruck.

Dazu überlagert sind weitere unbekannte Schwankungen mit Amplituden bis zu 0,5 mag. Eine photometrische Überwachung, die schon mit bescheidenem Instrumentarium geschehen kann, erscheint sinnvoll.
Voyager 2 entdeckte, daß Uranus eine differentielle Rotation ausführt, allerdings mit den langsamsten Geschwindigkeiten am Äquator (17 h 12 min). Zwei weiße Wolken, die von der Sonde auf 27° und 35° Breite verfolgt werden konnten, zeigten Rotationsperioden von 16 h 54 min und 16 h 18 min. Je nachdem, in welcher Breite gerade helle Wolken aktiv sind, kann so auch der Rotationslichtwechsel verfälscht werden.
Uranus besitzt 18 seit Voyager 2 bekannte Monde, davon wurden fünf schon vor dem Vorbeiflug der Raumsonde entdeckt:

Name	Opp.-Helligkeit	Max. Elongation	Umlaufzeit
Oberon	14,1 mag	43"	13,46 d
Titania	13,9 mag	32"	8,70 d
Umbriel	15,0 mag	19"	4,15 d
Ariel	14,3 mag	12"	2,52 d
Miranda	16,5 mag	9"	1,41 d

Tab. 7.33

Oberon und Titania, die beiden äußeren Monde, können visuell schon in einem Achtzöller gesichtet werden, sie wurden 1787 von F. W. Herschel entdeckt.

Umbriel und Ariel verlangen schon wesentlich größere Öffnungen, von erfahrenen Beobachtern sind aber alle vier Monde schon mit einem 11zölligen Refraktor gesehen worden. Miranda ist ein anspruchsvolles Ziel nur für photographische Beobachter. Die CCD-Technik erlaubt es heute auch mit kleinen Instrumenten, das Uranus-Mondsystem aufzunehmen (Abb. 7.122, 7.123). Bilderreihen zeigen die Bewegung der Monde je nach Bahnlage der Uranusachse. Ein detailliertes Ephemeridenprogramm (z.B. MONS-Eph vom Sternberg-Institut, Moskau), das die Uranusmonde verläßlich zeigen kann, hilft bei der Beobachtungsvorbereitung und -auswertung.

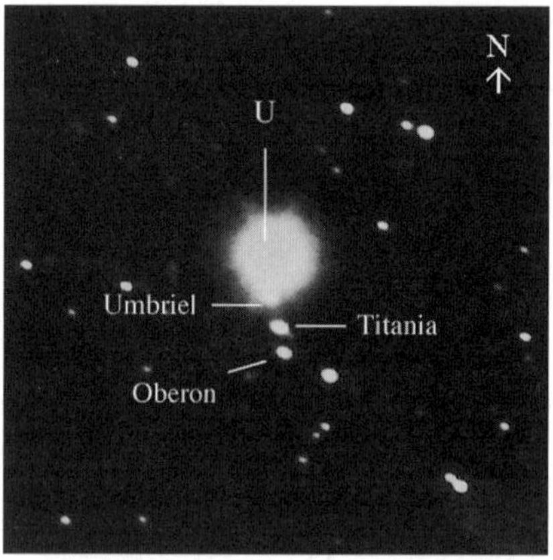

Abb. 7.122 Die äußeren Uranusmonde Oberon, Titania und Umbriel am 29.8.1992. Photo von Bernd Koch mit einem 11"-Schmidt-Cassegrain bei 1920 mm Brennweite; 45 min belichtet auf TP2415. Beobachtungsort in Namibia.

Abb. 7.123 Die inneren Uranusmonde. CCD-Aufnahme von G. Quarra Sacco, A. Leo und D. Sarocchi mit dem 1 m–Spiegel auf dem Pic du Midi (f = 17000 mm) in der Nacht vom 26./27.9.1995. Benutzt wurde eine CCD-Kamera ISIS CCD-800 mit IR-Filter; zwei Aufnahmen á 12s wurden addiert. Gekennzeichnet sind die aufgenommenen Monde und ein Feldstern. Norden ist oben.

Mittlere Entfernung von der Sonne	2887,69 Mio. km = 19,3030 AE
Kleinste Entfernung von der Sonne	18,5 AE
Größte Entfernung von der Sonne	20,0 AE
Exzentrizität	0,0431
Kleinste Entfernung von der Erde	17,29 AE
Größte Entfernung von der Erde	21,07 AE
Bahnumfang	18 000 Mio. km
Mittlere Bahngeschwindigkeit	6,84 km/s
Siderische Umlaufzeit	83,747 Jahre
Synodische Umlaufzeit	369,66 Tage
Bahnneigung gegen die Ekliptik	0,7734°
Äquatordurchmesser	51 118 km
Abplattung	1 : 33
Oberfläche in Erdoberflächen	16
Rauminhalt in Erdvolumen	62
Masse	$8{,}6625 \cdot 10^{28}$ g
in Erdmassen	14,50
Dichte	1,30 g/cm^3
Rotationszeit	15 h 36 min
Neigung des Äquators gegen die Bahnebene	82,14° (bzw. 97,86°)
Fluchtgeschwindigkeit	21,3 km/s
Temperatur in der Atmosphäre	– 210° C
Geometrische Albedo	0,51
Farbindex	+ 0,4 mag
Scheinbare Helligkeit max.	+ 5,3 mag
Scheinbare Helligkeit min.	+ 6,2 mag
Scheinbarer Durchmesser max.	4"
Scheinbarer Durchmesser min.	3"
Atmosphäre	63 % H, 15 % He, 2 % CH_4
Oberflächenstruktur	Keine Beobachtungsmöglichkeit
H_2O	Möglich

Tab. 7.34 Dimensionen und Bahnverhältnisse des Planeten Uranus

Literatur

[1] Dobbins, T. A., Parker, D. C., Capen, C. F.: Observing and Photographing the Solar System, Richmond 1988
[2] de Callataÿ, V., Dollfus, A.: Atlas der Planeten, München 1969
[3] Sandner, W.: Planeten – Geschwister der Erde, Weinheim 1971
[4] Kimberger, F.: Die Oberfläche des Planeten Uranus, in: Die Sterne **41**, S. 160–162 (7–8/1965)
[5] O'Meara, S. J.: A Visual History of Uranus, in: Sky & Telescope 11/1985

7.9 Neptun

von Ronald C. Stoyan

Oppositionsdaten					Größte Erdnähe			
Datum	UT h	Heliozentrische Länge ° '	Dekl. ° '	mag	Datum	UT h	Abstand AE	Äqu. Diam. "
1996 Jul 18	18	296 22	–20 24	7,67	1996 Jul 18	14	29,144	2,51
1997 Jul 21	7	298 34	–10 02	7,67	1997 Jul 21	3	29,134	2,51
1998 Jul 23	20	300 46	–19 39	7,67	1998 Jul 23	16	29,123	2,51
1999 Jul 26	9	302 58	–19 13	7,66	1999 Jul 26	4	29,110	2,51
2000 Jul 27	23	305 11	–18 46	7,66	2000 Jul 27	17	29,098	2,51
2001 Jul 30	12	307 23	–18 17	7,66	2001 Jul 30	4	29,086	2,51
2002 Aug 2	1	309 35	–17 47	7,66	2002 Aug 1	17	29,074	2,51
2003 Aug 4	14	311 47	–17 15	7,66	2003 Aug 4	4	29,064	2,52
2004 Aug 6	3	314 00	–16 42	7,66	2004 Aug 5	17	29,055	2,52
2005 Aug 8	16	316 12	–16 07	7,66	2005 Aug 8	5	29,047	2,52
2006 Aug 11	5	318 25	–15 30	7,65	2006 Aug 10	17	29,040	2,52
2007 Aug 13	18	320 38	–14 53	7,65	2007 Aug 13	6	29,032	2,52
2008 Aug 15	7	322 51	–14 14	7,65	2008 Aug 14	18	29,024	2,52
2009 Aug 17	21	325 04	–13 33	7,65	2009 Aug 17	8	29,016	2,52
2010 Aug 20	10	327 17	–12 52	7,65	2010 Aug 19	20	29,006	2,52
2011 Aug 22	23	329 31	–12 09	7,65	2011 Aug 22	9	28,995	2,52
2012 Aug 24	12	331 44	–11 26	7,65	2012 Aug 23	21	28,984	2,52
2013 Aug 27	1	333 57	–10 42	7,64	2013 Aug 26	10	28,973	2,52

Tab. 7.35 Oppositionen von Neptun 1996–2013 nach J. Meeus

Neptun, derzeit der äußerste der großen Planeten, bewegt sich in einem mittleren Abstand von 4,5 Milliarden km in etwa 165 Jahren um die Sonne. Er erscheint von der Erde aus mit einer maximalen Helligkeit von 7,5 mag und unter einem Durchmesser von 2,5". Neptun gehört zur Gruppe der Gasplaneten des äußeren Sonnensystems, mit 49 500 km ist sein Äquatordurchmesser nur geringfügig kleiner als der von Uranus, und ihn umgibt wie alle äußeren Planeten ein Ringsystem.

Die Entdeckung des Planeten gehört zu den großen Dramen in der Astronomiegeschichte. Der Engländer J. C. Adams und der Franzose U. J. J. Leverrier berechneten gleichzeitig aus Bahnstörungen von Uranus die Bahn und die Position eines achten Planeten. J. G. Galle war es schließlich, der Neptun 1846 in Berlin auf einen Brief von Leverrier hin nahe der vorhergesagten Position im Steinbock entdeckte.

Neptun kann visuell bereits mit einem kleinen Feldstecher gesehen werden. Dazu benötigt man eine Aufsuchkarte, wie sie für jede Beobachtungsperiode alle gängigen Jahrbücher geben. Im Teleskop sieht der Planet bei geringer Vergrößerung zunächst wie ein bläuliches Sternchen aus. Vergrößert man bei gutem Seeing mindestens 200fach, so erkennt man ein kleines mattes Scheibchen dunkelblauer Färbung. Auch in den größten Fernrohren ist visuell kaum mehr zu erhaschen. Gelegentlich wird von erfahrenen Beobachtern eine leicht hellere Äquatorzone beschrieben, vielfach aber auch ein geschecktes oder marmoriertes Aussehen, das wohl auf Seeingeffekte und die Physiognomie des menschlichen Auges zurückzuführen ist. Keines der schönen, von Voyager 2 1989 beim Vorbeiflug auf Neptun beobachteten Objekte wie der Große Dunkle Fleck ist ein Objekt für Amateurbeobachter.

Nach wie vor sinnvoll erscheinen langfristige photometrische Meßreihen, da den bekannten Lichtwechselphänomenen (Umlauf des Planeten, Rotationslichtwechsel) weiterhin noch nicht erforschte Anomalien überlagert sind.

Von den acht bekannten Neptunmonden ist nur Triton ein Objekt für die Amateurbeobachtung. Mit einer Helligkeit von etwa 13,5 mag kann der Mond schon mit einem Sechszöller visuell erfaßt werden (Abb. 7.124). Auf tiefen CCD-Aufnahmen kann eventuell zusätzlich der schwache Mond Nereide abgebildet werden (19 mag).

Abb. 7.124 Neptun und Triton am 18.6.1996 gegen 0:10 UT. Zeichnung von R. C. Stoyan mit einem 14"-Newton bei 200facher Vergrößerung. Süden ist oben, der vorangehende Rand links. Beobachtung in Wettersberg/Hersbrucker Schweiz.

Abb. 7.125 Neptun und Triton am 28.9.1992. Photo von Bernd Koch mit einem 11"-Schmidt-Cassegrain bei 1920 mm Brennweite; 45 min belichtet auf TP 2415. Beobachtungsort in Namibia.

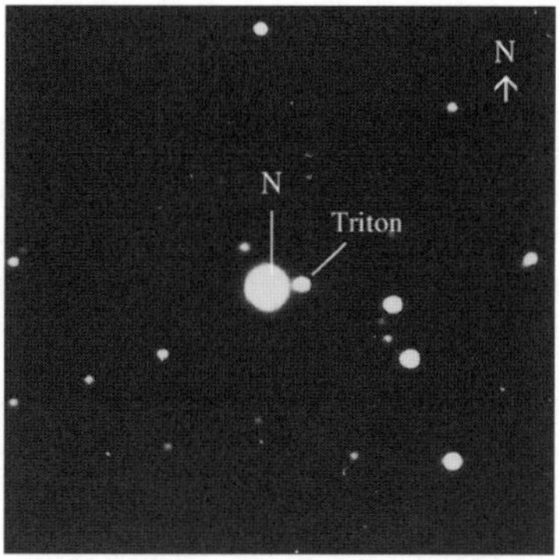

Mittlere Entfernung von der Sonne	4528,45 Mio. km = 30,2708 AE
Kleinste Entfernung von der Sonne	30,0 AE
Größte Entfernung von der Sonne	30,5 AE
Exzentrizität	0,0101
Kleinste Entfernung von der Erde	28,71 AE
Größte Entfernung von der Erde	31,31 AE
Bahnumfang	28 000 Mio. km
Mittlere Bahngeschwindigkeit	5,48 km/s
Siderische Umlaufzeit	163,723 Jahre
Synodische Umlaufzeit	367,49 Tage
Bahnneigung gegen die Ekliptik	1,7683°
Äquatordurchmesser	49 528 km
Abplattung	1 : 38,6
Oberfläche in Erdoberflächen	14
Rauminhalt in Erdvolumen	54
Masse	$1{,}0278 \cdot 10^{29}$ g
in Erdmassen	17,20
Dichte	1,76 g/cm^3
Rotationszeit	18 h 26 min
Neigung des Äquators gegen die Bahnebene	29,56°
Fluchtgeschwindigkeit	23,3 km/s
Temperatur in der Atmosphäre	– 225° C
Geometrische Albedo	0,41
Farbindex	+ 0,6 mag
Scheinbare Helligkeit max.	+ 7,5 mag
Scheinbare Helligkeit min.	+ 8,0 mag
Scheinbarer Durchmesser max.	2,5"
Scheinbarer Durchmesser min.	2,0"
Atmosphäre	74 % H, 25 % He, 1 % CH_4
Oberflächenstruktur	Keine Beobachtungsmöglichkeit
H_2O	Möglich

Tab. 7.36 Dimensionen und Bahnverhältnisse des Planeten Neptun

Literatur

Siehe Literatur zum Kapitel „7.8 Uranus“.

7.10 Pluto

von Ronald C. Stoyan

Oppositionsdaten				Größte Erdnähe		
Datum	UT h	Helio-zentri-sche Länge ° '	Dekl. ° '	Datum	UT	Ab-stand AE
1996 Mai 22	14	241 44	− 7 18	1996 Mai 22	13	28,917
1997 Mai 25	10	244 14	− 8 15	1997 Mai 25	7	28,991
1998 Mai 28	5	246 42	− 9 10	1998 Mai 27	22	29,075
1999 Mai 30	24	249 08	−10 04	1999 Mai 30	14	29,169
2000 Jun 1	18	251 32	−10 57	2000 Jun 1	5	29,274
2001 Jun 4	12	253 55	−11 49	2001 Jun 3	19	29,391
2002 Jun 7	4	256 17	−12 39	2002 Jun 6	9	29,518
2003 Jun 9	20	258 36	−13 27	2003 Jun 8	21	29,655
2004 Jun 11	12	260 54	−14 14	2004 Jun 10	11	29,802
2005 Jun 14	3	263 11	−14 59	2005 Jun 12	22	29,958
2006 Jun 16	17	265 25	−15 42	2006 Jun 15	11	30,121
2007 Jun 19	7	267 38	−16 23	2007 Jun 17	21	30,292
2008 Jun 20	19	269 49	−17 03	2008 Jun 19	8	30,469
2009 Jun 23	7	271 59	−17 40	2009 Jun 21	18	30,653
2010 Jun 25	19	274 06	−18 15	2010 Jun 24	3	30,842
2011 Jun 28	5	276 12	−18 48	2011 Jun 26	12	31,038
2012 Jun 29	15	278 15	−19 20	2012 Jun 27	18	31,240
2013 Jul 1	24	280 17	−19 49	2013 Jun 30	2	31,450

Tab. 7.37 Oppositionen von Pluto 1996–2013 nach J. Meeus

Pluto ist der äußerste der heute bekannten neun großen Planeten, seine mittlere Entfernung von der Sonne beträgt 5,9 Milliarden km. Zur Zeit steht Pluto aber mit etwa 4,4 Milliarden km unserem Zentralgestirn wesentlich näher, da er 1989 das Perihel seiner exzentrischen Bahn durchlief und bis 2008 noch innerhalb der Neptunbahn steht. Pluto ist außerdem der mit Abstand kleinste der großen Planeten unseres Sonnensystems, sein Durchmesser ist mit 2320 km nur etwa halb so groß wie der des Planeten Merkur.

Pluto wurde 1930 im Sternbild Zwillinge photographisch von Clyde Tombaugh (1906–1997), einem damals erst 23jährigen Amateurastronomen, mit dem 13"-Astrographen des Lowell-Observatoriums in Arizona entdeckt. Der neuentdeckte Planet erhielt den Namen Pluto zu Ehren von Percival Lowell (1855–1916), dessen Initialen repräsentierend; Lowell hatte zum Ende des 19. Jahrhunderts das nach ihm benannte Observatorium in Flagstaff aufgebaut und 1905 die Existenz eines transneptunischen Planeten vorausgesagt, erlebte dessen Entdeckung aber nicht mehr. 1978 wurde von James Christy am Naval Observatory in Flagstaff der Mond Charon entdeckt, der den Planeten in 6,4 Tagen

einmal umkreist. Charon ist nur um ein geringes Verhältnis kleiner als Pluto (Durchmesser 1 270 km); im Grunde kann das System Pluto-Charon als einzigartiger Doppelplanet angesehen werden.
Für den Amateur ist es schon interessant, Pluto an sich zu beobachten. Probleme bereitet das Aufsuchen unter den Sternen, da Pluto selbst derzeit in Perihelnähe nur knapp 14 mag Helligkeit erreicht. Nützliche Aufsuchkarten sollten deshalb mindestens Sterne bis 15 mag Größe enthalten. Dieses Kriterium erfüllen Computerprogramme, die mit den Daten des Guide Star Catalog (GSC) des Hubble-Weltraumteleskops arbeiten; ein bequemer Ausdruck ist hier möglich. Die Beobachtung wird allerdings in den nächsten Jahren immer schwieriger werden, da sich Pluto in die dichten Sternfelder der Milchstraße hineinbewegt.
Die visuelle Beobachtung erfordert sehr gute Bedingungen (Transparenz) und ein Teleskop, das mindestens 14. Größenklasse im Okular erreichen läßt. Auch für ungeübte Beobachter ist dies visuell mit einem achtzölligen Teleskop unter dunklem Himmel zu erreichen, erfahrene Beobachter benötigen noch weniger Öffnung (Abb. 7.126).
Photographisch kann Pluto schon erfolgreich mit einem 135-mm-Teleobjektiv aufgenommen werden. Belichtet man mehrere Aufnahmen des Sternfeldes einige Nächte hintereinander, so kann man die Bewegung des Planeten nachvollziehen.
Visuell und photographisch ist selbst mit größten Optiken nur ein Sternpünktchen zu sehen, das Seeing verhindert das Erkennen des nur 0,25" kleinen Scheibchens. Ein interessantes Projekt für versierte CCD-Techniker oder visuelle Beobachter mit großen Öffnungen (ab 50 cm) mag es sein, Charon zu erfassen. Plutos Mond ist in Opposition 15,5 mag hell, entfernt sich aber nie weiter als eine Bogensekunde vom Planeten.

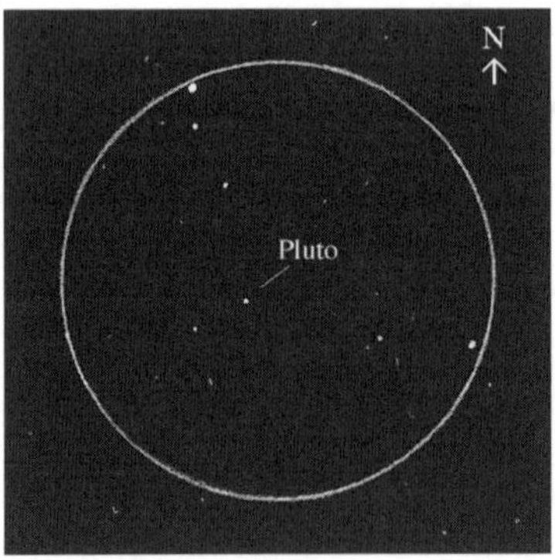

Abb. 7.126 Pluto am 5.5.1992 gegen 23:00 UT. Zeichnung von R. C. Stoyan an einem 120/1020-mm-Refraktor bei 102facher Vergrößerung. Pluto war zu diesem Zeitpunkt 13,6 mag hell, der schwache Stern unmittelbar südöstlich hat 14,1 mag. Beobachtung in Kreben/Mittelfranken.

Mittlere Entfernung von der Sonne	5925,91 Mio. km = 39,6122 AE
Kleinste Entfernung von der Sonne	29,7 AE
Größte Entfernung von der Sonne	49,3 AE
Exzentrizität	0,2507
Kleinste Entfernung von der Erde	28,7 AE
Größte Entfernung von der Erde	50,1 AE
Bahnumfang	37 000 Mio. km
Mittlere Bahngeschwindigkeit	4,75 km/s
Siderische Umlaufzeit	248,021 Jahre
Synodische Umlaufzeit	366,73 Tage
Bahnneigung gegen die Ekliptik	17,1203°
Äquatordurchmesser	2320 km
Abplattung	?
Oberfläche in Erdoberflächen	0,034
Rauminhalt in Erdvolumen	0,0063
Masse	$1{,}4 \cdot 10^{25}$ g
in Erdmassen	0,0022
Dichte	2,03 g/cm^3
Rotationszeit	6,3867 d
Neigung des Äquators gegen die Bahnebene	122,46°
Fluchtgeschwindigkeit	1,1 km/s
Temperatur in der Atmosphäre	– 235° C
Geometrische Albedo	0,3
Farbindex	+ 0,8 mag
Scheinbare Helligkeit max.	+ 13,5 mag
Scheinbarer Durchmesser max.	0,10"
Scheinbarer Durchmesser min.	0,07"
Atmosphäre	Methan
Oberflächenstruktur	Noch nicht erforscht
H_2O	Wahrscheinlich

Tab. 7.38 Dimensionen und Bahnverhältnisse des Planeten Pluto

Literatur

Siehe Literatur zum Kapitel „7.8 Uranus“.

8 Adressen

8.1 Kontaktadressen zu den Fachgruppen der „Vereinigung der Sternfreunde e.V.“ (VdS)

8.1.1 Anschriften für die Fachreferate des „Arbeitskreises Planetenbeobachter“ (Fachgruppe Planeten der VdS):

Allgemeine Anfragen:
Wolfgang Meyer, Martinstr. 1, D-12167 Berlin
Email: wolfgang.steglitz@gmx.de

JVdS-Kontakt (VdS-Journal, Redaktion FG Planeten):
André Nikolai, Plangasse 10, D-71263 Weil der Stadt
Email: captndifool@gmx.net

SuW-Kontakt:
Dr. Ralf Koppmann, Wilhelm-von-Jülich-Str. 21, D-41179 Mönchengladbach

Merkur/Venus:
Detlev Niechoy, Am Steinsgraben 3, D-37085 Göttingen
Email: dniechoy@t-online.de

Mars:
Wolfgang Meyer, Martinstr. 1, D-12167 Berlin
Email: wolfgang.steglitz@gmx.de

Kleine Planeten:
Gerhard Lehmann, Persterstr. 6h, D-09430 Drebach

Riesenplaneten:
André Nikolai, Plangasse 10, D-71263 Weil der Stadt
Email: captndifool@gmx.net

JUPOS:
Hans-Jörg Mettig, Kirchzartener Str. 28, D-79117 Freiburg
Email: H.J.Mettig@t-online.de, Internet: www.jupos.org

Schablonen und Gradnetze für Jupiter und Saturn:
André Nikolai, Plangasse 10, D-71263 Weil der Stadt
Email: captndifool@gmx.net

Planetenarchiv:
Allgemein:
Wolfgang Meyer, c/o Wilhelm-Foerster-Sternwarte e.V.,
Munsterdamm 90, D-12169 Berlin

Merkur/Venus:
Detlev Niechoy, Am Steinsgraben 3, D-37085 Göttingen

Diskussionsforum „Mailingliste-Planetenbeobachter“
(Email-Diskussionsforum):
Robert Schwebel, Lüdemannstr. 25, D-24114 Kiel
Email: robert@schwebel.de

CCD-Technik – Planeten:
Rudolf Hillebrecht, Odastr. 3, D-37581 Bad Gandersheim
Email: Rudolf.A.Hillebrecht@t-online.de

8.1.2 Anschriften weiterer Fachgruppen der VdS

VdS-Service

VdS im Internet:
http://www.vds-astro.de

VdS-Sternwarte:
Volkssternwarte Kirchheim e.V. Dr. Jürgen Schulz,
Arnstädter Str. 49, D-99334 Kirchheim, Tel. 03 62 00 / 6 16 56

VdS-Materialzentrale:
Thomas Heising, Clara-Zetkin-Str. 59, D-39387 Oschersleben

VdS-Jugend:
Oliver Jahreis, Berlinstr. 92, D-55411 Bingen

VdS-Pressedienst:
Wolfgang Steinicke, Gottenheimerstr. 18, D-79224 Umkirch

Amateurteleskope:
Fernrohre und Zubehör:
Elmar Remmert, Herlsener Weg 1, D-58769 Nachrodt
Montierungen und Schutzbauten:
Dieter Rösener, Tulpenweg 48, D-44651 Herne
Selbstbau:
Herbert Zellhuber, Kreuzeckstr. 1, D-82380 Peißenberg

Astrophotographie:
Peter Riepe, Lortzingstr. 5, D-44789 Bochum

Atmosphärische Erscheinungen:
Wolfgang Hinz, Irkustsker Str. 225, D-09119 Chemnitz

CCD-Technik:
Hans Joachim Leue, Bergstraße 13, D-27729 Hambergen

Dark-Sky:
Dr. Andreas Hänel, Am Sportplatz 7, D-49124 Georgsmarienhütte;
Thorsten Güths, Wettertalstr. 5, D-61231 Bad Nauheim

Geschichte:
Dr. Jürgen Hamel, Anklamer Str. 28, D-10115 Berlin

Kometen:
Andreas Kammerer, Johann-Gregor-Breuer-Str. 28, D-76275 Ettlingen

Meteore:
Sirko Molau, Weidenweg 1, D-52074 Aachen
Visuell:
Jürgen Rendtel, Seestr. 6, D-14476 Marquardt
Photographisch:
Jörg Strunk, Fichtenweg 2, D-33818 Leopoldshöhe
Feuerkugeln:
André Knöfel, Saarbrückerstr. 8, D-40476 Düsseldorf
Meteorite und EN:
Dieter Heinlein, Lilienstr. 3, D-86156 Augsburg

Populäre Grenzgebiete:
Edgar Wunder, Heidelberger Str.16, D-69207 Sandhausen

Sonne:
Peter Völker, Wilhelm-Foerster-Sternwarte, Munsterdamm 90,
D-12169 Berlin (und die Mitarbeiter von SONNE)

Spektroskopie:
Ernst Pollmann, Charlottenburgerstr. 26c, D-51377 Leverkusen,
Tel. 02 14 / 9 18 29

Sternbedeckungen:
Hans-J. Bode, (IOTA/ES), Bartold-Knaust-Straße 8, D-30459 Hannover

Veränderliche:
BAV-Zentrale:
Werner Braune, Münchener Str. 26, D-10825 Berlin
SuW-Kontakt:
Dr. Ulrich Bastian, Guttenbergstr. 7, D-69245 Bammental

Visuelle Deep-Sky-Beobachtung:
Wolfgang Steinicke, Gottenheimer Str. 18, D-79224 Umkirch

8.2 Kontaktadressen zu ausländischen Organisationen, die sich mit der Mond- und Planetenbeobachtung beschäftigen

American Lunar Society (ALS)
Adresse: c/o Bill Dembowski
219 Old Bedford Pike, Windber, PA 15963
c/o Francis G. Graham (Editor)
P.O. Box 209, East Pittsburgh, PA 15112, USA
Telefon: 814-262-0450
E-mail: dembow@twd.net
www: http://otterdad.dynip.com/als/

Association of Lunar and Planetary Observers (ALPO)
Adresse: P.O. Box 16131, San Francisco, CA 94116, USA
Telefon: 415-566-5786
Telefax: 415-731-8242
E-Mail: dparker@netside.net (Donald C. Parker, Executive Director)
www: http://www.lpl.arizona.edu/alpo/

British Astronomical Association (BAA)
Adresse: Burlington House
Piccadilly, London W1J ODU, United Kingdom
Telefon: (0) 20-77344145
E-Mail: office@baahq.demon.co.uk
hazelmcgee@compuserve.com (Hazel McGee, Journal Editor)
rdp@star.ukc.ac.uk
(Roger Pickard, Variable Star Section Director)
www: http://www.ast.cam.ac.uk/~baa/
http://www.star.ucl.ac.uk/~hwm
(Journal of the British Astronomical Association
http://www.dark-skies.freeserve.co.uk/
(BAA Campaign for Dark Skies – CfDS)
http://www.telf-ast.demon.co.uk/ (Variable Star Section)

Österreichischer Astronomischer Verein
(Astronomisches Büro)
Adresse: Hasenwartgasse 32, A-1238 Wien, Österreich
Telefon: (0) 1-8893541
Telefax: (0) 1-8893541
E-Mail: astbuero@astronomisches-buero-wien.or.at
www: http://members.ping.at/astbuero/

Schweizerische Astronomische Gesellschaft (SAG)
(Société Astronomique de Suisse – SAS)
Adresse: c/o Sue Kernen (Sekretariat)
Gristenbühl, CH-9315 Neukirch, Schweiz
Telefon: (0) 71-4771743
E-Mail: astro_mod_4@ezinfo.vmsmail.ethz.ch
noel.cramer@obs.unige.ch
(Noël Cramer, Orion Chefredakteur)
www: http://ezinfo.ethz.ch/ezinfo/astro/kontakt/SAS.html
http://ezinfo.ethz.ch/ezinfo/astro/kontakt/kon2_0.html

Societé Astronomique de France (SAF)
Adresse: 3, rue Beethoven, F-75016 Paris, Frankreich
Telefon: (0) 142241374
E-Mail: saf@calva.net
www: http://www.iap.fr/saf/

Unione Astrofili Italiani (UAI)
Adresse: c/o Dipartimento di Astronomia
Università degli Studi di Padova, Vicolo dell' Osservatorio 5,
I-35122 Padova, Italien
Telefon: (0) 2-6686263 (Roberto Boccadoro)
Telefax: (0) 2-8437382 (Roberto Boccadoro)
E-Mail: info@uai.it
www: http://www.uai.it

Universities Space Research Association (USRA),
Lunar and Planetar Institute (LPI)
Adresse: 3600 Bay Area Boulevard, Houston, TX 77058-1113, USA
Telefon: 281-486-2139
Telefax: 281-486-2162
E-Mail: <userid>@lpi.ursa.edu
www: http://www.lpi.ursa.edu/

8.3 Adreßbuch und Anschriftennachweis für astronomische Organisationen, Sternwarten, Planetarien in allen Erdteilen

Prof. André Heck
Strasbourg Astronomical Observatory
11, rue de l'Université, F-67000 Strasbourg, France
Telephone: (+33)(0) 3 90 24 24 20 (direct)
Telefax: (+33)(0) 3 88 49 12 55 (private)
Electronic mail: heck@astro.u-strasbg.fr
WWW: http://vizier.u-strasbg.fr/~heck

StarBits – Acronyms, Abbreviations:
http://vizier.u-strasbg.fr/starbits.html.
The database StarBits is associated to the dictionary (on paper) of abbreviations, acronyms, contractions and symbols StarBriefs. **Note that StarBriefs is now published by Kluwer Academic Publishers and that the 2001 edition is available.**

StarHeads – Astronomers and Related People:
http://vizier.u-strasbg.fr/starheads.html.

StarWorlds – Astronomy and Related Organizations:
http://vizier.u-strasbg.fr/starworlds.html

8.4 Internetadressen

Im Internet gibt es eine Fülle von Informationen zu den Planeten, wobei hier nur eine Auswahl getroffen werden kann, zumal sich Adressen und Inhalte kurzfristig ändern können. Im Zweifelsfalle eine der bekannten Suchmaschinen verwenden.

http://atmos.nmsu.edu/ijw/ijw.html
International Jupiter Watch. Diese Webseite ist die Homepage der Profiastronomen der USA, die jedoch die Zusammenarbeit mit engagierten und erfahrenen Amateuren aus aller Welt suchen.

http://www.lpl.arizona.edu/
Webseite der A.L.P.O. (American Lunar and Planetary Observers). Hier berichten die amerikanischen Amateure regelmäßig über ihre Ergebnisse und geben Alarmmeldungen über kurzfristig auftretende Besonderheiten bekannt.

http://home.t-online.de/home/h.j.mettig/ bzw. http://www.jupos.org
Webseite des Projektes JUPOS von Hans-Jörg Mettig. Hier gibt es alle notwendigen Informationen zu JUPOS, Handbücher in Deutsch oder Englisch, PC-JUPOS-Software und aktuelle Meßdaten/ZM-Schätzungsdatensätze aller Beobachter zum Download.

http://www.ast.cam.ac.uk/~baa/jupiter/index.html
Webseite der Jupiter-Section der BAA (British Astronomical Association). Britische Amateure berichten über ihre Beobachtungsprojekte.

http://photojournal.jpl.nasa.gov/
Bildarchiv der NASA. Diverse Planetenbilder von Mariner bis Cassini. Inklusive Suchfunktion.

http://nssdc.gsfc.nasa.gov/planetary/factsheet/jupiterfact.html
Webseite der NASA mit den aktuellen Daten rund um Jupiter.

http://www.schwebel.de/astro/violau2000 de.html
Homepage von Robert Schwebel. Informationen zu der jährlich jeweils zu Pfingsten stattfindenden Tagung der Planeten- und Kometenbeobachter.

http://www.schulsternwarte-gudensberg.de/
Die Schulsternwarte Gudensberg hat auch einige engagierte Amateure, die sehenswerte Videobilder der Planeten machen.

http://www.mars.dti.ne.jp/~cmo/oaa mars.html
Homepage der japanischen Marsbeobachter, sie geben auch eine regelmäßige schriftliche Publikation zu aktuellen Marsbeobachtungen heraus (CMO, Communications in Mars Observations), sehr engagiert.

BAA Mars Section: http://marswatch.tn.cornell.edu/baa.html

MarsNet: http://astrosun.tn.cornell.edu/marsnet/mnhome.html

ALPO Mars Section: http://www.lpl.arizona.edu/~rhill/alpo/mars.html

Hinweis:
Weitere Internetadressen finden Sie auch in einzelnen Kapiteln dieses Buches. Unter www.yahoogroups.com klinkt sich ein, wer unter bestimmten Stichwörtern Informationen und Erfahrungsaustausch sucht, z.B. Planeten, Teleskopbau Astrophotographie.

Literaturhinweise

Aktuelle Forschungs- und Beobachterberichte veröffentlichen in Mitteleuropa u.a. Sterne und Weltraum, Der Sternenbote und Orion.
Das nachfolgende Literaturverzeichnis berücksichtigt neben aktuellen Titeln zur Mond- und Planetenbeobachtung auch ältere Veröffentlichungen, um bibliographische Arbeiten und Nachforschungen in Bibliotheken zu erleichtern.
Am Ende eines jeden Kapitels in diesem Buch finden sich ebenfalls Literaturhinweise, die das spezielle Thema besonders berücksichtigen.

Alexander, A. F.O'D.: The Planet Saturn, Faber and Faber, London 1962
Alexander, A. F.O'D.: The Planet Uranus, Faber and Faber, London 1965
Antoniadi, E. M.: La Planète Mars, Hermann, Paris 1930
Baker, V. R.: The Channels of Mars, Adam Hilger Ltd, Bristol 1982
Beatty, J. K., O'Leary, Chaikin, A. (Hrsg.): Die Sonne und ihre Planeten – Weltraumforschung in einer neuen Dimension, Physik-Verlag, Weinheim 1983
Beatty, J. K., Petersen, C. C., Chaikin, A. (Hrsg.): The New Solar System, Sky Publishing Corporation und Cambridge University Press, Cambridge 1999
Blunck, J.: Mars and its Satellites, 2. Aufl. Exposition Press, New York 1982
Briggs, G., Taylor, F.: The Cambridge Photographic Atlas of the Planets, Cambridge University Press, Cambridge 1982 (Photo- und Forschungsergebnisse der Raumfahrt in einer Zusammenfassung)
Briggs, G., Taylor, F.: Cambridge Photoatlas der Planeten – Das neue Bild des Sonnensystems, Franckh'sche Verlagshandlung, Stuttgart 1984
Bronshten, V. A. (Hrsg.): The Planet Jupiter. Translation from the Russian, Israel Program for Scientific Translations, Jerusalem 1969
Bourge, P., Dragesco, J., Dargery, Y.: La Photographie Astronomique d'Amateur. Publications Photo-Cinéma Paul Montel, Paris 1977 (mit Abschnitten über Mond- und Planetenphotographie)
Büttner, W.: Die Monduhr. Immerwährender Mondphasenzeiger, Astro Media-Verlag Würzburg 1985
Cadogan, P. H.: The Moon – our sister planet, Cambridge University Press, Cambridge 1981
Carr, M. H.: The Surface of Mars, Yale University Press, New Haven und London 1981 (Photos und Forschungsergebnisse der Viking-Mission)
Chamberlain, J. W.: Theory of Planetary Atmospheres – An Introduction to Their Physics and Chemistry, International Geophysics Series, Band 22, Academic Press, New York – San Francisco – London 1978
Chapman, C. R.: The inner Planets, Scribner's, New York 1977
Cook, J.: The Hatfield Photographic Lunar Atlas, Springer Verlag Berlin, Heidelberg, New York 1999
Cruikshank, D. P.: The ashen light of Venus, Astronomical Society of the Pacific Conference Series, Band 33, San Francisco, 1992

Cunningham, C. J.: The First Asteroid: Ceres 1801–2001, Star Lab Press, Surfside(FL) 2001

Dessler, A. J. (Hrsg.): Physics of the Jovian Magnetosphere, Cambridge University Press, Cambridge 1983

Dobbins, A., Parker, D. C., Capen, C. F.: Observing and Photographing the Solar System, Willmann-Bell Inc., Richmond 1988

Dollfus, A.: Moon and Planets, North Holland, Amsterdam 1967

Dollfus, A.: Surfaces and Interiors of Planets and Satellites, Academic Press, London – New York 1970

Dollfus, A.: IAU Nomenclatur for Albedo Features on the Planet Mercury, Icarus 34, 1978

Dragesco, J.: High Resolution Astrophotography, Cambridge University Press, Cambridge 1995. Mit wichtigen Literaturhinweisen für Beobachter, insbesondere englische Zeitschriftenaufsätze

Duffett-Smith, Peter: Astronomy with your Personal Computer, Cambridge University Press, Cambridge 1986

Dunlop S.: Astronomie für Einsteiger, Kosmos-Franckh Verlag, Stuttgart 1987

Eccles, M. J., Sim, M. E., Tritton, K. P.: Low light detectors in astronomy, Cambridge University Press, Cambridge 1983

Eckart, P.: The Lunar Base Handbook. An Introduction to Lunar Base Design, Development and Operations, McGraw-Hill Companies, Inc., New York 1999

Edberg, S., Levy, D.: Observing Comets, Asteroids, Meteors, and the Zodiacal Light, Cambridge University Press, Cambridge 1994

Eelsalu, H., Hermann, D.: Johann Heinrich Mädler, Akademie-Verlag, Berlin 1985

Egelhardt, W.: Planeten, Monde, Ringsysteme, Kamerasonden erforschen unser Sonnensystem, Birkhäuser-Verlag Basel – Boston – Stuttgart 1984

Endres, K.-P., Schad, W. : Biologie des Mondes. Mondperiodik und Lebensrhythmen, S. Hirzel Verlag, Stuttgart, Leipzig 1997

Fischer, D., Heuseler, H.: Der Jupiter Crash, Birkhäuser Verlag, Basel – Boston – Berlin 1994

Gehrels, T.: Jupiter, The University of Arizona Press, Tucson Arizona 1976

Gehrels, T., Shapley, M. (Hrsg.): Saturn, The University of Arizona Press, Tucson Arizona 1984

Grosser, Morton: Entdeckung des Planeten Neptun, Suhrkamp Verlag, Frankfurt/M. 1970

Gürtler, J., Dorschner, J.: Das Sonnensystem, J. A. Barth, Leipzig – Berlin – Heidelberg 1993

Guest, J. E. und Greeley, R.: Geologie auf dem Mond, Ferdinand Enke Verlag, Stuttgart 1979

Hahn, H.-M.: Zwischen den Planeten, Franckh'sche Verlagshandlung, Stuttgart 1984

Hempe, Klaus, Molt, Jürgen: Sterne im Computer, perComp Verlag, Köln 1986

Henderson-Sellers, A.: The Origin and Evolution of Planetary Atmospheres, Adam Hilger Ltd., Bristol 1983

Heuseler, H.: Zwischen Sonne und Jupiter, Deutsche Verlagsanstalt, Stuttgart 1975

Heuseler, H., Jaumann, R., Neukum, G.: Zwischen Sonne und Pluto. Die Zukunft der Planetenforschung – Aufbruch ins dritte Jahrtausend, BLV, München 1999

Hunt, G., Moore, P.: Jupiter, Verlag Herder, Freiburg-Basel-Wien 1982

Hunt, G. E. (Hrsg.): Recent Advances in Planetary Meteorology, Cambridge University Press, Cambridge 1985

Hunt, G. E. and Moore, P., 1983: Saturn – Ein Atlas des Saturn, Verlag Herder, Freiburg – Basel – Wien 1983

Hunten D. M. et al.: Venus, University Arizona Press, Tucson Arizona, 1983

Karkoschka, E., Merz, R. und Treutner, H.: Astrophotographie, Franckh'sche Verlagshandlung, Stuttgart 1980 (mit Abschnitten über Mond und Planetenphotographie)

Keppler, E.: Sonne, Mond und Planeten – Was geschieht im Sonnensystem? R. Piper & Co. Verlag München, Zürich 1982

Knapp, W. und Hahn, H. M.: Astrophotographie als Hobby. Eine Anleitung für Amateur-Astronomen, vwi Verlag Gerhard Knülle, Herrsching/Ammersee 1980 (mit Abschnitten über Mond- und Planetenphotographie)

Koch, B. (Hrsg.): Handbuch der Astrofotografie, Springer-Verlag, Berlin – Heidelberg – New York 1995

Köhler, H. W.: Der Mars – Bericht über einen Nachbarplaneten, Vieweg, Braunschweig 1978

Kopal, Z., Carder, R. W.: Mapping of the Moon. Past and Present, D. Reidel Publishing Company, Dordrecht 1974 (wichtiges Werk über die Kartographie der Mondoberfläche)

Ksanfomaliti, Leonid W.: Planeten – Neues aus unserem Sonnensystem, Verlag Harri Deutsch, Frankfurt/M. 1986 (deutsche Lizenzausgabe, aus dem Russischen)

Kuiper, G. P., Middlehurst, B. M.: Planets and Satellites, The University of Chicago Press, Chicago 1971

Lang, K. R., Whitney, Ch. A.: Planeten Wanderer im All, Springer-Verlag, Berlin – Heidelberg – New York 1993. Mit zahlreichen Literaturhinweisen, insbesondere englische Veröffentlichungen

Light, M.: Full Moon – Aufbruch zum Mond. Bildband, Verlag Frederking u. Thaler, München 1999

Lindner K.: Astroführer, Urania-Verlag, Leipzig – Jena – Berlin 1990

Löbering, W.: Jupiterbeobachtungen von 1926 bis 1964. Nova Acta Leopoldina, Johann Abrosius Barth Verlag, Leipzig 1969

Mädlow, E.: Zwölf Jahre Jupiterbeobachtungen 1938–1949, Mitteilungen der Archenhold-Sternwarte, Berlin-Treptow 1952
Manly, P. L.: The 20 cm Schmidt-Cassegrain Telescope, Cambridge University Press, Cambridge 1994
Martinez, P. (Hrsg.): The Observer‘s Guide to Astronomy, 2 Bände, Cambridge University Press, Cambridge 1994
Massey, S., Dobbins, T. A., Douglass, E. J.: Video Astronomy, Sky Publishing Corp., Cambridge (USA) 2000
Maunder, M., Moore, P.: Transit. When Planets Cross the Sun, Springer Verlag, Berlin, Heidelberg, New York 2000
Meeus, J.: Astronomical Tables of the Sun, Moon, and Planets. Willmann-Bell, Richmond 1983
Michaux, C. M.: Handbook of the Physical Properties of the Planet Jupiter, NASA Scientific and Technical Information Division, Washington, D.C., 1967
Michaux, C. M.: Handbook of the Physical Properties of the Planet Mars, NASA, Washington, D.C., 1967
Michaux, C. M.: Handbook of the Physical Properties of the Planet Venus, NASA, Washington, D.C., 1967
Miner, E. D.: Uranus, the Planets, Rings and Satellites, Ellis Horwood, New York – London – Toronto 1990
Moore, P.: Der Mond – Ein Atlas des Mondes, Verlag Herder, Freiburg 1982
Moore, P.: Großer Atlas der Sterne, ISIS Verlag, Chur 1995
Moore, P.: Das Weltall, Orbis Verlag, München 1978
Moore, P.: The Planet Neptune, Ellis Horwood, New York – Toronto 1988
Morrison, D.: Voyages to Saturn, US Government Printing Office, Washington 1982
Morrsion, D., Samz, J.: Voyage to Jupiter, US Government Printing Office, Washington 1980
Muller, J.-P., Haug, H., Kowalec, Ch.: The International Saturn Voyager Telescope Observations Programme, Berlin 1980
Muller, J.-P., Haug, H., Kowalec, Ch.: Longitudinal Oscillations of Jupiter‘s Red Spot in 1978/79 (IJVTOP Results Part I), interne Veröffentlichung, 1983
H. M. Nautical Almanac Office (Hrsg.): Planetary and Lunar Coordinates 2001–2020, Willmann-Bell, Inc., Richmond (USA) 2001
North, G.: Observing the Moon, Cambridge University Press, Cambridge 2000
Peebles, C.: Asteroids – A History, Smithsonian Institution Press 2000
Peek, P. M.: The Planet Jupiter, Faber and Faber, London 1958
Price, F.: The Planet Observer‘s Handbook, 2. Aufl., Cambridge University Press, Cambridge 2000
Raith, W. (Hrsg.): Erde und Planeten, Bergmann-Schaefer, Lehrbuch der Experimentalphysik, Band 7. Walter de Gruyter, Berlin – New York 1997. Mit zahlreichen Hinweisen auf Spezialliteratur

Rétyi, A.: Jupiter und Saturn. Ergebnisse der Planetenforschung, Franckh'sche Verlagshandlung, Stuttgart 1985

Rogers, J. H.: The Giant Planet Jupiter, Cambridge University Press, Cambridge 1995

Roth, G. D.: The System of Minor Planets, Faber and Faber, London 1962

Roth, G. D.: Handbook for Planet Observers, Faber and Faber, London 1970

Roth, G. D. (Hrsg.): Handbuch für Sternfreunde, 4. Auflage, Springer-Verlag Berlin – Heidelberg – New York 1989 (mit Kapiteln „Der Mond“ und „Beobachtung der Planeten“ und zahlreichen Hinweisen auf Buch- und Zeitschriftenveröffentlichungen), 2 Bände

Roth, G. D. (Hrsg.): Compendium of Practical Astronomy, 3 Bände, Springer-Verlag, Berlin – Heidelberg – New York 1994

Rükl, A.: Taschenatlas Mond, Mars, Venus, Verlag Werner Dausien, Hanau 1977

Sandner, W.: The Planet Mercury, Faber and Faber, London 1963

Sander, W.: Planeten – Geschwister der Erde, Verlag Chemie, Weinheim 1971

Schaaf F.: Seeing the Solar System, John Wiley & Sons, INC, New York-Chichester – Brisbane – Toronto – Singapore 1991

Schmadel, L. D.: Dictionary of Minor Planet Names, 4. Aufl., Springer-Verlag, Berlin – Heidelberg – New York 1999

Schwinge, W.: Fotografischer Mondatlas, Joh. Ambr. Barth, Leipzig 1983

Schultz, L.: Planetologie – Eine Einführung, Birkhäuser Verlag, Basel – Boston – Berlin 1993

Sharonov, V. V.: The Nature of the Planets. Translated from Russian, Israel Program for Scientific Translations, Jerusalem 1964

Sheehan W.: Planets & Perceptions, University of Arizona Press, Tucson Arizona 1988

Sheehan, W. P., Dobbins, T. A.: Epic Moon. A history of lunar exploration in the age of the telescope, Willmann-Bell Inc., Richmond (USA) 2001

Slattery, W. L.: The Structure of the Planets Jupiter and Saturn, University Microfilms International 1978 (Dissertation)

Slipher, E. C.: Mars – The Phtographic Story, Sky Publishing Corporation, Cambridge 1962

Spencer, J. R., Mitton, J. (Hrsg.): The Great Comet Crash, Cambridge University Press, Cambridge 1995

Standage, T.: The Neptune File, Walker & Co. 2000

Sterken, Chr., Manfroid, J.: Astronomical Photometry – A Guide, Kluwer Academic Publishers, Dordrecht 1992

Stern, A., Mitton, J.: Pluto and Charon – Ice Worlds on the Ragged Edge of the Solar System, John Wiley & Sons, Chichester 1998

Strom, R. G.: Mercury, The Elusive Planet, Cambridge University Press, Cambridge 1987

Vereinigung der Österreichischen Amateurastronomen (Hrsg.): Der Mond. Eine Einführung in die Mondbeobachtung. Wissenswertes über unseren Erdtrabanten, A-1140 Wien, Breitenseer Str. 68/3/1, 1999

Vilas F. et al.: Mercury, University of Arizona Press, Tucson Arizona 1988
Westfall, J. F.: Atlas of the Lunar Terminator, Cambridge University Press, Cambridge 2000
Whitaker, E. A.: Mapping and Naming the Moon, Cambridge University Press, Cambridge 1999
Wlasuk, P. T.: Observing the Moon, Springer Verlag, Berlin, Heidelberg, New York 2000
Wolf, H.: Erdmond, Vorderseite – Rückseite. Kosmos-Handkarte, Franckh'sche Verlagshandlung, Stuttgart o.J.
Wolf, H.: Mars. Westliche und östliche Hemisphäre. Kosmos-Handkarte, Franckh'sche Verlagshandlung, Stuttgart o.J.
Zimmermann, O.: Astronomisches Praktikum I und II (zwei Bände) für Arbeitsgemeinschaften und zum Selbstunterricht, 5. Aufl. Verlag Sterne und Weltraum, München 1995 (Kapitel u.a. über Totalphotometrie des Mondes, Bestimmung von Gebirgshöhen auf dem Mond)

Personenregister

Sachregister